U0319754

普通高等教育“十四五”规划教材

特殊采矿技术

主　编　尹升华
副主编　王雷鸣

北　京
冶　金　工　业　出　版　社
2021

内容提要

本书系统介绍了特殊采矿技术的基础知识、基本理论、技术工艺及工程实例等，内容包括溶浸采矿、盐类矿床水溶采矿、盐湖矿床开采、砂矿床开采、自然硫矿床热熔开采、石材开采、海洋采矿等。此外，本书还展望了未来太空采矿。

本书可作为高校矿业工程、环境工程等地矿类专业高年级本科生和研究生教材，也可供相关专业工程技术人员参考。

图书在版编目(CIP)数据

特殊采矿技术/尹升华主编．—北京：冶金工业出版社，2021.5

普通高等教育“十四五”规划教材

ISBN 978-7-5024-8798-0

Ⅰ.①特…　Ⅱ.①尹…　Ⅲ.①矿山开采—高等学校—教材　Ⅳ.①TD8

中国版本图书馆 CIP 数据核字（2021）第 110766 号

出 版 人　苏长永

地　　址　北京市东城区嵩祝院北巷 39 号　邮编　100009　电话　(010)64027926

网　　址　www.cnmip.com.cn　电子信箱　yjcbs@ cnmip. com. cn

责任编辑　高　娜　美术编辑　彭子赫　版式设计　郑小利

责任校对　梅雨晴　责任印制　禹　蕊

ISBN 978-7-5024-8798-0

冶金工业出版社出版发行；各地新华书店经销；三河市双峰印刷装订有限公司印刷

2021 年 5 月第 1 版，2021 年 5 月第 1 次印刷

787mm×1092mm　1/16；16. 25 印张；393 千字；246 页

41. 00 元

冶金工业出版社　投稿电话　(010)64027932　投稿信箱　tougao@cnmip. com. cn

冶金工业出版社营销中心　电话　(010)64044283　传真　(010)64027893

冶金工业出版社天猫旗舰店　yjgycbs. tmall. com

（本书如有印装质量问题，本社营销中心负责退换）

前　　言

矿产资源是人类社会生存和发展的重要物质基础，也是国家稳步发展的有力物质保障。随着我国经济的快速发展，矿产资源的需求量与日俱增，矿产资源的开采技术也得以发展；为满足工业发展的需要，地球上赋存条件较为理想、易于开采的矿产资源被大量地开发利用，人类面临着越来越严峻的资源困境：矿产资源日益枯竭，开采难度逐渐加大。因此，借助新兴的科学技术、利用新的工艺等，探寻新的资源储备、提高资源的回收率，以及开采早年间难开采、低品位的资源，已经成为人类解决资源短缺问题的关键。

采矿是工业生产的第一步，是原料采掘工业，它实质上是一种物料选择性采集和搬运过程。随着技术的不断更新，设备的不断完善，采矿工业已有了长足的发展与进步。一般矿产资源多采用传统的采矿方法，即露天开采方法和地下开采方法进行开采。但是，也存在着一些特殊的矿产资源，由于它们的地质赋存条件、有用矿物品位、各种有用成分的比例以及矿物物理化学性质等方面的特点，因经济性或技术性的要求，不适合采用传统的开采方法进行开采。针对这些矿产资源，衍生发展出了其最佳的开采方式，即为本书所要介绍和讨论的内容——特殊采矿技术。

特殊采矿技术是相对于常规采矿工艺的总称，其特殊性表现在开采对象、工艺系统、开采方法等方面。特殊采矿学是有别于常规采矿学的理论知识，建立在常规采矿学理论基础之上。常规采矿学理论基础包括地质统计学、工程地质学、数值分析方法、运筹学、近代数学及计算机技术等；而特殊采矿学还涉及地质学、水文地质学、地球化学、物理化学、微生物学、冶金学、渗流力学、流体力学、散体力学、矿物学、热力学等，是一门边缘交叉学科。得益于特殊采矿技术，一些早年难以开采的矿产资源都得到了较好的开发利用，甚至相较于传统开采方式，降低了开采成本，提高了资源回收率及经济性，改善了工人的作业环境，提高了作业安全性。

本书包括两大部分，共分10章。第一部分（第1章）在总结、概括我国矿产资源赋存特点及开发利用等内容的基础上，简要介绍了特殊采矿技术的基本含义、研究范畴及主要分类等内容。第二部分具体介绍各类特殊采矿技术，简要、全面介绍了其发展历程、理论基础、技术工艺及具体实例等内容。其中，第2章、第3章详细介绍了溶浸采矿技术的基本理论和工艺应用；第4章~第8章分别介绍了五种特殊采矿技术的基础知识，内容包括盐类矿床水溶采矿、盐湖矿床开采、砂矿床开采、自然硫矿床热熔开采及石材开采，详细介绍了其开采基本原理、工艺技术特点、具体工艺流程等内容，并辅以实例进行解释说明；第9章对海洋矿产资源的开采进行了详细的介绍，内容包括深海资源赋存特征、资源勘查技术、锰结核及热液矿床的开采方法，最后论述了海洋采矿对环境的影响；第10章展望了太空资源的开采前景。

本书既重视学科知识的系统性和原理、工艺等内容的严谨性，又充分考虑了实用性，力求使读者不但对特殊采矿技术的理论、工艺等有比较完整的理解，而且通过矿山工程实例，使读者能对特殊采矿技术的应用有更准确、更切实地把握，为读者在解决类似矿山的具体问题时提供思路与帮助。

本书在编写中，参考或引用了许多公开发表的文献，在此谨向文献作者表示诚挚的谢意。

由于编者水平所限，书中难免有不妥之处，敬请读者批评指正。

编　者
2021年3月

目　　录

1　绪　论

1.1　我国自然资源概况

矿产资源是发展之基、生产之要，矿产资源保护与合理开发利用事关国家现代化建设全局。我国是矿产资源大国，也是矿业大国，品种较为齐全，勘查开发体系完整，主要矿产品产量和消费量居世界前列[1]。我国矿产资源基本特点为[2]：

（1）总量丰富，人均不足。我国位于亚洲东部、太平洋西岸，拥有大约960万平方千米的陆地和473万平方千米的海域。幅员辽阔的领域、复杂的地质构造以及优越的成矿地质条件，使这片广袤的土地与辽阔的海洋孕育了丰富的矿产资源。从整体看，我国的矿产资源总量与种类位居世界前列。截至目前，我国拥有的世界上已知的主要矿产达171种，其中已探明的矿产达150多种。而从人均占有量来看，我国矿产资源占有量仅为世界人均矿产资源占有量的58%。并且，某些重要矿产资源的人均占有量远远低于世界平均水平，如石油资源。

（2）贫矿较多，富矿较少。在种类丰富的矿产储量中，我国已探明的富矿较少而贫矿相对较多。以铁矿资源为例，全球铁矿石平均品位为44.74%，四大矿山平均品位为57.21%（其中，力拓铁矿平均品位高达62.05%），而我国已查明的铁矿资源平均品位仅为34.29%。铁矿资源储量中品位大于45%的仅为2%左右，贫矿占有量达46%左右。贫矿石必须经过选矿试验、球团烧结等工艺才能进行冶炼加工，会造成资源浪费，贫矿石加工过程会产生大量废石、杂料，容易造成环境污染。

（3）大型矿床少，中小型矿床多。内蒙古白云鄂博的稀土矿和内蒙古达拉特旗芒硝矿等都是世界上著名的矿床，其储量堪称世界之最。然而，根据数据统计，我国已探明的1.6万多处矿产资源中，绝大部分为中小型矿床，只有约11%的大型矿床，大型矿床的比例远远低于世界资源大国的水平。

（4）储量相对集中，地区分布不均匀。由于地形结构复杂，地层发育多样，我国矿产资源呈现地区分布不均衡，各类分别相对集中于某区域的特点。目前，我国已发现的矿床及矿点达20多万处，少数矿种的矿床、矿点分布广泛，但多数矿种的矿床、矿点分布相对集中在某一区域范围内。以煤炭为例，目前已探明煤炭储量的92%左右集中分布在山西、内蒙古等12个省区，其中，约60%的已探明煤炭资源集中分布在山西、内蒙古和陕西境内。

根据《中国矿产资源报告（2019）》数据显示[3]，我国已发现矿产173种，其中天然气水合物为新发现矿种，煤炭、石油、天然气、锰矿、金矿、石墨等主要矿产的查明资源储量增长。

表 1-1 主要矿产查明资源储量

序号	矿产	单位	储量	序号	矿产	单位	储量
1	煤炭	亿吨	17085.73	25	锂矿（氧化物）	万吨	1092.00
2	石油	亿吨	35.73	26	菱镁矿（矿石）	亿吨	31.03
3	天然气	亿立方米	57936.08	27	萤石（矿物）	亿吨	2.57
4	煤层气	亿立方米	3046.30	28	耐火黏土（矿石）	亿吨	26.38
5	页岩气	亿立方米	2160.20	29	硫铁矿（矿石）	亿吨	63.00
6	铁矿（矿石）	亿吨	852.19	30	磷矿（矿石）	亿吨	252.82
7	锰矿（矿石）	亿吨	18.16	31	钾盐（KCl）	亿吨	10.16
8	铬铁矿（矿石）	万吨	1193.27	32	硼矿（B_2O_3）	万吨	7836.57
9	钒矿（V_2O_5）	万吨	6561.30	33	钠盐（NaCl）	亿吨	14240.94
10	钛矿（TiO_2）	亿吨	8.26	34	芒硝（Na_2SO_4）	亿吨	1172.97
11	铜矿（金属）	万吨	11443.49	35	重晶石（矿石）	亿吨	3.73
12	铅矿（金属）	万吨	9216.31	36	水泥用灰岩（矿石）	亿吨	1432.37
13	锌矿（金属）	万吨	18755.67	37	玻璃硅质原料（矿石）	亿吨	96.13
14	铝土矿（矿石）	亿吨	51.70	38	石膏（矿石）	亿吨	824.86
15	镍矿（金属）	万吨	1187.88	39	高岭土（矿石）	亿吨	34.96
16	钴矿（金属）	万吨	69.65	40	膨润土（矿石）	亿吨	29.96
17	钨矿（WO_3）	万吨	1071.57	41	硅藻土（矿石）	亿吨	5.11
18	锡矿（金属）	万吨	453.06	42	饰面花岗岩	亿立方米	53.80
19	钼矿（金属）	万吨	3028.61	43	饰面大理岩	亿立方米	17.78
20	锑矿（金属）	万吨	327.68	44	金刚石（矿物）	千克	3126.60
21	金矿（金属）	吨	13638.40	45	晶质石墨（矿物）	亿吨	4.37
22	银矿（金属）	万吨	32.91	46	石棉（矿物）	万吨	9259.19
23	铂族（金属）	吨	401.00	47	滑石（矿石）	亿吨	2.88
24	锶矿（天青石）	万吨	5641.07	48	硅灰石（矿石）	亿吨	2.29

注：1. 数据截至 2018 年底。

2. 油气矿产（石油、天然气、煤层气、页岩气）为剩余技术可采储量，分类标准参见 GB/T 19492—2004。

3. 非油气矿产为查明资源储量，分类标准参见 GB/T 13908—2002。

1.2 我国矿产资源开发利用现状

资源安全始终是国家可持续发展的核心问题，矿产资源作为我国重要的物质生产基础，为我国的经济繁荣、社会发展以及国防建设提供保障。我国大型-超大型矿床少、中-小型矿床多。以铜矿为例，我国迄今发现的铜矿产地 900 余处，其中，大型-超大型矿床仅占 3%，中型矿床占 9%，小型矿床多达 88%[4]。

我国资源总量大，人均少，资源禀赋不佳。多数大众矿产储采比较低，石油、天然气、铁、铜、铝等矿产人均可采资源储量远低于世界平均水平，资源基础相对薄弱。当前，我国仍处于工业化中期阶段，能源资源需求增速放缓，但需求总量仍维持高位，预计到2020年，我国一次能源消费量约为标准煤50亿吨，铁矿石标矿7.5亿吨，精炼铜1350万吨，原铝3500万吨[1]。

世界新能源、新材料等战略性新兴产业迅猛发展，非常规能源、稀土、铌、钽、锂、晶质石墨等战略性新兴产业矿产需求逐步凸显，我国相关矿产资源虽有比较优势，但产业发展层次低，资源保护力度有待加强[5]。

我国矿产开发集约化、规模化程度不够，小型及以下矿山占比88.4%，但产能占比不足40%。部分矿山采富弃贫、采易弃难，资源浪费现象仍然存在。长年积累的矿山环境问题突出，采矿累计占用损毁土地超过375万公顷（1公顷=1万平方米）。加快转变资源开发利用方式，推动矿业绿色低碳循环发展的任务十分繁重[1]。

根据《全国矿产资源规划（2016~2020年）》统计数据，我国在找矿方面取得了重大突破，资源供应能力明显增强，开发秩序全面好转，矿产资源管理改革逐步深化，管理能力和水平大幅提升，有效应对了国内外环境的复杂变化和国际金融危机的深层次影响，为保障国民经济持续快速发展做出了重要贡献。2008~2015年，我国矿产资源开发利用现状主要表现为：

（1）地质找矿取得重大进展。2008~2016年，我国累计投入地质勘查经费8000多亿元，新发现大中型矿产地1708处，找矿突破战略行动取得重大进展。石油、天然气新增探明地质储量保持高位增长，北方砂岩型铀矿、页岩气、天然气水合物勘探取得重大突破，发现一批世界级铜、铝、铅、锌、金、钨、钼等金属矿产大矿床，在开采强度持续加大情况下，主要矿产资源储量实现普遍增长。完成全国矿产资源潜力评价、矿业权实地核查、矿产资源利用现状调查等三项矿产资源国情调查，摸清了油气和25种重要固体矿产资源潜力，掌握了资源开发利用基本情况，完成了22种重要矿产利用效率调查评价。

（2）矿业经济发展壮大。2008~2016年，全国采矿业固定资产投资累计达9万亿元以上，原矿产量累计达700亿吨以上，煤炭、油气、金属、非金属采选及压延加工销售产值累计超过160万亿元。资源税、探矿权采矿权价款和资源补偿费累计收入9000亿元。因矿而兴的城市达到240座，矿业从业人员1100余万人。煤炭、十种有色金属、黄金等产量连续多年居世界第一，矿业经济规模不断增长。

（3）矿业秩序加快好转。持续整顿规范了矿产资源开发秩序，开展了全国稀土专项整治等重大行动，强化了规划布局和资源开发整合，矿业投资热潮下开发秩序明显好转。全国矿山数量较规划基期减少3.3万个，其中小型矿山减少2.8万个，大中型矿山比例由7.8%提高到11.6%，违法违规案件总体下降近一半，一批重大矿业纠纷得到协调解决，基本形成规模开发、集约利用、安全生产、秩序良好的资源开发新局面。

（4）资源环境保护水平稳步提高。推进矿产资源补偿费与资源储量消耗挂钩，组织实施矿产资源节约与综合利用专项，40个国家级综合利用示范基地建设成效显著，发布160余项矿产资源节约和综合利用标准。全面实施矿山地质环境治理恢复保证金制度，累计投入矿山地质环境治理资金773亿元，治理恢复面积32.5万公顷。推进661个国家级绿色矿山建设试点，矿业绿色转型升级步伐加快。

（5）国际合作取得新进展。与100多个国家和地区建立矿业合作关系。矿产品贸易保持高速增长，2014年贸易总额达到1.1万亿美元，连续多年占全国商品进出口总额四分之一，2015 年因价格因素下降为 8000 多亿美元，但进出口实物量仍然保持增长。健全境外矿业投资合作支撑服务体系，推动国有企业、地勘单位、民营公司多元投资，与 80 多个国家和地区合作开展能源资源勘查开发。

（6）矿产资源管理逐步规范。坚持简政放权，转变职能，持续推进审批制度改革，完善矿产资源分级分类管理制度。健全矿业权市场交易体系，建成 296 个省级、市级矿业权交易机构。全面实行矿业权有偿取得制度。新疆油气改革试点顺利推进，油气资源领域改革不断深化，页岩气探矿权招标全面推行。坚持阳光行政，完善管理制度，社会主义市场经济条件下的勘查开发监督管理体系基本建立。

1.3 特殊采矿技术基本含义

特殊采矿技术是相对于人们所熟悉的常规采矿工艺的总称。它的特殊性表现在工艺系统和方法不同于一般，或者说它的开采对象比较特殊。

采矿分为普通开采和特殊采矿。绝大部分矿床用普通方法开采。普通开采又分为露天开采和地下开采两大类。露天开采将矿体上覆的岩层剥离，然后自上而下顺次开采矿体。露天矿敞露地表，可以使用大型采矿机械，作业较安全，矿石损失少，贫化率低，生产能力大，采矿成本低，大型贫铁矿床和建筑材料矿床多用此法。当矿体赋存深度大，矿体厚度小，剥离工作量很大，其经济效益低于地下开采或需要保护地表和景观时，则用地下开采方法。赋存条件复杂，工业储量较小的有色和稀有金属矿床多用此法。一些国家在大量发展露天开采后，随着开采深度增大和环境保护要求提高，地下开采有增加的趋势。特殊采矿法包括地下物理化学采矿和海洋采矿等方法。物理化学方法是浸取、溶解或熔融有用成分，将溶液或熔融体自地下举升至地面提取。这类方法投资省、见效快、工作条件好，只适用于铜、铀等某些金属矿物和盐、碱、自然硫等。滨海大陆架上和洋底蕴藏着大量有用矿藏，但洋底的锰结核尚处于试采阶段。特殊采矿法开采的矿产所占比例极小。

特殊采矿学采用有别于常规采矿学的理论知识。常规采矿学理论基础包括地质统计学、工程地质学、数值分析方法、运筹学、近代数学及计算机技术。而特殊采矿学是建立在常规采矿学理论基础之上，还包括地质学、水文地质学、地球化学、物理化学、微生物学、冶金学、渗流力学、流体力学、散体力学、矿物学、热力学等，是一门交叉学科。

1.4 特殊采矿技术研究范畴

特殊采矿法是技术发展到一定阶段的产物，它往往代表着采矿技术的发展方向。同时，特殊采矿法的时代印记十分明显，今天的“特殊”意味着明天的“一般”。

在 20 世纪 80 年代，人们认为难采矿体主要有三类。一种是矿床埋藏在某种特定条件下，如位于江、河、湖泊等地表水体、建筑物或铁路、公路下的“三下”采矿；位于大水岩层中、必须先治水后采矿的大水矿床；位于高海拔地区具有高山效应的高山矿床。另一种是矿床中矿石性质的特殊性所决定的，如有自燃发火倾向的矿床、具有放射性的核原料矿物、需要保护晶体结构的建材非金属矿。还有一种则属于矿山开采过程而引起的，如露天转地下开采、在已结束开采的矿区或矿段再进行采矿的二次开采、在地表千米以下的深部开采等均属于特殊采矿范畴。

随着科学技术的进步，上述技术难题已基本得到解决，有的已不再称为难采矿床。充填技术的应用控制了地表的沉陷，使“三下”开采、二次开采问题相对变得容易。矿床疏干技术、注浆堵漏技术可以在大水矿床中进行经济合理地开采。通风、防火、“三强”开采技术可有效地预防和治理自燃性矿床内的火灾事故。通过合理的生产技术管理措施，露天转地下开采的生产衔接问题已不复存在。深部开采所出现的高应力、高地温、高渗透压问题也正在逐步得到解决。

由于采矿成本的不断上升，以及环境保护力度的不断加大，人们越来越关注溶浸采矿技术。它集采、选、冶技术于一体，大大缩短了生产流程，减少了作业工序，提高了矿山经济效益[6]。它改变了人们传统观念中矿山的形象，不再是一个环境污染的制造者，而成为绿色采矿的化身。借助这一特殊工艺，通过改变化学条件使固体矿物分解成液态并不断地从地下汩汩流出成为现实[7]。因此，溶浸采矿首当被列入特殊采矿法行列。

盐类矿物的共性是能溶于水，不同的盐类矿物溶于水的难易程度不同。利用这一特性，把水作为溶剂注入矿床，将盐类矿物就地溶解，转变为溶液——卤水，然后进行采集与输送，这就是水溶开采。与溶浸采矿的最大区别是，水溶开采使用的是最廉价的溶剂——水或淡卤水，反应更加温和。

海洋是一个巨大的资源宝库，在占地球表面三分之二的海洋中，大约有15%的海底表面覆盖着锰结核[8]。随着人口的不断增长，21世纪将需要更多的矿产资源；随着陆地矿产资源的不断开采日趋枯竭，向海底索取潜在的矿产资源已成为不可抗拒的趋势。海洋采矿与陆地采矿相比具有完全不同的工艺和设备，这涉及海洋地质、潜水机械、扬矿系统、遥感遥测等一系列复杂而又先进的技术及装备。海洋采矿是一项高新技术产业，必须依靠科技进步，特别是海洋与航天等高新技术去调查海洋、开发海洋和保护海洋，才能解决人类当今面临的人口剧增、资源匮乏和环境恶化这三大问题[9]。

砂矿床开采有的文献把它归属于露天开采方法中，原因是砂矿床开采是借鉴露天开采工艺而发展起来的，同时在建材部门的砂卵石矿床中占有重要地位。在砂矿床开采过程中，陆地砂矿床形成了水力机械化开采工艺，水下砂矿床则形成了采砂船开采工艺，这两种工艺与目前露天开采工艺有着明显的区别，砂矿床开采技术已经列入特殊采矿法的范畴。

饰面石材开采发展方向是机械化，但与露天开采主要区别是要实行保护性开采，即尽量沿石材的结构面进行分离、切割，从而避免对石材的破坏，提高饰面石材的等级。在开采工艺中，不采用猛炸药爆破，并形成了机械锯切法和射流锯切法等特色工艺。这些工艺的研究对于金属硬岩矿床开采技术进步都具有一定的推动作用。

月球采矿是完全不同于地球资源开发的技术与设备的有机结合，应该属于特殊采矿范畴。月球上拥有大量的含氧和氢的矿物，可以合成生活用水，并生产火箭燃料，为继续太空旅行提供动力；同时，月球上的百万吨氦-3所含的巨大潜能，足够地球人用上数千年。但月球表面温差大、太阳辐射强、没有空气、昼夜循环时间长、重力小、微陨石的连续轰击以及能见度低等恶劣因素的存在，使采矿难度高于海洋采矿。月球采矿只能建立在地球采矿技术基础之上，应采用高度自动化和遥控的挖掘、装载和运输设备。由于月球采矿研究投资大、周期长、难度大，月球采矿距离我们的生活还为期尚远。目前所提的开采方案仅是一些概念设想，没有具体的进展，还有赖于采矿机器人技术、激光和卫星定位技术、尖端雷达技术、远距离电视和遥测技术的进一步发展。因此，本书不再讲解这些知识。

1.5 特殊采矿技术主要分类

矿产资源依据其所处的环境和性质可分为陆地矿床与水下矿床、硬岩矿床与软岩矿床、金属矿床与非金属矿床、煤矿与非煤矿、能源矿床与非能源矿床、液体矿床与固体矿床。上节提到的五种特殊采矿工艺在开采矿产资源中有时是相互交叉的用于同一类型矿床中。

1.5.1 溶浸采矿法

溶浸采矿是一种集采矿、选矿、冶金于一体的新的采矿理论和采矿方法，是一门涉及地质、地球化学、水文地质、采矿学、湿法冶金学、物理化学、流体力学等多学科交叉的边缘学科，目前国内外溶浸采矿技术已日趋成熟，很多有色金属、贵金属、稀有金属矿床都在逐渐应用溶浸采矿技术，其中最广泛和成功的尤其是铀矿床的溶浸开采，溶浸采矿对低品位矿产资源的开采和环境保护具有重大作用和意义[10]。

溶浸采矿作为从矿石中提取有用金属的一种重要方法，很早就已被人们所使用，但浸矿成为一门独立科学技术仅有百余年历史，而其迅速发展和推广应用，却是近五十年的事情。现代溶浸采矿技术的发展势头依然十分迅猛，例如微生物的利用范围已扩展到石油和天然气的开采、稀有金属、稀土金属、煤矿去硫与瓦斯降解以及水处理等领域。目前，溶浸采矿技术已经发展到海洋锰结核和钴结壳的选冶方面。这些技术都有共同的特点，即包含生物采矿与处理技术。这里着重讲解金属矿溶浸采矿技术：从矿物种类上包括铜、金、铀，从溶浸采矿工艺上主要涵盖地表堆浸、就地破碎浸出和原地浸出。

1.5.2 盐类矿床水溶开采

盐类矿床依据矿体产状分为固体和液体两大类，具有浅埋、松软、产状近似水平、厚度和品位相对稳定等特点。盐类矿床开采方法分为直接采出固体矿石的露天开采法和矿石经固-液转化以液体形态采出的溶解法。露天开采工艺中，轨道式联合采盐机、采盐船工艺可参考砂矿床开采中的采砂船的有关知识。作为特殊采矿法，这里仅讲述盐类矿床水溶开采，也可以作为溶浸采矿的一个特例，内容包括简易对流法、油（气）垫单井对流法、水力压裂法、钻孔热熔法。钻井工艺部分可参考溶浸采矿中的钻井工程知识。

1.5.3 盐湖矿床开采

从盐湖中直接采出盐、以盐湖卤水为原料在盐田中晒制而成盐的生产历史悠久。生产方法因资源情况而异：凡已形成石盐矿床并赋存丰富晶间卤水的盐湖，如中国和俄罗斯的多数盐湖，主要是直接开采石盐；未形成石盐矿床或石盐沉积很少的盐湖，如美国犹他州的大盐湖、印度的桑巴尔盐湖、中国山西省的运城盐池等，需在湖边修筑盐田，引入湖中卤水，日晒成盐；无晶间卤水的干涸盐湖，如澳大利亚的马克利奥特湖，需注水溶制饱和卤水晒盐或直接开采原盐。其原理及操作与海盐基本相同，但盐湖卤水浓度较高，所需蒸发池面积相应地比海盐少[11]。

湖盐开采是以手工或机械方法从盐湖中直接采出石盐的过程。石盐为天然结晶，呈透明、半透明状，氯化钠含量高，结构松散或半松散，矿体呈层状、似层状或透镜体，直露地表，易开采，生产成本和能源消耗低于海盐和井矿盐。中国湖盐开采长期以来都是手工操作，用铁钎捣松覆盖在盐湖表面厚20~30cm、混有泥沙的盐盖，堆集在采坑一侧；再逐层松动盐层，用铁耙将盐粒在卤水中反复洗涤，用带孔铁勺捞出，堆集在采坑的另一侧，每人每天可捞盐3~5t，劳动强度极大。20世纪70年代后期起，逐步实现机械化作业，如内蒙古吉兰泰盐场用联合采盐机采盐，自卸汽车运盐，水力管道输送和堆坨机堆坨；青海茶卡盐场则用联合采盐船采盐，装小火车运输。

盐湖中原来沉积的石盐经采出后，其空间即被晶间卤水所填充，经日晒蒸发，又结晶成盐，每年生成新盐的厚度为20~30cm，盐层更为松散，盐粒细小，氯化钠含量可达95%以上，采出后通过简单的洗涤、脱水、干燥，即符合食盐标准。这种盐通称再生盐。许多盐场既开采原盐，也有计划地开采再生盐，再生盐的开采方法同原盐开采。

湖盐加工指对从盐湖中采出的原盐用不同方法除去所含杂质的过程。盐湖石盐中除主要成分氯化钠外，还含有泥沙、石膏、芒硝等杂质。泥沙可在开采过程中，通过联合收盐机（船）上的洗涤、喷淋工序除去。石膏含量往往随盐层深度而增多，因此开采上部盐层时，针对石膏少、颗粒细的特点，利用水力旋流器的分级和振动筛的筛选作用，使盐与石膏分离。开采中部以下盐层时，则对采出的原盐进行焙烧，使二水石膏脱水成为半水石膏，通过碾钙机的搓碾，使之成为细粉状，经分级机溢流除去。含芒硝的原盐，盐硝不易分离，可利用芒硝析出规律，夏季采盐，冬季捞硝。

值得指出的是，在开采湖盐的同时，必须注重资源保护。盐湖周围多为沙漠、戈壁，长期受自然和人为因素影响，湖周自然生态失去平衡，沙化加剧，流沙不断侵入湖内。因此，在开发盐湖的同时，需在湖的周围造林、育草，扩大植被，以防止沙害。盐湖一般都处干旱地区，开采时揭开盐盖后，晶间卤水裸露，蒸发加快，如果没有足够的水源补给，将导致湖中水位下降，影响长远开发。深入研究补水技术，考虑合理的开采规模，是湖盐开发的一项重要课题。

1.5.4 砂矿床开采

砂矿床具有松散、有碎屑等特点，无需钻孔爆破，采用机械开挖设备即可。陆地砂矿床常采用机械开采、人工开采、水力机械化开采以及联合开采等方法。其中，机械开采设备为采挖掘机、推土机、索斗铲、铲运机等，与金属矿露天开采差别不大。水下砂矿床开采常用机械开采（索斗铲采掘）和采砂船开采。砂矿床开采是采选（粗选）紧密结合的工艺系统，无论采用何种开采法，几乎均涉及到先用湿式重选法进行粗选，然后送入精选厂进行精选。而水力机械化和采砂船法容易实现这一要求，是砂矿床开采的发展方向，尤其采砂船的技术进步可以推动浅海砂矿床乃至海底锰结核开采技术的发展。因此，砂矿床开采一章着重介绍水力机械化开采和采砂船开采。

1.5.5 石材开采

石材开采相对来讲规模较小，机械化程度不高，凿岩劈裂法、凿岩爆裂法应用较为广泛。机械锯切法在规模较大的大理石矿山中得到应用，在花岗岩中还处于试验阶段。射流切割法也处于试验阶段，是石材矿山开采技术的发展方向，尤其是高压水射流技术的发展，将带动地下硬岩矿山机械化程度跃上一个新台阶。

1.5.6 海洋采矿

早在公元前2200年，我国就有从海水中提取食盐的记载；1620年，英国人在苏格兰海岸外浅水中打竖井开采海底煤矿；1898年，美国在加利福尼亚曾利用浅桥连接的木制平台，开采近岸海底石油；1898年，美国在西阿拉斯加诺顿湾诺姆一带海滨开采金沙矿；1906年，泰国在普吉岛和大陆之间的海域开采锡沙矿；1926年，美国通过处理日晒盐的盐卤，第一次从海水中提取镁；1931年，澳大利亚在新南威尔士州和昆士兰州开采海滨锆石和金红石矿；1947年，美国在墨西哥湾首次用离岸的钢导管架平台开采海洋石油，使油气开发有了新的发展。但总的来说，1960年以前，海洋采矿规模较小、范围窄且离岸近。近现代以来，海洋采矿逐渐受到人们的重视，并进行了更详细的勘探和更大规模的开发。

海洋采矿是从海水、海底表层沉积物和海底基岩下获取有用矿物的过程。海洋采矿一般分为以下三个方面：

（1）海水化学元素中含有大量的有用金属和非金属元素，如钠、镁、铜、金、铀和重水等。

（2）海底表层矿床开采，即开采海底基岩以上的沉积矿层或砂矿床。

（3）海底基岩矿开采，即开采存在于海底岩层中和基岩中的矿产。

海洋矿产资源的开发分为海水开发、海底坚固整体矿床开发、浅海松散砂矿床开发以及深海海底矿床开发4类。从海水中提取食盐、镁、铀、以及海水淡化，其中部分工艺将用到离子交换、化学吸附等提取方法，以及溶浸采矿一章涉及的一些基础理论。至于海底坚固整体矿床的开采，可借鉴水下矿体的开采方法，控制海底表面的沉陷，阻止海水的灌入。浅海松散砂矿床开采，多采用采砂船开采，在砂矿床开采一章中叙述。在此，仅详细叙述深海海底矿床（锰结核）的开采方法，内容包括拖斗式采矿船法、潜艇式遥控车开采法、连续绳斗采矿船法、流体提升式采矿法以及集矿机等。

1.5.7 太空采矿

太空资源主要指除地球以外，太阳系中包括月球在内的其他小行星、彗星、行星和其他天体上所蕴藏的矿产资源。它们是许多陨石的母体，其中距地球较近的被称为“阿波罗”的小天体中，直径大于100m的个体就有1000~2000颗。它们中有一些几乎由纯金属组成，除铁以外，有的含有丰富的镍，最高镍含量达65%，要知道地球上最富的镍矿石，仅含镍2%~3%；还有的含钴、铬、锰、铝和金、铂等贵金属[12]。

虽然月球只是亿万星辰中的小小一员，但却并不是一个普普通通永远围绕地球旋转不停的卫星。对人类而言，月球不仅是人类踏足浩瀚宇宙的前哨站，更是人类赖以生存的资源存储仓库。月球上的资源对人类来说价值惊人。月球有丰富的矿藏，据介绍，月球上稀有金属的储藏量比地球还多。月球上的岩石主要有三种类型：第一种是富含铁、钛的月海玄武岩；第二种是斜长岩，富含钾、稀土和磷等，主要分布在月球高地；第三种主要是由0.1~1mm的岩屑颗粒组成的角砾岩。月球岩石中含有地球中全部元素和60种左右的矿物，其中6种矿物是地球没有的。

月球上的玄武岩里钛铁矿的体积占25%，钛有100万亿吨以上。将来人类能直接用这种石头生产水、液氧燃料等资源。地球上稀缺的铀、稀土等，在月球上也相当充足。特别是月球土壤中特有的氦-3，将改变人类社会的能源结构。月球表面土壤中蕴藏着几百万吨氦-3，这是一种高效、清洁、安全的核聚变燃料，1t氦-3所产生的电量足以供全人类使用1年。月球上丰富的硅、铝、铁等资源同样是未来地球矿产资源的巨大储存库[13]。

思 考 题

1-1 哪些矿产资源可利用特殊采矿技术开采？

1-2 应用特殊采矿技术过程中如何注重资源的绿色开发？

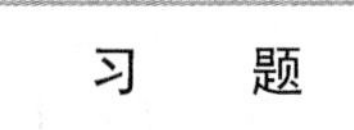

习 题

1-1 在智能化发展方面，特殊采矿技术如何变革？

参 考 文 献

[1] 中华人民共和国自然资源部．全国矿产资源规划（2016~2020）[DB/OL].2016.

[2] 任世赢．我国矿产资源综合利用现状、问题及对策分析 [J]. 中国资源综合利用，2017，373（12）：78~80.

[3] 中华人民共和国自然资源部．中国矿产资源报告（2019）[M]. 北京：地质出版社，2019.

[4] 胡松．紫金铜尾矿中明矾石综合利用技术研究 [D]. 福州：福州大学，2016.

[5] 刘晓慧．从顶层设计上保障我国矿业转型升级——《全国矿产资源规划（2016~2020年）》权威解读 [J]. 青海国土经略，2016（6）：62~64.

[6] 高静．金属矿采矿工业面临的机遇和挑战及技术对策 [J]. 中国金属通报，2020（6）：3~4.

[7] 吴爱祥，王洪江，杨保华，等．溶浸采矿技术的进展与展望 [J]. 采矿技术，2006（3）：39~48.

[8] 赵昱东．瞄准国际先进水平加速发展我国海底锰结核开采技术 [J]. 中国锰业，1993（3）：9~13.

[9] 莫杰．当代海洋高技术发展概况与趋势 [J]. 海洋地质与第四纪地质，1996（3）：137~144.

[10] 王前裕，等．铀矿开采安全与防护 [M]. 长沙：中南大学出版社，2003.

[11] 钟长永．湖泊与盐的开发 [J]. 盐业史研究，2002（2）：11~14.

[12] 马文会．太空采矿不是梦 [J]. 东北之窗，2007.

[13] 傅宏波．走，到月球去！[J]. 观察与思考，2007（7），24~27.

2 溶浸采矿基本理论

2.1 溶浸采矿现状及发展

2.1.1 溶浸采矿历史

溶浸采矿是指在化学反应和物理化学反应的基础上，利用某些化学药剂，有时还借助于微生物的催化作用来溶解、浸出和回收矿床或矿石中有用成分的新型采矿方法[1,2]，主要包括地表堆浸、就地破碎溶浸和原地钻孔溶浸3种类型。

中国是世界上最早开采铜矿资源的国家之一。伴随着青铜冶炼技术的进步，我国铜矿资源回收技术取得了巨大进步[3]。早在先秦时期，我国《山海经·西山经》中便有“石脆之山，其阴多铜”的相关记载；西汉时期，淮南王刘安所著《淮南万毕术》中有“曾青得铁则化为铜”的记述，这是世界上首次有关“胆水浸铜法”的记载，古代胆铜法工艺如图2-1所示。北宋时期的技术水平、生产能力迅速提高，据《宋·文献通考》与《建炎以来系年要录》等文献记载，全国的浸铜矿山达50余处，矿工超过10万人，年产铜金属达几百万斤，占全国总产量37%，领先世界其他国家六百余年。元末明初，《浸铜要略序》中有“用费少而收工博”的记载。明清时期，铜矿生产被封建政府严格限制，浸铜技术革新趋于停滞，逐步被美、英等西方矿业发达国家赶超。

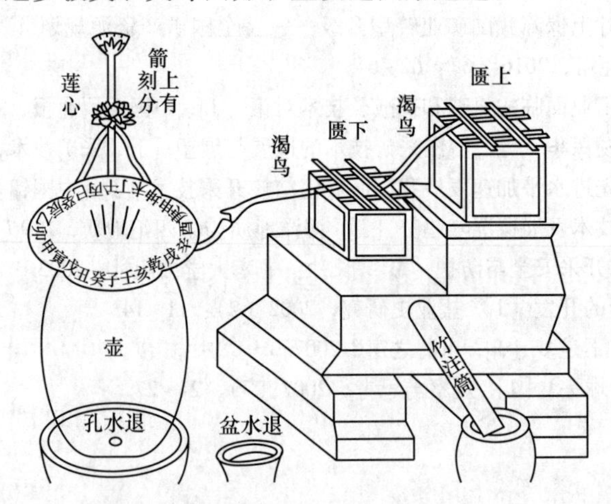

图2-1 西汉时期提出的胆水浸铜法（插图来自《淮南万毕术》）

1949年以来，我国溶浸采矿技术取得了长足的发展。20世纪60年代，安徽铜陵松树山铜矿首次进行溶浸采矿试验，这也是我国第一次在采矿中人工培养和应用细菌作浸矿剂。20世纪60年代末和70年代初，郴县铀矿进行了细菌堆浸试验。我国金矿堆浸试验从1979年开始，1989年全国已有70多个矿山用堆浸进行生产。1991年新疆萨尔布拉克110

千吨级矿产堆浸成功，平均品位 3.62g/t，总回收率为 87.75%，为我国大规模堆浸设计、建设和生产管理提供了经验。我国就地破碎浸出法的应用开始于 1963~1965 年的安徽铜官山松树山铜矿。浸出地段为老采区，淋浸区自地表至集液阶段最高 70m，长 310m，淋浸面积 4000m^2，属于硫化矿床氧化带，含铜品位为 0.2%~0.5%。1969~1971 年间，核工业第八研究所与衢州铀矿合作进行了 3000t 级的就地破碎浸矿工业试验，回收金属铀 1380kg，回收率达 82.2%。我国原地浸出采矿起步较晚，自 1968~1969 年间，原核工业部第六研究所等科研机构在广东、东北、云南进行了原地浸出采铀的试验，于 1987 年试验成功，目前，又在新疆取得了突破性进展，已建成了多座地浸铀矿山。

在国外，溶浸采矿技术可追溯到 16 世纪，匈牙利人从矿坑水中提取铜。1880 年美国开始在蒙大拿州波约特矿的矿坑水中提取海绵铜，其后美国的溶浸采矿事业发展迅速。1947 年，Colmer 与 Hinkle 首先发现矿坑水中含一种可将 Fe^{2+} 氧化为 Fe^{3+} 的细菌，称之为氧化亚铁硫杆菌，被认为是细菌浸出的标志[4]。美国肯尼柯特（Kennecott）铜矿公司的犹他（Utah）矿，首先利用该菌渗滤浸出硫化铜矿床获得成功，1958 年取得这项技术的专利，这是第一个有关细菌浸出的专利。1961 年，美国在内华达州建成全球首个科特茨黄金堆浸厂，1967 年美国推出“制粒堆浸”技术，解决了含泥量多、浸堆渗透性差的难题[5]。1977 年美国 Holmes &Narver 公司开发了一种叫作“薄层浸出”的方法，1987 年，Wade 公司的滴灌布液系统在罗切斯特金矿应用，克服了常用的喷淋器喷洒布液的缺点。2002 年，国外一家公司开发了 GEOCOAT® 生物浸出工艺，就是将黄铜矿精矿的矿浆直接喷在普通岩石块后再堆浸，并进行接种细菌，大大降低了生产成本，使堆浸技术延伸至黄铜矿精矿的细菌处理上。

在堆浸法的基础上[6,7]，国外从 20 世纪 60 年代开始了就地破碎浸出法的相关研究，20 世纪 70 年代初陆续在部分铜、铀矿山得到应用。法国克鲁齐剥山区勃鲁若矿用的就是就地破碎浸出法回采贫花岗岩型铀矿，用硫酸进行周期性淋浸，浸出效果良好，回收率达 60%。20 世纪 70 年代初，美国内华达州毕克迈克铜矿采用了就地破碎浸出，日回收铜 2180 kg，回收率达 70%，经济效益显著。

自 1957 年利文斯顿从石油工业液体流动的基本原理得到启示后，开始原地浸出采矿研究工作，美国、法国、苏联、澳大利亚和加拿大等国相继开展了大量研究，应用于铀、铜、金、银等矿床。其发展可以大致分为三个阶段：第一阶段是研究改进地浸方法的建议阶段，这一阶段从 20 世纪 50 年代中期到 1978 年，其主要特点是了解地浸的可行性问题；第二阶段从 1978 年到 1984 年，主要内容为基本原理和地浸机理的研究，同时配合取样试验研究，进行小型和扩大试验；第三阶段是地浸工艺流程更为完善，浸矿方法进入工业性试验阶段。

2.1.2 溶浸采矿应用现状

当前，国内外溶浸采矿技术已日趋成熟，经过几十年的不断研究，溶浸采矿取得了丰硕成果。溶浸采矿技术浸出规模越来越大，从数千吨发展到百万吨；处理品位越来越低，废石、尾矿已成为处理的对象；浸出矿种越来越多，已在铜、金、铀、稀土、锌、镍、锰等有色、稀有、黑色金属的开采中广泛应用，图 2-2 为硫化铜矿石堆浸工艺流程图。

作为一种低成本、高效率、绿色的采矿技术，溶浸采矿技术被广泛应用于次生硫化铜矿等复杂多金属铜矿的开采作业，已在美国、澳大利亚、中国、南非、加拿大、印度和智利等国家取得了广泛的工业应用。

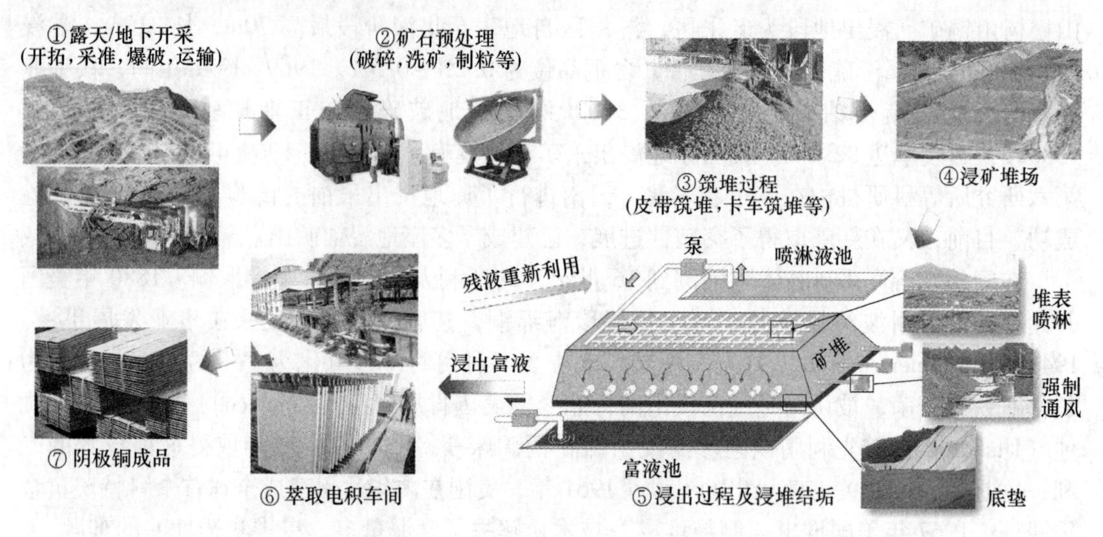

图 2-2　低品位铜矿微生物浸出的工业化流程（以堆浸为例）

溶浸采矿涉及多重因素共同作用，主要包括：化学、岩石（矸石）化学、溶液在矿堆中的流动、空气在矿堆中的流动（渗滤浸出）、矿堆中流动所需孔隙、矿石（岩石）微孔隙率、普通化学扩散作用下尽头微孔内的传输、金属矿物回收工艺与操作及其对浸出提取的影响、环境控制、溶液流失、盐水化学、太阳蒸发池工程和土地复垦。

当前，全球超过四分之一成品铜的获取依赖该技术。以美国为例，如表 2-1 所示，金、银、铜等多种金属，钾碱等非金属矿物浸取依赖溶浸采矿技术。

表 2-1　溶浸采矿技术在美国几种金属/矿物开采中所占的比重

金属/非金属矿物	产量占比/%	金属/非金属矿物	产量占比/%
金	35	钾碱	20
银	25	天然碱	20
铜	30	硼	85
铀	75	镁	35
普通盐	50		

自溶浸采矿技术提出以来，我国相关专家学者开展了大量科研攻关与实践工作，据不完全统计，我国已有数十个低品位铜矿探索或成功应用了生物浸铜技术，见表 2-2[8]。其中，尤以紫金山铜矿、德兴铜矿等矿山研究与应用最具代表性，达到了国际一流水平。

表 2-2　我国低品位铜矿溶浸采矿技术的主要探索与应用（不完全统计）

矿山名称	地点	矿物特征	主要特点
德兴铜矿	江西德兴	原生硫化铜为主，含 Cu 0.30%	始建于 1965 年，自 1979 年开始使用生物浸出技术，1997 年建成生物废石浸出厂，铜浸出率为 30%，年产阴极铜 2000t

续表 2-2

矿山名称	地点	矿物特征	主要特点
羊拉铜矿	云南迪庆	氧化铜为主，含孔雀石 0.36%，硅孔雀石 0.29%，辉铜矿 0.29%，Cu 1.01%	利用 *Providencia* sp. JAT-1 开展碱性细菌浸矿研究；初始 pH 值 8，初始温度为 30℃，浸矿 156h 后铜浸出率达 54.5%
紫金山铜矿	福建上杭	低品位硫化铜矿为主，含 Cu 0.38%	采用萃取-电积生物堆浸技术，2006 年，建成年产铜矿 20000t 堆浸厂
官房铜矿	云南临沧	次生硫化铜矿为主，含 Cu 0.9%	2003 年建成生物堆浸厂，处置原生及次生硫化铜矿
中条山铜矿	山西运城	含次生硫化铜 59.1%，自由氧化铜 37.4%，Cu 0.65%	地下原位破碎浸出，生物浸出与酸浸结合，2000 年年产铜 500t
铜官山铜矿	安徽铜陵	含 Cu 0.9%	自 1965 年实验地下生物浸出，1980 年铜回收率达 95%，2003 年停产
大宝山铜矿	广东韶关	原生及次生硫化铜占总量 90%，含 Cu 1.06%	利用大宝山铜矿分离出的 *Thiobacillus ferrooxidans* 菌，进行生物废石堆浸
玉龙铜矿	西藏江达	含次生硫化铜矿 28.95%，原生硫化铜 35%，Cu 2.75%	氧化铜矿及硫化矿的萃取-电积生物堆浸厂地处西藏高海拔地区（4569～5118m）；其中，硫化矿中的铜回收率超过 80%
阿舍勒铜矿	新疆哈巴河	含 Cu 2.43%	2004 年 7 月，生物堆浸厂建成并使用，铜浸出率达 80%
永平铜矿	江西上饶	含原生硫化铜 65.6%，Cu 0.32%	我国第二大露天矿，始建于 1984 年，自 20 世纪 90 年代，利用生物浸出回收低品位铜矿和废石
赛什塘铜矿	青海兴海	硫化铜矿与氧化铜为主，含 Cu 0.83%	地处青藏高原的高海拔地区（3450m）；开展高寒-低氧含量环境下的生物浸出实验
东川铜矿	云南东川	含硫化铜矿 33%，氧化铜矿 41%，Cu 0.9%～1.5%	始建于 20 世纪 60 年代，顺利开展了工业级的生物浸出实验
冬瓜山铜矿	安徽铜陵	黄铜矿为主，主要浸矿细菌为 *A.f*（CUMT-1 & ZJJN-3），含 Cu 0.94%～1.06%	利用 *Acidithiobacillus ferrooxidans* 和 *Acidithiobacillus thiooxidans* 开展黄铜矿浸出实验
金川铜镍矿	甘肃金川	含原生硫化铜 69.8%，自由氧化铜 20.6%，次生硫化铜 8%，Cu 0.44%	生物浸出探索自 2006 至 2009 年运行，镍铜钴多金属联合浸出，40 天后铜浸出率达 93.48%
东乡铜矿	福建福州	含黄铜矿 1.01%，辉铜矿 0.33%，Cu 1.34%，黄铁矿 11.48%，Fe 30.05%	采用原生硫化铜地下破碎原位浸出技术，高硫、高铁矿石
云浮铜镍矿	广东梅州	我国第一大 FeS_2 矿山	多细菌联合浸出探索，含 *Betaproteobacteria* 47.75%，*Gammaproteobacteria*（37.84%）为主
萨热克铜矿	新疆乌恰	含次生硫化铜矿（黄铜矿，辉铜矿等），Cu 1.34%	开展生物浸出工业级实验，经 155 天后，铜浸出率达 93.77%
多宝山铜矿	黑龙江嫩江	含原生硫化铜（黄铜矿为主），Cu 0.51%	开展浸出实验，经 326 天后，铜浸出率仅为 15.5%，大量 $CaSO_4$ 导致板结，钝化现象严重
大冶铁矿	湖北大冶	含硫化铜 32.3%，自由氧化铜 26.3%，Cu 0.35%	低品位废石堆浸，高氧化性，高泥，经 80 天浸出试验，铜浸出率达 83.97%
中卫铜矿	宁夏中卫	含次生硫化铜 59.38%，原生硫化铜 37.5%，Cu 0.32%	开展工业试验，经 315 天后铜浸出率达 83.03%，板结严重，产生大量 $CaSO_4$
哈密铜镍矿	新疆哈密	硫化铜矿为主，含 Cu 3%	含锰低品位硫化铜矿，开展铜镍生物浸出实验，铜浸出率达 32.6%

2.1.3 溶浸采矿发展前景

对于我国而言，我国西部10省（区）矿产资源丰富、品种齐全。在全国已探明储量的156种矿产中，西部地区有138种，其保有储量潜在总值达61.9万亿元，占全国总量66.1%。西部地区探明储量占全国总储量一半以上的有色金属种类有镍（90%）、锡（69%）、锑（69%）、锌（64%）、铅（56%）和铜（50%）。西部除了有色金属矿产资源丰富外，还具有矿床大、矿石品位高、多种有价元素共生的特点，如：西藏玉龙铜矿金属探明储量630万吨，云南兰坪铅锌矿金属储量超1000万吨，新疆阿舍勒铜矿铜品位为2.4%，是国内最富的大型铜矿床之一。此外，青海风火山盆地首次发现沉积型铜矿，预估资源量可达百万吨以上；4个大型铜矿床在西藏雅鲁藏布江地区探获，预计铜资源量为亿吨；贵州西部、滇东北、四川有望在玄武岩中找到超大规模铜矿带。

然而，西部矿产资源开发受到各种条件制约，主要包括五个方面：自然条件恶劣；水资源严重短缺；交通、通信等基础设施差；矿产资源开发设备、开采方式和生产工艺落后；矿产资源调查评价程度低，许多矿产资源因地质勘探精度低而尚难开发利用。因此，必须采取新的开采技术，以适应西部高寒、干旱、缺氧的自然条件，降低生产成本、尽早开发勘探精度低的矿产资源，避免传统开采方法带来的环境污染、资源浪费等局面。

溶浸采矿技术是一种新型无污染、低成本、能够回收赋存条件较差的低品位矿体的开采方法，与常规的开采方法相比，溶浸采矿法具有以下优点：

（1）基建费用少，设备简单，成本较低，建矿速度快，容易实现自动化。

（2）能源消耗量较低。

（3）劳动条件好，作业安全。

（4）对环境污染较少。

（5）能较充分回收矿产资源。

此外，原地溶浸方法有望在大量的沉积型砂岩铜矿开采中获得技术突破，管道浸出方法在二次回收尾砂的有用成分中将有用武之地，地表管注法浸出技术可用于经济合理地回收低品位矿石和废石中的金属元素。

2.2 金属矿石浸出原理

2.2.1 化学浸矿机理

金属矿化学浸出主要取决于溶质扩散速度和化学反应速度。其中，浸出过程中的液-固相反应间溶质传递与反应至关重要，总结而言主要有以下三种情况：

（1）生成产物可溶于水，固体颗粒的外形尺寸随反应逐渐减小直至完全消失，此类反应与无固体产物层的气-固相反应类似，可以用“未反应核收缩模型”描述；（2）生成产物为固态并附着在未反应核上，此类反应与有固体产物层的气-固相反应类似，原则上可以采用类似的动力学模型处理；（3）固态反应物主要分散嵌布在惰性脉石的基体中（如块矿的浸出），由于脉石基体一般都有孔隙和裂纹，液相反应物可以通过这些孔隙和裂纹扩散到矿石内部，致使浸出反应在矿石表面和内部同时反应。现以第三种情况为例介绍矿块浸出动力学模型。

1974 年，R. L. Brown 提出了“反应区域模型”，认为矿块中存在已反应区、反应区和未反应区，溶浸液经孔隙由外及内进入矿石颗粒内部，如图 2-3 所示。

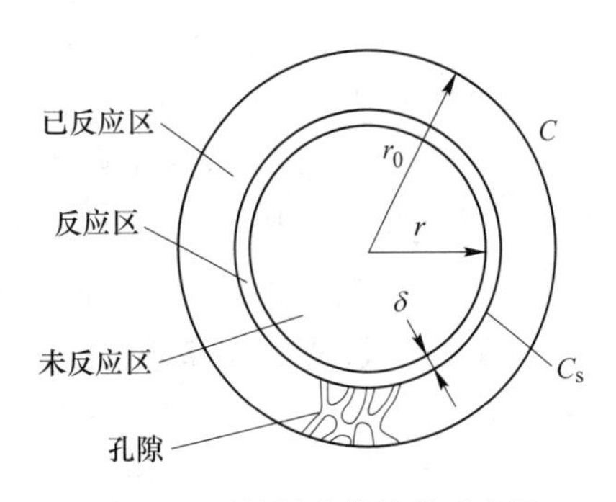

图 2-3 矿块浸出收缩核示意图

反应区内反应速率可表示为

$$-\frac{dn}{dt}=\frac{4\pi r^2\delta}{\varphi}n_p kC_s \tag{2-1}$$

式中，n 为可浸出矿物物质的量；k 为矿物浸出速率常数；C_s 为溶浸剂在反应区内平均浓度；δ 为反应区厚度；n_p 为单位岩石体积中矿物颗粒的数目；φ 为对矿块与反应区形状偏离球体与球面进行校正的集合因素。

溶浸剂扩散穿过孔隙进入反应区的扩散速度可表示为

$$\frac{dn}{dt}=\left(\frac{4\pi r^2}{\varphi}\right)\left(\frac{D'f}{b}\right)\left(\frac{dC}{dr}\right) \tag{2-2}$$

式中，D'为溶浸剂在已反应区内的有效扩散系数；C 为溶浸剂在溶液中的浓度；b 为浸出反应式中的计量系数；f 为矿石的孔隙率。

假设 $B=\frac{3\rho_r\delta k}{r_p\rho_p}$，矿块品位 $G=\frac{\delta n_p r_p\rho_p}{3\rho_r}$，$n=\frac{4}{3M}\pi r^3\rho_r G$，$\alpha=1-\frac{r^3}{r_0^3}$，矿块浸出率与时间关系为

$$1-\frac{2}{3}\alpha-(1-\alpha)^{2/3}+\frac{\beta'}{Gr_0}[1-(1-\alpha)^{1/3}]=\frac{\gamma}{\varphi Gr_0^2}t \tag{2-3}$$

$$\beta'=\frac{2Dfr_p\rho_p}{3b\rho_r\delta k}\times\frac{2Df}{bB}$$

$$\gamma=\frac{2MDfc}{\rho_r b}$$

式中，r_p 为矿物颗粒的平均半径；r 为矿物颗粒的半径；r_0 为矿物颗粒的初始半径；ρ_p 为矿物颗粒的密度；ρ_r 为岩石脉石的密度；M 为被浸物质的相对分子质量（相对原子质量）；α 为矿块浸出率。

以硫化铜矿为例，对化学反应过程进行简要介绍。依据矿石种类不同，可将化学浸出过程主要分为以下几种。

（1）辉铜矿（Cu_2S）。辉铜矿的化学浸出过程分为两个阶段：

1）第一阶段，生成铜蓝等物质。这一阶段包含多个多价态铜硫化物的转化过程，常温环境下反应十分迅速，反应活化能较低（96346kJ/mol），该阶段的化学反应速度与扩散速度直接相关，与溶液中 Fe^{3+}浓度成正比，对于温度影响不敏感。第一阶段化学反应方程式如式（2-4）所示。

$$Cu_2S+0.8Fe^{3+}\longrightarrow 0.4Cu^{2+}+0.8Fe^{2+}+Cu_{1.6}S \tag{2-4}$$

2）第二阶段，生成单质硫。常温条件下该反应十分缓慢，反应活化能较高（98kJ/mol），该阶段的化学反应速率受化学反应速度控制，对温度与电位影响十分敏感，在高温度和高

电位条件下，反应速率会明显加快。第二阶段化学反应方程式如式（2-5）所示。

$$0.6Cu_2S + 2.4Fe^{3+} \longrightarrow 1.2Cu^{2+} + 2.4Fe^{2+} + 0.6S^0 \tag{2-5}$$

总体化学反应方程式如式（2-6）所示：

$$Cu_2S + 4Fe^{3+} \longrightarrow 2Cu^{2+} + 4Fe^{2+} + S^0 \tag{2-6}$$

（2）黄铜矿（$CuFeS_2$）。总体而言，黄铜矿的氧化浸出十分复杂，产生了多硫化物等多类中间产物，基本需要经历以下三个步骤[9]：

1）氧化阶段，将 Cu 和 Fe 释放到溶液中以及将单硫化物（S^{2-}）聚合成多硫化物 S_n^{2-}；2）还原阶段，将表面 S^{2-} 和其他短链多硫化物重整；3）氧化重组以形成结晶元素硫（S^0）。

总体反应的基本方程式如式（2-7）所示：

$$CuFeS_2 + 4Fe^{3+} \longrightarrow Cu^{2+} + 5Fe^{2+} + 2S^0 \tag{2-7}$$

黄铜矿的缓慢浸出主要归因于黄铜矿在浸出过程中形成的薄（小于 1μm）富铜表面层的钝化物质。该层被认为是多硫化铜 CuS_n，其中 $n>2$。此外，低温（110℃）下的浸出动力学最终由多硫化铜浸出的速率控制[10]。

（3）氧化铜矿。氧化铜矿（如：胆矾 $Cu_4SO_4(OH)_6$）可直接被硫酸溶液直接浸出，无 Fe^{3+} 还原反应发生，反应速率较快，以胆矾为例，氧化铜矿浸出过程的反应方程如（2-8）所示：

$$Cu_4SO_4(OH)_6 + 3H_2SO_4 \longrightarrow 4CuSO_4 + 6H_2O \tag{2-8}$$

2.2.2 微生物浸矿机理

在 20 世纪 50 年代，人们首次发现浸矿细菌。自此，细菌-矿物的作用机理一直是科研人员力图解决的难题。浸矿过程同时涉及物理反应和化学反应，由于矿石成分复杂、反应物质交换频繁和浸矿微生物参与，浸矿机理不明确。溶浸液在矿石表面滞留受到溶液和矿石的物理性质，包括形状、附聚、大小和润湿性（接触角）等因素的影响。

1964 年，Z. Sadowski 等[11] 提出了直接-间接作用机理，包括直接作用、间接作用。此外，尹升华等[12] 认为浸矿菌与矿石作用是复合作用；余润兰等[13] 探究了矿石表面微生物与作用机理，以及生物胞外多聚物（extracellular polymeric substances，EPS）特性等。

2.2.2.1 直接作用机理

微生物体的表面具有许多化学官能团，因而可以吸附在矿物表面。细菌吸附在矿物表面以后通过酶（如铁氧化酶、硫氧化酶等）的作用直接氧化硫化矿物并从中获得能量，同时，矿物晶格逐渐溶解并释放金属离子，如图 2-4 所示。

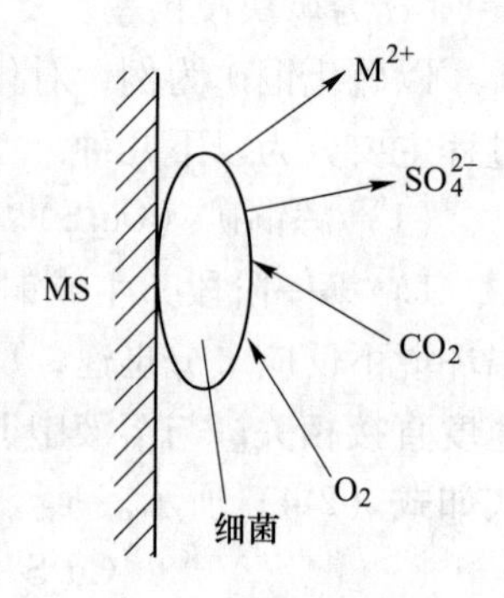

图 2-4 直接作用机理示意图

Sutton 等人（1963）和 Duncan（1964）等人均发现，在未加入 Fe^{2+} 条件下，细菌也可浸出辉铜矿和铜蓝。用细菌浸出 $CuFeS_2$ 时，预先向浸出体系中加入 Fe^{2+}，反而不利于 $CuFeS_2$ 浸出，这一现象说明 $CuFeS_2$ 的氧化溶解，是细菌对 $CuFeS_2$ 的直接浸蚀的结果。细菌存在条件下，黄铁矿 FeS_2、黄铜矿 $CuFeS_2$、辉铜矿 Cu_2S 等矿物浸出反应，如式（2-9）~式（2-16）所示。

$$4FeS_2 + 15O_2 + 2H_2O \xlongequal{细菌} 2Fe_2(SO_4)_3 + 2H_2SO_4 \tag{2-9}$$

$$4CuFeS_2 + 17O_2 + 2H_2SO_4 \xlongequal{细菌} 4CuSO_4 + 2Fe_2(SO_4)_3 + 2H_2O \tag{2-10}$$

$$2Cu_2S + O_2 + 2H_2SO_4 \xlongequal{细菌} 2CuS + 2CuSO_4 + 2H_2O \tag{2-11}$$

$$CuS + 2O_2 \xlongequal{细菌} CuSO_4 \tag{2-12}$$

$$2AsFeS_2 + 7O_2 + 2H_2O \xlongequal{细菌} 2FeAsO_4 + 2H_2SO_4 \tag{2-13}$$

$$2MoS_2 + 9O_2 + 6H_2O \xlongequal{细菌} 2H_2MoO_4 + 4H_2SO_4 \tag{2-14}$$

$$2CuSe + O_2 + 2H_2SO_4 \xlongequal{细菌} 2CuSO_4 + 2H_2O + Se^0 \tag{2-15}$$

$$Sb_2S_3 + 6O_2 \xlongequal{细菌} Sb_2(SO_4)_3 \tag{2-16}$$

要说明细菌浸矿的直接作用，首先应证明细菌在矿物表面的吸附。Escobar 和 Jedlicki 等人应用放射学[14]，Poglazova、Mitskevich 等运用光谱荧光分析[15]，Bennett、Karan 等人应用 C14 蛋白质固定等不同方法，首先研究了 *T.f* 菌在矿物表面上的吸附及吸附特征。Fernandez 等人应用荧光显微镜和高效液相色谱，通过测定溶液中及吸附于矿物表面上 *T.f* 菌的数量，来说明细菌在浸矿中的作用[16]。Jerez、Arredondo 采用免疫荧光分析技术等生物化学方法研究了不同菌株在矿物表面上的作用[17]，证实了 *T.f* 菌的吸附作用，并且，细菌吸附会导致矿物颗粒表面产生凹痕，Hansford 和 Drossou 研究认为凹痕尺寸与细菌大致相同，进一步验证了细菌直接作用。

2.2.2.2 间接作用机理

间接作用是指通过细菌的代谢产物，如硫酸高铁、硫酸及其他有机酸、过氧化物等，溶解矿石，释放金属离子的过程，浸出原理如图 2-5 所示。

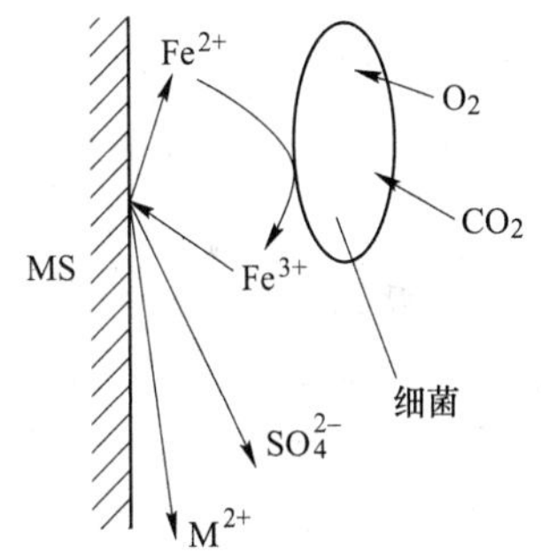

图 2-5 间接作用机理示意图

Brierley 认为虽然细菌可直接分解矿物，但是，由细菌氧化产生的 Fe^{3+} 是硫化矿浸出的关键环节[18]，McDonald 等人[19]研究了 Fe^{3+} 对黄铜矿的氧化浸出，认为 Fe^{3+} 对黄铜矿具有较好的浸出作用，但浸出过程会产生元素硫和铁矾，覆盖在矿物颗粒表面阻碍浸出。

$$4FeSO_4 + O_2 + 2H_2SO_4 \xlongequal{细菌} 2Fe_2(SO_4) + 2H_2O \tag{2-17}$$

$$2S + 3O_2 + 2H_2O \xlongequal{细菌} 2H_2SO_4 \tag{2-18}$$

$$2FeS_2 + 2Fe_2(SO_4)_3 = 6FeSO_4 + 4S^0 \tag{2-19}$$

$$CuFeS_2 + 2Fe_2(SO_4)_3 = CuSO_4 + 5FeSO_4 + S^0 \tag{2-20}$$

2.2.2.3 间接-接触间接-直接复合作用

浸出体系中的细菌部分吸附在矿石表面上，部分细菌在溶液中游离，吸附细菌视其在矿石中的吸附位置可分为两类：一类是吸附在矿石表面固体产物上；另一类是吸附在未反应区域上。当浸出体系存在大量 Fe^{2+} 时，主要以间接作用为主；当 Fe^{2+} 较少时，主要以直接作用为主。

具体而言，当浸出体系存在大量 Fe^{2+} 时，游离细菌氧化 Fe^{2+} 获取能量，吸附在浸出产物层上的细菌由于不能通过氧化硫化矿物获取能量，只能氧化 Fe^{2+} 以维持生存，因此，两者共同产生大量 Fe^{3+}，Fe^{3+} 通过扩散作用进入矿石反应区，氧化金属硫化物，同时生成 Fe^{2+} 扩散进入溶液又被氧化，如此循环逐渐浸出硫化矿石，其中主要以细菌的间接-接触间接作用为主。当浸出体系存在少量 Fe^{2+} 时，硫化矿只能通过细菌的氧化作用才能溶解，因此主要以细菌的直接作用为主。图 2-6 为间接-接触间接-直接复合作用示意图。

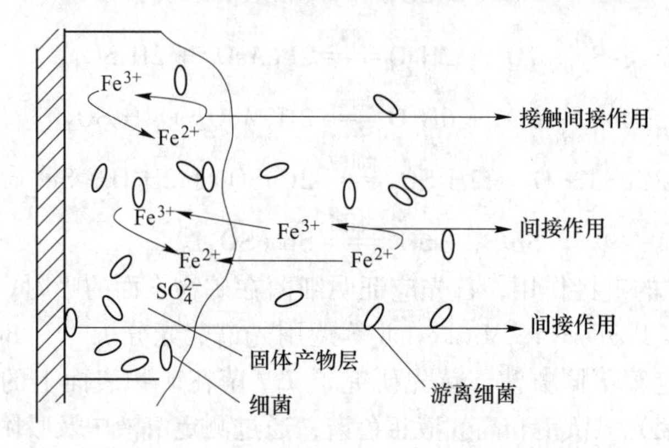

图 2-6 间接-接触间接-直接复合作用示意图

2.2.3 影响浸矿效率的主要因素

2.2.3.1 生物因素

A 浸矿菌群及其演化

浸矿细菌，是低品位难选铜矿高效浸取的重要前提。由于浸矿细菌的多样性与不可知性，使得高效浸矿细菌的获取、分离、改性与富集等成为生物浸出领域关注的热点与难点[20]。当前，基因芯片技术因其独特的优势已被广泛应用于微生物群落结构与功能的研究中[21]。比如：通过比较 16SrRNA 和 *gyrB* 基因对微生物群落多样性的分析，揭示了 *gyrB* 基因在微生物群落结构研究中能够提供更精确的信息，其更能反映微生物群落的本质。目前，已能实现利用包含 16SrRNA 和功能基因探针的 500mer 寡核苷酸基因芯片，来监控酸性矿坑水环境和生物浸出系统中的嗜酸性微生物的群落组成、结构、动力学和功能活动等。

通常而言，按生长环境差异，浸矿细菌可分为酸性浸矿细菌与碱性浸矿细菌两种，按细菌耐温性，又分为中温菌（25～35℃），高温菌（35～50℃）和极端嗜热菌（60℃以上）[22]；细菌培养基按化学因素分为天然培养基、组合培养基、半组合培养基三种。当前，大量浸矿细菌已被成功获取并被应用于全球铜矿生物浸出过程，见表 2-3[23]。

表 2-3 世界范围内已分离获得的浸铜细菌（不完全统计）

细菌种类	NCBI 编号	菌种采样位置及国家
Acidithiobacillus ferrivorans CF27	CCCS00000000	某铜钴矿的酸性矿坑水，美国
Acidiplasma sp. MBA-1	JYHS00000000	某铜矿浸出反应器，俄罗斯
Acidiplasma cupricumulans BH2	LKBH00000000	某硫化铜矿，缅甸

续表 2-3

细菌种类	NCBI 编号	菌种采样位置及国家
Ferrovum sp. JA12	LJWX00000000	某硫化铜矿矿坑水，德国
Ferrovum sp. Z-31	LRRD00000000	某铜矿酸性矿坑水，德国
Acidithiobacillus thiooxidans Licanantay	JMEB00000000	某铜矿，智利
"*Ferrovum myxofaciens*" P3G^T	JPOQ00000000	某铜矿矿坑水，英国
"*Acidibacillus ferrooxidans*" DSM 5130^T	LPVJ00000000	某低品位黄铜矿矿坑水，巴西
*Ferrimicrobium acidiphilum*DSM 19497^T	JQKF00000000	某铜矿矿坑水，英国
Leptospirillum sp. Sp-Cl	LGSH00000000	某铜矿，智利
Sulfobacillus thermosulfidooxidans Cutipay	ALWJ00000000	某铜矿渗滤液，智利
Acidithiobacillus ferrooxidans	(4664533.3)#	德兴铜矿，中国
Sulfobacillus thermosulfidooxidans DSM 9293^T	(2506210005)*	某自热矿床，哈萨克斯坦
Acidithiobacillus ferrooxidans ATCC 53993	NC_011206	某铜矿，亚美尼亚
Acidithiobacilluscaldus SM-1	NC_015850	微生物资源前期开发国家重点实验室，中国

B 是否通风

通风主要影响因素是堆内氧含量，氧气是生物浸出过程中必不可少的参与者[24]。无论是浸出过程中的氧化反应，还是浸矿微生物的生长繁殖，均离不开氧气和二氧化碳，因此堆内氧气浓度成为制约硫化矿物浸出反应速率的重要因素[25]。

通常而言，氧气进入矿岩散体堆内部，主要通过两种途径：

（1）分子扩散，氧气分子在扩散作用下溶入溶液当中，随溶液渗流而进入矿堆，此外，在非饱和渗流情况下，假设堆内气相连续，氧气则能通过扩散作用进入堆内。

（2）空气对流，在气压差作用下，空气通过对流作用进入矿堆内部，氧气则随着空气的流动而进入矿堆，氧气在这种途径的作用下传输速度较快。

渗透性差的矿堆，其透气性也差，气体流动阻力大，导致空气难以经对流过程进入堆内，氧气只能通过缓慢的分子扩散作用进入矿堆，导致堆内氧气浓度偏低。图 2-7 所示为瑞典某矿石堆内氧气浓度，距离堆顶 12m 以下的氧浓度仅为地表的 25%[26]。

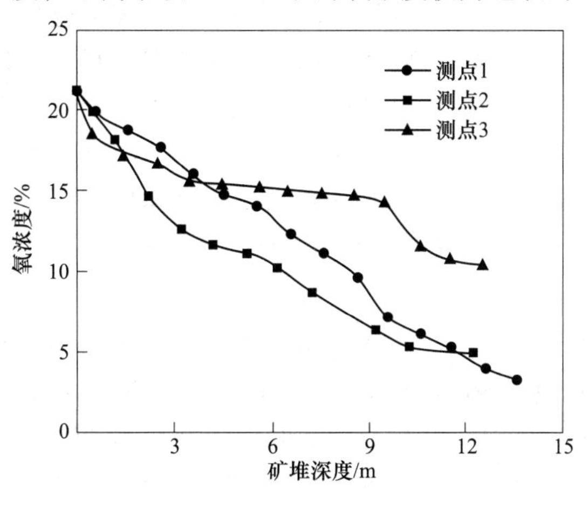

图 2-7 瑞典某矿石堆矿堆深度与氧浓度关系

C 环境温度

温度对浸出过程有重要的影响作用，浸矿细菌的生长繁殖和浸矿效率对温度也较为敏感。硫化矿物浸出反应伴随着热量的产生，堆内各处的浸出反应速率不同，因此热量放出率不相同。此外，热量在堆内传导、辐射过程也不相同，导致温度分布不均匀。

特别地，对于黄铜矿生物浸出过程中的第二阶段，铜浸出率对浸出环境温度的响应异常敏感。已有研究表明，当反应温度升高时，第二阶段反应速率迅速增加；相反，常温环境下反应速率十分缓慢，甚至停滞。图 2-8 所示为加拿大某废石堆内硫化矿物发生氧化反应，产生大量热，堆内温度分布不均衡，局部温度超过 60℃，严重影响细菌活性和浸出效果[27,28]。

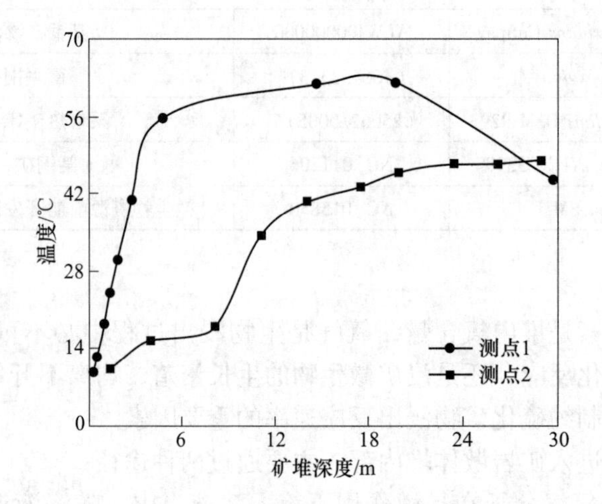

图 2-8 不同矿堆深度与温度的变化关系

2. 2. 3. 2 化学因素

A 溶液 pH 值

溶液 pH 值直接影响胞外多聚物等矿石浸出反应产物，决定浸矿后期“钝化现象”出现的时间和影响程度[29]。在培养条件下控制 pH 不同时对氧化亚铁硫杆菌的生长代谢以及产生胞外多聚物的量有显著的影响，但是胞外多聚物的主要成分受环境的影响与此不同。

在培养条件下，细菌产生胞外多聚物的主要成分多糖的量不仅与环境因素有关，而且与自身的生长代谢能力有关。例如，环境中酸度越强，细菌产生的胞外多糖越多，细菌在环境中生长代谢旺盛，也会产生一定量的胞外多糖。如图 2-9 所示，氧化亚铁硫杆菌浸出黄铜矿过程中，控制浸矿体系不同 pH 值条件对浸出体系中细菌浓度、氧化还原电位、浸出总铁离子浓度和浸出铜离子浓度等重要参数有显著影响[30]。

B 离子浓度

以硫化铜矿生物浸出为例，Fe^{3+}和Fe^{2+}是参与有价金属浸出的重要金属离子[31]，如图 2-10 所示。*A. f* 菌（*Acidithiobacillus ferrooxidans*）和 *L. f* 菌（*Leptospirillum ferrooxidans*）等铁氧化菌在矿物的浸出过程中一直起着主导的作用，是 Fe^{3+} 生成的基础，而 *A. t*（*Acidithiobacillus thiooxidans*）等硫氧化菌主要用于氧化各种硫的中间产物，如单质硫。

它们在浸出过程中的作用具体如下：（1）Fe^{2+} 由铁氧化菌或部分由氧气（无铁氧化菌

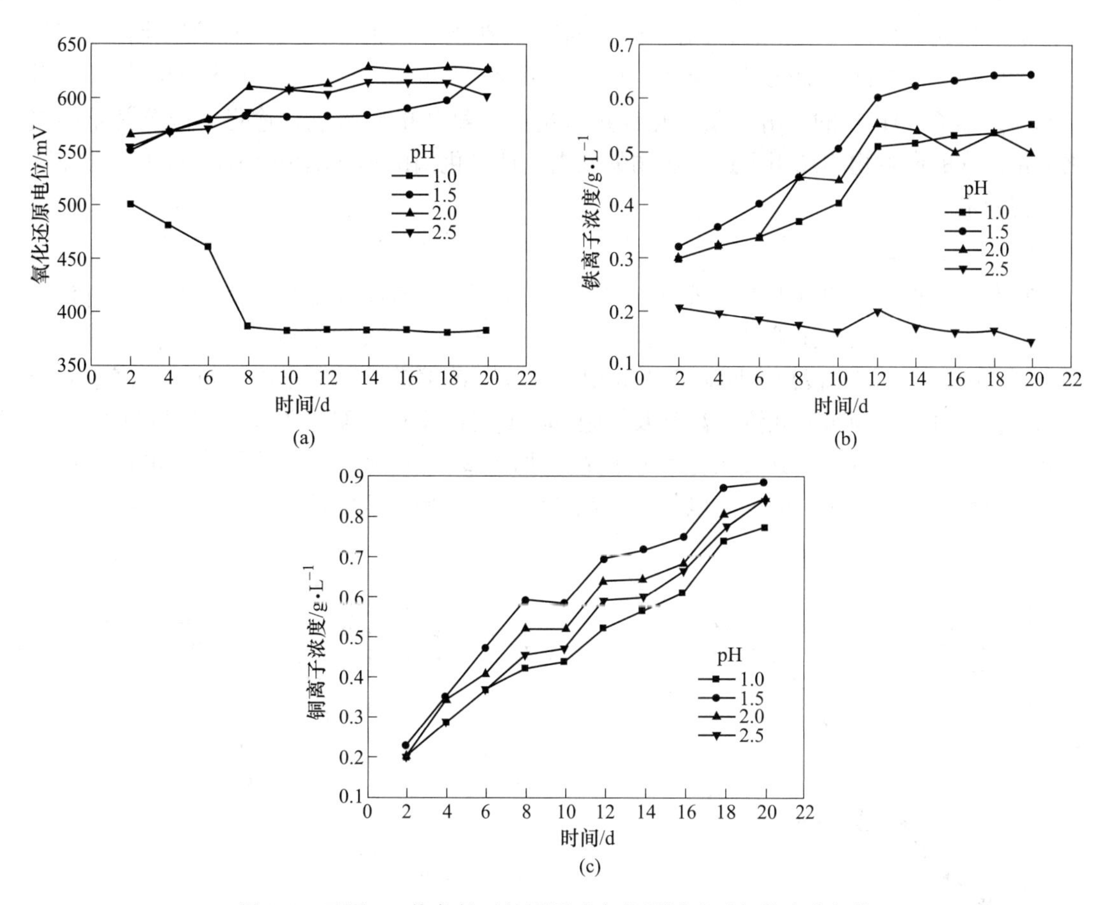

图 2-9 不同 pH 值条件下关键浸矿参数随浸矿时间的变化规律

（a）氧化还原电位；（b）铁离子浓度；（c）铜离子浓度

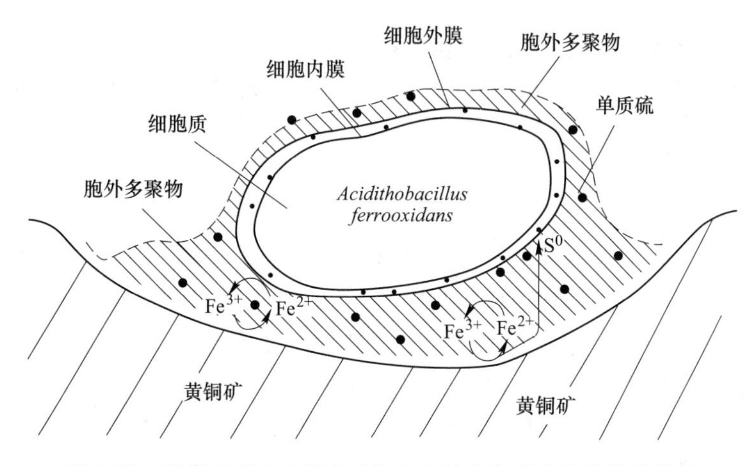

图 2-10 黄铜矿浸出过程中矿物表面结构与反应物质假想模型

的情况下）氧化成 Fe^{3+}；（2）Fe^{3+}氧化硫化矿，产生单质硫覆盖在矿物表面阻碍有价金属离子的持续浸出；（3）硫氧化菌氧化矿物表面的单质硫或其他中间硫化合物，生成硫酸，从而为浸矿微生物的生长和 Fe^{3+}的氧化提供酸性环境。一般来说，FeS_2、MoS_2、WS_2 是经

硫代硫酸盐途径被 Fe^{3+} 氧化的，因而 Fe^{3+} 是必不可少的，从而也说明只有铁氧化菌才能浸出这类矿物。而大部分硫化矿如 PbS、ZnS、$CuFeS_2$、MnS_2、As_4S_4 和 As_2S_3 的降解则来源于 Fe^{3+} 或质子（H^+）的攻击，其氧化经过多硫聚合物和单质硫氧化途径。因此凡是能氧化硫化合物的微生物均能用于这些矿物的浸出。铁氧化菌的加入有利于 Fe^{3+} 再生，加速多硫化物的生成反应。

C 溶液电位

在有价元素浸出的过程中，溶液电位伴随矿石浸出过程持续变化，是反映浸出电化学规律的重要指标。以黄铜矿浸出过程为例，黄铜矿作为一种天然半导体，可分为多种半导体类型，p 型的黄铜矿浸出率明显高于 n 型，且 p 型黄铜矿的载流子浓度也远远高于 n 型黄铜矿。并且，黄铜矿的载流子浓度及电阻率与其浸出率存在明显关联，黄铜矿的载流子浓度越高、电阻率越小，其浸出速率就越高。如图 2-11 所示，黄铜矿的溶液电位变化过程与浸出率变化过程相对应，高电位时黄铜矿浸出速率慢，低电位时浸出速率快[32]。

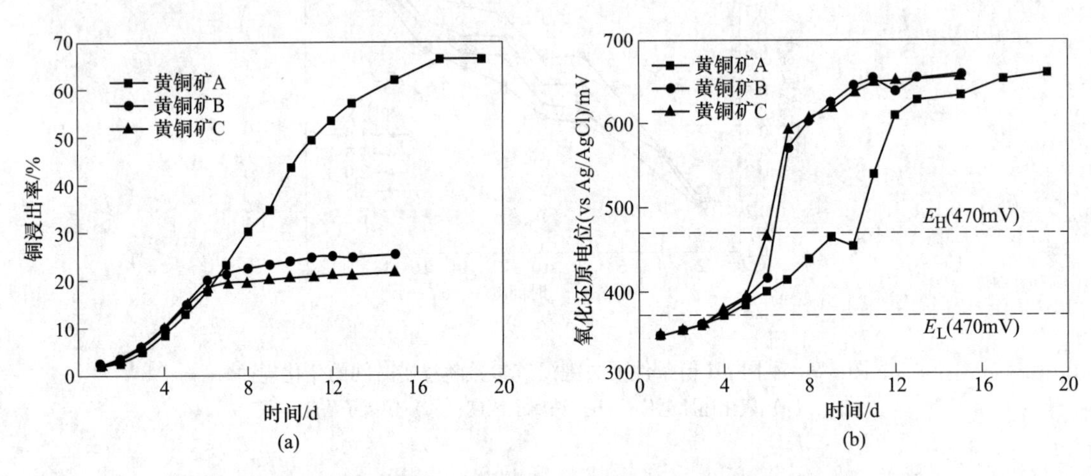

图 2-11 不同半导体黄铜矿条件下电位和铜浸出率变化规律

（a）不同半导体黄铜矿条件下铜浸出率变化规律；（b）不同半导体黄铜矿条件下氧化还原电位变化

2.2.3.3 物理因素

A 矿物基本性质

以铜矿为例，当前采用溶浸采矿技术浸出的矿石种类较多，矿物组成复杂，因此，所采用的工艺也不尽相同。图 2-12 为不同种类矿石的铜浸出率随浸出时间的变化规律。依据浸出难度由小到大，可包含氧化铜矿、次生硫化铜矿和原生硫化铜矿[33]。例如，对于次生硫化铜矿而言，矿物伴生现象严重，矿石与脉石矿物镶嵌共生，浸出反应分为两大阶段，相互制约影响；对于原生硫化铜矿而言，随着环境温度的提升，矿物浸出反应效率和浸出率峰值明显提升。

此外，矿岩散体颗粒本身的大小和形状，与矿石浸出效果有着密切的关系。矿石颗粒的形状是指它的表面结构、圆度和球度。颗粒表面的粗糙程度在很大程度上影响到所形成孔隙的有效性。颗粒圆度是指颗粒棱和角的尖锐程度，而球度则是衡量颗粒近于一个球形的程度。它们都控制着孔隙及喉道的形状和有效性，矿岩颗粒常见形状的定义见表 2-4。

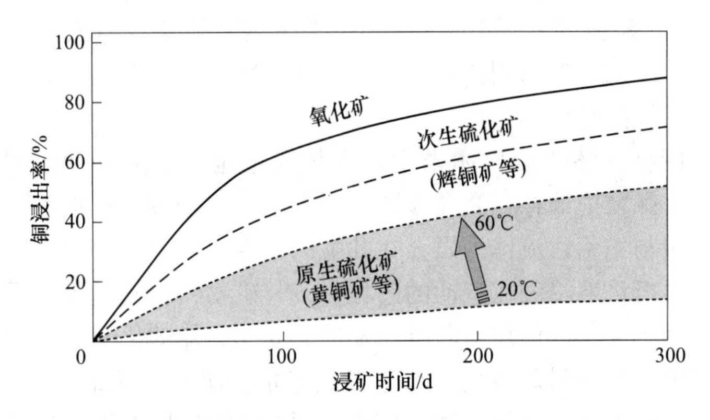

图 2-12 不同种类矿石的铜浸出率随浸出时间的变化规律

表 2-4 矿岩颗粒常见形状的定义

名称	定　义	形　状
球形	圆球形体	
滚圆形	表面比较光滑，近似椭圆形	
多角形	具有清晰边缘或粗糙的多面形体	
不规则体	无任何对称的形体	
粒状体	具有大致相同的量纲的不规则体	
片状体	板片状形体	
枝状体	形状似树枝体	
纤维状	规则或不规则的线状体	

B 孔隙结构

由大量不同大小及形态的离散固体颗粒所组成的非固结体，被称为散体介质。散体介质的孔隙结构是指散体所具有的孔隙的数量、几何形状、大小、分布及其相互连通关系[34]。浸出体系是流体与孔隙网络的共存体。考虑到散体是由离散固体颗粒堆积而成的非固结体，它的孔隙结构必然与固体颗粒特性相互关联，颗粒粒径分布、颗粒的圆度等参数都将影响到散体的孔隙结构。

堆浸散体孔隙网络在整个浸出体系中处于核心地位[35]。散体颗粒构成了固体骨架，颗粒之间形成孔隙，颗粒内部存在微孔裂隙，两者组成一个多级孔裂隙网络结构。流体包括液体与气体，热量与细菌以流体为媒介在孔隙网络内流动。

从微观的角度分析，溶浸液在流动的过程中，与矿物颗粒发生化学反应，然后颗粒内部的微孔裂隙将不断扩大，促使浸出向纵深发展。同时，伴随化学反应产生的沉淀物，使得微孔裂隙不断萎缩，从而阻碍着化学反应及内扩散的进行。从细观和宏观的角度分析，固体骨架在重力和水力作用下会发生动态变化，颗粒结构变形或细颗粒运移都会导致颗粒间的孔隙网络不断发生演化，而孔隙的演化又会影响到溶液的渗流特性，进一步对溶质运移、热量传递、动量传递等过程产生影响，最终影响浸出率和浸出速率。利用显微 CT 技术和 COMSOL 多场耦合模拟软件，可获得浸矿体系内双重孔裂结构与浸出过程模拟[36]，如图 2-13 所示。

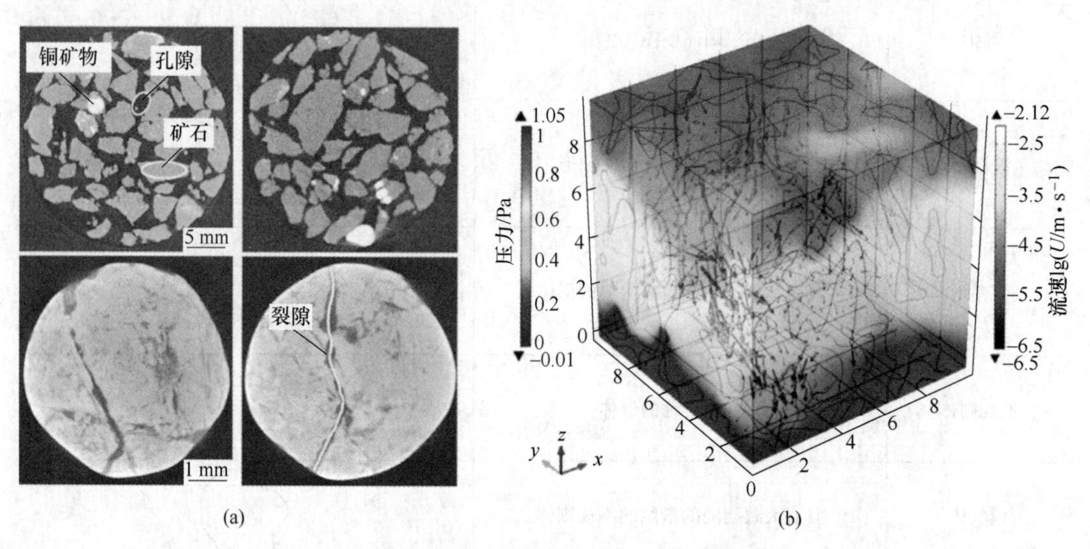

图 2-13　浸矿双重孔裂结构与模拟
（a）双重孔裂结构；（b）基于 COMSOL 浸矿反应过程模拟

此外，可以利用孔隙连通度 C、均匀系数 C_u、体积密度、渐变系数 C_c、Sauter 均匀参数 d_{32}和孔隙率 n 等参数来对矿堆结构进行定量描述，计算方法如下。

（1）孔隙连通性是评价堆浸过程中矿岩散体介质内溶液渗流性能的一个重要指标，通常用连通度表示。连通度是拓扑学的术语，用于衡量一个结构多连通。其定义是图形内部全部区域所含的非多余闭合环路的数目：

$$C = b - n + 1 \tag{2-21}$$

式中，C 为连通度；b 为支路数目；n 为节点数。基于式（2-21）便可计算出不同结构的连通度，如图 2-14 所示。

（2）均匀系数 C_u：

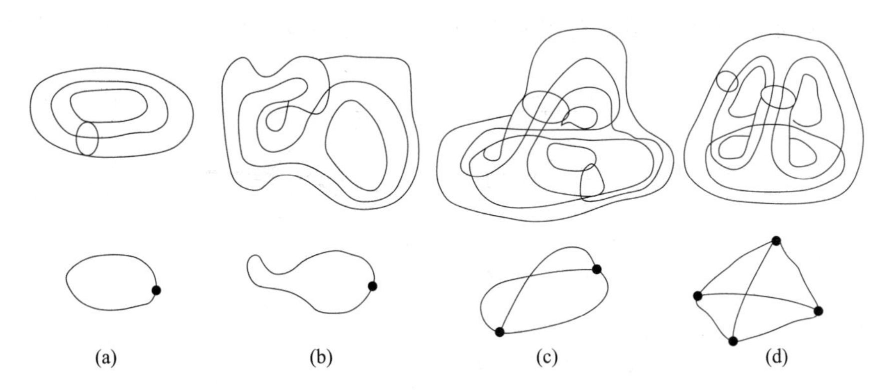

图 2-14 孔隙连通度示意图

(a) $b=1$, $n=1$, $C=1$; (b) $b=1$, $n=1$, $C=1$; (c) $b=3$, $n=2$, $C=2$; (d) $b=6$, $n=4$, $C=3$

$$C_u = \frac{d_{60}}{d_{30}} \tag{2-22}$$

式中，d_x为质量分数为 $x\%$的颗粒可通过的筛网孔径。

（3）体积密度：

$$体积密度 = \frac{总颗粒质量}{总体积} \tag{2-23}$$

（4）孔隙度：

$$n = \left[1 - \left(\frac{体积密度}{固体颗粒密度}\right)\right] \times 100\% \tag{2-24}$$

（5）渐变系数：

$$C_c = \frac{d_{30}^2}{d_{60}d_{10}} \tag{2-25}$$

（6）Sauter 均匀参数：

$$d_{32} = \frac{总体积}{总表面积} \tag{2-26}$$

C 粒径配比

矿石粒径配比是影响目的矿物暴露程度、矿石比表面积和孔隙率的重要因素[37]。粒度分布是控制渗透率和流体流动的关键物理性质之一，已有各种模型来描述渗透率与多孔介质的粒度分布的统计参数之间的关系，这些经验模型将粒度分布与孔径分布和孔隙度相关联。

为了评估粒度分布对流体流动性质的影响，主要采用计算机断层扫描（computed tomography，CT）等无损探测技术、Simpleware 等三维重构软件、Matlab 等数字图像分析技术来测量不同粒径的矿床孔隙度[38]，常见的颗粒分级情况如图 2-15 所示。

D 渗透性

堆浸工艺应用于低品位铜矿、金矿和铀矿的开采，是溶浸采矿技术的主要形式。散体内部相互连通的孔隙是溶浸液的主要渗流通道，堆浸系统渗透性好坏取决于孔隙大小等多因素。然而，矿堆内部结构复杂、矿石沉淀结垢和堆内优先液流导致溶液在矿堆内渗透均匀性差，溶液流动行为与矿岩散体结构的理想化模型如图 2-16 所示。因此，溶液流动与传质效率大大降低，严重影响着有用矿物的浸出速度和浸出率，制约堆浸技术的进一步发展。

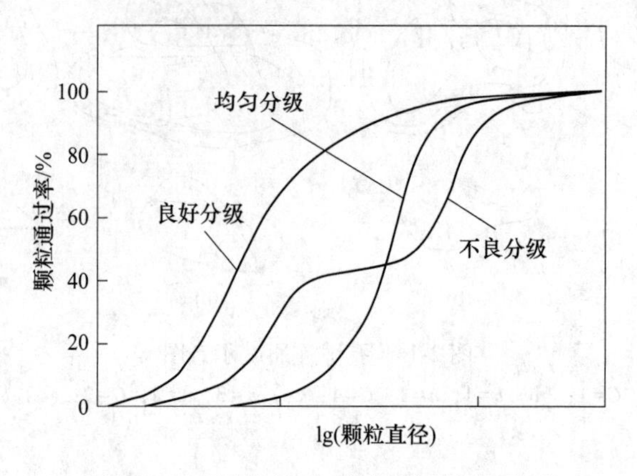

图 2-15 不同粒径配比与铜浸出率的关系

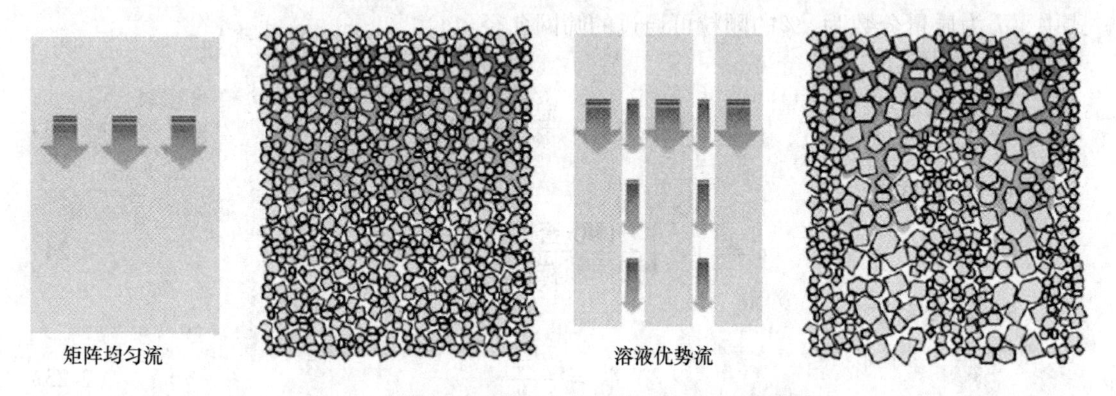

图 2-16 溶液流动行为与矿岩散体结构的理想化模型

常用于描述多孔介质渗透性能的参数有两种，即渗透率和渗透系数（水力传导系数）。

（1）渗透率。介质的渗透率是指其在一定压差下的流体通过能力，表征多孔介质传导流体的固有属性，与流体性质无关，与孔隙形状、孔隙率、溶液流动方向、粒级组成等因素密切相关。在 1Pa 压差下，动力黏度系数为 1Pa · s 的流体通过截面积为 $1m^2$、长度为 1m 介质，当流量为 $1m^3/s$ 时，则该介质的渗透率为 $1m^2$。渗透率计算方式为

$$\kappa = \frac{QL\eta}{A\Delta p} \tag{2-27}$$

式中，κ 为渗透率，m^2；Q 为溶液体积流量，m^3/s；η 为流体动力黏度系数，Pa · s；A 为多孔介质截面积，m^2；L 为多孔介质流动通道长度，m；Δp 为流体压差，Pa。

（2）渗透系数（水力传导系数）。渗透系数是用以表征多孔介质持液能力的重要指标参数，又称水力传导系数，可表示为

$$K = \frac{\kappa\gamma}{\mu} \tag{2-28}$$

式中，K 为渗透系数，m/s；κ 为渗透率，m^2；γ 为液体重度，N/m^3；μ 为流体黏度，Pa · s。

通常而言，矿岩散体堆内部的浸出液，主要由重力水、毛细水和吸湿水三种水分组成：孔隙空间（孔隙率）由溶液和空气组成，浸出过程中固液空间关系理想模型，如图 2-17 所示。(1) 重力水：存在于大孔中并在重力作用下迅速排出（流动水）。(2) 毛细水：存在于微孔中并通过毛细力抵抗重力（固定）。(3) 吸湿水：毛细水消失后，一层薄薄的水与矿物质颗粒紧密相连（不动）。

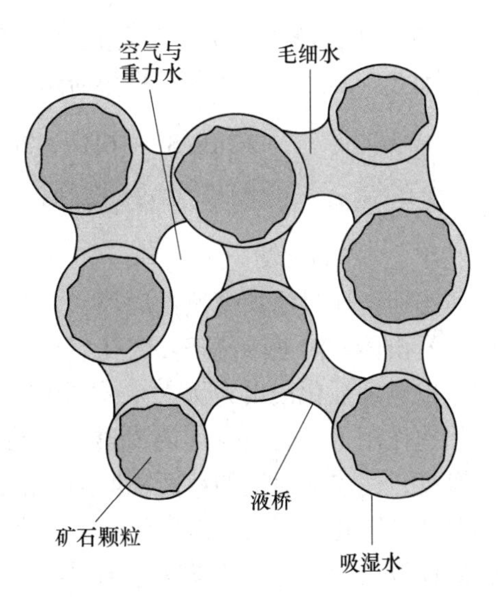

图 2-17 浸矿体系内固液空间关系理想模型

2.2.3.4 其他因素

A 银离子（Ag^+）等外加离子

1979 年，Miller 和 Portillo 等提出了在黄铜矿浸出溶液中添加 Ag^+的方法，取得了较好的浸出效果。后来，研究者对 Ag^+等外加离子催化常温生物浸出进行了大量研究。

以黄铜矿浸出为例，Ag^+、Bi^+等外加离子可以强化浸出过程。两者催化黄铜矿浸出过程的机理不同[39]，目前，国内外学者通常认为银与黄铜矿表面反应生成 Ag_2S 层，此反应产物不在黄铜矿表面沉淀，从而加速了黄铜矿的阳极溶解。而 Bi^+则是阻止了铁沉淀的生成，提高了（Fe^{3+}/Fe^{2+}）氧化还原电位，加速了黄铜矿溶解。对于不同外加 Ag^+浓度（质量分数）下，溶液铜离子浓度随时间变化的规律[40]如图 2-18 所示。

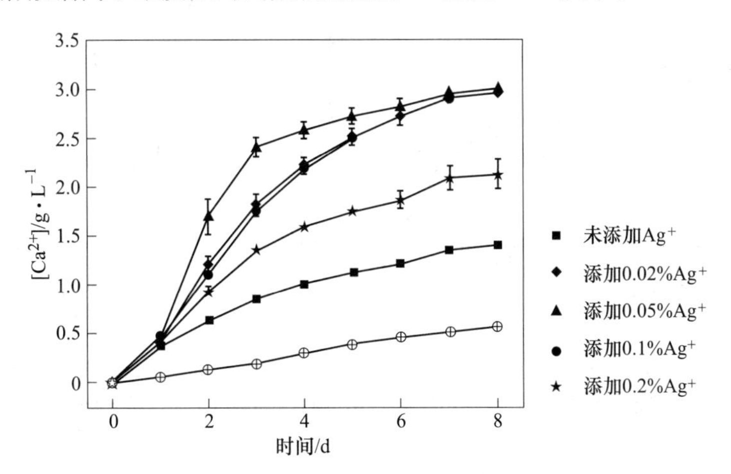

图 2-18 外加银离子催化下铜离子浓度随时间变化的规律

一般认为 Ag^+催化黄铜矿生物浸出的主要反应如下：

晶格取代： $$CuFeS_2 + 4Ag \longrightarrow 2A_{g2}S + Cu^{2+} + Fe^{2+} \quad (2\text{-}29)$$

细菌作用： $$4Fe^{2+} + O_2 + 4H^+ \longrightarrow 4Fe^{3+} + 2H_2O \quad (2\text{-}30)$$

化学再生： $$Ag_2S + 2Fe^{3+} \longrightarrow 2Ag^+ + 2Fe^{2+} + S^0 \quad (2\text{-}31)$$

细菌作用： $$2S^0 + 3O_2 + 2H_2O \longrightarrow 2H_2SO_4 \quad (2\text{-}32)$$

2002 年，Hiroyoshi 等[41]提出 Ag^+通过与酸性溶液中释放的氢硫酸反应催化黄铜矿溶解，如式（2-33）和式（2-34）所示。

$$2CuFeS_2 + 6H^+ + 2e \xrightarrow{\text{不加细菌}} Cu_2S + 2Fe^{2+} + 3H_2S \tag{2-33}$$

$$H_2S + 2Ag^+ \xrightarrow{\text{不加细菌}} Ag_2S + 2H^+ \tag{2-34}$$

B 外加物理场

当前，通过添加微波振动场、电场、光源催化场等外加物理场方式来强化浸出，改变原有浸出体系溶液渗流条件或孔裂结构，从而起到强化浸出过程的目的。

以电场强化浸出为例[42]，电场作用对细粒散体矿堆的渗透性有明显的改善作用。电场强化作用下矿岩散体堆内渗透系数变化规律，如图 2-19 所示。电场作用能够降低双电层厚度，使渗流通道的截面积增加，溶液渗流阻力降低，增加溶浸液渗流速度；其次，电场对颗粒微孔隙间及渗流盲区的毛细水起到电渗驱动作用，促进不动液的流动。此外，细粒散体浸堆的渗透系数随着电场强度的增加先增大后降低，存在能够使渗流系数达到极值的最优电场强度。电场强度越高，体系越容易发生电解现象，产生的气泡阻碍溶浸液的渗流，其次，电场强度越高，电渗固结现象越明显，导致渗流通道变窄，渗流阻力增加，体系渗透系数降低。

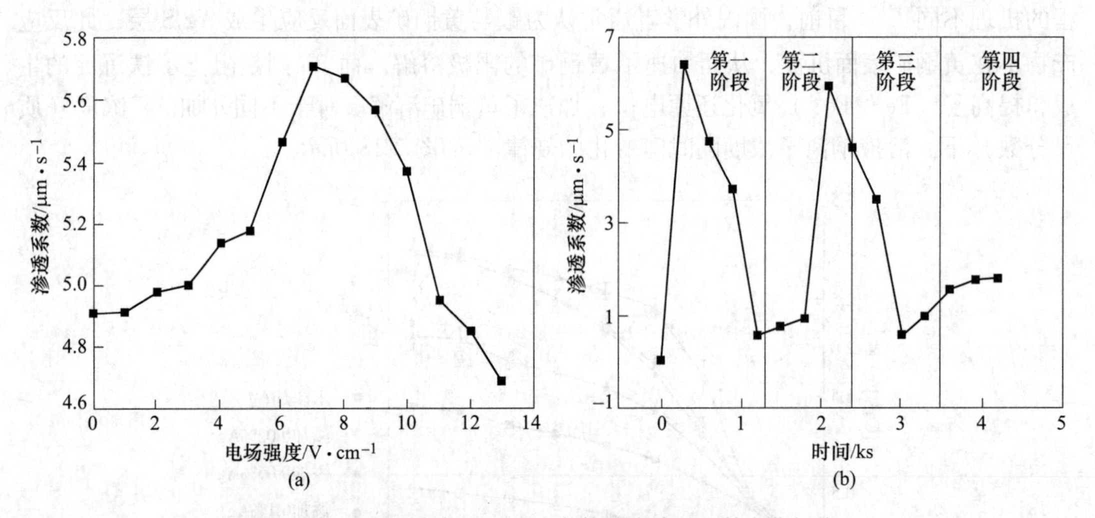

图 2-19 电场强化作用下矿岩散体堆内渗透系数变化规律
（a）渗透系数随电场强度变化规律；（b）间断通电条件下渗透系数变化规律

2.3 浸矿微生物的培育及应用

2.3.1 浸矿微生物种类及其生理特性

浸矿细菌就其外形形态可分为球菌、杆菌和螺旋菌三种，按微生物所需营养物质不同，可分为自养微生物、异养微生物和混养微生物。浸矿细菌按其适宜生长的温度分为三种类型。常见的硫化铜矿的浸出细菌种类见表 2-5。

表 2-5 常见硫化铜矿浸出细菌

细菌类型	细菌名称	菌 属
中温菌	*Thiobacillus ferroxidans*	硫杆菌属
	Thiobacillus thiooxidans	硫杆菌属
	Leptospirillum ferrooxidans	微螺菌属
中等嗜热菌	*Thiobacillus caldus*	硫杆菌属
	Leptospirillums thermoferrooxidans	微螺杆菌
	Sulfobacillum thermosulfidooxidans	硫杆菌属
高温菌	*Sulfolobus* sp.	硫化叶菌属
	Acidans sp.	酸属菌

2.3.1.1 中温菌

最佳生长温度为 25~40℃，45℃以上失活，以无机物为营养源，嗜酸，最适酸度为 pH=1.5~2.0。微生物浸出中应用最广泛的菌种有氧化亚铁硫杆菌（*T.f*）、氧化硫硫杆菌（*T.t*）和氧化亚铁微螺菌（*L.f*）三种。*T.f* 菌如图 2-20 所示，以氧化亚铁离子或其盐或低价硫为营养源，它栖居于含硫温泉、硫和硫化矿矿床、煤和含金矿矿床[43]。

这类细菌为革兰氏阴性菌，呈圆端短柄状，长 1.0~1.5μm，宽 0.5~0.8μm，端生鞭毛，如图 2-20 所示。*T.t* 菌仅能以低价硫为营养源，栖居于硫和硫化矿矿床。圆头短柄状，宽 0.5μm，长 1μm，端无鞭毛，常以单个、双个和短链状存在。*L.f* 菌只能氧化亚铁离子或其盐为营养源，呈螺旋菌弯曲状，如图 2-21 所示。

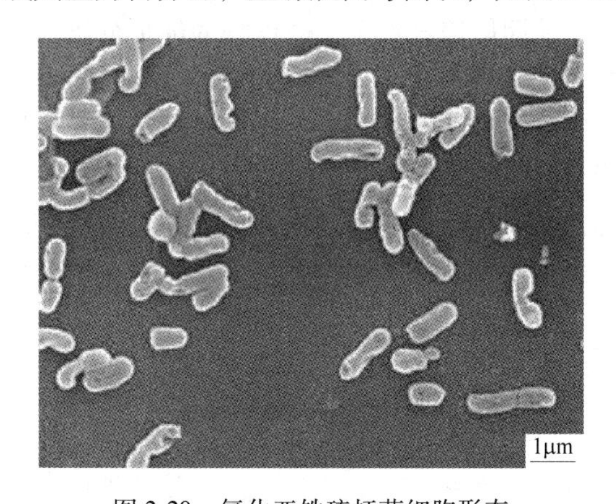

图 2-20 氧化亚铁硫杆菌细胞形态

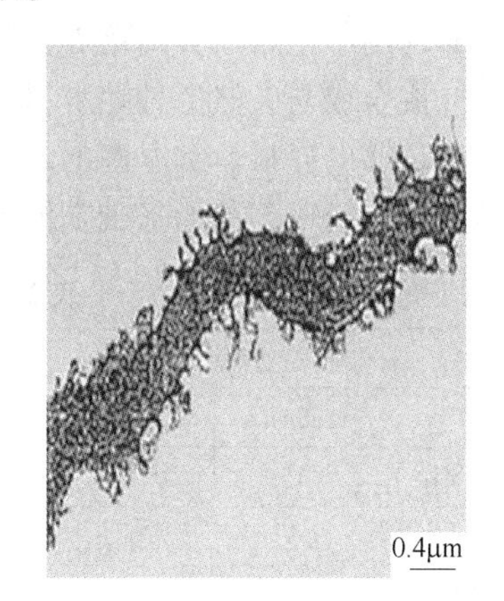

图 2-21 *L.f* 菌电子显微镜照片

2.3.1.2 中等嗜热菌

1976 年 R. S. Golovacheva 等发现 *Sulfobacillus* 菌属，首株被命名 *Sulfobacillus thermosulfoodans*，极端嗜酸兼性自养菌，可氧化亚铁、硫、硫代硫酸根和硫化矿，最佳生长温度为 50℃，广泛存在于硫化矿或富含铁、硫或硫化矿酸热环境。1992 年，Karavaĭko 等人分离出一种中等嗜热菌 *L. thermoferrooxidans*，适应温度为 45~50℃，最佳 pH 为 1.65~1.9，只能氧化水溶液与矿物中亚铁[44]。

2.3.1.3 高温菌

嗜酸嗜高温古细菌（*Thermocidophili archaebacteria*）是微生物进化的一个独支系，共四个种属能氧化硫化物，即硫化叶菌（*Sulfololus*）、氨基酸变性菌（*Acidanus*）、金属球菌（*Metallosphaera*）和硫化小球菌（*Sulfurococcus*），极端嗜高温、嗜酸，球状无鞭毛，直径为1μm，多分布在含硫温泉中。云南热温泉中发现的一种无机化能自养型嗜热嗜酸菌，该菌可在65℃高温下浸出黄铜矿，速率为氧化亚铁硫杆菌6倍，如图2-22和图2-23所示。

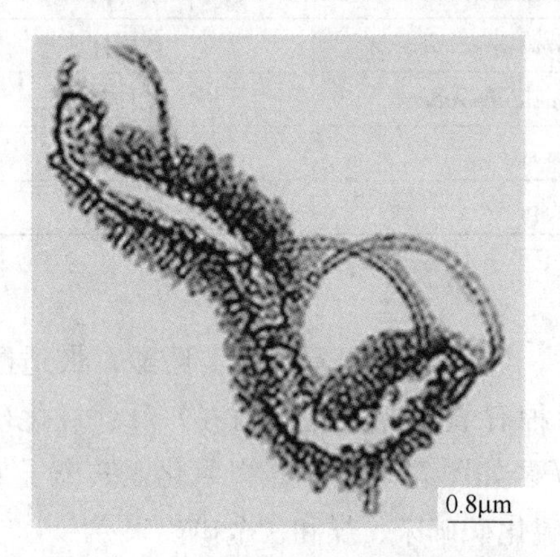

图2-22 *L. thermoferrooxidans* 的电子显微镜照片

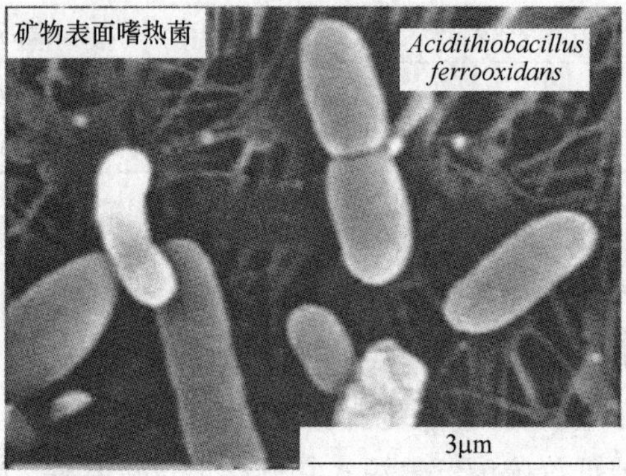

图2-23 矿物表面高温菌的电镜照片

2.3.2 浸矿微生物的培养基

微生物赖以生存和繁殖的介质叫培养基。按物理状态可分为液体和固体两种培养基，液体培养基用于粗略地分离培养某种微生物，固体培养基用于微生物的纯种分离；按化学成分可分成合成与天然两种培养基。常见的常温菌培养基配方见表2-6。培养基为细菌的生长提供足够的养料。常温菌的培养基主要是无机培养基，而中等嗜热菌和高温嗜热菌的培养基是在无机培养基的基础上添加一些有机物组成的。

表2-6 常见的常温菌培养基配方 (g/L)

氧化亚铁微螺菌			氧化硫硫杆菌			氧化铁硫杆菌*	
组成	Leathen	9K	组成	Waksman	ONM	组成	Colmer
$(NH_4)_2SO_4$	0.15	3.0	$(NH_4)_2SO_4$	0.2	0.2	$Na_2S_2O_3 \cdot 5H_2O$	5.0
KCl	0.5	0.1	$MgSO_4 \cdot 7H_2O$	0.5	0.03	K_2HPO_4	3.0
K_2HPO_4	0.5	0.5	$CaCl_2 \cdot 2H_2O$	0.25	0.03	$(NH_4)_2SO_4$	0.2
$MgSO_4 \cdot 7H_2O$	0.5	0.5	$FeSO_4 \cdot 7H_2O$	0.01	0.0001	$MgSO_4 \cdot 7H_2O$	0.1
$Ca(NO_3)_2$	0.01	0.01	K_2HPO_4		0.4	$CaCl_2$	0.2
蒸馏水	1000mL	700mL	蒸馏水	1000mL	1000mL	蒸馏水	1000mL
$FeSO_4 \cdot 7H_2O$	10%溶液10mL	14.7%溶液300mL	硫黄粉末	10	10	—	—
pH	2.0	2.0	pH	2~3.5	2~3.5	pH	1.5~2.0

* 除Colmer培养基外，氧化铁硫杆菌还可以使用Leathen和9K培养基。

2.3.3 浸矿微生物选育方法

浸矿微生物广泛分布于铜矿、金矿、铀矿和煤矿酸性矿坑水中。通过自然界取样、实验室内富集培养、驯化转代等选育方法，可有效提高微生物浓度与活性，获得高效浸矿微生物。

2.3.3.1 微生物采集、分离和培养

浸矿细菌分布很广，相对比较集中的地方是金属硫化物矿和煤矿等酸性矿坑水。最常见的氧化亚铁硫杆菌的采集、分离、培养和驯化方法简述如下。

取 50~250mL 细口玻璃瓶，洗净并配好胶塞，用牛皮纸包好瓶口，置于 120℃烘箱灭菌 20min，冷却后即可用作细菌采集瓶。取样时首先将牛皮纸取下，用一只手拔去瓶塞，另一只手接取或舀取水样，须留一定空气层。取样后立即盖好瓶塞用牛皮纸包好瓶口取回。培养基用蒸汽灭菌 15min，无菌操作条件下将培养基分装于数个洗净并灭菌的 100mL 三角瓶中，每瓶装 25mL 培养基，然后用洗净干燥的吸液管取 1~5mL 矿坑水样加到各三角瓶中，塞好棉塞放在 20~35℃恒温条件下静置或振荡培养 7~10d。培养基的颜色由浅绿变为红棕色，并渐渐在瓶底出现氢氧化铁沉淀。选择变化最快、颜色最深的三角瓶，由瓶中取 1mL 培养液，接种到装有新培养基的三角瓶中同样培养，至少 10 次以上，每转移一次接种量逐渐减少，只需 1~2 滴就可以。在转移过程中，借助培养基的高酸度，可杀死淘汰掉一批不耐酸的杂菌，氧化亚铁硫杆菌则得到初步分离且越来越活跃。用如下方法对细菌浓度进行检查鉴定：

（1）肉眼观察。如有该菌生长，培养基中的 Fe^{2+} 会被氧化成 Fe^{3+}，培养基的颜色由浅绿变为红棕色，最后产生高铁氢氧化物沉淀。

（2）重铬酸钾溶量法测定。用重铬酸钾容量法测定培养基中亚铁氧化变成高价铁的数量，变化快的说明细菌生长旺盛，数量大。

（3）显微镜下观察。通过显微镜观察培养基液中生成的细菌。

2.3.3.2 微生物育种

由于原始浸矿微生物的浸矿能力差、环境适应性弱，采用快速高效的育种方法对现有菌株进行改良，以期获得优良工业用菌，主要有驯化育种、诱变育种以及基因工程育种三种。

驯化育种是在逐渐变化外界条件的情况下，对细菌进行转移培养，最终培育出适应性、耐受性较强的目的菌株，是一种定向培育的方法。驯化技术是目前最常用、最简单、最基本的细菌培育方法，大多数细菌堆浸场所用菌种为驯化菌种。诱变技术由于其非定向突变因素使得育种工作量大、周期长，但经诱变育种的菌株适应性及氧化能力发生了质的飞跃，是最常用的一种育种方法。基因工程改良则是今后育种的一个重要方向，但主要局限于前期探索。

2.3.3.3 细菌的计量

培养菌液中细菌的计量，一般用以下几种方法，其中比浊法和直接读数法可计量一定体积菌液中所含细菌的总数（包括死菌和活菌）。

（1）比浊法。比浊法原理是利用菌液所含细菌浓度不同、液体混浊度不同，用分光光

度计测定菌液光密度的方法进行计量。由光密度大小和标准曲线进行对比，可以推知菌液的浓度。

（2）直接计数法。利用血球计数器，取菌液样品直接在显微镜下观察读数。

（3）平皿计数法。将稀释成一定倍数的菌液，用固体培养基制成平板，然后在一定温度下培养，使其长成菌落，计算菌落数目，再乘以稀释倍数，则为所测菌液的活菌浓度。

（4）稀释法。将菌液按 10 的倍数在培养基中连续稀释成不同的浓度，进行培养。观察细菌能够生长的最高稀释度，可按总的稀释倍数计算出原菌液中所含活菌的浓度。

2.3.4 微生物生长动力学

按繁殖速率和活性，细菌增殖过程分为生长缓慢期、对数生长期、稳定生长期和死亡期。细菌生长曲线表示如图 2-24 所示。

当细菌进入新的环境时存在缓慢生长期，细菌不活跃，增殖速率慢，一般为 2~4 周。缓慢生长期后，随着细菌对环境的适应，进入对数生长期。细菌生长非常活跃，以对数速率进行繁殖，细胞浓度大量增加，新增加的细菌数目远远超过死亡的细菌数。对数生长期过后细菌进入稳定生长期，此时细菌死亡数目和新生数目大致相等，所以总的细菌数维持恒定，细菌浓度最高，但细菌已变得不大活跃。最后为衰亡期，细菌开始大量死亡，细菌浓度急剧减小，此时营养物质已基本耗尽。当环境条件固定时，生长率与培养基中的某一组分浓度关系，如图 2-25 所示。

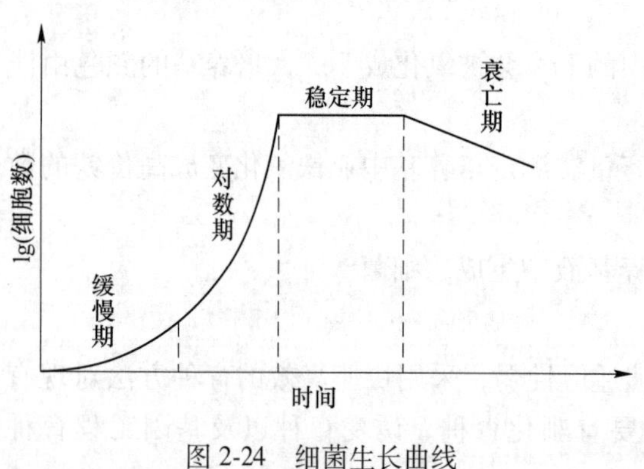

图 2-24 细菌生长曲线

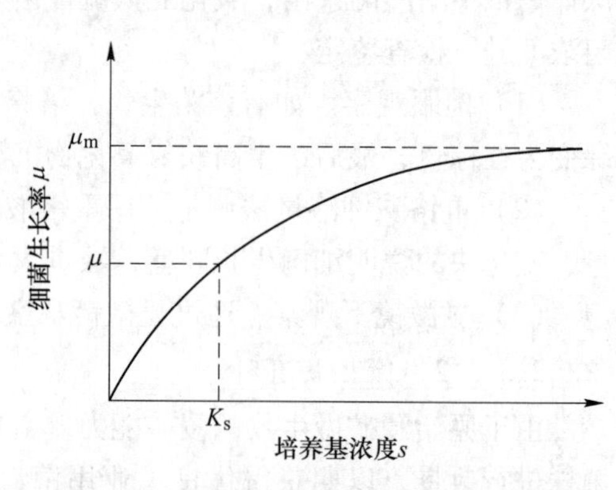

图 2-25 细菌生长率与培养基浓度的关系

2.3.5 微生物浸矿试验方法

目前，微生物浸矿试验方法主要有实验室小型试验、扩大试验和半工业试验，通过对矿样采集加工、浸矿试验、工艺流程及设备优化研发，可有效提升微生物活性与浸矿性能等。

2.3.5.1 *矿样采集加工*

根据矿床的大小规模，矿石品位和金属的分布情况、赋存状态及变化规律、脉石的种类和性质以及和有用组分的关系等因素，按取样规则准确采取具有代表性的矿石样品，取样的数量由所进行试验的要求（分探索、小型、扩大及半工业性试验）而定。最好井下刻槽取样，样品采完后，按正规方法进行破磨和缩分加工，然后取加工好的代表性样品进行物相分析和岩矿鉴定。此部分操作程序可参见有关取样及样品加工的专业书籍。

2.3.5.2　实验室小型试验

首先对所试矿样进行一般性能测试，测定矿石的耗酸耗碱性和氧化还原性能。用搅拌浸出法测定矿物在不同酸度和温度及电位条件下的溶解性能。根据矿样的岩矿鉴定和物化分析，结合试验室测定的矿样性能，制订出矿样的浸出方案和试验计划。

A　摇瓶试验

将所试矿样（原矿或精矿）磨至一定粒度（-0.075mm，-0.048mm 等），取一定量矿粉，加到 300~500mL 三角瓶中，并加入细菌培养基制成含量为 5%~10%的矿浆。在搅拌下用稀酸中和矿物碱性并酸化至所需 pH 值，然后接种入细菌，塞上棉塞，置于恒温摇床上振荡浸出。测定金属含量、总铁及亚铁、电位、pH 值和 SO_4^{2-} 浓度等。用加入酸化水或培养基的办法补充每次取样的体积。浸出结束时，过滤出浸出渣，分析其中金属含量和其他组分含量。获得样品的金属浸出率、酸耗、产酸量等数据，分析矿样可浸性。摇瓶试验还可用于筛选菌种，包括不同菌种和用不同方法培养的同一菌种的不同菌株，以便选取一种最合适的菌种用于进一步试验研究。

B　渗滤柱浸出试验

为了试验矿石的渗滤浸出性能，可将矿石装在渗滤柱中进行细菌浸出，渗滤柱可以用玻璃、陶瓷、塑料和水泥等多种材料制成，渗滤装置结构形式如图 2-26 和图 2-27 所示。

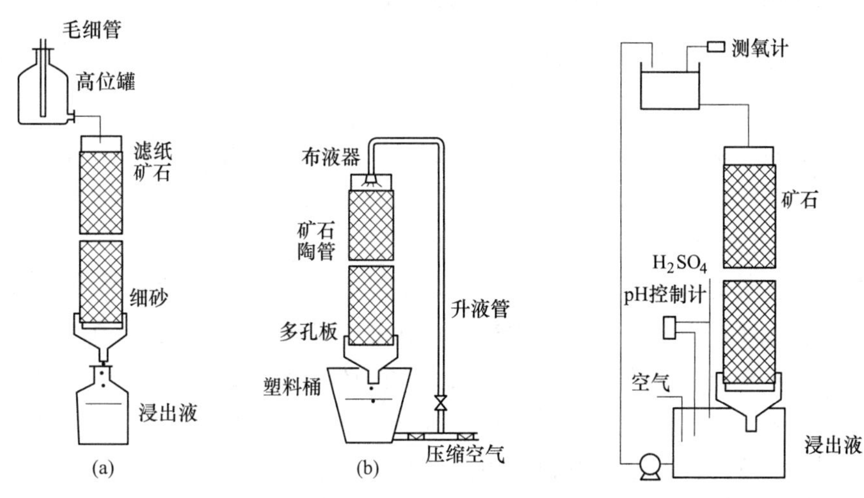

图 2-26　渗流柱浸出试验装置
（a）渗滤浸出柱；（b）循环渗滤浸出柱

图 2-27　可自动调节酸度的渗流柱浸出装置

用于渗滤浸出的矿石，粒度一般为 3~50mm，粒度越大，用的矿石越多。在渗滤柱底部装设一个多孔板（塑料或陶瓷板），板上部铺一层 2~5mm 碎石，碎石上再铺一层厚 2cm 左右的粗砂，然后装入具有代表性重量的矿石。装矿时应力求均匀，避免各种粒度矿石自然分级，影响矿层渗透性或产生沟流。矿用酸化水将矿石充分润湿并中和矿石中的碱性矿物，待浸出液达到浸出剂的 pH 值后，再通入接种细菌的浸出剂，为使细菌生长旺盛，可采用通入空气等措施。

浸出液定时取样，分析金属浓度、酸度、电位、Fe^{2+}、Fe^{3+}、SO_4^{2-} 及其他成分的含量，直至达到所要求的浸出率为止，浸出结束时，用一定体积酸化水洗涤矿石柱，洗出矿层中存留的部分浸出液，然后卸下矿石，缩分烘干并磨细后取样分析，测定浸出渣中金属及其他组分含量，根据浸出渣分析结果。

C　搅拌浸出试验

细菌搅拌浸出，通常用于浸出金属硫化物精矿、难浸金精矿的细菌预氧化试验研究，这类物料粒度较小，金属硫、砷等元素含量较高，试验装置如图2-28和图2-29所示。试验装置的特点是可以通气，备有搅拌器，还可进行温度及酸度控制。

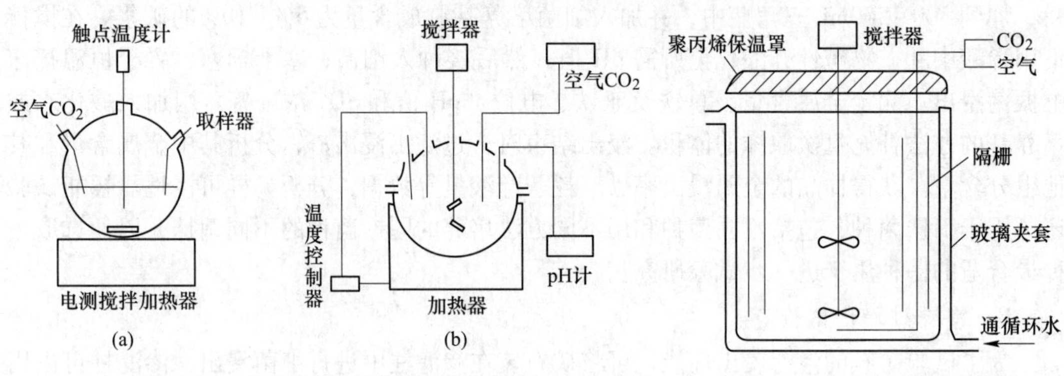

图2-28　球状电加热细菌浸出试验装置

（a）电磁搅拌细菌浸出装置；（b）酸度控制型细菌浸出装置

图2-29　夹套式细菌浸出器

试验时，在反应器中装入磨细的矿石或精矿，加入稀酸开动搅拌，中和矿物中的碱性物质，直到矿浆酸度稳定在细菌所要求的范围，记下所用酸量。加入培养基并接种入细菌，配成一定含量矿浆，开动搅拌及恒温加热，通入空气及CO_2气体，进行恒温恒酸环境下细菌浸出。

2.3.5.3　扩大试验

扩大试验是用放大的设备和试验规模对小型试验中得到的工艺参数进行考察和验证。搅拌浸出，每次用矿量为50~100kg，渗滤浸出和堆浸，每次矿量为500~1000kg。搅拌浸出可用不锈钢或搪瓷反应器及帕丘卡浸出槽，装有液气计量仪表及连续测定酸度、电位和温度等参数的仪器。以扩大试验为准对某些与小型试验有出入的参数和工艺指标进行调整，获得准确稳定的各项工艺参数和指标，为半工业及工业规模试验及生产设计提供依据。

2.3.5.4　半工业试验

通过半工业试验，准确得到各项工艺参数及工程指标，包括原材料及动力消耗，操作人员配置等情况，根据这些资料对工艺流程及工程建设进行技术经济分析，为正式工厂建设及运行提供可靠依据。通过细菌浸出试验研究及生产实践认识到，工艺规模对细菌浸出的某些工艺参数影响不大，如浸出pH值、电位、营养成分、细菌的氧化浸出率、浸出渣的脱水及洗涤等，可用较小规模的试验确定下来。但物料停留时间-矿浆密度-充气率之间的关系、反应器的设计、热量平衡等工艺条件与参数，只有经过较大规模的专门工艺研究后才能确定。

2.4 浸矿反应热力学与动力学

2.4.1 浸矿反应热力学

2.4.1.1 硫化矿酸浸热力学

用硫酸浸出硫化矿的溶出反应，可用式（2-35）表示：

$$MeS(s) + 2H^+ = Me^{2+} + H_2S \tag{2-35}$$

在溶液中，溶解了的 H_2S 可按式（2-36）与式（2-37）发生分解：

$$H_2S = HS^- + H^+ \tag{2-36}$$

$$HS^- = S^{2-} + H^+ \tag{2-37}$$

所有这些变化以及与之有关的其他各种变化发生的条件和规律性，可以通过 MeS-H_2O 系在 298K 下的电位-pH 图了解，如图 2-30 所示。利用电位-pH 图，可全面而简便地表述包括 ZnS 在内的各种硫化物在湿法冶金过程中的热力学规律和必要的条件。

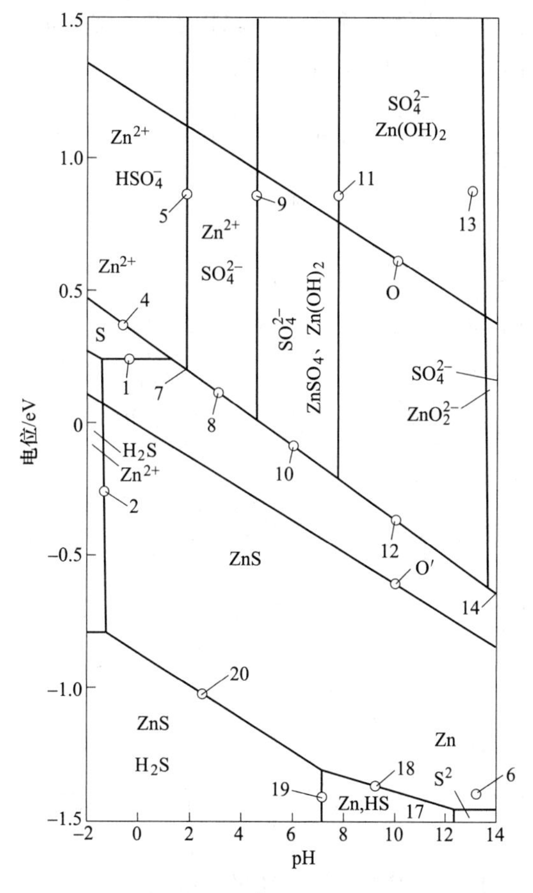

图 2-30 硫化矿酸性浸出电位-pH 图

溶解于溶液中的 H_2S，在有氧化剂存在的情况下，按 $H_2S \rightarrow S \rightarrow S_2O_3^{2-} \rightarrow SO_3^{2-} \rightarrow HSO_4^-$ 或 SO_4^{2-} 顺序氧化；ZnS 的酸溶反应要求溶剂酸度很高，实际上它是在加压和高温的条件下用

硫酸浸出。当有氧存在时，ZnS 及许多其他金属硫化物在任何 pH 值的水溶液中都是不稳定的相，即从热力学观点来说，ZnS 在整个 pH 的范围内都能被氧化，在不同的 pH 值下分别得到如上述四种反应（$H_2S \rightarrow S \rightarrow S_2O_3^{2-} \rightarrow SO_3^{2-} \rightarrow HSO_4^-$ 或 SO_4^{2-}）所示的不同的氧化产物。此外，ZnS 在任何 pH 值的水溶液中都不能被氢还原成金属锌。

2.4.1.2　锌焙砂酸浸出热力学

硫化锌精矿经焙烧后，所得产品称为锌焙砂，其主要成分是氧化锌，还有少量的氧化铜、氧化镍、氧化钴、氧化银、氧化砷、氧化锑和氧化铁等。锌焙砂用硫酸水溶液（或废电解液）进行浸出，其主要反应为

$$ZnO + H_2SO_4 = ZnSO_4 + H_2O \tag{2-38}$$

浸出的目的是使锌焙砂中的锌尽可能迅速和完全地溶解于溶液中，而有害杂质，如铁、砷、锑等尽可能少的进入溶液。浸出时，以氧化锌为形态的锌是很容易进入溶液的，问题在于锌浸出的同时，有相当数量的杂质也进入溶液中，其反应通式为

$$Me_zO_y + yH_2SO_4 = Me_z(SO_4)_y + yH_2O \tag{2-39}$$

为达到浸出目的，浸出过程一般要有中性浸出与酸性浸出两段以上工序。中性浸出的任务，除把锌浸出外，还要保证浸出液的质量，即承担着中和水解除去有害杂质铁、砷、锑等的任务。锌焙砂中性浸出原理，如图 2-31 所示。

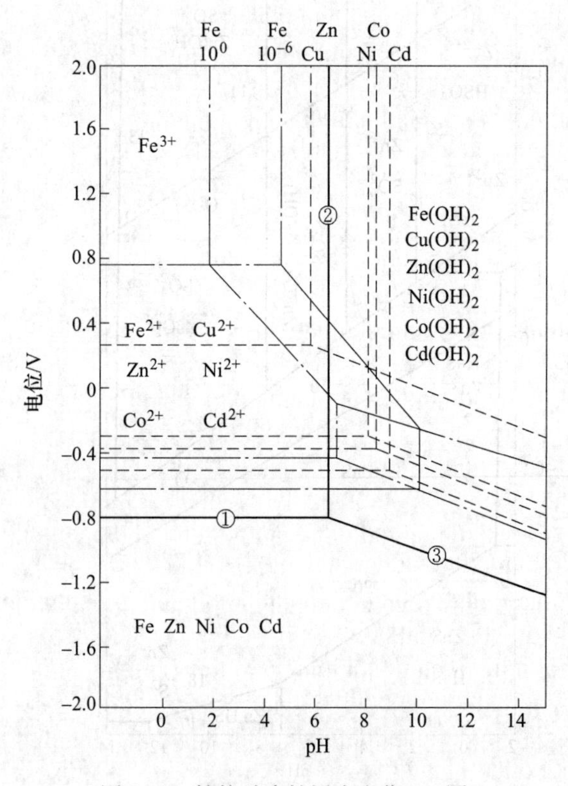

图 2-31　锌焙砂中性浸出电位-pH 图

当 Zn^{2+} 浓度为 1.988mol/L 时，开始从溶液中沉淀析出锌，pH 值为 6.321；沉淀析出的 pH 值比 Zn^{2+} 小的溶液中只有 Fe^{3+}；Cu^{2+} 的析出 pH 值与 Zn^{2+} 相近。其余杂质，如 Ni^{2+}、

Co^{2+}、Cd^{2+}和 Fe^{2+}的析出 pH 值比 Zn^{2+}要大。因此，当中性浸出终点溶液的 pH 值控制在 5.1~5.2 之间时，Fe^{3+}就以氢氧化铁沉淀析出，与溶液中的锌分离。溶液中的铜在活度较大的情况下，会有一部分水解沉淀，其余仍留在溶液中，比 Zn^{2+}水解沉淀 pH 值要大的 Ni^{2+}、Co^{2+}、Cd^{2+}和 Fe^{2+}等则与 Zn^{2+}共存于溶液中。

在生产实践中，Zn^{2+}含量并非固定不变，随着 Zn^{2+}活度的升高或降低，沉淀析出锌的 pH 值将会降低或升高。当 $\alpha_{Zn^{2+}}=1$ 时，沉淀析出 $Zn(OH)_2$ 的 pH 值为 5.9。在图 2-31 中绘制有两组杂质铁的 Fe-H_2O 系电位-pH 关系线，分别表示 Fe^{3+}的活度为 10^0 和 10^{-6}，中性浸出液中铁的含量介于两组活度之间。同时，从图中可以看出，在中性浸出控制终点溶液的 pH 值的条件下，Fe^{2+}是不能水解除去的。为了净化除铁，必须把 Fe^{2+}氧化成 Fe^{3+}，Fe^{3+}能水解沉淀而与 Zn^{2+}分离。生产实践中常用软锰矿作为 Fe^{2+}的氧化剂。

2.4.1.3 金银配合浸出

金银的配合浸出通常用 NaCN 或 $Ca(CN)_2$ 作配合剂。当金属与配合剂 L 生成配合物时，绘制电位-pH 图的基本步骤是：根据体系的基本反应求出电位与 pCN 的关系式，绘出电位-pCN 图；求出 pH 与 pCN 的关系；将电位-pCN 关系式中的 pCN 用相应的 pH 代替，并绘出电位-pH 图。

其中，pH 与 pCN 的关系为

$$pH + pCN = 9.4 - \log B + \log(1 + 10^{pH-9.4}) \tag{2-40}$$

式中，B 为浸出溶液中总氰的活度。

Ag-CN-H_2O 系电位-pH 图如图 2-32 所示。在生产实践中，溶液 pH 值控制在 8~10 之间，通入空气将金或银氧化配合溶解。溶解得到金或银配合物溶液，通常用锌粉还原，其反应为

$$2Ag(CN)_2^- + Zn = 2Ag\downarrow + Zn(CN)_4^{2-} \tag{2-41}$$

$$2Au(CN)_2^- + Zn = 2Au\downarrow + Zn(CN)_4^{2-} \tag{2-42}$$

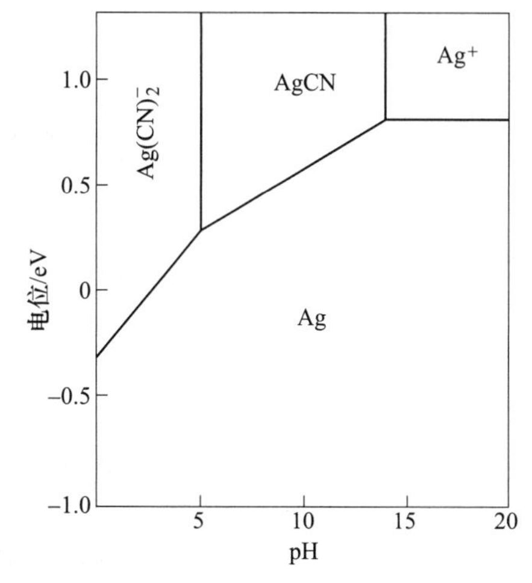

图 2-32 Ag-CN-H_2O 系电位-pH 图

图 2-33 为氰化法提取金银的原理图，从图 2-33 可以看出，纯 $Ag(CN)_2^-$ 或 $Ag(CN)_2^-$ 与 $Zn(CN)_4^{2-}$ 的电位差值不大，所以在置换前必须将溶液中的空气除尽，以免析出的金银反溶。

2.4.2 浸矿反应动力学

2.4.2.1 简单溶解反应的动力学

简单溶解反应是由扩散过程决定。溶解速度遵循如下方程：

$$\frac{dC}{d\tau} + K_D(C_s - C_\tau) \tag{2-43}$$

在 $\tau=0$、$C_\tau=0$ 的起始条件下积分式（2-44），便可导出：

$$2.303\lg\frac{C_s}{C_s - C_\tau} = K_D\tau \tag{2-44}$$

式（2-44）是简单溶解反应的动力学方程。由式（2-44）知，将 $\lg C_s/(C_s-C_\tau)$ 对 τ 作图，便得一条直线，由直线的斜率可求出 K_D。简单溶解机理如图 2-34 所示。在简单溶解过程中有一饱和层迅速在紧靠相界面处形成，观测到的速度简单地说就是溶剂化了的分子由饱和层扩散到溶液本体中的速度，溶解速度与温度和搅拌速度都有关系。

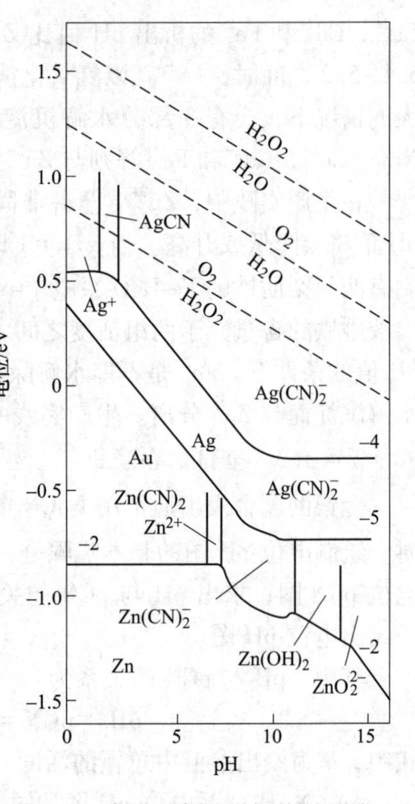

图 2-33 氰化法提取金银的原理图

2.4.2.2 化学溶解反应的动力学

固体氧化锌在硫酸溶液中的浸出，可以作为化学溶解反应的典型实例，其反应为

$$ZnO + H_2SO_4 \longrightarrow ZnSO_4 + H_2O \tag{2-45}$$

溶解反应如图 2-35 所示。

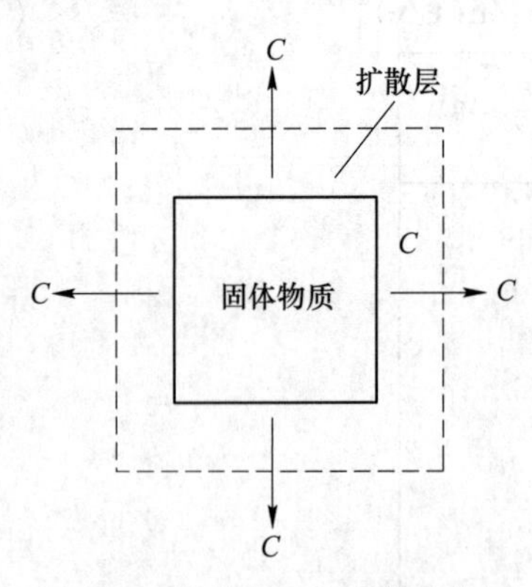

图 2-34 简单溶解机理的示意图

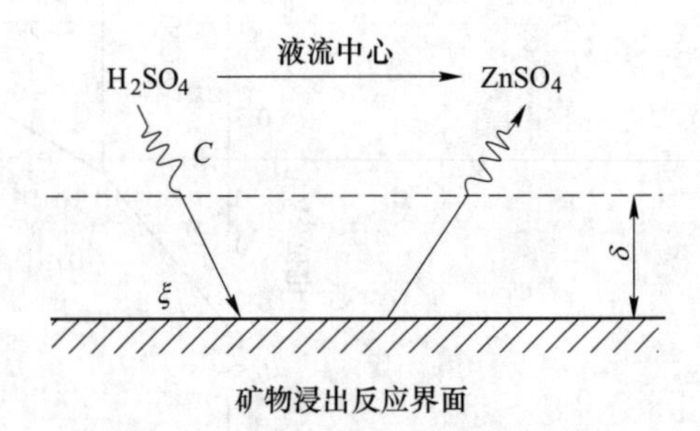

图 2-35 H_2SO_4化学溶解 ZnO 的示意图

C—溶剂在液流中心的浓度；

ξ—溶剂在矿物表面的浓度；δ—扩散层厚度

假设浸出决定于两个阶段——溶剂向反应区的迁移和相界面上的化学相互作用。根据菲克定律，溶剂由溶液本体向矿物单位表面扩散的速度可表示为

$$V_D = \frac{dC}{d\tau} = D\frac{C_L - C_i}{\delta} = K_D(K_L - C_i) \tag{2-46}$$

在矿物表面上发生浸出过程的化学反应，其速度根据质量作用定律可表示如下：

$$V_R = -\frac{\mathrm{d}C}{\mathrm{d}\tau} = K_R C_i^n \tag{2-47}$$

根据浸出过程两个阶段的各自速度方程，可以求得稳定状态下的宏观速度方程：

$$V = -\frac{\mathrm{d}C}{\mathrm{d}\tau} = \frac{K_R K_D}{K_R + K_D} C_L \tag{2-48}$$

比值 $K_D K_R/(K_R+K_D)$ 起着宏观变化速度常数 K 的作用，式（2-48）可转化为

$$-\frac{\mathrm{d}C}{\mathrm{d}\tau} = KC_L \tag{2-49}$$

在 $\tau=0$，$C_L=C_0$ 的起始条件下积分式（2-49），可导出：

$$\ln\frac{C_0}{C_L} = K\tau \tag{2-50}$$

式中，C_0 为溶剂的起始浓度。

式（2-50）就是化学溶解一级反应的动力学方程。将 $\ln C_0/C_L$ 对 τ 作图，得到一条直线，根据其斜率可以求出 K 值。实验证实，类似氧化锌酸浸出的化学溶解反应遵循式(2-50)。

2.4.2.3 电化学溶解反应

银的氰化配合浸出主要反应为

$$2Ag + 4NaCN + O_2 + 2H_2O = 2NaAg(CN)_2 + 2NaOH + H_2O_2 \tag{2-51}$$

这一反应分成如下两个半电池反应：

阳极反应：$$2Ag + 4CN^- - 2e = 2Ag(CN)_2^- \tag{2-52}$$

阴极反应：$$O_2 + 2H_2O + 2e = H_2O_2 + 2OH^- \tag{2-53}$$

图 2-36 为银的氰化配合溶解示意图。由于银的氰化溶解时的化学反应非常迅速，故决定过程速度的控制因素是扩散，即银的氰化溶解处于扩散区域。

银的溶解速度方程为

$$V = \frac{2D_{CN}D_{O_2}[CN^-][O_2]}{\delta D_{CN}[CN^-] + 4\delta D_{O_2}[O_2]}A \tag{2-54}$$

式中，D_{CN^-} 为 CN^- 扩散系数；D_{O_2} 为 O_2 扩散系数；$[CN^-]$ 为 CN^- 浓度；$[O_2]$ 为 O_2 浓度；δ 为扩散层厚度。

（1）当 $[CN^-]$ 很低而 $[O_2]$ 很高时，表明银的溶解速度只与 $[CN^-]$ 有关。

$$V = \frac{1}{2\delta}D_{CN^-}[CN^-]A \tag{2-55}$$

（2）当 $[CN^-]$ 很高而 $[O_2]$ 很低时，表示银的溶解速度随 $[O_2]$ 而变。

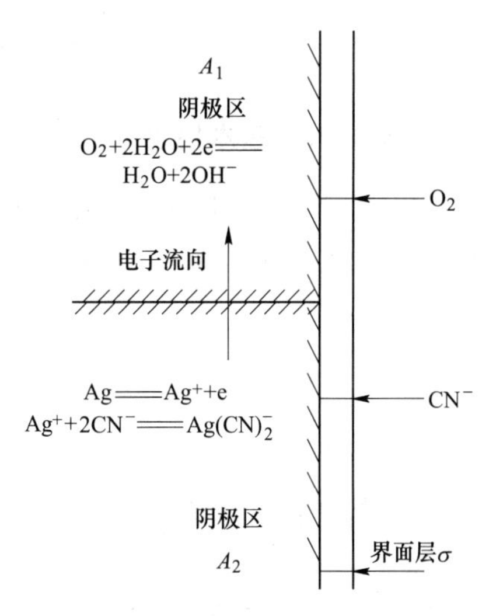

图 2-36 银的氰化配合溶解示意图

A_1–阴极区面积；A_2–阳极区面积

$$V=\frac{2}{\delta}D_{O_2}[O_2]A \tag{2-56}$$

（3）如果 $A_1=A_2$，δ 相等，即当溶解速度相等，即达到极限值。

$$\frac{[CN^-]}{[O_2]}=\frac{4D_{O_2}}{D_{CN^-}} \tag{2-57}$$

以上分析表明：在氰化过程中，控制 $[CN^-]/[O_2]=6$ 为最有利。实践证明，对金、银和铜的氰化配合浸出，$[CN^-]/[O_2]$ 控制在4.69~7.4比较适当。

2.4.2.4 *硫化物浸出动力学*

以ZnS为例，ZnS在373K下氧化酸浸出时的动力学曲线如图2-37所示。硫化物氧化酸浸时，金属和硫均以溶液形态回收。在低酸浓度时浸出速度仅与酸度有关，而与氧浓度无关。在高酸浓度时则相反，浸出速度决定于氧浓度，属于电化学溶解的浸出过程，如果增大阴极去极化速度，就能加快阳极的溶解速度。ZnS氧化酸浸出属于电化学溶解过程。

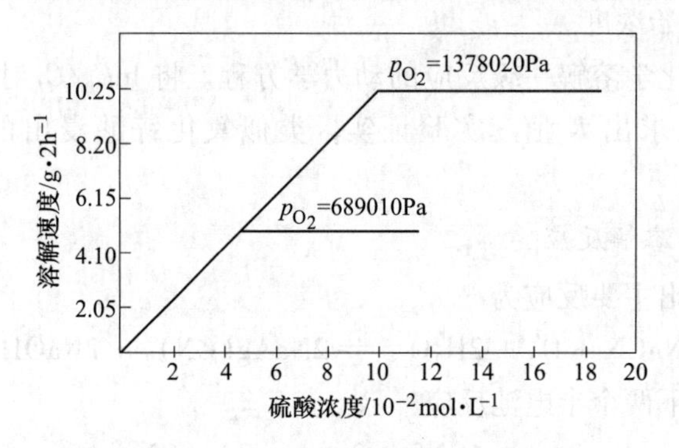

图2-37 ZnS在373K时氧化酸溶的动力学曲线

2.5 矿岩介质渗流动力学及溶质运移

2.5.1 矿岩介质基本性质

岩石是矿物或岩屑在地质作用下按一定规律聚集形成的自然物体，由矿物颗粒、胶结物、孔隙和水组成。其中，矿物、结构、构造是影响岩石力学性质和物理性质的三个重要因素。

（1）矿物：存在地壳中的具有一定化学成分和物理性质的自然元素和化合物。

（2）结构：组成岩石的物质成分、颗粒大小和形状以及其相互结合的情况（结晶、胶结）。

（3）构造：组成成分的空间分布及其相互间排列关系（节理、裂隙、空隙、边界、缺陷）。

2.5.1.1 *岩石的密度与体积力*

岩石含固相、液相、气相，三相比例不同而密度不同。

（1）岩石真密度 ρ：单位体积岩石（不包含空隙）的质量。

$$\rho = \frac{M_s}{V_c} \tag{2-58}$$

式中，ρ 为岩石真密度，kg/m^3；M_s 为岩石实体干质量（不含水分），kg；V_c 为岩石实体体积（不含孔隙），m^3。

（2）岩石容重 γ：岩石单位体积（含孔隙体积）的重力，kN/m^3；天然容重：天然含水状态下，γ；干容重：105～110℃条件下烘干至恒重，γ_d；饱和容重：岩石孔隙吸水饱和（水浸48h）状态下，γ_w。

$$\gamma = \frac{G}{V} \tag{2-59}$$

式中，G 为被测岩样的重量，kN；V 为被测岩样的体积，m^3。

（3）岩石的相对密度（比重）Δ：岩石固体部分的重量和4℃同体积纯水重量的比值。

$$\Delta = \frac{G_d}{V_c\gamma_w}\Delta = \frac{G_d}{V_c\gamma_w} \tag{2-60}$$

式中，G_d为体积为 V 的岩石的固体部分重量，kN；V_c为岩石固体部分（不含孔隙）体积，m^3；γ_W为4℃同体积纯水重量，kN/m^3。

2.5.1.2 岩石的孔隙性

（1）孔隙率 n：孔隙体积占总体积的百分比。

$$n = \left(1 - \frac{\gamma_d}{\Delta}\right) \times 100\% \tag{2-61}$$

（2）孔隙比 e：岩石中各类孔隙总体积与岩石实体体积之比。

$$e = \frac{V_0}{V_c} \tag{2-62}$$

其中，n-e 关系为 $e = \frac{n}{1 - n}$。

2.5.1.3 岩石的碎胀性

（1）初始碎胀系数：破碎后岩样自然堆积体积与原体积之比。

$$k_p = \frac{V'}{V} \tag{2-63}$$

（2）残余碎胀系数：破碎并被压实后的体积与原体积之比。

$$K'_p = \frac{V'_1}{V} \tag{2-64}$$

式中，V，V'，V'_1分别为原体积，破碎自然堆积体积，被压实体积。

2.5.1.4 岩石的水理性

岩石水理性是指岩石遇水后会引起某些物理、化学和力学性质的改变。

（1）软化性：岩石浸水后强度降低的性质，一般用软化系数来表示。软化系数是指饱水岩样抗压强度与自然风干岩样抗压强度的比值。软化系数越小，表示岩石受水的影响越大。

$$\eta_c = \frac{R_{cw}}{R_c} \leqslant 1 \tag{2-65}$$

（2）吸水性：岩石吸收水分的性能称为岩石的吸水性，其吸水量的大小取决于岩石孔隙体积的大小及其密闭程度。岩石的吸水性指标有吸水率、饱水率和饱水系数。

1）岩石吸水率是指岩石试件在标准大气压力下吸入水的重量与岩石干重量之比。

$$\omega = \frac{G_w}{G_d} \times 100\% \tag{2-66}$$

2）岩石的饱水率是指在高压（150×10^5Pa）或真空条件下岩石吸入水的重量与岩石干重量之比，即

$$w_1 = \frac{W_{w2}}{W_s} \tag{2-67}$$

3）岩石饱水系数是指岩石吸水率与饱水率之比，它反映岩石中大开、小开孔隙的相对含量。饱水系数越大，岩石内部大开空隙越多；反之，小开空隙越少。

$$K_s = \frac{\omega}{W_1} \tag{2-68}$$

2.5.2　溶液渗流基本规律

在浸堆中同时存在溶液的饱和区和非饱和区。在非饱和区中，矿石颗粒之间的孔隙之间存在空气，孔隙并没有被溶浸液充满；在饱和区中，矿石颗粒之间孔隙被溶浸液充满。总体来看，堆内溶液的存在形式主要有两种，分别为不动液（immobile liquid）和可动液（mobile liquid），不动液所在位置形成停滞区（stagnant region），如图 2-38 所示。

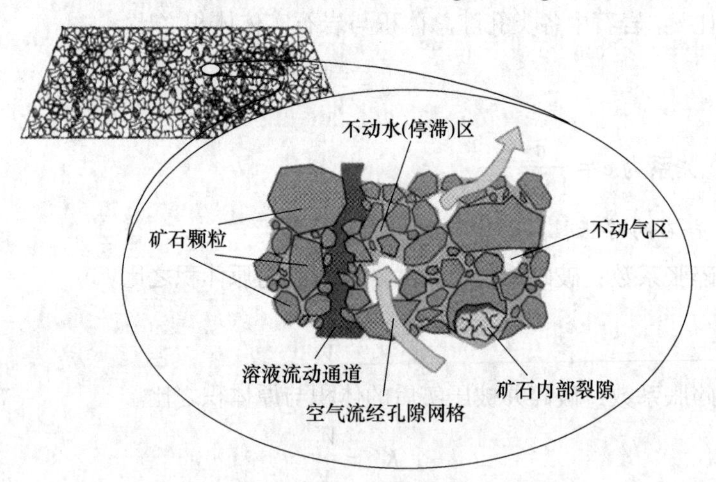

图 2-38　堆内矿石颗粒细观固-液-气结构

非饱和溶液与饱和溶液区共存于真实矿石颗粒堆，同时存在于溶液停滞区、溶液优先流、颗粒表面液膜和内部溪流。因此，堆浸体系的持液状态异常复杂且难以预测，直接影响反应动力学、传质、传氧和传热过程以及有价金属的浸出效率。传统研究通常将矿石堆浸体系视为“黑箱”，难以对堆内溶液分布状态实现原位探测与表征。此外，干矿石与溶液接触的过程，又可以称为矿床润湿过程，润湿性的增加（接触角的减小）导致接触线扩展，而润湿性的降低（接触角的增加）导致接触线的缩回；随着润湿性的变化，接触线在液体填充（饱和）孔或固体催化剂表面上移动。其“润湿效率”与喷淋强度（表面流

速)、颗粒固体分数、溶液化学组成等宏观参数，以及所涉及的相性质，包括液体黏度、界面张力等因素相关联。

2012 年，Ilankoon 等[45]提出利用传感器检测散体堆荷载，将电信号转化为液体质量信号来实现精准表征的思路，如图 2-39 所示。其研究发现，堆内溶液量随喷淋强度的增加

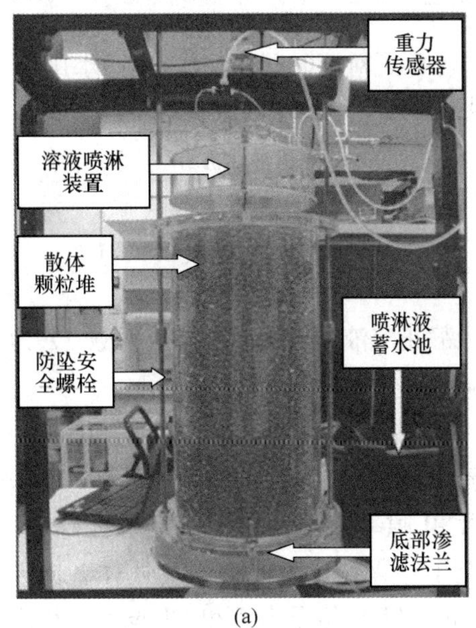

(a)

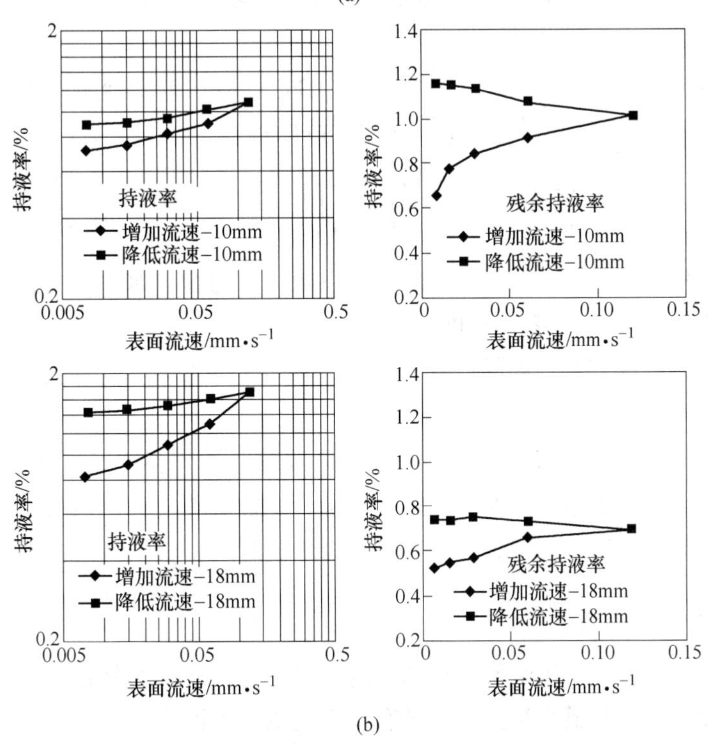

(b)

图 2-39 喷淋实验装置与持液率变化
(a) 实验台；(b) 表面流速与（残余）持液率关系

而上升，并且，初步研究了溶液停滞行为，即：停止喷淋后矿堆内部仍存有大量溶液滞留，无法完全排出矿堆。但其研究主要局限在矿堆的静态持液行为，未考虑双重孔裂结构较发育的制粒矿堆。

2.5.3　浸矿体系溶液渗流模型

2001 年，Douffard 等[46]考察了对流时间、动水/不动水比例、扩散时间和孔径等因素，构建了 PSPD 溶液渗流模型，如式（2-69）和式（2-70）所示：

$$\frac{\partial C_f}{\partial t}+\frac{1}{t_a}\times\frac{\partial C_f}{\partial \xi}=-\frac{(n+1)\Phi}{t_d}\times\frac{\partial C_s}{\partial \xi} \tag{2-69}$$

$$\frac{\partial C_f}{\partial t}+\frac{1}{t_a}\times\frac{\partial C_f}{\partial \xi}=-\frac{(n+1)\Phi}{t_d} \tag{2-70}$$

式中，C_f 为溶液浓度；C_s 为静止溶液浓度；n 为扩散系数；ξ 为孔隙位置参数；t_a 为对流时间；t_d 为扩散时间；Φ 为动水不动水率；m 为孔径。

L. Sinclair 等[47]探究了原位溶浸技术的机遇与挑战；Ilankoon[48]，尹升华[49]等对堆浸中的溶液毛细扩散现象进行了研究，获得了毛细上升高度、上升速度和毛细扩展范围演变特性等规律；吴爱祥等[50]对孔隙率进行测试，探究了孔隙率与矿石尺寸关系。王洪江等[51]基于均匀设计法，探究了德兴铜矿堆的矿岩均质体各向异性的渗流特性。2006 年，Lin 等[52]基于 lattice-Boltzmann（LB）格子模型和 CT 技术，获得了矿岩散体内部的孔隙结构、液体渗流特性。

2000 年，陈喜山等[53,54]基于渗流力学的理论，针对浸堆内部溶液渗流问题，分别构建了饱和区/非饱和区渗流方程，对于溶液饱和区而言：

$$\frac{\partial}{\partial x}\left(K_x\frac{\partial H}{\partial x}\right)+\frac{\partial}{\partial y}\left(K_y\frac{\partial H}{\partial y}\right)+\frac{\partial}{\partial z}\left(K_z\frac{\partial H}{\partial z}\right)=\alpha(1-n)\frac{\partial H}{\partial t} \tag{2-71}$$

式中，K_x，K_y，K_z 分别为 x，y，z 方向的渗透系数；H 为饱和水头高度；α 为矿堆压缩系数；n 为矿堆的孔隙率；t 为渗流时间。

非饱和区渗流方程如式（2-72）所示：

$$-\left\{\frac{\partial}{\partial x}\left(K_x(\theta)\frac{\partial h_c}{\partial x}\right)+\frac{\partial}{\partial y}\left(K_y(\theta)\frac{\partial h_c}{\partial y}\right)+\frac{\partial}{\partial z}\left[K_z(\theta)\left(\frac{\partial h_c}{\partial z}-1\right)\right]\right\}=\frac{\partial \theta}{\partial t} \tag{2-72}$$

式中，$K_x(\theta)$，$K_y(\theta)$，$K_z(\theta)$ 分别为 x 轴，y 轴，z 轴渗透系数，均为含湿率 θ 的函数；$h_c(\theta)$ 为某处毛细管压强水头；θ 为含湿率；t 为渗流时间。

2.5.4　浸矿体系溶质运移机制

作为反应溶质、细菌、可溶性氧和热量的重要媒介，液体的分布特征与矿堆持液行为直接影响矿堆浸出过程与最终浸出率。已有研究表明，表面张力、负孔隙水压力、基质吸力和倾倒渗透率与粒径有关。当喷淋强度较高时，溶液倾向于流入粗颗粒堆；反之，溶液倾向于流入细颗粒堆并形成优先流动。细颗粒区域的持液率偏高，更易获得高铜回收率。通常而言，堆浸过程中溶质运移同时发生在多个维度，如表 2-7 所示。

表 2-7　堆浸过程的多维度及其研究内容

维度	主要研究内容	示　意　图
浸堆	溶液分布及流动规律 气体分布及运移规律 水蒸气不分级运移规律 热量分布及传递规律 溶质分布及传递规律	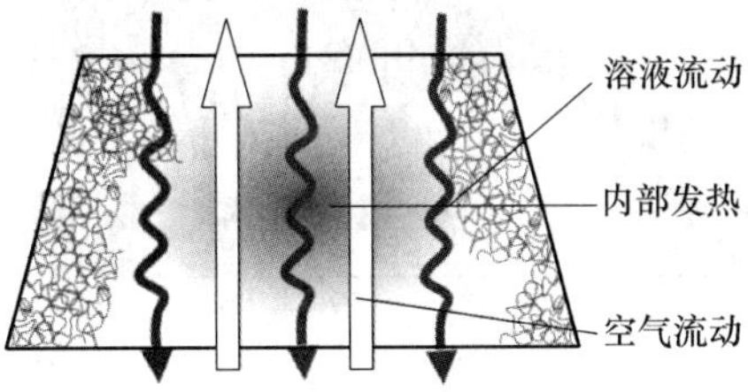 溶液流动 内部发热 空气流动
颗粒团	气体吸附规律 粒间孔隙演化规律 浸矿微生物增殖规律 浸矿微生物吸附规律 浸矿微生物氧化规律	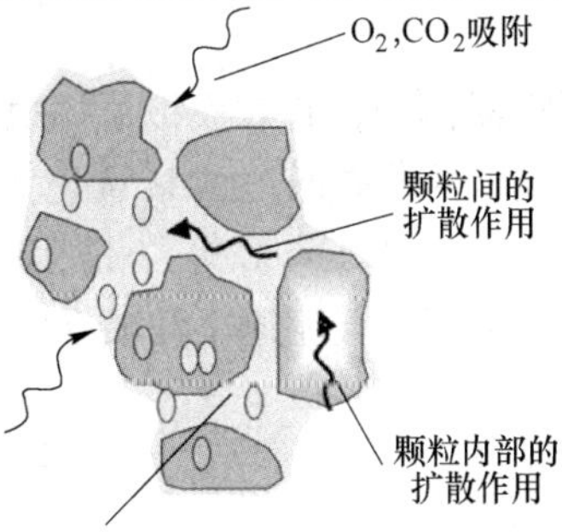 O_2,CO_2吸附 颗粒间的扩散作用 颗粒内部的扩散作用
单颗粒	颗粒尺寸及形貌影响规律 颗粒内部的扩散规律 颗粒与晶粒分布规律 微生物与矿石作用机理	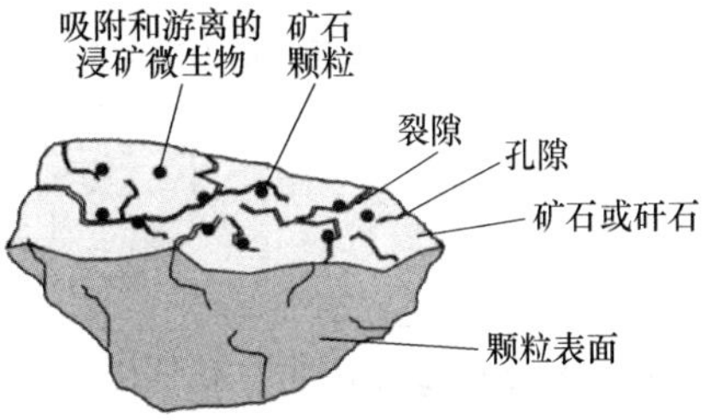 吸附和游离的浸矿微生物 矿石颗粒 裂隙 孔隙 矿石或矸石 颗粒表面
晶粒	矿物浸出的还原反应规律 矿物浸出的氧化反应规律 晶粒反应及形貌演变过程 化学成分变化规律	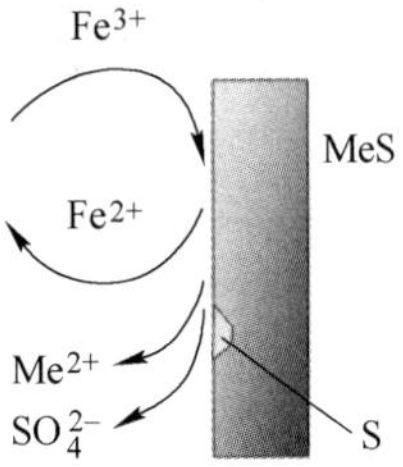 Fe^{3+} MeS Fe^{2+} Me^{2+} SO_4^{2-} S

此外，矿石中有价元素的浸出属于化学反应，浸矿过程时刻伴随着能量吸收或放出。以黄铁矿浸出为例：其浸矿反应是一个激烈的放热反应，至少消耗 50% 的 SO_4^{2-}，如式（2-73）所示，反应热为-1111.6kJ/mol，焓变 $\Delta H<0$。并且，黄铁矿的存在可有效促进黄铜矿等矿石浸出[55,56]。

$$FeS_2 + 3O_2 = FeSO_4 + SO_2 \tag{2-73}$$

在堆内及堆表热量运移和扩散规律方面，2015 年，Zambra 等[57]构建了微生物浸堆内部及表面的温度分布数学模型，以及 2D/3D 的物理模型，形象地描述了生物堆浸过程中热量传递规律，如图 2-40 所示。

在低温环境下，D. McBride 等[58]利用计算流体动力学（computational fluid dynamics,

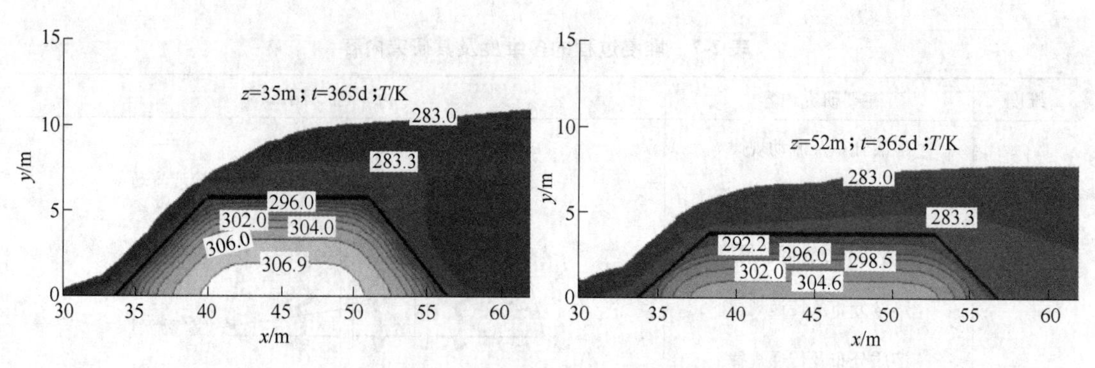

图 2-40　不同 Z 轴位置生物浸出堆内及堆表的空气温度分布

CFD)，构建了堆浸模型，有效模拟了零摄氏度下浸堆内部的粗细颗粒柱内溶液流动特性。武名麟等[59]探究了西藏高寒地区某氧化铜矿浸堆温度散失及浸堆保温的可行性。在影响堆体热量因素方面，J. Petersen 等[60]证实了堆内升温速率与浸矿氧化反应速率之间的定量关系；李宏煦[61]考察了气流速率和喷淋强度对矿堆温度分布的影响。

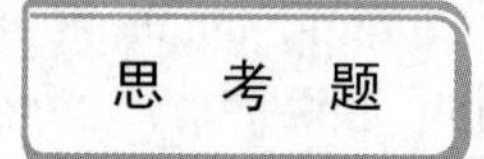

思　考　题

2-1　溶浸采矿的可主要分为哪几种采矿方法，各自有什么优势和缺点？

习　　题

2-1　简述矿石堆浸技术的工艺流程？

2-2　谈一谈影响矿物浸出机理的生物、化学和物理因素？

2-3　对于铜矿浸出而言，对比生物浸出和化学浸出方法之间的区别？

2-4　相比传统露天和地下开采，溶浸采矿技术的突出优势是什么？

参 考 文 献

[1] 吴爱祥，王洪江，杨保华，等．溶浸采矿技术的进展与展望［J］．采矿技术，2006，6（3）：39~48.

[2] 朱屯．现代铜湿法冶金［M］．北京：冶金工业出版社，2002.

[3] Govender E，Bryan C G，Harrison S T L. A novel experimental system for the study of microbial ecology and mineral leaching within a simulated agglomerate-scale heap bioleaching system［J］. Biochemical Engineering Journal，2015，95：86~97.

[4] Colmer A R，Hinkle M E. The role of microorganisms in acid mine drainage：a preliminary report［J］. Science，1947，106：253~256.

[5] Dhawan N，Safarzadeh M S，Miller J D，et al. Crushed ore agglomeration and its control for heap leach operations［J］. Minerals Engineering，2013，41：53~70.

[6] Watling H R. The bioleaching of sulphide minerals with emphasis on copper sulphides-areview［J］. Hydrometallurgy，2006，84（1~2）：81~108.

[7] Rawlings D E，Johnson D B. The microbiology of biomining：development and optimization of mineral-oxidi-

zing microbial consortia [J]. Microbiology, 2007, 153 (22): 315~324.

[8] Yin S H, Wang L M, Eugie K, et al. Copper bioleaching in China: review and prospect [J]. Minerals, 2018, 8 (2): 32.

[9] Harmer S L, Thomas J E, Fornasiero D, et al. The evolution of surface layers formed during chalcopyrite leaching [J]. Geochimica at Cosmochimica Acta, 2006, 70 (17): 4392~4402.

[10] Hackl R P, Dreisinger D B, Peters E, et al. Passivation of chalcopyrite during oxidative leaching in sulfate media [J]. Hydrometallurgy, 1995, 39 (1~3): 25~48.

[11] Sadowski Z, Jazdzyk E, Karas H. Bioleaching of copper ore flotation concentrates [J]. Minerals Engineering, 2003, 16 (1): 51~53.

[12] 尹升华，吴爱祥，苏永定．低品位矿石微生物浸出作用机理研究 [J]．矿冶，2006，15 (2): 23~27.

[13] 余润兰，邱冠周，胡岳华，等．浸矿微生物/矿物界面的微观作用机制研究进展 [J]．湿法冶金，2008，27 (2): 72~75.

[14] Escobar B, Jedlicki E, Wiertz J, et al. A method for evaluating the proportion of free and attached bacteria in the bioleaching of chalcopyrite with thiobacillus ferrooxidans [J]. Hydrometallurgy, 1996, 40 (1~2): 1~10.

[15] Poglazova M N, Mitskevich I N, Kuzhinovsky V A. A spectrofluorimetric method for the determination of total bacterial counts in environmental samples [J]. Journal of Microbiological Methods, 1996, 24 (3): 211~218.

[16] Fernandez M G M, Mustin C, de Donato P, et al. Occurrences at mineral-bacteria interface during oxidation of arsenopyrite by thiobacillus ferrooxidans [J]. Biotechnology and Bioengineering, 1995, 46 (1): 13~21.

[17] Jerez C A, Arredondo R. A sensitive immunological method to enumerate Leptospirillumferrooxidans in the presence of thiobacillus ferrooxidans [J]. FEMS Microbiology Letters, 1991, 78 (1): 99~102.

[18] Brierley J A. Thermophilic iron-oxidizing bacteria found in copper leaching dumps [J]. Applied and Environmental Microbiology, 1978, 36 (3): 523~525.

[19] McDonald G W, Udovic T J, Dumesic J A, et al. Equilibria associated with cupric chloride leaching of chalcopyrite concentrate [J]. Hydrometallurgy, 1984, 13 (2): 125~135.

[20] Yin S H, Wang L M, Wu A X, et al. Research progress in enhanced bideaching of copper sulfides under the intervention of microbial communities [J]. International Journal of Minerals, Metallurgy and Materials, 2019, 26 (11), 1337~1350.

[21] 尹华群．在铜矿矿坑水微生物群落结构与功能研究中基因芯片技术的发展和应用 [D]．长沙：中南大学，2007.

[22] Petersen J. Heap leaching as a key technology for recovery of values from low-grade ores-A brief overview [J]. Hydrometallurgy, 2016, 165: 206~212.

[23] Ghorbani Y, Franzidis J P, Petersen J. Heap leaching technology—current state, innovations, and future directions: A review [J]. Mineral Processing and Extractive Metallurgy Review, 2016, 37 (2): 73~119.

[24] 黄明清．硫化铜矿生物堆浸气体渗流规律及通风强化浸出机制 [D]．北京：北京科技大学，2015.

[25] Yu S F, Wu A X, Wang Y M. Insight into the structural evolution of porous and fractured media by forced aeration during heap leaching [J]. International Journal of Mining Science and Technology, 2019, 29 (5): 803~807.

[26] Linklater C M, Sinclair D J, Brown P L. Coupled chemistry and transport modelling of sulphidic waste rock

dumps at the Aitik mine site, Sweden [J]. Applied Geochemistry, 2005, 20 (2): 275~293.

[27] Lefebvre R, Hockley D, Smolensky J, et al. Multiphase transfer processes in waste rock piles producing acid mine drainage 1: Conceptual model and system characterization [J]. Journal of Contaminant Hydrology, 2001, 52: 137~164.

[28] Lefebvre R, Hockley D, Smolensky J, et al. Multiphase transfer processes in waste rock piles producing acid mine drainage 2: Applications of numerical simulation [J]. Journal of Contaminant Hydrology, 2001, 52: 165~186.

[29] 刘晶 . pH 对嗜酸氧化亚铁硫杆菌分泌胞外多聚物及其吸附性能的影响 [D]. 长沙: 中南大学, 2013.

[30] Yu R L, Liu J, Tan J X, et al. Effect of pH values on the extracellular polysaccharide secreted by *Acidithiobacillus ferrooxidans* during chalcopyrite bioleaching [J]. International Journal of Minerals, Metallurgy, and Materials, 2014, 21 (4): 311~316.

[31] Mier J L, Ballester A, Blazquez M L, et al. Influence of metallic ions in the bioleaching of chalcopyrite by Sulfolobus BC: Experiments using pneumatically stirred reactors and massive samples [J]. Minerals engineering, 1995, 8 (9): 949~965.

[32] 张家明, 张雁生, 张博, 等 . 黄铜矿半导体电学特性对中等嗜热菌浸出行为的影响 [J]. 矿冶工程, 2018, 38 (3): 111~114.

[33] Brierley C L. Biohydrometallurgical prospects [J]. Hydrometallurgy, 2010, 104 (3~4): 324~328.

[34] 刘超 . 酸浸条件下氧化铜矿岩散体孔隙结构及渗流演化规律 [D]. 北京: 北京科技大学, 2017.

[35] 杨保华 . 堆浸体系中散体孔隙演化机理与渗流规律研究 [D]. 长沙: 中南大学出版社, 2009.

[36] Miao X X, Narsilio G A, Wu A X, et al. A 3D dual pore-system leaching model. Part 1: Study on fluid flow [J]. Hydrometallurgy, 2017, 167: 173~182.

[37] 尹升华, 王雷鸣, 陈勋 . 矿石粒径对次生硫化铜矿浸出规律的影响 [J]. 中南大学学报 (自然科学版), 2015, 46 (8): 2771~2777.

[38] Zhang S, Liu W, Granata G. Effects of grain size gradation on the porosity of packed heap leach beds [J]. Hydrometallurgy, 2018, 179: 238~244.

[39] Mier J L, Ballester A, Blazquez M L, et al. Influence of metallic ions in the bioleaching of chalcopyrite by Sulfolobus BC: Experiments using pneumatically stirred reactors and massive samples [J]. Minerals Engineering, 1995, 8 (9): 949~965.

[40] 舒荣波, 阮仁满, 温建康 . 黄铜矿生物浸出中钝化现象研究进展 [J]. 稀有金属, 2006, 30 (3): 395-400.

[41] Hiroyoshi N, Arai M, Miki H, et al. A new reaction model for the catalytic effect of silver ions on chalcopyrite leaching in sulfuric acid solutions [J]. Hydrometallurgy 2002, 63 (3), 257~267.

[42] 王少勇, 吴爱祥, 尹升华, 等 . 外加电场对细粒散体浸堆渗透性的影响 [J]. 中国有色金属学报, 2014, 24 (7): 1864~1870.

[43] Tuovinen O H, Fry I J. Bioleaching and mineral biotechnology [J]. Current Opinion in Biotechnology, 1993, 4 (3): 344~355.

[44] Karavaĭko G I, Golyshina O V, Troitskiĭ A V, et al. Sulfurococcus yellowstonii sp. nov/-a new species of iron-and sulfur-oxidizing thermoacidophilic Archaeobacterium [J]. Mikrobiologiia, 1994, 63 (4): 668~682.

[45] Ilankoon I M S K. Hydrodynamics of unsaturated particle beds pertaining to heap leaching [D]. Doctoral thesis, the United Kingdom, Imperial College London, London, 2012.

[46] Bouffard SC, Dixon DG, Investigative study into thte Hydrodynamics of Heap leaching Processes [J].

Metallurgical and Materials Transactions, 2001, 32 (5): 763~776.

[47] Sinclair L, Thompson J. In situ leaching of copper: challenges and future prospects [J]. Hydrometallurgy, 2015, 157: 306~324.

[48] Ilankoon S, Neethling S. Liquid spread mechanisms in packed beds and heaps: the separation of length and time scales due to particle porosity [J]. Minerals Engineering, 2015, 86: 130~139.

[49] Yin S H, Wang L M, Chen X, et al. Effect of ore size and heap porosity on capillary process inside leaching heap [J]. Transactions of Nonferrous Metals Society of China, 2016, 26 (3): 835~841.

[50] Wu A X, Zhang J, Jiang H C. Improvement of porosity of low-permeability ore in heap leaching [J]. Mining & Metallurgical Engineering, 2006, 26 (6): 5~8.

[51] 王洪江, 吴爱祥, 张杰, 等. 矿岩均质体各向异性渗流特性 [J]. 北京科技大学学报, 2009, 31 (4): 405~411.

[52] Lin C L, Miller J D, Garcia C. Saturated flow characteristics in column leaching as described by LB simulation [J]. Minerals Engineering, 2005, 18 (10): 1045~1051.

[53] 陈喜山, 梁晓春, 荀志远. 堆浸工艺中溶浸液的渗透模型 [J]. 黄金, 1999, 20 (4): 30~33.

[54] 陈喜山, 梁晓春, 熊为煜. 堆浸工艺中渗流饱和区研究及意义 [J]. 黄金, 2000, 21 (8): 30~32.

[55] Hasan S, Niasar V, Karadimitriou N, et al. Direct characterization of solute transport in unsaturated porous media using fast X-ray synchrotron microtomography [J]. Processdings of the National Academy of Sciences, 2020. 117 (38), 23443~23449.

[56] Wang X, Rosenblum F, Nesset J E, et al. Oxidation, weight gain and self-heating of sulphides [C] // Proceedings of the Forty First Annual Meeting of the Canadian Mineral Processors. 2009: 63~77.

[57] Zambra C E, Muñoz J F, Moraga N O. A 3D coupled model of turbulent forced convection and diffusion for heat and mass transfer in a bioleaching process [J]. International Journal of Heat and Mass Transfer, 2015, 85: 390~400.

[58] McBride D, Gebhardt J E, Croft T N, et al. Modeling the hydrodynamics of heap leaching in sub-zero temperatures [J]. Minerals Engineering, 2016, 90: 77~88.

[59] 武名麟, 刘丰成, 张兴勋, 等. 高寒地区氧化铜矿堆浸工程冬季保温问题初探 [J]. 金属矿山, 2010 (2): 73~75.

[60] Petersen J, Dixon D G. The dynamics of chalcocite heap bioleaching [C]//Hydrometallurgy 2003: 5th International Symposium Honoring Professor Ian M. Ritchie. 2003: 351~364.

[61] 李宏煦. 硫化铜矿的生物冶金 [M]. 北京: 冶金工业出版社, 2007.

3 溶浸采矿工艺及应用

3.1 溶浸采矿基本工艺

3.1.1 地表堆浸

堆置浸出法简称堆浸，是指在水不渗漏的场地上堆置适宜粒度的开采矿石或表外矿石，采用从矿堆顶部向下喷洒浸出剂，通过浸出剂在矿石堆中的渗滤过程，选择性溶解矿石中的有用组分，使之转入溶液中，以便进一步提取或回收的一种方法。地表堆浸过程为采出的矿石经适当破碎后堆置在适当处理好的堆浸场上，然后将浸出剂从矿堆顶部喷淋，借重力向下通过矿石进行浸出，从堆的底部收集浸出液。为有效地利用浸出剂，可将收集得到的浸出液，适当加入浸出剂，进行循环喷淋，直至一定时间。该法多用于处理低品位矿、贫矿和小矿。

地表堆浸可分为非筑堆浸矿法和筑堆浸矿法。非筑堆浸矿法是指进行堆浸之前没有筑堆和破碎工序，而是直接向露天排土场的低品位矿石和废石布液进行浸出。这种浸出方法的成本低，管理简单，能回收已流失的金属，有较好的经济收益，对减轻环境污染也起到良好作用。筑堆浸矿法也称堆摊浸出法，是指堆浸之前必须进行跳马堆和必要的破碎及堆浸场地修整等工序。其特点是堆的几何形状、尺寸、结构、堆场的规格和布液方式等均按设计和要求进行，对浸出周期和浸出率、堆场管理均有严格的规定。

为了保证浸出剂的渗滤速度（要求浸出剂在矿堆中的渗滤速度大于 $20L/(m^2 \cdot h)$），堆浸只适用于大粒矿石（大于 5mm）的浸出，如果矿石过粉碎，为避免细泥阻塞矿堆的孔隙，细泥需要团矿制粒后才能应用于堆浸。堆浸工艺流程图如图 3-1 所示，其中堆浸工艺流程剖面图如图 3-1（a）所示，堆浸工艺流程鸟瞰图如图 3-1（b）所示。

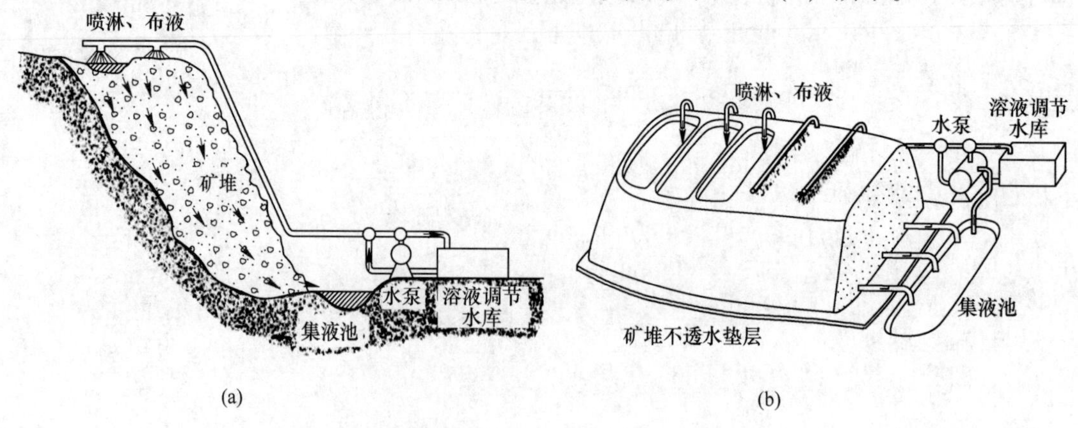

图 3-1　堆浸工艺示意图
（a）堆浸工艺流程剖面图；（b）堆浸工艺流程鸟瞰图

堆浸法的适用范围：（1）处于工业边界品位以下，但其所含金属量仍有回收价值的贫矿或废石；（2）品位虽在边界品位以上，但氧化程度较深的难处理矿石；（3）化学成分复杂，并含有有害的伴生矿物的低品位金属矿石；（4）被遗弃在地下、暂时无法采出的采空区矿柱、充填区或崩落区的残矿、露天坑底或边坡下的分支矿段或其他孤立小矿体；（5）其中金属含有量仍有利用价值的选厂尾矿、冶炼加工过程中残渣与其他废料。

堆浸法的优点：投资省、成本低，见效快，工艺简单，能耗低；矿堆可在井下，也可在地表，尾渣可返回井下作充填料，作业安全，对环境污染少；能回收常规采冶不能回收的贫矿、残矿和偏远地区的小矿点的矿石，扩大了资源利用率。

堆浸法的缺点：浸出周期长和回收率低。

3.1.2　原地浸出

原地浸出简称地浸，是一种用溶浸液直接从天然埋藏条件下的非均质矿石中选择性地浸出有用组分的地、采、选、冶联合开采方法，采出来的不是矿石，而是含有用组分的溶液，这种溶液称为浸出液。原地浸矿主要有两种方式：一种是通过地表注液工程（钻孔、沟槽）向含矿层注入溶浸液与非均质矿石的有用组分接触，完成化学反应。在扩散和对流作用下所产生的可溶性化合物借助压力差的驱动离开化学反应区进入沿矿层渗透的溶液流中，并向一定方向运动，用集液工程抽至地表，然后输送至提取车间加工，称为地表钻孔原地浸矿法；另一种是抽注液工程不从地表施工，而从地下（矿床埋藏深度较大）巷道中施工，称为地下钻孔原地浸矿法。原地浸出采矿工艺流程如图 3-2 所示。

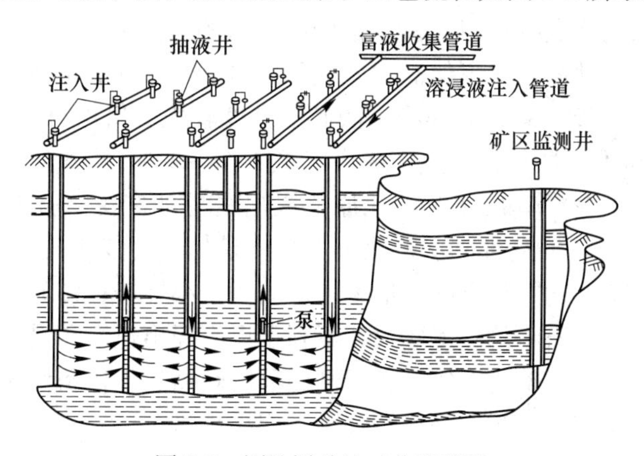

图 3-2　原地浸矿法工艺流程图

原地浸出技术对矿床条件的要求十分严格，只可应用于矿石疏松、破碎、裂隙发育的具有一定渗透性能的矿床。与常规采冶方法相比，原地浸出法的主要优点有：无井巷或剥离工程，也无需矿石与废石运输和破碎等，矿山基建投资少，建设周期短，生产效率高，生产成本低；环境保护措施容易实现，基本上不破坏农田和森林，无废石场和矿石场，不严重污染地面环境；从根本上改善了生产人员的劳动和卫生条件；使复杂易出事故的采矿工作实现化学化、工厂化、管道化、生产连续化和全盘自动化；资源利用充分，对某些贫矿、埋深大的孤立矿体、分散小矿体和水文地质工程复杂的强含水层，用常规采矿法往往不经济、甚至在技术上不可行，而用地浸法却能顺利开采。

然而原地浸出法也有几点不足：(1) 适用条件苛刻，受地质、水文地质、矿石性质、地球化学和浸出位置等条件限制；(2) 如果矿化不均匀，矿层各部位的矿石胶结程度和渗透性不均匀，或者矿石中部分有用组分难于浸出，或酸浸矿山部分矿石含钙量超过 3%~5%，则资源回收率比较低；(3) 地表管线多，安装、防冻、防滴漏、维护工作量大；(4) 地下浸出受到地球化学规律的制约比较明显，浸出速度可调节幅度较小。

3.1.3 就地破碎浸出

由于地表或井下堆浸工艺实质上属于简化和改革了水冶工艺流程，但仍然保留常规采矿法的工艺流程和实质，因此为了弥补地表堆浸的不足，就地破碎浸出法逐步发展起来。就地破碎浸出又称原地破碎浸矿法，是利用露天或井下碎胀补偿空间，通过爆破或地压方法将矿石就地进行破碎，然后进行淋浸，并通过集液系统将浸出液送往提取车间，制成合格产品的一种溶浸采矿方法。就地破碎浸矿法的工艺过程包括崩落矿块内的矿石，并运出由于爆破造成松散而膨胀的那部分矿石；安装淋浸和集液设施；矿堆淋浸；浸出液的收集处理及贫液返回作溶浸液。

从技术可行性上讲，大部分坚硬易碎的有色和稀有金属矿，以及适应地下堆浸和池浸的矿体，都可用就地破碎浸出采矿法开采；但经济上是否合理，则主要取决于矿床具体条件。从适用条件上来看，矿石坚硬易碎，矿石有效孔隙度（包括由于爆破产生的有效裂隙率）大于 20%，原矿体、团状矿体、急倾斜矿体、矿石有用成分可浸性好，易于获得破碎矿石所需的补偿空间都是利于就地破碎浸出的矿床条件。

就地破碎浸出法的优点有：(1) 就地破碎浸出法的崩落矿石不必进行大量的搬运，节省了井下运输、提升及地面运输工作；(2) 无采空区处理工序，减少占用废石和堆浸场地面积，卸堆工作量低；(3) 就地破碎浸出法矿堆高度较大，筑堆可采用大规模爆破方法，筑堆成本低；(4) 与堆浸法相比，生产成本降低 15%~20%；(5) 由于对矿体进行预处理，溶液渗透性得到改善，其应用范围比原地浸出法更加广泛。就地破碎浸出法的缺点有：(1) 对于缓倾斜矿体或局部膨胀、收缩、分支矿体，可能出现溶浸死角；(2) 必须运出部分矿石以形成必要的补偿空间，地表需形成一个小堆场；(3) 在采场中构筑矿堆难以进行人工二次破碎，矿石平均块度较大，不利于提高浸出速度和浸出率；(4) 受井下条件限制，井下淋浸、集液、输送液管线布置制约程度较高，工作条件和环境恶劣；(5) 浸出过程中对淋浸和集液工作面进行地压管理，工程维护量大。

3.2 地表堆浸法

3.2.1 筑堆技术及设备

3.2.1.1 堆场底垫及建构

A 底垫的功能及材料的选择

底垫是堆浸场地设施中的一个重要组成部分。其功能是保证溶液不泄漏，使浸出液经排液沟流入贮液池。

底垫材料的选择也受底垫使用次数、堆场设备以及堆浸场地大小等因素的影响。一般要求底垫的材料需具有很低的渗透系数：小于 5×10^{-7}cm/s。底垫材料最好能就地取材，不与浸出液发生化学反应，在堆浸期间稳定。永久性堆浸场的底垫因需长时间多次使用，比一次性堆浸底垫的材料标准要高。一般常用的底垫材料有：混凝土、沥青、黏土、膨润土、塑料薄膜、橡胶板等。最常使用的有三种：黏土、膨润土；沥青、混凝土；高密度聚乙烯膜（板）（HDPE）。

黏土底垫可分三层压实，每层约 150mm 厚。在黏土添加 4%的膨润土，可使黏土的渗透性大大降低。该种底垫铺设简单、造价低，要求地基压实，坡度要小些，以防堆浸过程中底垫受到冲刷。沥青、混凝土的防渗抗压强度与其厚度有关，通常为 150～200mm 厚。这种底垫造价较高，易开裂。高密度聚乙烯底垫厚度为 1～2.5mm，抗刺破能力属中等，对粒度小于 20mm 的矿石是适用的，能反复使用多次。尽管这种底垫成本最高，但可以现场粘接，施工简便，底垫铺设速度快，工程量小，国外大型堆浸场底垫多选用此种材料。

B 底垫结构

底垫的结构有三种：单层底垫、双层底垫和多层底垫。单层底垫使用黏土、沥青及混凝土时，其承受应力相当高，与地基一起可以控制矿堆的稳定性，单层底垫的机械强度决定矿堆的稳定性，其结构图如图 3-3 所示。

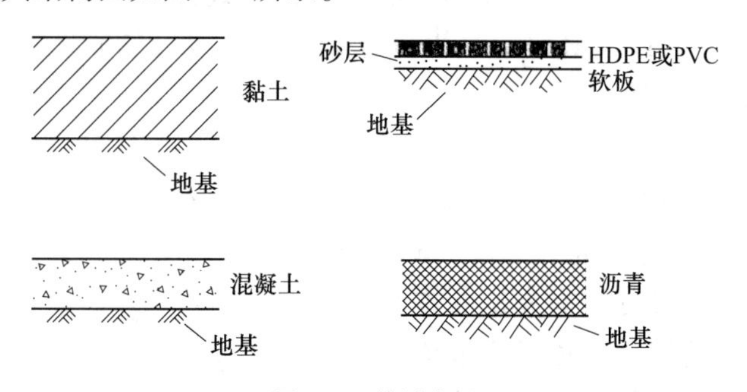

图 3-3 单层底垫

双层底垫是由两种底垫材料组成，如图 3-4 所示，可直接接触，也可在基间加一层排水层或缓冲层。其上层底垫常为工作垫层，以确保浸出液的回收；下层底垫为后备层，以防止溶液向环境泄漏。工作层用合成材料，后备层用黏土为较常用的双层底垫。

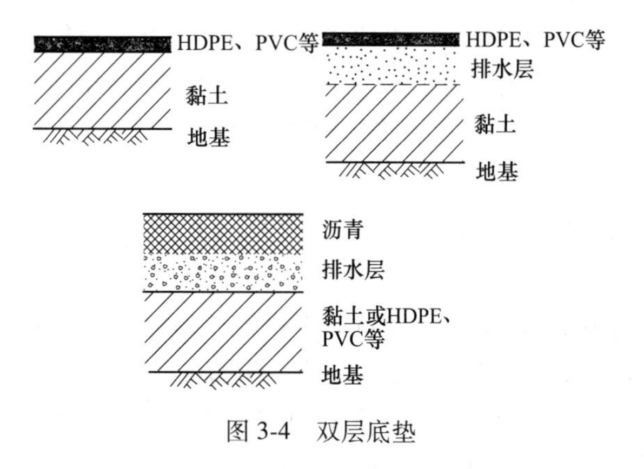

图 3-4 双层底垫

多层底垫又称三层底垫，常用一层 PVC 或 HDPE 软板和两层黏土层或者由两层 PVC

和一层黏土构成。多层底垫的矿堆滑动可能性较大，为防止滑动，在底垫层之间至少要有一层排水层。目前，多层底垫较少使用。

C 底垫的铺设

底垫铺设技术和质量严重影响底垫的功能。铺设黏土底垫应避开雨季或干旱季节，严防底垫失水干裂。在铺设合成材料时，如 PVC，地基要平滑无尖锐物，以防刺破底垫层。一般在平整好的地基上先铺一层黏土或细尾砂等，然后铺合成材料，最后在合成材料上再铺一层卵石和砂作保护层，以防底垫被筑堆机械轧破。

地基有位差时，铺设合成材料底垫应从最低端开始，逐步向上作业，不要形成皱纹，可以使用无缝滚筒机铺设，焊接最好在现场进行，焊缝应均匀，排列方向与矿堆可能移动的路径相垂直。另外，堆浸场底垫面积应略大于矿堆的实际底面积。

3.2.1.2 矿石的准备

露天堆浸的矿石准备有以下四种基本方式：不经破碎以原矿形式直接堆浸（利用爆破后获得的矿石直接堆浸）；粗碎至 400mm 以下然后堆浸；两段破碎至 6mm 以下并制粒后堆浸；在制粒时加入浸出剂进行预处理后再堆浸。品位较低，或裂隙与层理发育，不破碎也易浸出的矿石多采用前两种方式。金属价值较高的，或含泥与粉矿较多，性脆易碎以致影响矿堆渗透性的矿石，或不破碎不足以有效解离有用成分的矿石，一般采用后两种方式。这里详述制粒技术。

A 制粒的必要性

制粒就是在破碎一定粒度的矿石中加入少量黏结剂、水或贫液，通过制粒机使矿石黏结为较细的、硬度大的矿粒。堆浸之前，矿石经适当破碎后制粒可使细小矿石颗粒黏附在较大的矿石颗粒上，不仅可以提高矿石本身的可浸性与矿堆的渗透性，避免发生液流不均、堵塞、沟流等不良现象，从而加速浸出过程，缩短堆浸周期，提高金属回收率，降低试剂消耗和产品成本，而且在根本上防止筑堆过程中产生的偏析现象和阻塞溶液通道的现象。制粒作用机理如图 3-5 所示。

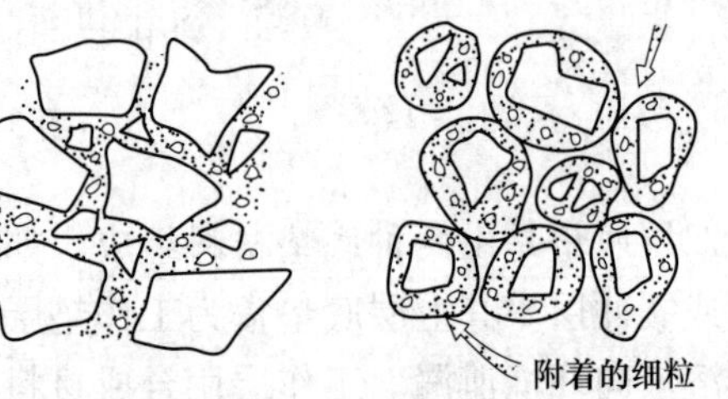

图 3-5 制粒作用机理示意图

由于制粒可以提高黏土质矿石、细粒矿石的渗透性，拓宽了堆浸的应用范围。目前，制粒技术移植到浮选精矿的浸出，将精矿矿浆直接喷在普通岩石块后再堆浸，起到了制粒浸出的效果。

B 制粒过程和设备

矿石的制粒过程可分为矿石破碎、矿石与黏结剂和水等的混合、制粒以及固化四个步骤。

制粒矿石的大小通常为-6mm，一般将矿石进行二段或三段破碎。使用颚式或圆锥破碎机进行粗碎，短头圆锥破碎机进行第二段或第三段破碎。破碎后的矿石与一定量黏结剂和溶液充分混合并制粒。混合和制粒是在制粒机中完成的，新研制的矿粒需固化一定时间后再用于筑堆。制粒设备的选择取决于矿石中黏土和粉矿的含量、矿石粒度的分布等因素。制粒机的类型很多，主要有带式、圆筒式和圆盘制粒机。不论选用哪种制粒机，都必须能够提供所需要的搅拌和压实功能。

a　皮带制粒机

利用传送带实现所要求的滚转和压实，此种制粒机的压实程度较低。皮带可倾斜布置，矿石在皮带上滚动并在多传送点上形成搅拌和压实，也可在矿石排放过程中，矿石倾斜向下滚动而起到制粒作用。这种类型制粒机适用于处理含少量细粒的物料，即矿粉含量小于15%的矿石。图3-6为一种皮带制粒机。

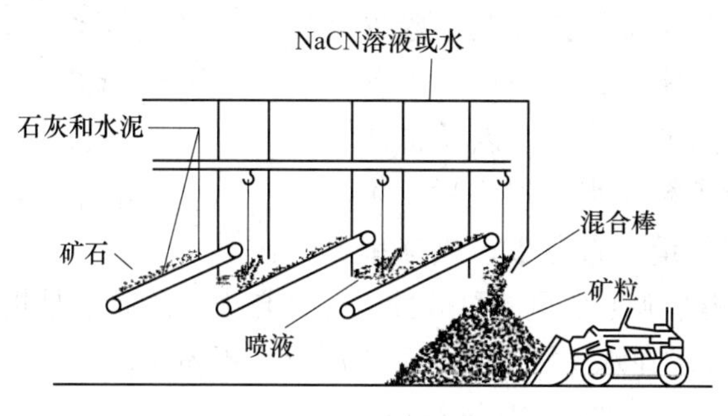

图3-6　皮带制粒机

b　圆筒制粒机

它是利用滚筒获得所要求的滚转和压实，一般圆筒长径比为2.5~5.0。圆筒制粒机有三个可调操作变量：圆筒的转速，圆筒的水平倾角（1°~4°）和隔板或挡料圈的安装位置（进料口或出料口）。通过调节这三个变量来控制物料在圆筒制粒机内停留时间。此种制粒机可生成较宽粒级分布的矿粒，适用范围比其他制粒机要广，是较常用的制粒机。图3-7为圆筒制粒机。

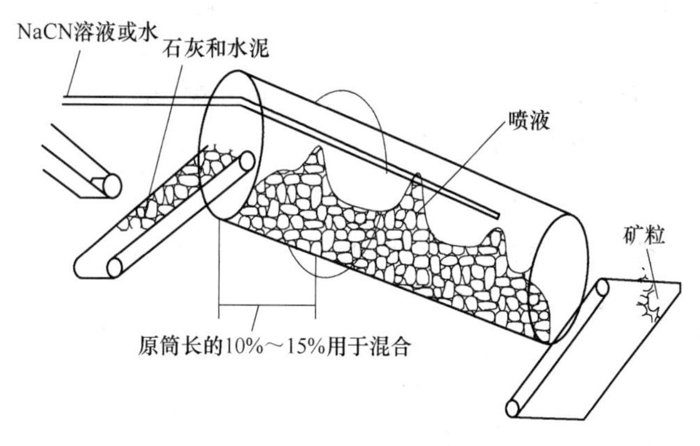

图3-7　圆筒制粒机

c　圆盘制粒机

圆盘制粒机是倾斜安装的一个扁平浅盘，用它来获得所要求的滚转和压实。由它生产的矿粒，既均匀又具有良好的湿强度。此种制粒机的主要操作变量是水的添加量、物料在盘内停留时间及物料的加入位置。圆盘制粒机适用于细粒物料的制粒，但它需要安装在室内以避免风砂。图3-8为一种圆盘制粒机。

C　制粒质量的影响因素与制粒质量检验

矿石的粒度组成、黏结剂和水的用量、物料的加入方式、矿粒的固化时间以及制粒机的工作状态等因素都影响制粒质量，应通过试验确定最佳制粒条件。固化后的矿粒需具有良好的物理和工程技术特性，如适宜的机械强度和渗透性能，以承受筑堆中机械负荷及喷淋溶液的冲蚀力等。

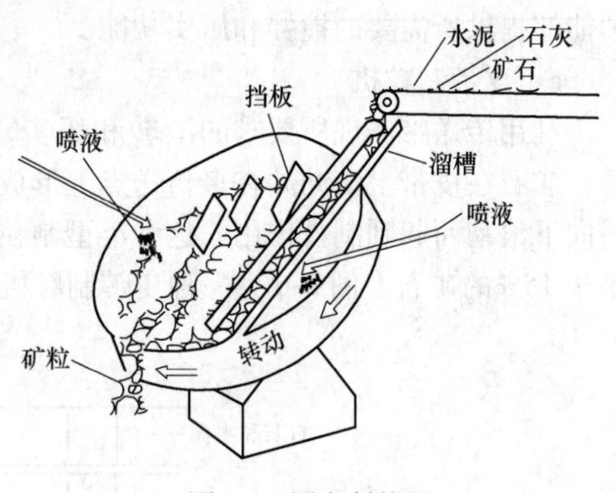

图 3-8　圆盘制粒机

目前，衡量矿粒质量的指标和检验方法较多，还没有统一的制粒质量指标及检验方法。主要有湿强度、成球率、允许自由下落高度、耐湿性、粒度范围、含水率以及抗压强度等。湿强度是指矿粒在水中浸泡后，未散落的矿粒占总矿粒重量的百分数；成球率是指规定直径的矿粒占总矿粒数量的百分数；允许自由下落高度是指矿粒自由落地时不散的最高高度；耐湿性要求在水中浸泡数天而不脱落、不粉化；粒度范围要求在 $\phi5\sim\phi40$mm 之间；含水率要求在 20%左右；抗压强度应该大于 3kg/个矿粒。

3.2.1.3　矿堆基本参数及要求

A　矿堆的高度与规模

矿堆高度是影响矿堆渗透性和金属浸出率的重要因素。堆浸场地利用率方面，矿堆高，堆浸场地的利用率也高，可以有效扩大堆浸的规模和降低生产成本。但矿堆越高，矿堆的渗透性越差，浸出周期越长，对筑堆技术要求也就越高。矿堆稳定性方面，高矿堆可能带来矿块自动滑塌、矿石密实或堆表面陷落等情况。另外，矿堆高度与矿石性质有关，高度的具体确定应通过室内实验的验证，需考虑堆浸场地的位置、设计规模、筑堆技术及生产成本等因素。

一般地，露天矿石堆浸的矿堆尺寸上限为宽 30m，高 15m；薄层浸出时的矿堆尺寸上限为 1~3m；废石堆浸时的矿堆高度不超过 30m。

B　矿堆的结构与渗透性

矿堆的形状可为梯形（棱台形）、圆形或利用原地形在山谷中筑堆。无论何种形状的矿堆一般应包括底垫、保护层、排液管、喷淋管、集液沟、贮液池和矿堆周围的防洪沟和保护平台。图 3-9 为露天矿石堆浸典型结构截面图。

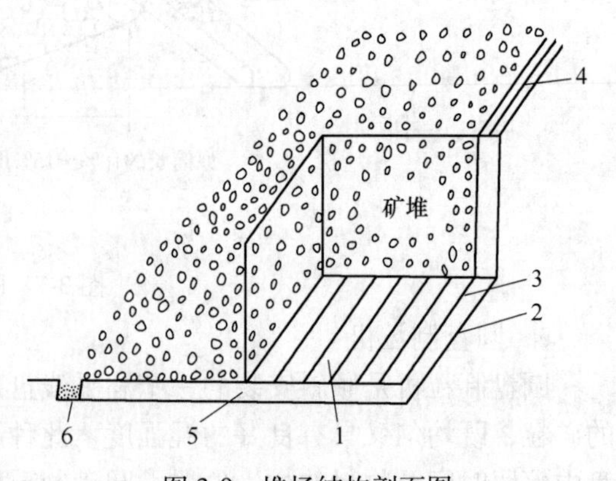

图 3-9　堆场结构剖面图

1—软 PVC 板；2—黏土层；3—排液床；4—PVC 膜；5—黏土围堰；6—排液沟

为了提高矿堆的渗透性，矿堆顶部尽可能有较大的表面积，矿堆形状为扁平状。为了畅通排液，在堆底部铺设大块矿石，并埋入带孔的塑料管（碱浸是用金属管）。必要时，可通过管子压入空气以改善下部矿石的氧化及矿堆的渗透性能。

3.2.1.4 筑堆方法

筑堆方法直接影响到矿堆的渗透性和浸出率，所以要采取合适的方法，最大限度地保证矿石的松散系数。常用的筑堆方法包括多堆筑堆法、多层筑堆法、斜坡道筑堆法及移动桥式吊车筑堆法。

A 多堆筑堆法

先用皮带运输机（或自卸式汽车）将矿石堆成许多堆，然后用推土机推平，如图3-10所示。该方法的不足是矿石易产生偏析及矿堆表面易被压实。

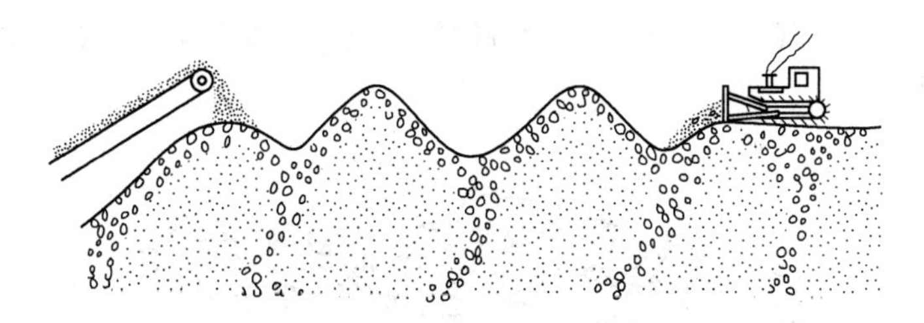

图3-10 多堆筑堆法

B 多层筑堆法

这种方法的实质是，堆的形式是分层筑成，每层1.5m高左右，筑堆过程中，颗粒较粗的矿石在每层的下部，较细的矿石在堆的上部，溶浸液分布较好，减少垂直沟流形成的可能性。在筑堆时，从最底层到最上层形成2%～10%的斜面，使溶液顺畅流出，如图3-11所示。

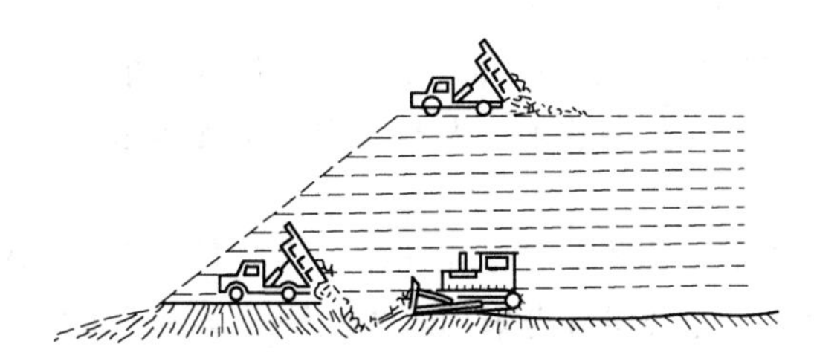

图3-11 多层筑堆法

如果堆场底板斜度较大，则首先筑成溶液流出所需的坡度，再筑第二层。如果被浸矿石较粗，要求较低时间浸出，可以连接筑成第三、四层矿石，形成多层筑堆淋浸。如果矿石较细，可以只铺筑一层矿石，以较多的速度浸出，浸出结束后将废石运出，再铺设新层。也可以浸完第一层后，浸渣不运出，往上铺设第二层，实行分层堆放、逐层浸出。

C 斜坡道筑堆法

此法是先用废石筑一条与矿堆同一高度的斜坡道，专供运矿卡车行走。卡车把矿石卸至行车道两旁，再用推土机将矿石推向斜坡道两旁，推土机机座为履带，比卡车压实矿石的程度要低，推平矿石后，再将斜坡道顶层矿石疏松，如图3-12所示。

D 移动桥式吊车筑堆法

此法首先应用于美国新墨西哥州奥蒂兹矿，如图3-13所示。吊车的基座沿矿块长边的堆外专用线（铁轨或砂石路）移动，桥臂伸向矿堆上方，桥内安装了移动式装矿口，沿

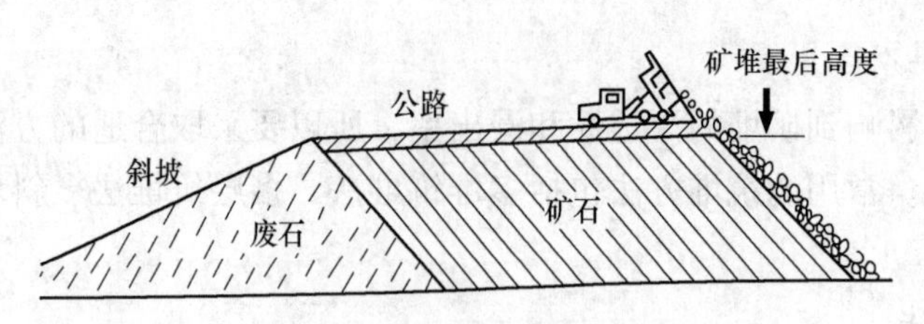

图 3-12　废石斜坡筑堆法

着矿堆横向（短边）移动。这种能减轻或避免筑堆设备对矿堆的压实程度，也减少了矿堆建造过程中的矿石离析现象。其缺点是设备比较笨重，换堆移动不便，一般适用于堆场比较平坦的大型堆。

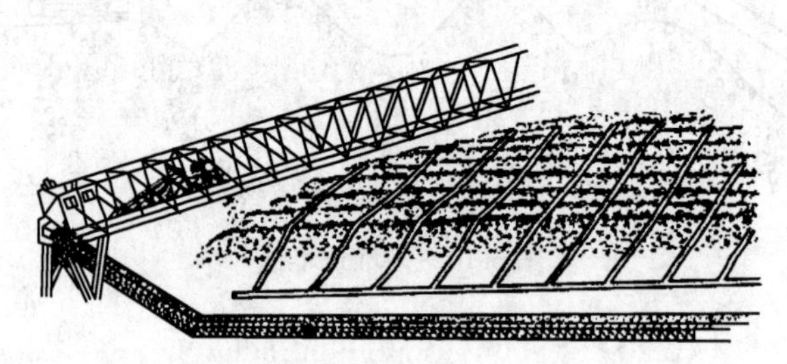

图 3-13　移动桥式吊车筑堆法

3.2.1.5　筑堆设备

随着堆浸技术和规模不断发展和扩大，国外十分重视筑堆设备的研制。这些国家的筑堆设备可分为以下几个阶段：

（1）初期阶段一般采用推土机、自卸汽车、装载机等筑堆。但这些设备上堆时压实矿堆，降低了矿堆渗透性，影响浸出效果。尤其是对于造粒堆浸矿山和泥质含量大的矿石，这种方法完全不适用。

（2）第二阶段——皮带运输机筑堆。由于堆浸工艺日趋完善，堆浸规模不断扩大、永久性堆场的建立，美国奥蒂兹公司首先采用永久性桥式运输机筑堆，开创了带式运输机筑堆的先河。之后，法里柯勘探公司在内华达州的托诺坝斯矿首先使用了延伸式运输机筑堆，加州的艾姆博依等矿都开始使用了多段皮带运输机系统。但这类皮带运输机移动困难，一次筑堆宽度小。

（3）第三阶段——弧形筑堆机。这种筑堆机一次筑堆宽度大，筑堆灵活、方便、效率高；建成的矿堆透水性能好，不同粒级矿石离析少，分布均匀，克服了多段皮带运输机系统的不足，很快成为美国堆浸生产中筑堆系统的主要设备。

我国成功研制了 HZD-4500 型弧形筑堆机，达到了国际先进水平。它是可自移的轻型带式输送机，带宽为 500mm，升角为 20°，电动滚筒驱动，滚筒直径为 320mm，带速近 1m/s。带式输送机前端可作仰俯调整，幅度约为 35°。整机可作定点水平摆动和纵向自移，也可转向，摆动幅度可在 300°内，行走、摆动及仰俯调节均由液压装置进行，其机型如图 3-14 所示。本机可由带式输送机供料；或由装载机及移动料仓配合供料；也可由制粒机或放矿漏斗直接供料。

目前，国内外采用的筑堆设备有：大型后卸式汽车与推土机或扒矿机、电耙等配套使

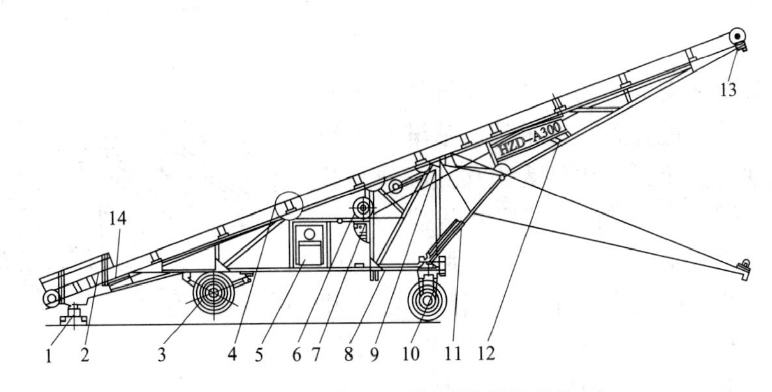

图 3-14 HZD-4500 型弧形筑堆机结构图

1—定心座；2—料斗；3—后桥；4—皮带；5—泵站；6—电动滚筒；7—操作台；8—后架；9—拉紧装置；10—前桥；11—升降油缸；12—前架；13—弹簧清扫器；14—空段清扫器

用；皮带运输机与推土机或扒矿机配套使用；铲运机、弧形筑堆机或移动式运输机配套使用；矿车运矿或矿车与电耙配套使用；人工筑堆，多适用于小型堆。

3.2.2 布液系统及设备

布液一是要保证浸出所要求的喷淋强度，二是要保证浸出剂均匀地喷淋全矿堆。为此，需要一个完好的布液系统，特别是要采用合适的布液方式和设备。

3.2.2.1 布液系统

布液系统由配液池、泵、输液管、高位槽以及置于矿堆上的分支管和布液器组成，如图 3-15 所示。

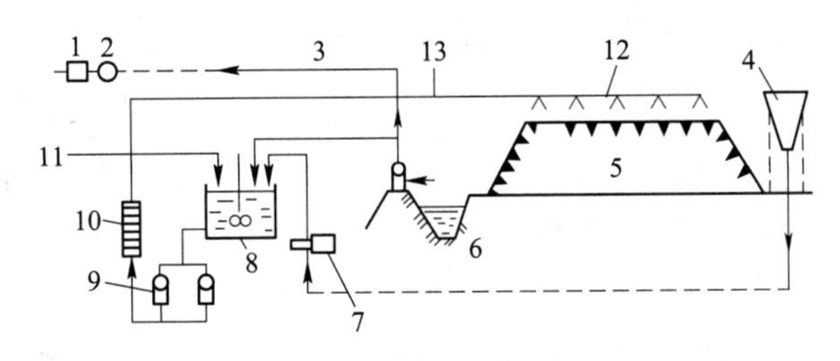

图 3-15 堆浸布液系统

1—自动取样器；2，10—流量计；3—浸出液后处理；4—硫酸贮槽；5—矿堆；6—富液池；7—酸泵；8—硫酸配制槽；9—喷淋液泵；11—尾液；12—喷淋器；13—输液管

3.2.2.2 布液方式及设备

堆浸布液方式有池灌式、喷淋式和滴灌式。

A 池灌式

在矿堆顶部表面筑堤堰围成若干浅池或沟，将溶浸液打入使其缓慢渗漏，如图 3-16 所示。可在矿堆上铺合适的材料，如微孔滤膜材料为渗透层，以利均匀地布液。

池灌式布液操作简单、节省动力，适合于海拔高的矿山堆浸使用。然而，此法受到矿石渗透性的限制，易产生沟流，特别是当矿堆由含一定黏土的细碎矿石构成时，这种危险性更大。同时，试剂耗量也大，是不常用的布液方式。

B　喷淋式

通过均匀分布在支管上的小孔或喷淋器将溶液喷洒在矿堆上，其关键设备是喷淋器。喷淋器已经更新三代：初期为固定式，中期为雨鸟式，现在基本上使用既能摇摆又能旋转的塞尼格喷淋器。

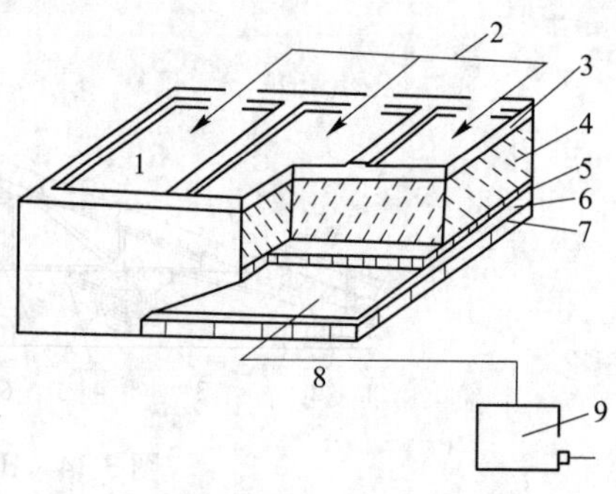

图 3-16　堰塘式堆浸示意图

1—堆放矿石的堰塘；2—输液管；3—尾矿层；4—矿石层；5—排液层；6—隔液层；7—场地基础；8—排液管；9—集液池

固定式喷淋系统是一种喷淋口地点固定不变的喷淋装置，此类装置的特点是水流向圆周或部分圆周同时喷淋，射程短，湿润半径只有 3~9m，喷淋强度在 15~20mm/h 以上，通常雾化程度较高。这种系统的优点是结构简单，没有旋转部分，工作可靠，要求的工作压力较低，但布液不均匀、喷孔易被堵塞、易出现沟流问题，因此，这种固定式喷淋现已应用不多（见图 3-17）。

雨鸟式喷淋器（见图 3-18）比固定式喷淋的布液要均匀，喷头工作管压力为 0.14~0.28MPa，可获得 11~15m 的覆盖半径。然而，这种喷头对钙盐敏感，在喷头上易产生结垢，当结垢严重时妨碍溶液流动，此时需拆下喷头除垢。

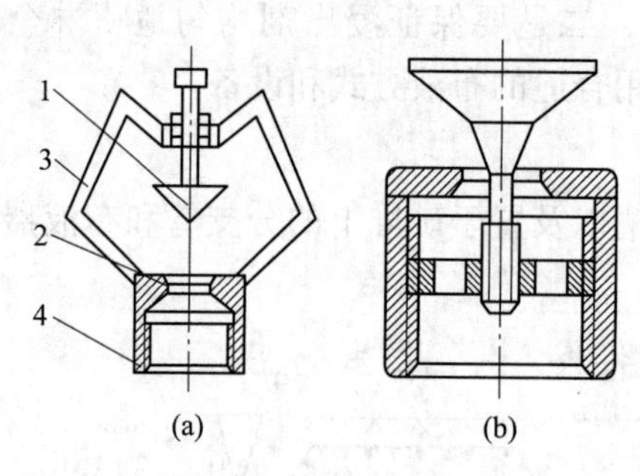

图 3-17　固定式喷头

（a）外支架式；（b）内支架式

1—折射锥；2—喷嘴；3—支架；4—管接头

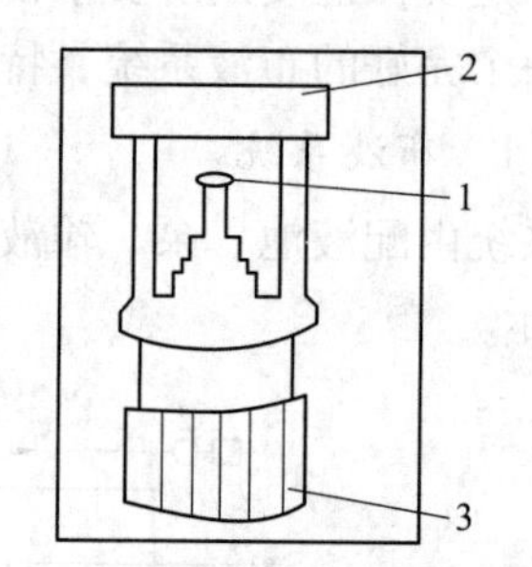

图 3-18　雨鸟喷淋器

1—喷头；2—帽盖；3—接头

塞尼格喷淋器是目前最常见的喷淋设备（见图 3-19），既能摇摆又能旋转，喷淋均匀，覆盖面积大（喷淋直径达 10m），容易控制喷淋强度。

在 0℃下不能使用喷淋布液方式，溶浸液蒸发量大，喷淋时溶浸液易被风带走而损失，仅适用于含泥量少的矿石。

C　滴灌式

美国罗切斯特金矿首先采用这种布液系统是在矿堆表面铺设主给液管，放在栅格中心，从主管每隔一定距离分出支管，支管与主管垂直，沿支管每隔一定距离布置滴头。滴头是关

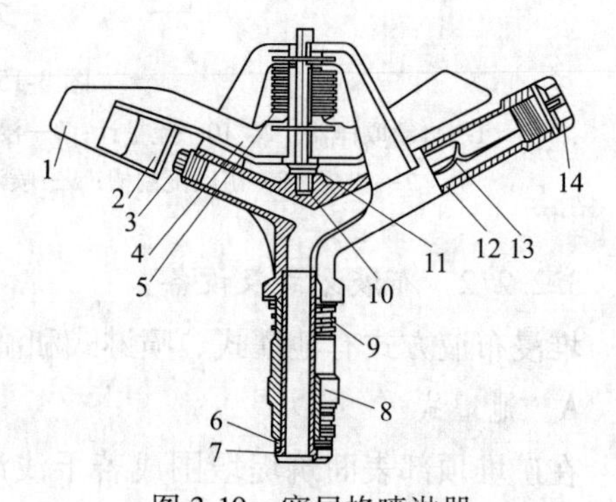

图 3-19　塞尼格喷淋器

1—导水板；2—挡水板；3—小喷体；4—摇臂；5—摇臂弹簧；6—三层垫圈；7—空心轴；8—轴套；9—防砂弹簧；10—摇臂轴；11—摇臂垫圈；12—大喷管；13—整流器；14—大喷嘴

键部件，其作用是将溶液滴入矿堆。每个滴头的液流量应基本相等。因此，滴灌系统除了支管、毛管的设计布置要合理外，还要选取合适的滴头，滴头的形状和品种很多，其结构和工作原理也不相同，按消能方式可分为微管式滴头（见图 3-20）、管式滴头（见图 3-21）和孔口式滴头（见图 3-22）。

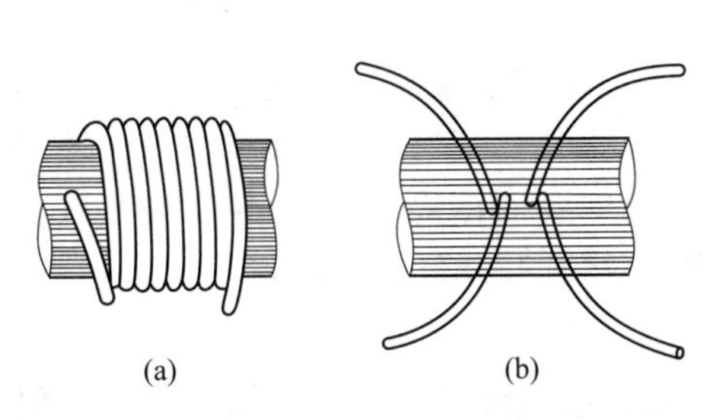

图 3-20 微管式滴头

（a）缠绕式；（b）散放式

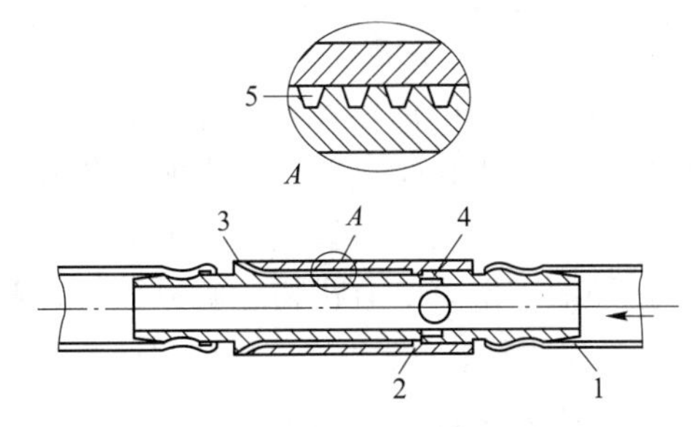

图 3-21 内螺纹管式滴头

1—毛管；2—滴头；3—滴头出水口；4—螺纹流道槽；5—流道

滴灌式布液方式克服了喷淋式布液的一些缺点，是一种较先进的布液技术。与喷淋式相比，其优点是：在常年气候条件下都能操作；布液强度可在很宽的范围内调节，在 0.02～0.41L/(min · m^2) 之间调节；试剂和水用量较少，是喷淋式布液的 2/3；蒸发量小，环境安全方面得到改善；投资较小。其缺点是埋入矿堆的毛管不能利用，毛管在矿堆内结垢后还无好办法处理。另外，滴灌布液的滴头布置很密，布液面积小。

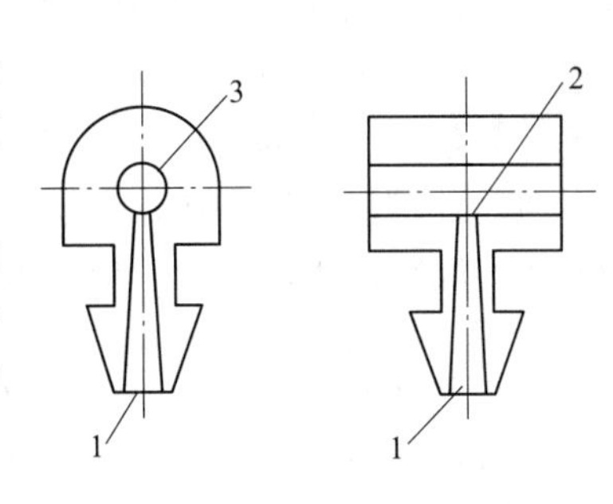

图 3-22 滴管孔口喷头结构

1—进液口；2—出液口；3—横向出液口

3.2.2.3 最佳淋浸方法

A 布液强度

适当增大布液强度，可以缩短浸出时间，提高浸出率，与此同时加强了溶浸液与矿石之间的相对运动，起到强化扩散作用。据资料显示，我国堆浸矿山的喷淋强度一般为 8～12L/(m^2 · h)，国外为 10～20L/(m^2 · h)。喷淋强度大，虽然具有一定的优点，但过大的喷淋强度会导致贵液的浓度明显下降，而使得杂质浓度升高，故喷淋强度过大对生产也是不利的。在实际堆浸中，必须通过室内试验确定最佳布液强度。

B 喷淋作业制度

为了提高金属浸出率，目前国内外许多矿山采用间歇喷淋作业制度。这是因为：一是有利于空气进入矿堆，为细菌提供氧气；二是有利于矿石表面干燥、风化，使得矿堆的渗透性变强，从而有利于金属的浸出；三是减少药剂的消耗，节省浸出成本。德兴铜矿采用“喷一休二”作业制度，即喷淋 1 个月，休闲 2 个月的轮流作业制度。中国核工业总公司七二一矿也采用间歇喷淋作业制度，其淋停比为 1∶5。

3.2.3 溶液收集与控制

3.2.3.1 集液

集液通过集液系统进行。集液系统由堆底排液管、集液沟、集液总渠和富液池组成。

浸出液自堆底排液管流入各矿堆下方的集液沟，汇入集液总渠后进入富液池，经澄清、净化，视浸出液中金属浓度的高低，或送往金属回收工序进一步处理，或转入配液池配制浸出剂，然后用泵送往堆浸场，供反复浸出使用，直至其金属浓度达到规定要求。

3.2.3.2　溶液化学控制

A　基本参数控制

在浸出操作中需要控制循环溶液的化学成分，使其基本参数控制在最佳范围。基本参数可以通过加入化学试剂和改变操作条件实现控制。例如，金矿石氰化堆浸中，循环溶液的碱度、氰根浓度、溶氧量、溶解固体量以及浸出液中金属浓度均为基本控制参数。此外，循环液中溶解的有机物、硫氰酸盐、亚铁氰化物对金的溶解也有影响。

B　防结垢

水和矿石中都含有钙，浸出过程中容易生成碳酸钙或硫酸钙。结垢将妨碍浸出、阻碍溶液的流动、影响设备正常运转。因此，防结垢是堆浸作业中的一项重要工作。

在堆浸作业中可通过在某些部位添加阻垢剂来抑制结垢现象，常用的阻垢剂为多磷酸盐，如六偏磷酸钠、聚四磷酸钠。阻垢剂的加入量视水的硬度、溶液的酸碱度和矿石的性质而定，通常加入范围在 $1\times10^{-5}\sim4\times10^{-5}$。

3.2.3.3　水平衡

在设计堆浸装置和操作方法时，要认真考虑对地表水的控制，杜绝或减少溶液因暴雨和从矿堆底垫溢出的损失，应降低喷淋损失和堆表面的蒸发量。做好工艺循环和自然水循环，以使水平衡。

工艺循环指堆浸中可确定其属性的稳定流体，包括加入的试剂溶液、补充水、洗堆水以及从系统中放出的部分溶液。自然水循环指降雨、融雪及蒸发水，自然循环水应叠加在工艺流体上。堆浸操作的水循环如图 3-23 所示。

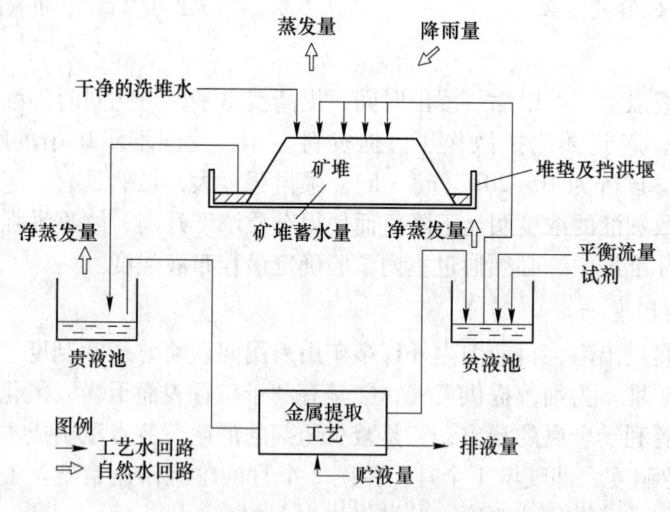

图 3-23　堆浸操作水循环

3.2.4　强化堆浸新技术

随着溶浸技术的日益推广，工业上不断尝试应用超声波技术、高温菌、制粒技术、薄层筑堆法、强制加气以及核爆破等技术强化堆浸效果，使溶浸采矿有了更大的发展[1]。20世纪70年代，超声波被用以加快微生物生长繁殖、强化浸出过程、提高浸出率，使用超声波技术能使红土型镍矿原地浸出回收率由40%提高到50%，使尾矿中铜的浸出率由60%提高到80%；1993年澳大利亚Giralambone铜矿首次对浸出矿堆实施强制加气，为堆内细菌的生长繁殖提供O_2和CO_2，加快硫化铜矿浸出过程，取得了较好的效果，实现年产14kt铜金属；铜精矿的高温菌浸出试验开始于1995年，1997年智利Chuquicamata铜矿建成铜精矿高温浸出工厂，设计年产量20kt电积铜。此外，智利Quebrada Blanca铜矿海拔高4400m，将矿石破碎到9mm以下，用硫酸和热水制粒后筑堆浸出，克服了高海拔、寒冷、缺氧等不利因素，日处理硫化矿石17.3kt；2004年，秘鲁Escondida铜矿采用分层筑堆技术建成大型微生物堆浸场，矿堆占地10万平方千米，分7层筑堆，每层高17m，计划年产180kt电积铜。

3.2.4.1 制粒-薄层浸出

堆浸物料中含有过量的-50mm的矿泥时，常常会降低矿堆渗透速度，并使矿堆内部出现沟流和未浸区，造成浸出时间长，浸出效果差。用黏结剂和液体将泥质粉矿黏附到矿块上，形成类似矿团的聚合物。这些聚合物的渗透性好，浸出动力学强度稳定，能人人提高浸矿液的渗透速度，又可避免产生偏析现象，有利于堆浸技术条件的保持，并且能够缩短浸出周期，提高堆浸的技术经济指标。

制粒预处理-薄层堆浸，就是将含泥铜矿石加入适合的黏结剂，在制粒设备中形成团粒即粒矿，粒矿筑堆后经数天堆放固化使其具有一定湿强度，用浸矿剂喷淋浸出，将浸出液收集进行萃取电积，生产出电积铜。该技术适用于含泥黏土矿、选矿尾矿和粉矿量大的矿石。制粒堆浸的工艺特点是：通过制粒提高矿石本身和矿堆的渗透性；在制粒过程中预加溶浸剂使之与矿石提前接触并预先反应从而加快金属的浸出速度；薄层堆浸可以保证布液均匀和有利于空气流通。其综合结果是改善溶浸的渗透性，提高金属浸出率、缩短浸矿周期、降低溶浸剂消耗。制粒堆浸工艺的关键是选择或制备适合矿石特点的制粒黏结剂，保证较高的矿粒湿强度。制粒堆浸与常规堆浸相比金属浸出率可提高20%~40%；浸矿周期缩短1/3~1/2；溶浸剂消耗降低20%~30%；浸出液金属浓度提高2~3倍，溶液循环量减少50%以上。

自1968年美国兰彻斯特公司兰鸟矿堆浸-萃取-电积湿法炼铜新技术问世以来，浸矿技术得到了迅速发展。常规堆浸以其投资省、成本低、见效快、工艺设备简单、自动化程度高、易掌握等优势被广泛采用。但对于含泥矿石却有其局限性。而采用搅拌酸浸，矿浆固液分离无法解决。为此美国Hotmes和Naruer公司于1975年开始着手研究开发制粒预处理-薄层堆浸，简称TL法即制粒堆浸新工艺，并获专利。后由智利SMP公司进一步完善并于1980年在Lo Aguire铜矿成功用于工业生产，从而解决了含泥矿石堆浸过程中的重大技术问题，为含泥矿石处理找到了一条有效途径。1979年美国西北部某州所建黄金堆浸厂约有50%濒于失败，究其原因是含泥氧化矿遇水膨胀、泥化严重、渗透性差，透气性差，致使矿堆死堆。因此制粒堆浸技术便被大量移植到含泥金矿的处理，目前美国的金矿堆浸生产中有60%~70%的堆浸厂采用制粒堆浸工艺。智利的铜矿堆浸生产中，有50%采用制粒堆浸工艺。智利SMP公司的Lo Aguirre铜矿1980年11月投产，是世界上第一家采用制粒-薄层堆浸-萃取-电积技术处理铜矿石的矿山。矿石为混合矿，平均铜品位为1.9%，矿石经三段破碎至-5mm，堆高2~4m，在两块面积为19200m^{2}的场地上堆矿，经12天淋浸，铜浸出率大于74%，年产电积铜17kt。智利Rio Algom公司的Cerro Colorado铜矿位于智利马尼尼亚镇，采用制粒-薄层堆浸-萃取-电积处理氧化矿和次生硫化矿，矿石储量79Mt，铜品位为1.39%，矿石经三段破碎至-13mm，分9个83m×400m堆场，堆高6m，浸出周期210d，浸出富液含铜3.2g/L，年产电铜45kt。智利的Codelco公司的ELArra（Codelco占49%股份）位于Calama以北，海拔3900~4000m，现主要处理氧化矿，以硅孔雀石和假孔雀石为主，占氧化矿的95%左右，其他黏土氧化矿占5%，矿石储量798Mt，铜品位为0.54%，三段破碎至-11mm，堆能力13Mt，浸出周期90d，浸出富液含Cu 6.1g/L，年产电铜225kt。智利Codelco公司的Quebrada Blanca矿海拔4400m，采用制粒-薄层堆浸细菌浸出处理辉铜矿及氧化矿，矿石经三段破碎至-6mm，占80%，堆高6.7m，浸出210d，Cu浸出率高达85%，年处理矿量6.30Mt，电铜厂规模为75kt/a。该厂的建立为高海拔、严寒地区铜开采提供了宝贵经验，对我国极有借鉴价值。

国内该项技术的研究始于1985年，目前金的制粒堆浸技术已广泛应用。由于金的制粒堆浸是在碱性介质中进行，所用的制粒黏结剂水泥、石灰价廉易得，且性能好，因此在我国的新疆、陕西已应用于10多个厂矿，早在1991年新疆富蕴县就已建成年处理100kt金矿的制粒堆浸厂。铜的制粒堆浸工艺研究起步较晚，因铜的浸出是在酸性介质中进行，而酸性介质制粒黏结剂一直不过关。1990年代初长沙矿山研究院针对大冶铜录山矿的高含泥氧化铜矿进行该技术的研究开发，1997年研制出适合酸性介质的高效、价廉的黏结剂，使我国酸性介质的制粒堆浸技术有了重大突破。1997年完成了铜录山矿高含泥铜矿（为选矿后中矿）制粒柱浸试验，高含泥铜矿含铜品位为0.93%，制粒后经14天喷淋酸浸，铜浸出率达73%，浸出液平均含铜1.93g/L。大冶有色金属公司铜山口矿4号矿体现有含泥氧化铜矿量1.685Mt，平均含铜品位为4%，折合金属铜67kt，矿石氧化率为85%左右（包括结合氧化铜），且含泥高（-74μm占40%左右），属难处理氧化矿。采用常规选矿，铜回收率低，采用常规堆浸，出现死堆。长期以来，这为数可观的泥矿铜资源无法开采利用。1998年10月建成150t/a规模电铜厂，采用常规堆浸工艺，由于泥化严重，溶液渗透性差，浸矿周期长，铜的浸出率低，收液率低，无法满足萃取电积要求，1999年实际产铜33t，建厂两年多仍不能达产，最后矿堆结板死堆。长沙矿山研究院于2000年5月至2001年4月针对大冶铜山口矿高含泥氧化铜矿进行柱浸小型试验和现场半工业试验，现场半工业试验处理含泥氧化矿40t，堆矿高度2m，粒矿经27d（包括洗矿3d）喷淋浸出，渣计铜浸出率为75.11%，浸出液平均含Cu 1.68g/L，硫酸单耗为69.75kg/t矿。制粒堆浸技术有效地解决了常规堆浸过程死堆问题，有效避免了搅拌酸浸过程的固液分离技术难题，使含泥铜矿资源得以经济有效地开采回收。

3.2.4.2 洗矿分级浸出

制粒技术在处理粉矿和泥矿含量大的矿石堆浸时，常因配料不当、水分失控、制粒机结构及操作制度欠合理而出现成球率低、团粒强度不够等问题，使得泥质在浸出过程中又被淋洗松散而发生迁移，阻塞矿堆内部通道，造成矿堆渗透性能降低，浸出效率受到影响。对此一些研究人员提出了洗矿分级堆浸。

洗矿分级浸出指在矿石破碎处理的基础上，通过洗矿、螺旋分级手段，将矿石按颗粒大小进行分级，不同粒度的矿石采用不同的浸出工艺。通过破碎、水洗与分级，将矿石分成块状矿、粉状矿与泥质矿，分别通过皮带、装载机与管道送到堆浸、槽浸与搅拌浸出工段。用以解决由于矿石含泥量高而造成的堆场板结问题，并且粉状矿与泥质矿石都得到了充分利用，资源利用率高。

由北京矿冶研究总院设计的内蒙古金中矿业有限公司巴彦哈尔金矿，采用的是破碎-洗矿-重选-堆浸-炭浸工艺流程。洗矿工艺保证了堆浸矿石的渗透性，洗出的矿泥经过重选回收颗粒金后进入炭浸工艺，该工艺最大限度地回收了原矿中可回收的金，在原矿品位仅为0.8g/t的情况下，年处理能力为2500kt，金的综合回收率可达77.6%。

北京科技大学对羊拉铜矿堆浸工艺进行研究，采用一段洗矿两段分级的工艺流程，主要是针对原料车间的细碎矿进行洗矿[2]。水洗机中的矿粉经桨叶搅拌擦洗后实现分级，其中细粒级（-5mm）从溢流口溢出进入螺旋分级机，粗粒级（+5mm）则被桨叶带到返砂口排出。水洗矿采用XK-2000×8000槽式洗矿机，生产能力为50~120t/h。螺旋分级机处理-5mm以下的物料以及水洗矿的溢流部分，返砂（+1mm）从返砂口排出，溢流进入矿浆池。螺旋分级机采用FG-20高堰式螺旋分级机，生产能力为3900t/d。经过水洗以后，入堆矿石+1mm达到90.84%，1~22mm之间的矿石达到51.54%。

3.2.4.3 充气强化浸出

浸矿微生物一般为好氧菌，同时吸收大气中的CO_2作为碳源，持续供给O_2及CO_2是细菌生长繁殖和保持活性的必需条件。所以在这类细菌的培养和浸出作业中，矿石堆中供气充分与否是浸出效果好坏的决定因素[3]。研究表明，细菌生长中实际消耗的氧比水中溶解的氧多两个数量级，仅靠自然溶解在水中的氧远不能满足细菌需要，除了机械搅拌溶液或加速溶液渗滤循环以强化供氧之外，提高溶液中的溶解氧浓度可进一步提高浸出速度。提高浸堆中溶解氧浓度的方法大致可分为两种：一是往溶浸液中加入过氧化物（如H_2O_2等），另一种是往溶浸液中直接充氧。堆浸过程中向堆内充入空气可提高浸出率和缩短浸出时间，特别是对高堆、含耗氧矿物多的矿石以及硫化矿效果更明显。Readettand Sylwestrzak指出在智利和澳大利亚利用加压通气满足细菌生长对氧气和二氧化碳的需求，可以加强浸出。但过度充气也会影响细菌活性。一般控制充气速度为$0.05 \sim 0.10m^3/(m^3 \cdot min)$，此时除保证供氧之外，随空气带入的$CO_2$一般也能满足细菌对碳的需求。但有时为加快细菌繁殖速度，需在供气中补加1%~5%的CO_2。

加拿大丹尼森铀矿地下堆浸，从埋在底板下的3根直径13mm的PE管向矿堆内鼓入压缩空气，使矿堆中下部位的缺氧区获得充足的空气。美国卡林金矿对矿堆中心进行充气，使浸出时间从45d缩短到32d，也提高了金回收率。美国Hazen研究所的研究结果表明，往矿堆中通入空气增加含氧量，可使浸出周期缩短近1/3，金的浸出率也有提高。美国Kamyr发明的一项专利“利用氧的堆浸方法”，提高了金和银的浸出率，美国的另两项专利介绍了所设计的装置，在筑堆时将其安装在矿堆内有利于氧的进入，提高了后期浸出速度[4]。

3.3 原地浸出法

3.3.1 矿床原地浸出条件评价和试验

地质勘探部门按常规开采方法的要求所提供的矿床勘探资料，不能满足原地浸出条件评价、可行性研究和生产设计要求。通过初勘，初步确定了用原地浸出法开采的可能性和合理性之后，则需进行矿床原地浸出条件试验。试验内容包括：矿床地质和水文地质条件补充勘探，矿样浸出参数测试和矿层（矿体）原地浸出参数测试三方面内容，并对矿床是否适于原地浸出作出最终评价[5]。

3.3.1.1 矿床地质和水文地质条件补充勘探

A 补充勘探目的

在矿床地质和水文地质条件初勘之后凡是缺少资料数据的，通过补充勘探都必须获得，而矿床资源的储量级别和数量也应随着提高和落实。

B 勘探内容

分别测试矿层中的矿石和围岩、矿层及其顶底板层的渗透系数；分别测试不同渗透性能和不同物质成分的矿石可浸性；按不同岩性或含矿岩石的不同渗透性分别计算矿床资源储量。

C 补充勘探特点

初期的补充勘探钻孔与地浸试验钻孔相结合，大部分补充勘探钻孔与地浸工艺钻孔相结合，这既可节约费用，又可缩短地浸基建时间。但要注意，一个矿床应划分若干矿块，首先选 1~2 个矿块进行补充勘探和原地浸出试验；另外，补充勘探钻孔结构，确定矿床条件是否适于原地浸出以及确定地浸工艺技术方法。

3.3.1.2 矿样浸出参数测试

A 矿样试验的基本做法

第一步是用天然水通过矿样，测试溶液流量和按达西公式计算矿样的渗透系数；第二步是用根据烧杯矿样试验结果配制的溶浸液通过矿样，测试表示矿石可浸性的有关资料数据。

B 矿样试验装置

常用的室内矿样试验装置主要有矿石散样试验装置、结构未被破坏的矿样试验装置，如图 3-24~图 3-27 所示。

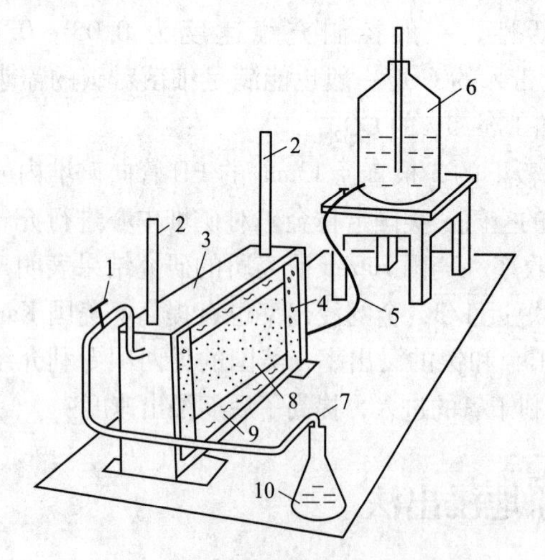

图 3-24 矿石散样试验装置之一

1—调节阀；2—液位管；3—有机玻璃箱；4—细砾石；5—软管；6—盛液瓶；7—导液管；8—矿石散样；9—不透水填料；10—集液瓶

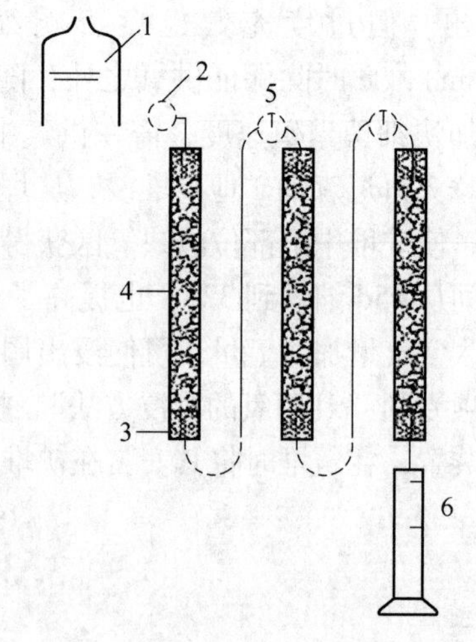

图 3-25 矿石散样试验装置之二

1—盛液瓶；2—调节阀；3—细砾石；4—矿石散样；5—调节阀；6—集液桶

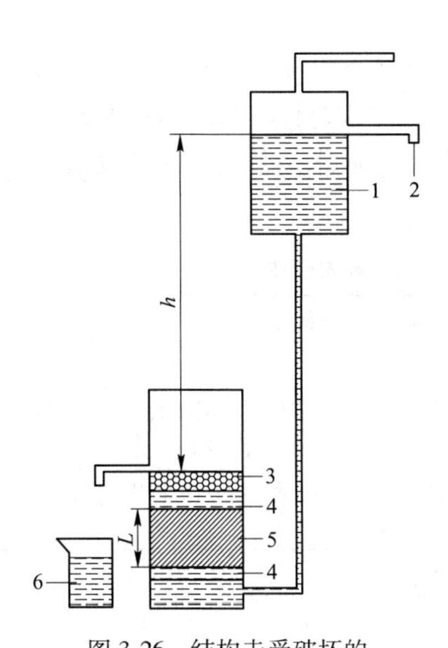

图 3-26　结构未受破坏的矿样试验装置之一

1—液位；2—溢液管；3—液层；4—细砾石；5—结构未受破坏的矿样；6—盛液瓶

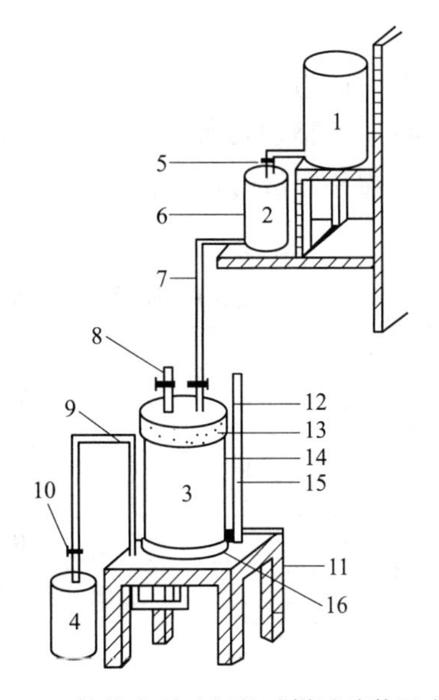

图 3-27　结构未受破坏的矿样试验装置之二

1—供液瓶；2—液位瓶；3—结构未受破坏的矿样；4—盛液瓶；5—调节阀；6—稳定液面；7—注液管；8—排气管；9—出液管；10—调节阀；11—支架；12—稳定液位；13—上盖；14—环氧树脂层；15—液位管；16—下盖

C　矿样试验资料数据

通过矿样渗透和浸出试验，应获得如下资料数据：矿样渗透系数；提出可供矿层原地浸出试验使用的溶浸液配方和使用方法；浸出液中有用成分含量和浸出率随时间变化曲线；浸出过程中溶液渗透量和浸出液的各种杂质的变化规律；完成制备矿样的试验；清洗被浸矿样所需时间和淋洗水量；浸出液中有用成分含量与溶液配方和使用方法的关系。

3.3.1.3　*矿层原地浸出参数测试*

A　基本做法

打一组或几组试验钻孔，进行抽注液柱浸出试验。测试数据的基本做法与原地浸出生产相似。每一组试验钻孔，一般是由若干个抽液钻孔和几个观测钻孔组成，但有时可由一个抽液钻孔、一个注液钻孔和两个观测钻孔组成。

B　矿层试验资料数据

通过矿层地浸试验，应获得如下资料数据：钻孔抽液和注液能力；注液压力，抽液钻孔和观测钻孔内的液位；溶浸液在矿层中的渗透速度；可供地浸生产使用的溶浸液配方和使用方法；抽出液中的有用成分和其他杂质的含量及其随时间变化规律；产品溶液的平均含量；抽出液的剩余酸（碱）度和氧化还原电位；抽出液的固体悬浮物含量；液固比；抽出 1kg 或 1t 产品的酸（碱或其他溶剂）和氧化剂的消耗量；矿层酸（碱或其他溶剂）和氧化剂的总消耗量；吸附材料（如离子交换树脂等）的吸附效果，淋洗剂用量和效果，沉淀剂用量和效果；抽出率和回收率；结束一个矿块的浸出工作所需的时间；清洗矿层所需时间；电能单位消耗量，即回收 1kg 或 1t 产品所消耗的电量；试验产品的经济成本分析。

3.3.1.4 矿床原地浸出条件的最终评价

本节以铀矿床为例，将世界各国用原地浸出法进行生产的数十个铀矿床的主要地质和水文地质条件归纳整理列入表3-1，以供初步评价其他铀矿床时作参考。通过原地浸出现场试验，在获得各方法的资料数据之后，参照表3-1便可对矿床是否适于原地浸出作出最终评价。

表3-1 原地浸出铀矿床的主要地质和水文地质条件

条件名称	适于原地浸出的条件
矿床成因	淋积，后生
含矿岩石及其特征	含矿岩石为疏松砂岩和砂砾岩，在岩层垂向剖面上常为砂岩与泥岩互层，或砂岩与煤互层，矿石中常含有机质、泥质和黄铁矿
铀矿物及其共生和伴生矿物	铀矿物为沥青铀矿、铀石、钙铀云母和钙钒铀矿，共生和伴生矿物有黄铁矿、白硒铁矿、硫胶钼矿、方解石
矿石中碳酸盐含量	小于2%用酸法，大于2%用碱法
铀的存在形式和赋存条件	铀在矿物中主要以铀的矿物和吸附形式存在，铀矿物分布于砂粒间隙、砂粒表面和胶结物中，呈云雾状或点状
矿石品位	大于0.05%
矿石（矿体）渗透系数，矿石孔隙率	渗透系数为0.1~10m/d，孔隙率为30%左右
矿层顶底板岩石和夹石的渗透系数	比矿石渗透系数小1~3个数量级
矿体埋藏深度	几十米到二三百米
含矿层地下水位深度	一般在50m以内
矿体形态和产状	透镜状、卷状和层状，产状平缓
矿体大小	厚几十厘米到十几米，一般为二三米；宽几米到几百米；长几十米到一二千米
矿体厚度与含矿含水层厚度之比值	0.2~1.0
矿体含水性	矿体冲水，在注液钻孔的注液压力为0.5~1MPa条件下，钻孔抽液和注液能力为0.5~10m^3/h
矿层地下水类型	孔隙水，具承压性，水的矿化度小于5g/L

3.3.2 工艺流程和工程设施

原地浸出的工艺流程，虽因矿种和溶浸液等的不同而有所差异，但原则工艺流程基本相同，如图3-28所示。原地浸出的工程设施由开采（原地浸出）系统，产品溶液水冶加工处理车间和辅助设施三大部分组成。表3-2为某铀矿原地浸出企业的工程设施。

表3-2 某铀矿原地浸出企业的工程设施

开采（原地浸出）系统	注液和抽液工程（钻孔工程）	抽液钻孔、注液钻孔、观测钻孔、检查钻孔和孔口装置
	溶浸液配置设施	配液设备 酸（碱）贮罐
	注液和抽液设备	不锈钢潜水泵或气升泵，耐腐蚀定比例泵
	输送管道	溶浸液输送管，抽出液输送管，压缩空气输送管（如使用气升泵），供水、供热管

续表 3-2

开采（原地浸出）系统	各种用途贮池（槽）	配液池和注液池，抽出液沉淀池和贮存池
	自控装置	电脑控制室，溶浸液配置自动装置，抽液和注液自控装置，向水冶车间自动输送产品溶液装置
水冶车间	因矿种、溶浸液和产品溶液类型不同、水冶设施也不同，处理含铀产品溶液的常用水冶设施有：产品溶液贮池，离子交换树脂吸附塔和淋洗塔，酸（碱）和其他原材料贮槽，淋洗液配置和贮存槽，沉淀池，压滤干燥设备，化验分析室以及产品库等，此外还有三废处理设施	
辅助设施	运输道路，车辆和车库，输电线路和供电所，供水设备，加工修理间，备用材料设备库，洗澡卫生间以及各项生活设施（只供生产人员使用的设施）	

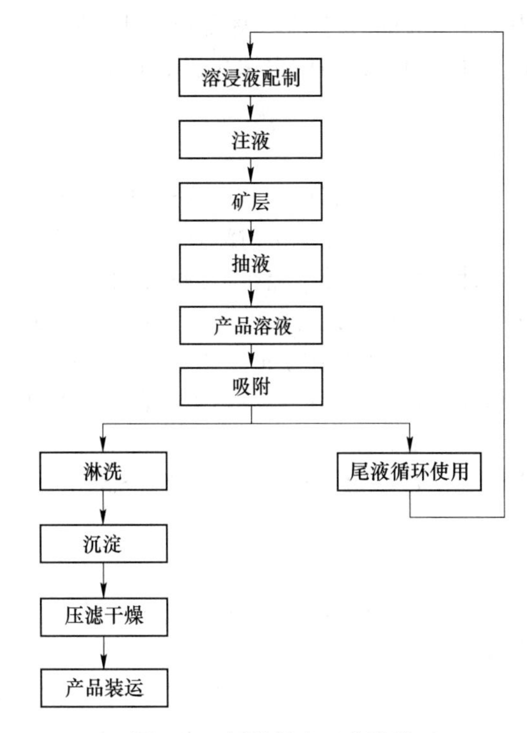

图 3-28 原地浸出工艺流程

3.3.3 主要工艺技术

3.3.3.1 钻孔工程

原地浸出的钻孔不仅起着矿床开拓和采准的作用，而且还担负着圈定采区、控制溶浸液流动以及监控产品溶液数量和质量等工作的部分任务。对原地浸出钻孔的要求是：能承受一定的注液压力，有较大的抽注液能力；能向不同品位矿石和不同渗透性的矿段注入不同数量的溶浸液；能长期保持稳定的抽注液能力[6]。与钻孔工程有关的技术问题主要是钻孔结构、施工技术和钻孔布置。

A 钻孔结构

抽注液钻孔以及其他可能作为抽注液使用的钻孔，目前国内外大都采用相同的结构，使之既可作抽液用，又可作注液用。原地浸出钻孔结构，系指钻孔深度和直径、套管直径和下入深度、孔壁和管壁之间的固井填料、过滤器类型等，一般分为两大类：（1）用同一直径的钻头钻穿矿层，然后下套管固井，在矿体部位扩孔或射孔；（2）用某种直径的钻头钻进至距矿层2~5m处，下套管和注水泥浆固井，之后用小一级直径的钻头钻穿矿层。

钻孔深度取决于矿层埋深，直接影响钻孔的开孔直径、钻头换径次数和套管材料的选择。按不同深度分为三类：0~200m为浅孔，用聚氯乙烯塑料硬管作套管和过滤管；200~400m为中深孔，用不锈钢管或衬有钢丝的塑料管作套管和过滤管；大于400m为深孔，用不锈钢管作套管和过滤管。

钻孔直径取决于矿层埋深、矿石渗透性和抽液设备等条件。对数十米深的浅孔，常设计大直径的钻孔，开孔直径350~400mm，终孔直径200~250mm。目前多采用小直径钻孔，下入孔内套管直径为100~150mm，但在矿体部位的孔径通常扩大到400mm左右。

钻孔过滤器、固井和固井材料等，与供水钻孔的基本相似，要针对原地浸出特点合理选择和正确施工。

B 施工技术

原地浸出钻孔在施工中的重要技术有扩孔、过滤器加工和安装、溶浸液在孔内不同部位的定量分配、水泥封孔、人工隔阻、高压水射流打眼以及快速洗孔等技术。钻孔工程质量的好坏，除钻孔结构的设计是否合理外，能否掌握和运用上述施工技术也很关键。

在施工技术中，钻孔渗漏检测是建设阶段的一个必须考虑的问题。目前，美国已研制了第二代渗漏测试系统。该系统利用两个可充气的密垫，用一根由绞车驱动的钢丝绳牵引，可在孔内套管间上下移动。利用密垫把整条套管或套管中的任何一段密封起来，然后对两个密垫之间的套管加压，测量其压力降，如果压力降大于10%以上，表明套管渗漏。渗漏的位置可通过改变密垫的位置测得。整个检测过程分为五个步骤：准备、密垫定位、套管充水、渗漏试验和提升密垫。

C 钻孔布置

钻孔布置是指各个钻孔之间的距离以及他们在平面上的分布形式。钻孔布置与矿体埋深、矿体形态、大小和渗透性等条件有关。

对于渗透性较好的大矿体，钻孔常呈行列式排列；对于小矿体或渗透性较差的矿体，钻孔常呈网格排列，如图3-29所示。其中，实心圆与空心圆为可互换的抽液钻孔和注液钻孔。确定技术经济上最佳钻孔间距，是根据与其有关的各种条件和试验参数，列出多种方案，然后进行分析比较和选择，通常采取的钻孔间距为15~20m。

3.3.3.2 溶浸液配备和使用

溶浸液，是由天然水（最好是地下水）、矿井水或水冶厂尾液与溶浸剂和氧化剂按一定比例配制而成。用于地浸的溶浸液，其配方和使用方法与堆浸和常规水冶厂的配方和使用方法不完全相同。

A 基本要求

用于原地浸出的溶浸液，其配方和使用方法，与堆浸和常规水冶厂是有所不同的，必须满足如下基本要求：保证矿石中的有用成分能较完全地进入溶浸液；有选择地浸出；不会导致矿层堵塞而恶化其渗透性；对所用的材料和设备无严重腐蚀性；价格便宜。

B 溶浸剂和氧化剂的选择

溶浸剂和氧化剂的选择，主要取决于矿种、矿石物质成分和化学成分等条件。用于原

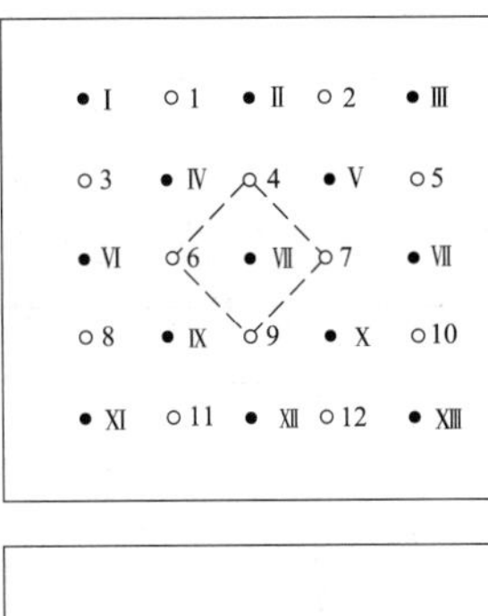
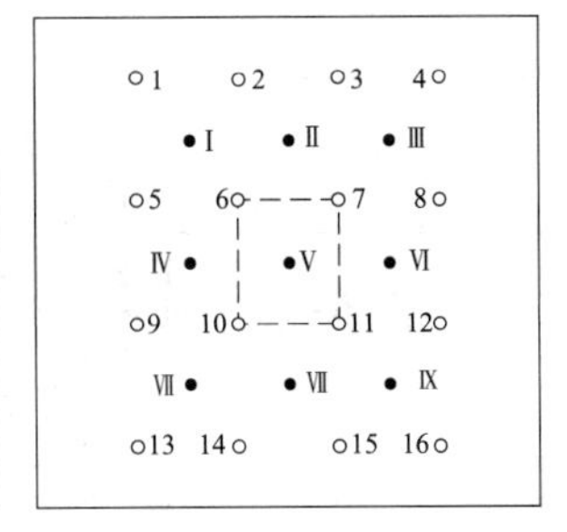
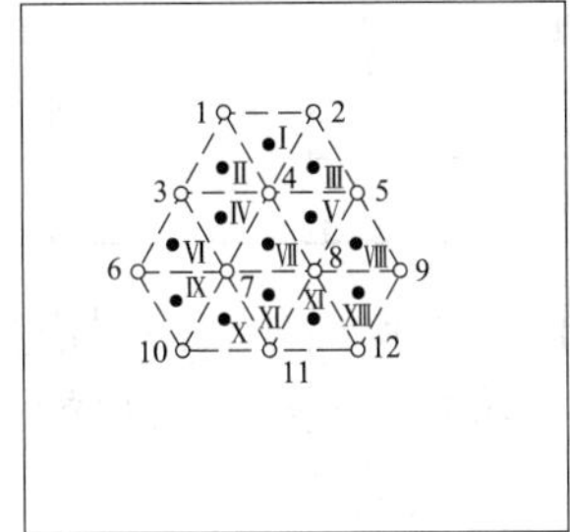
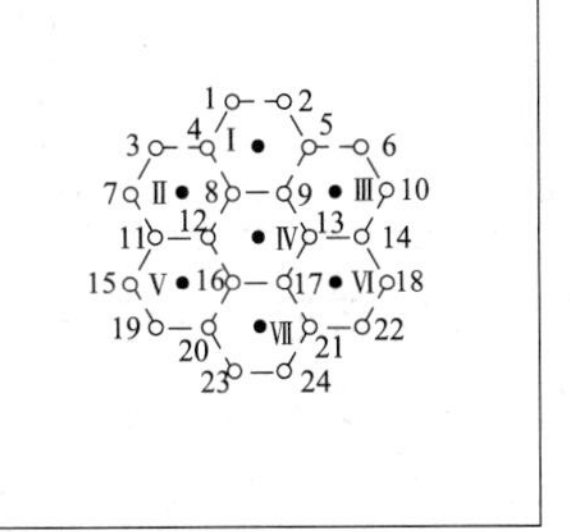

图 3-29　钻孔布置形式

地浸出的溶浸剂，有 H_2SO_4、HNO_3、HCl、Na_2CO_3 和 $NaHCO_3$、$(NH_4)_2CO_3$ 和 NH_4HCO_3、NaCN、KCN 等。用于原地浸出的氧化剂，有氧、高锰酸钾、含氮氧化物、三价铁盐和过氧化氢等。

用氧作氧化剂的方法有两种：一种是把含氧剂（包括空气）压入矿层，排挤地下水，待矿石氧化后，再注入溶浸液；另一种是把地表氧化罐中的液态氧汽化后，压入注液钻孔底部，使之溶于溶液中，并达到氧化矿石所需的浓度。

用三价铁盐作氧化剂，使其再生的方法有：以氮的氧化物作催化剂，用氧来氧化 Fe^{2+}；用酸性废液与 NO_2 和纯氧的混合物氧化 Fe^{2+}；在 H_2SO_4存在下，用含氧气体（如空气）和氮的氧化物氧化 Fe^{2+}；用活性炭，借助氧来氧化 Fe^{2+}；还有用软锰矿或细菌使 Fe^{3+} 再生。

C　溶浸液配方

对铀、铜、金和稀土矿，可供参考的原地浸出溶浸液配方见表 3-3。

表 3-3　原地浸出溶浸液配方

矿种	配方种类	溶浸剂和氧化剂	溶浸液浓度/%
铀矿	1	H_2SO_4	0.5~2
		$O_2/30\%H_2O_2$	0.03~0.05/0.05~0.1
	2	H_2SO_4/Fe^{3+}	0.5~2/0.03
	3	$Na_2CO_3+NaHCO_3$	0.5~1.5
		$O_2/30\%H_2O_2$	0.03~0.05/0.05~0.1
	4	$(NH_4)_2CO_3 + NH_4HCO_3$	0.5~1.5
		$O_2/30\%H_2O_2$	0.03~0.05/0.05~0.1
	5	利用空气中的氧注入 CO_2，是常用的氧化剂和溶浸剂	

续表 3-3

矿种	配方种类	溶浸剂和氧化剂	溶浸液浓度/%
铜矿	1	H_2SO_4	0.03~0.3
	2	H_2SO_4/Fe^{3+}	0.03~0.3/0.03~0.05
	3	矿井水	
	4	$(NH_4)_2CO_3 + NH_4OH$	0.5~1.5
金矿	1	KCN 或 Na_2CN	0.02~0.3
	2	$CS(NH_2)_2/H_2SO_4/Fe_2(SO_4)_3$	0.5~2.0/1.0~3.0/0.3~0.4
	3	I^-	
稀土矿	1	$(NH_4)_2SO_4$	1~5

初期使用高浓度 H_2SO_4溶液，在注液钻孔附近的矿层中，溶浸液会含有大量铁和铝等杂质；溶浸液向抽液钻孔运动的过程中，酸度要降低，这些杂质可能沉淀而堵塞矿层。

使用氧作为氧化剂，如注入量过少，不能满足氧化矿物的需要；如注入量超过一定压力下的溶解度，会造成气堵。因此，使用氧作氧化剂时，应保持适当的注氧量和注液压力。

3.3.3.3 溶液范围控制

所谓的浸中的溶液范围的控制是指注入矿层的溶浸液的控制，包括溶浸液不漏失、稀释；能控制在所需浸矿范围内，而不分散流失；要使控制范围内所有矿石都能与溶浸液充分接触而不出现“溶浸死角”[7]。控制溶浸范围的技术，主要应用于固定溶浸范围（面积）；在设计过程中，帮助合理布置钻孔，检查设计工作的合理性；在生产过程中，帮助监控和调节溶浸液在矿层中的分布。

A 溶浸液不流失技术

液体能够把它受到的压强，向各个方面传递，矿层中的液体只能从高压处向低压处渗透，这便是解决“溶浸液不流失 ”问题的理论依据。使注入矿层中的溶浸液不流失的一条重要原则是：抽液钻孔和注液钻孔同时工作时，抽液量要大于注液量。当抽液量大于注液量时，抽液钻孔不仅能抽出注入矿层中的全部溶浸液，还能抽出矿层中的部分地下水。这样，相对地浸作业区外部而言，地浸作业区成了低液压区。在低液压区范围内，抽液钻孔部位是低液压处，注液钻孔部位是高液压处。在地浸作业区范围内的溶浸液，只能向低液压处（抽液钻孔）渗透，不可能向地浸作业区外部渗透。

如果抽液量超出注液量过多，即过多地抽出了地下水，这会大量稀释抽出液中的有用成分。因此，在生产中抽液量比注液量多 3%~8%较为合理。在这种情况下，既不会大量稀释有用成分，又不会使溶液流失。

B 圈定溶浸面积的原理和方法

在多个抽液钻孔和注液钻孔同时工作时，抽液量大于注液量条件下，地浸作业区地下水的液面是凸凹不平的。总的讲，要比地浸作业区外部地下水的液面低；在这个低液压区内，有若干个高液压区（注液钻孔部位）和若干个小低液压区（抽液钻孔部位），好像一个盆地中有若干个小山丘和若干个小低谷。

溶浸范围与钻孔分布、注液压力和抽液孔内的液位降深值等条件有关。用地下水动力学公式可计算出抽液孔影响范围内任意点的液位降深值 S_M（当抽量大于注量），因而就可以绘出等液位线、液流线和圈出溶浸范围。在同一含矿含水层中有若干个抽液孔同时工作时，在这些钻孔工作影响范围任意点 M 处的液位降深值 S_M 按液位叠加原理应等于各孔单独工作时该点处形成的液位降深值和上升值的代数和，可表示为

$$S_M = \sum_{i=1}^{n} S_{i-M} - \sum_{i=1}^{m} S_{i'-M} \tag{3-1}$$

任一钻孔单独抽液时于 M 点形成的液位降深值可仿裘布依公式写为

$$S_{i-M} = \frac{Q_i}{2\pi K_\varphi M}\ln\frac{R_i}{r_{i-m}} \tag{3-2}$$

全部抽液孔同时工作时于 M 点处形成的液位总降深值为

$$\sum_{i=1}^{n} S_{i-M} = \frac{1}{2\pi K_\varphi M}\sum_{i=1}^{n}\left(Q_i \ln\frac{R_i}{r_{i-M}}\right) \tag{3-3}$$

全部注液孔同时工作时于 M 点处形成的液位总上升值为

$$\sum_{i'=1}^{m} S_{i'-M} = \frac{1}{2\pi K_\varphi M}\sum_{i'=1}^{m}\left(Q_{i'} \ln\frac{R_{i'}}{r_{i'-M}}\right) \tag{3-4}$$

因此，当一群抽注液孔同时工作时，于 M 点处形成的液位降深值为

$$\begin{aligned} S_M = &\frac{1}{2\pi K_\varphi M}\left(Q_1 \ln\frac{R_1}{r_{1-M}} + Q_2 \ln\frac{R_2}{r_{2-M}} + \cdots + Q_n \ln\frac{R_n}{r_{n-M}}\right) - \\ &\frac{1}{2\pi K_\varphi M}\left(Q_{1'} \ln\frac{R_{1'}}{r_{1'-M}} + Q_{2'} \ln\frac{R_{2'}}{r_{2'-M}} + \cdots + Q_m \ln\frac{R_m}{r_{m-M}}\right) \end{aligned} \tag{3-5}$$

式中，n，m 分别为抽液孔和注液孔的数量；i，i'分别为抽液孔和注液孔的编号；Q_1，Q_2，…，Q_n 和 R_1，R_2，…，R_n 分别为 1，2，…，n 号抽液孔的抽液量和影响半径；$Q_{1'}$，$Q_{2'}$，…，$Q_{n'}$和 $R_{1'}$，$R_{2'}$，…，$R_{n'}$分别为 1，2，…，m 号注液孔的注液量和影响半径；Q_i，R_i 分别为任一钻孔单独抽液时的抽液量和影响半径；$Q_{i'}$，$R_{i'}$分别为任一钻孔单独注液时的注液量和影响半径；K_φ 为矿层渗透系数；M 为矿层厚度；r_{1-M}，r_{2-M}，…，r_{n-M} 和 $r_{1'-M}$，$r_{2'-M}$，…，r_{m-M}分别为各个抽液孔和注液孔到 M 点处的距离。

圈定溶浸面积，是一项难度较大的技术。运用上述原理和方法，可以圈定出溶浸面积，计算出某些地浸工艺参数和技术经济指标。在生产周期长的过程中，如要保持溶浸面积的大小和溶浸液在矿层中分布的平面形状不变，则应保持抽液量和注液量等条件不变。

C 避免“溶浸死角”的方法

避免“溶浸死角”有几种方法，这里只介绍一种常用的方法：经过一段时间（常为 2 个月左右）的生产后，将抽液钻孔与注液钻孔互换，这样可改变溶浸液在矿层中的渗透方向和分布范围，从而可使所有的矿体都与溶浸液接触。在改变溶浸液渗透方向和分布范围的条件下，溶浸面积的最终边界是各阶段溶浸面边界叠加后的最大边界。

3.3.4 地表原地浅井浸出

地表原地浅井浸出一般应用于离子型稀土矿的浸出。

目前稀土矿区应用较广的浅井浸出法，因集液沟布置位置的不同，分为明沟集液的浅井浸出法与暗沟网集液的浅井注液法。

3.3.4.1 明沟集液的浅井浸出法

A 集液沟池

集液明沟设置在山脚沟谷部位，紧挨矿体一侧。沟断面为梯形，沟底宽度不小于40cm。沟的深度应挖至花岗岩基岩。到基岩有困难的，也应挖至原矿体饱和水位以下20~30cm，以增大浸出液的渗出面积。在集液沟的下游处开挖集液池。集液沟中浸出液应保证能自流进入集液池。

B 注液井

注液井网度一般为5~7m或4~6m，为梅花形分布。深度一般应保证穿过表土层后1.5~4m。山头山脊部位注液井应深，山坡至山脚逐步减小开挖深度。井深：山顶、山脊为7~10m，山坡为5~7m，山脚为3~5m。注液井一般为圆井，直径0.6m，也可挖成0.6~0.7m的方井，井挖成后应及时对井进行支护。支护的方法有两种：一种是就地将采场地表的茅草割掉再填入井中压实；另一种用竹片编成比注液井井径略小的竹笼，一节节地放入井中护井。每井外围需开挖小型排水沟，以防雨水灌入。

C 观察井

每个采场在山顶山腰部位设置5~7个采场内观察井。观察井可利用采场生产探矿时的探矿井。这些探井一般已掘至矿体底板，井较深。为保证在浸矿时不被破坏，在浸矿前在井中设置带有过滤网的塑料管，再回填开挖出的矿石予以固定。在采场外围，特别是母液可能外渗的部位还应开挖外观察井。外观察井深度要求掘到原有地下水位之下。

D 注液管网

溶浸液由高位液池的主输液管自流进入采场分支管道，由分枝管道自流进入设置在注液井上方的注液管，各井注液管上安装塑料水龙头，控制注液流量。

E 采场排水、排洪沟

在采场山坡最低一排注液井外侧，开挖排水、排洪沟。要求有一定的宽度与深度，以满足暴雨时全采场排水或洪水的排出。明沟集液的原地浅井浸出法适合于花岗岩基岩能在矿区山脚出露的大多数稀土矿床，如江西赣州、广东平远、新丰，湖南江华等稀土矿区。它具有山地工程量少，采场准备时间短，浸出易于观察与管理，生产成本低等优点。

3.3.4.2 暗沟网集液的原地浅井浸出法

暗集液沟网集液的浅井浸出法采场上部设计、布置的原则与明沟方法大体相同。所不同的是采场下部的集液沟为暗沟。沟的大部分处于地表以下，只有矿区最低渗出水位的部分地段出露地表。沟的开挖原则是：在能见到渗出地下水的最低处以低于原水位20~30cm的水平作为集液沟底，按矿层原有地下水力坡度向矿体内开挖高1.6m，腰宽0.6m左右的梯形暗沟。暗沟成网状分布在溶浸采场的底部。暗沟之间的距离一般为8~10m。暗沟挖成后应加以支护以防浸出时倒塌。

暗沟网集液的浅井注入法适用于风化程度深、风化层厚且稀土主要富集在风化层的中上部，其深部含矿较低或不含矿的基岩底板深潜的稀土矿区。由于隔水底板深，如不开挖集液暗沟网，浸出液将沿风化层的裂隙向下、向外渗透，使母液回收率降低。开挖暗沟后，每米沟的渗液面积达到4m^{2}左右，浸出液外渗通道增加，母液收集率可达到95%以上。此法在福建闽西老区多个矿山使用，效果反映较好。

3.4　原地破碎浸出法

3.4.1　矿山开拓与采准

矿山开拓与常规开采方法基本相同，往往利用常规法原有的工程系统和设施。若设计单一的就地破碎浸出矿山，要考虑以下因素：

（1）由于2/3的矿石不运出地表，所以井巷规格、运输提升设备型号均应相应地减小；

（2）地表工业场地也应相应缩小，但要考虑容纳1/3左右的矿石的地表堆浸场地；

（3）通风系统不但要考虑排废气要求，而且要考虑排溶浸液析出的气体的需要；

（4）对水泵、风机及泵房均考虑防腐蚀要求；

（5）要考虑防治地下水的污染；

（6）运输巷道不但要考虑矿床所要求的坡度，还要考虑浸出液输送的水力坡度要求等。

浸堆工程包括凿岩天井或平巷、通风人行道、为形成补偿空间而准备的井巷、观察井巷、集液巷道、输液或集液孔、集液池、淋浸液通道和空间等。

3.4.2　崩矿筑堆方法

就地破碎浸出筑堆方法以爆破落矿工艺作为分类的依据，主要分为深孔爆破筑堆法、中深孔爆破筑堆法和浅孔爆破筑堆法三大类，如表3-4所示。

表3-4　破碎浸出筑堆方案分类

筑堆方案分类	筑堆方案分组	典型筑堆方案	适用条件	优　点	缺　点
深孔爆破筑堆	向松散矿堆的深孔挤压爆破筑堆	阶段强制崩落连续留矿筑堆法	矿体厚度大于10~15m；矿体形态比较规整；矿石价值不大，围岩含有品位；围岩渗透性差	开采效率高、崩落成本低、大块率低、粉矿少	每次爆破后进行局部放矿，并易形成沟流
	均布切割槽的深孔挤压爆破筑堆	阶段强制崩落留矿筑堆法		同上且爆破一次成堆、级配良好、作业安全	爆破块度较大，夹制性强
	向自由空间的深孔爆破筑堆	水平深孔爆破留矿筑堆法	矿岩较稳固、倾斜或急倾斜厚大矿体，以及极厚的水平和缓倾斜矿体	块度均匀、工效高、采切工程量小、安全性好	崩落效果受矿体赋存状况影响较大
		垂直后退式回采留矿筑堆法		结构简单、爆破效果好、堆形规整、安全性好	不能实现挤压爆破来改善爆破质量
中深孔爆破筑堆	向松散矿堆的中深孔爆破筑堆	无底柱崩落留矿法筑堆	急倾斜或缓倾斜极厚矿体；矿岩稳固性好；节理裂隙不发育；围岩渗透系数小	简单灵活、安全性好、生产率高、矿石块度小	采场通风条件差

续表 3-4

筑堆方案分类	筑堆方案分组	典型筑堆方案	适用条件	优　点	缺　点
中深孔爆破筑堆	带切割槽中深孔分段挤压爆破筑堆	中深孔分段落矿留矿法筑堆	产状要素不稳定和硫化不均匀的急倾斜矿体	工艺简单、安全性好、爆堆规整、块度均匀	
	中深孔抛掷爆破筑堆	中深孔抛掷爆破留矿法筑堆	倾斜的中厚或厚大矿体；矿体下盘透水性差，节理裂隙不发育		
浅孔爆破筑堆	留矿法爆破筑堆	浅孔留矿法爆破筑堆	矿体厚度为 0.5 ~ 5.0m，倾角不小于60°的稳固岩石	对开采设备要求低、工艺简单	采掘比大、灵活性差、筑堆效率低
		浅孔全面留矿法爆破筑堆	矿体倾角小于65°		

3.4.3 淋浸方法及装置

布液是由布液系统来完成的，其主要设施为配液池、高位池、输液管、布液支管与布液器等管线、泵、流量控制和计量装置。

3.4.3.1 布液方法

布液的方法可分三类：矿堆表面布液、矿堆内部预埋管网布液、钻孔布液。

A 堆表布液

对于倾角大于75°的急倾斜矿体，矿石和围岩比较稳固，允许在堆表形成布液空间和条件下，可在堆表布液。这种方法的优点是管线可在堆表移动，布液均匀；喷淋系统简单；工作量小、成本低。其缺点是适用范围小，尤其是当矿体倾角小于75°时，必须崩落上盘围岩，矿石贫化大。堆表布液方式与地表堆浸布液方式相类，不再详述。

B 预埋管网布液

采用浅眼爆破筑堆时，可采用分段（或分层）预埋管网对矿堆进行布液。每采一（或几）分层，待放出三分之一的矿石后，在矿堆面进行开挖沟渠，将事先加工好的多孔出流管用透水防护层包裹较好后，放入沟渠，并回填矿石，平整好矿堆表面后，继续进行上一分层的回采。该方法的优点是安装操作较为简单，布液均匀，可有效减少上盘浸出死角。缺点是管材消耗多，在爆破落矿和放矿的过程中，易造成预埋管网的破坏，且破坏后不易被发现。

C 钻孔布液

采用中深孔分段爆破筑堆或深孔阶段爆破筑堆的矿体，若矿体倾角小于75°或矿体形态变化较大，则必须采用钻孔布液或以钻孔对矿堆进行补充布液。

a 在矿堆上盘的布液巷施工布液孔进行钻孔布液

在矿堆上盘适当位置沿矿体走向施工布液巷，巷道长度与采场长度一致。之后，在布液巷每隔一定距离施工一排扇形布液孔（见图3-30）。布液孔排距、孔底距，根据每个钻孔所影响的浸润半径而定，不同矿石的浸润半径则需通过试验确定。此方法虽然能基本消除上盘溶浸死角，但井巷工程量大、施工周期较长。此外，布液巷设置在上盘也不利于巷道的维护。

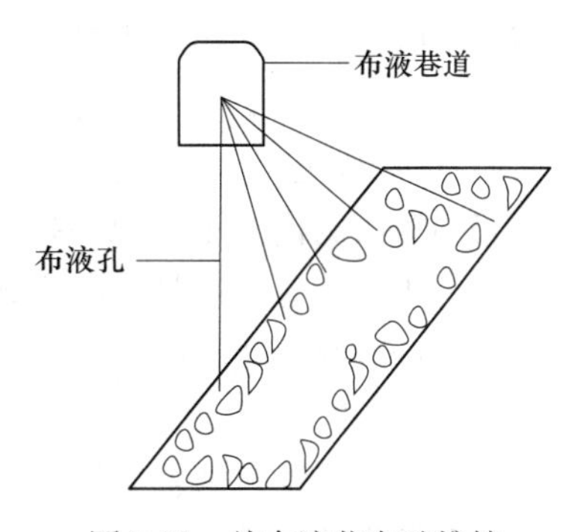

图 3-30 从布液巷向矿堆钻孔布液示意图

b 分段水平钻孔布液

沿垂直向将矿堆分为若干分段（一般为 2～3m），在脉外天井（或上山）内靠矿堆一侧，按分段高度施工凿岩硐室，从硐室向矿堆上盘钻水平孔对矿堆进行布液，如图 3-31 所示。矿堆内的布液管多采用多孔出流管，管底封堵。安装好布液管后，布液管与钻孔孔口之间的环形间隙用水泥浆封堵。

此种布液方法可充分利用原有井巷工程，布液工程量相对较少，但施工时钻机需在脉外天井（或上山内）频繁移动，劳动强度较大。

c 在矿堆顶部切顶空间沿矿堆上盘钻孔布液

在矿岩较稳固情况下，可考虑沿矿体边界将矿堆顶部全部拉开，而后沿矿体走向每隔一定距离平行矿堆上盘边界施工布液，布液孔内安装多孔出流管对矿堆进行布液浸出，如图 3-32 所示。

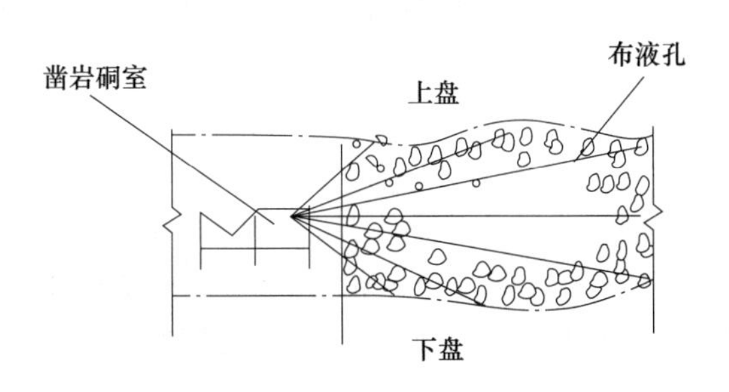

图 3-31 分段水平钻孔布液示意图

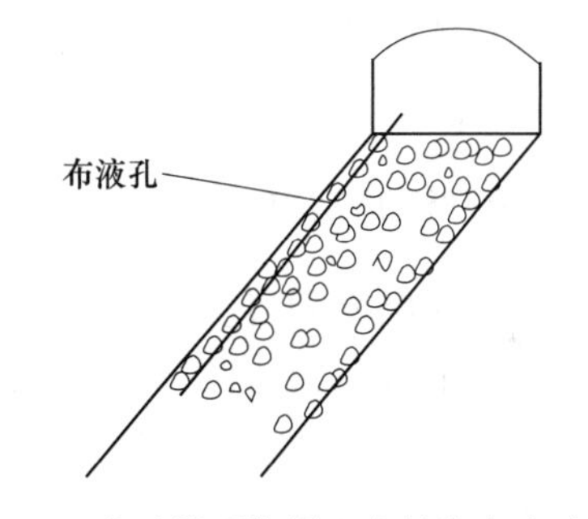

图 3-32 在矿堆顶部沿上盘钻孔布液示意图

此种钻孔布液方法工程量最少，布液也较均匀，但对爆破筑堆设计要求较高，爆破后须使矿堆上盘边界较为规整。在矿体形态变化较大时，需爆破部分上盘岩石，造成矿石贫化。此外，在破碎矿堆内钻孔的深度较大，对布液孔施工的技术要求较高。

3.4.3.2 钻孔布液的配套工艺

钻孔布液是一种灵活的布液方法，但必须解决两个问题：即溶液在钻孔中的均匀分配问题和松散矿堆的钻孔技术。

A 多孔出流工艺

溶液在矿堆中的均匀分配可通过安装在钻孔中的多孔出流管来实现。多孔出流是指沿布液管中液体流动方向，每隔一定距离，在其旁侧开设出流孔，其流量逐段减少，其水力梯度也随着流量的减少而逐渐递减。它在微灌滴浸时作为支管和毛管。其特点是运行压力低，灌液均匀。

B 松散矿堆钻孔施工工艺

松散矿堆钻孔施工钻具的设计思路是：将布液管从钻杆中心孔送入钻孔内，设法使钻头与钻杆脱离，然后再拔出钻杆，将钻头、布液管留在矿堆内。为此，应对钻杆和钻头进行改进。

a　钻杆改进

将钻杆改为内外平。原钻杆与钻杆之间采用接手连接，连接处接手内径较小，有一台阶，不利于布液管从钻杆中心送入孔底，为了方便布液管的插入，将原钻杆的接手连接方式改为钻杆螺纹直接连接。

b　钻头改进

将钻头改为组合式。原钻头为整体式，无法与钻杆脱离，为使布液管留在矿堆必须使钻头和钻杆设法脱离。为此，将原钻头改为两段组合式，在终孔后能够使钻杆和钻头脱离，使布液管留在矿堆。钻头形式有两种：一种为牙嵌式，另一种为卡扣式。两种形式的钻头均为无岩心钻头，且都由两段组合而成，一段为合金钻头体，另一段为与钻杆连接的接手，钻头体与接手之间采用牙嵌式或卡扣式连接方式，以传递转矩。

c　钻孔施工

布液钻孔施工将钻头与接手嵌合，而后与钻杆连接，按设计孔的方位、倾角调整好钻机位置，即开机钻进。至设计孔深后，将事先准备好的聚乙烯布液管从钻杆中心送入孔底，拔出钻杆，将钻头、布液管留于孔内，布液孔施工完毕，布液管线也安装完毕。

改进后的钻具结构简单、工作可靠、施工工艺简单，成孔率可由原来的20%提高到95%以上，解决了松散矿堆的钻孔布液技术。但每个钻孔都要留有钻头，材料消耗大，增加了布液浸出成本。

3.4.4　集液及防渗漏系统

所谓集液是指喷淋的溶浸液在矿堆中与矿石进行化学反应后形成的浸出液经过一定的路径汇集到矿堆底部再流入集液池的全过程。集液与防渗漏是集液系统内的两个技术方面，两者密不可分，相辅相成。集液是目的，它离不开防渗漏技术；防渗漏技术为集液服务，是集液的前提、手段和技术保障。

3.4.4.1　集液技术

集液技术是指集液过程中所采取的技术手段和方法。集液方法根据底部结构构筑方式可划分为巷道集液和钻孔集液两种形式；根据矿体产状和矿堆高度可划分为阶段集中集液和分段集液两种形式。阶段集中集液适用于各种急倾斜矿体；分段集液适用于缓倾斜矿体和采用浅孔留矿法的各种矿体。

A　底部结构的构筑

底部结构的构成要素有：防渗漏层、集液坡度、渗透层、集液口或集液孔，其结构如图3-33所示。

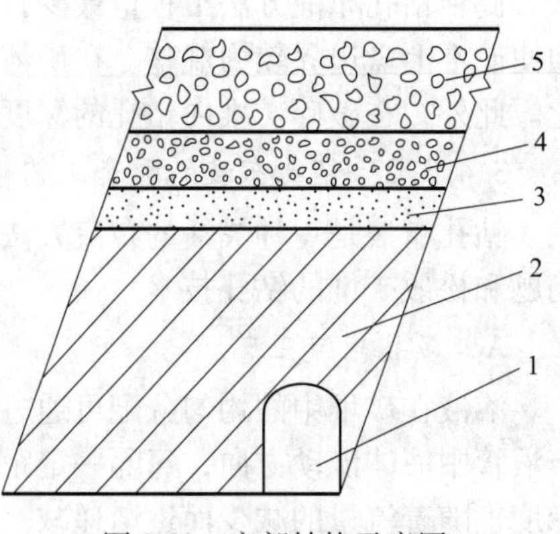

图3-33　底部结构示意图

1—集液巷道；2—底部矿柱；3—防渗漏层；4—渗漏层；5—采场矿堆

防渗漏层的铺设材料一般采用混凝土、PVC塑料板、沥青、环氧树脂、黄土等，特殊情况下还要采取注浆措施。

集液坡度的形成有助于浸出液向矿堆底部高集液口汇集。根据实验室模型试验及工程实践经验，集液坡度一般在0.5%~1.0%之间，浸出液水平流动的路径越长坡度越大。

所谓渗透层是指浸出液到达矿堆底部后向集液口汇集的过滤通道，主要起渗透和沉淀过滤作用。在矿石含泥量高且要用挤压爆破落矿筑堆时，必须铺设渗透层。渗漏层的材料一般采用卵石或砾石，厚度在0.3~0.5m之间。

集液口或集液孔是浸出液从矿堆底部汇集后流出采场的出口。集液口常用于底柱稳固且无裂隙的条件下，在底部上切割天井口或从集液巷道上掘漏斗作为集液口，集液口的间距在5~20m之间。若底部结构不稳固，且节理裂隙发育，则采用集液孔集液，如图3-34所示。

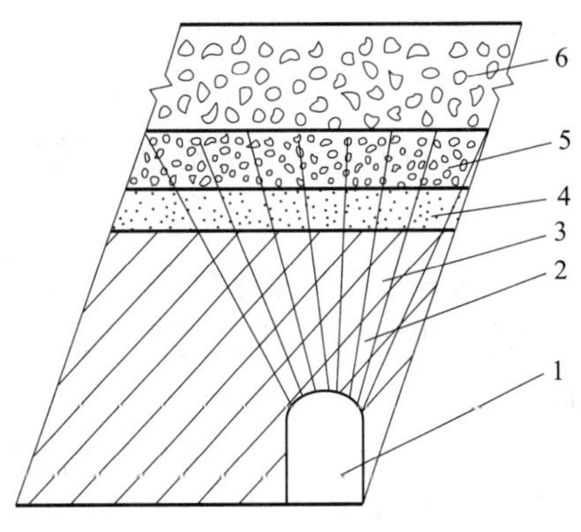

图3-34 钻孔集液系统示意图

1—集液巷道；2—集液钻孔；3—底部矿柱；4—防渗漏层；5—渗漏层；6—采场矿堆

B 采场封堵

采场封堵按作用及用途分为防渗漏封堵和集液口封堵两种情况；防渗漏封堵又分为采切工程封堵和节理裂隙封堵。集液口封堵可直接在有底柱切割开井上口采用钢轨、工字钢、园木等材料进行封堵即可。

C 集液池构筑

集液池按其用途分为沉淀池、采场集液池、中转池及计量池四种。

沉淀池的作用是沉淀澄清浸出液中悬浮的泥浆及矿物细砂尘。沉淀池的位置一般构筑在集液口下部，容积为1~2m^3，澄清后的浸出液溢流进入采场集液池。

采场集液池属于临时性构筑物，大多利用原有脉内巷道砖砌封堵而成，集液池四围采用PVC软板进行防腐防漏处理；有底柱结构的集液池采用砌筑法构筑施工，无底柱底部结构的集液池采用掘坑法构筑施工。

集液中转池属于永久性构筑物，主要作用是供浸出液的泵送中转使用。中转池采用钢筋混凝土浇筑法进行施工，其容积应不小于设计的一次中转量。

集液计量池也属于永久性构筑物，一般构筑在地表水冶处理厂附近。集液计量池构筑两个，一个计量，一个备用。

D 集液中转系统

集液中转系统相当于常规开采的运输提升系统，主要由采场集液池、塑料阀门、耐酸泵、耐压塑料管、集液中转池、集液计量池组成。

3.4.4.2 集液工作

集液日常工作包括注水试验、取样分析、浸出液峰值浓度观测、浸出液中转、集液结果统计与分析等内容。

A 注水试验

注水试验是集液日常工作的第一道工序，其主要目的和任务是：调试布液喷淋系统；检查矿堆的渗漏情况；测定矿堆的吸水率；测定矿堆的渗透率；冲洗矿堆中的矿物粉尘等。

B 取样与分析

分析工作包括常规分析和全分析。

常规分析包括金属质量浓度分析、余酸及 pH 值分析。金属质量浓度分析主要是掌握浸出过程中浸出液金属离子含量的变化规律，而余酸及 pH 值分析主要是控制浸出液中各种离子的存在状态及存在环境，使其维持在有利于浸出的范围之内。

全分析除常规分析项目外还包括铁、钙、镁、铝、锰及二氧化硅等元素及化合物的含量分析，其目的是了解上述元素及化合物在浸出液中的存在状态，通过调整浸出工艺参数，控制其存在状态朝着有利于浸出和后处理的方向发展，从而避免或尽量减少其有害影响。

C 浸出液峰值浓度监测

峰值浓度的监测手段是集液过程中的取样与分析工作，通过绘制浓度-时间特性曲线获取峰值浓度。峰值浓度出现的早晚和其持续时间的长短是反映矿物浸出规律及浸出性能好坏的重要指标。这一过程经历的时间越长，说明矿石的浸出性能越好。

D 集液中转

根据浸出液中的金属离子浓度把浸出液区分为合格液与非合格液。合格液直接转到计量池供地表水冶时进行处理，非合格液中转到配液池重新加酸后进行布液浸出。

3.4.4.3 防渗漏技术

防渗漏技术按集液系统分为采场防渗漏、底部结构防渗漏、集液池防渗漏及中转系统防渗漏四个部分。

A 采场防渗漏

采场防渗漏最有效的方法是采用帷幕注浆技术，浆液在注浆压力作用下渗透灌入岩石的孔隙或节理裂隙内，对岩石的节理裂隙进行充填，排除原先存在于结构面之间的水和空气，浆液凝结后使破碎的岩石重新胶结为一体，从而起到防渗加固作用。

B 底部结构防渗漏

在矿体比较稳固、节理裂隙不发育的地段，在爆破筑堆前对矿体底部实施切割拉底工程，然后在节理裂隙部位铺设混凝土假底，然后再铺设一层 PVC 塑料软板作防渗漏层。当无法进行切割拉底工作时，唯一的办法只有采用水平旋喷注浆技术。

C 集液池防渗漏

集液池防渗漏相对而言比较容易，根据选用的防渗材料主要有三种：沥青防渗漏法、环氧树脂与玻璃纤维布粘贴防渗漏法、PVC 防渗漏法，其中第三种方法具有快速、简捷、可靠等优点，但成本较高，目前国内多采用此方法对集液池进行防腐防渗处理。

D 中转系统防渗漏

中转系统的防渗漏工作主要在安装与调试阶段进行，主要包括阀门、中转泵、管路的安装与调试。容易出现渗漏的地方在塑料耐压管路接头处，施工时应确保连接或焊接的质量，平时应注意密切观察与检测。

3.5　浸出液富集与回收

浸出液富集与回收的方法很多，这里简单介绍置换沉淀法、离子交换法、溶剂萃取法、活性炭吸收法和电积法。

3.5.1　沉淀法

置换沉淀法是一种最古老，但却简便易行的回收方法。用铁置换铜、用锌置换金和银，分别获得铜、金与银的沉淀物，然后提纯、熔炼、铸锭，是最早用来从富液中提取金属的方法。

置换作业是在置换槽中进行的。置换槽主要有置换流槽和锥形置换塔两种形式，前者已逐渐被后者所取代。

图 3-35 为锥形置换塔示意图。其基本结构是圆筒形的竖槽内装一个倒立圆锥，其直径与其高度相等。筒底为沉淀铜排出口，在圆锥及其外壳之间的环形空间区有不锈钢的粗筛网。沿着圆周内表面有若干根多孔管，孔的方向沿切线并略向上斜，使泵送来的从锥底流入的富液，经这些小孔射入而形成向上旋的涡流，通过堆放在筛网上的碎铁。富液一方面与铁发生置换反应；另一方面冲刷反应形成的沉淀铜，使之漏过不锈钢筛网落入斜底，由海绵铜出口排出。

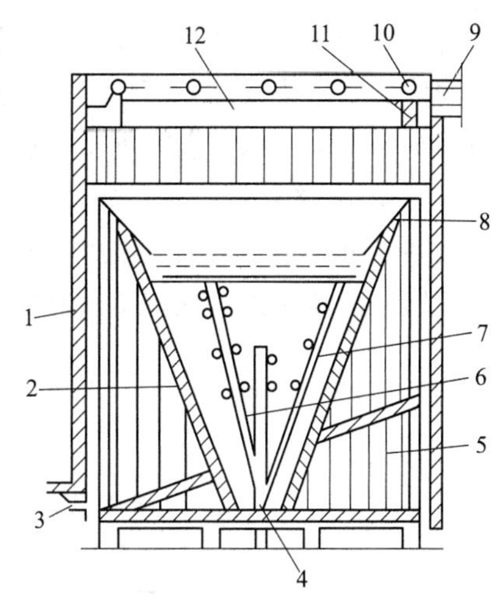

图 3-35　倒锥形置换沉淀塔

1—塔壳；2—漏斗状仓室；3—海绵铜排出口；4—进液管；5—护板；6—压气管 1；7—压气管 2；8—筛板；9—溢流嘴；10—溢流管；11—挡板；12—溢流口

以铁从含铜溶液中沉淀铜为例，其置换作用的化学反应式可表述如下：

$$CuSO_4 + Fe \longrightarrow FeSO_4 + Cu \qquad (3\text{-}6)$$

置换沉淀法具有设备简单，过程速度较快等优点，但成品中金属含量较低，且沉淀剂耗量较大。

3.5.2　离子交换法

在酸性或碱性介质中及在适宜的 pH 值范围内，一些全成树脂具有将自身的离子与介质中的同号电荷离子进行交换的能力。利用这个特性，有选择地吸附溶液中的金属离子，使之形成络合复盐或螯合物，从而达到回收金属的目的，这就是离子交换法。离子交换法的具体操作分为以下两个步骤。

3.5.2.1　吸着

将含有价金属的浸出液通过树脂床，需回收的金属离子便离开水相而进入树脂相。当树脂床被金属离子饱和时，流出液便出现金属离子，此时便停止给料。

3.5.2.2　淋洗

通入少量的溶液，将金属离子从离子交换树脂上洗脱下来。

这两个步骤操作之后，都要将交换床洗涤干净，以除去被松散地吸附着的离子，这样便得到含纯金属离子的富集溶液。此溶液即可进一步处理回收金属；而树脂洗涤再生后，又可重新使用。

离子交换树脂的最简单形式是海绵型离子交换剂，反离子在其孔隙中游动。当这样的海绵浸入溶液中时，反离子就离开海绵的孔隙而转入溶液中。为了保持海绵中电中性，应有当量的其他离子从溶液进入离子交换剂中。设 A 和 B 为交换的离子，其交换反应式如下：

$$\overline{R-A}+B \rightleftharpoons \overline{R-B}+A \quad (3\text{-}7)$$

离子交换的优点是能够浓集起始浓度低的金属，并能将其分离和纯化。例如，从铀矿石堆浸的富液中回收铀金属，主要采用此法，其基本工序是吸附—洗脱—沉淀—过滤—干燥，最终产品为一种重铀酸盐、碱性氧化物、水合氧化物及碱性硫酸盐的混合物，叫做黄饼，其中含 $U_3O_8$80%~85%。

3.5.3　溶剂萃取法

溶剂萃取实际上就是液体离子交换。用不溶于水的有机溶剂，从水溶液中提取金属离子，使该金属富集或除去其他杂质，然后将分离后的有机相与某种水溶液混合，使金属重新转入水相中的方法，即溶剂萃取法。溶剂萃取的操作也可分为两个步骤：萃取和反萃。

3.5.3.1　萃取

如图 3-36 所示，将水溶液与不相混的有机溶剂搅拌，把水相中的有用金属萃取至有机相，然后两相分离，保留负载有机相，舍弃水相（也可循环使用）。

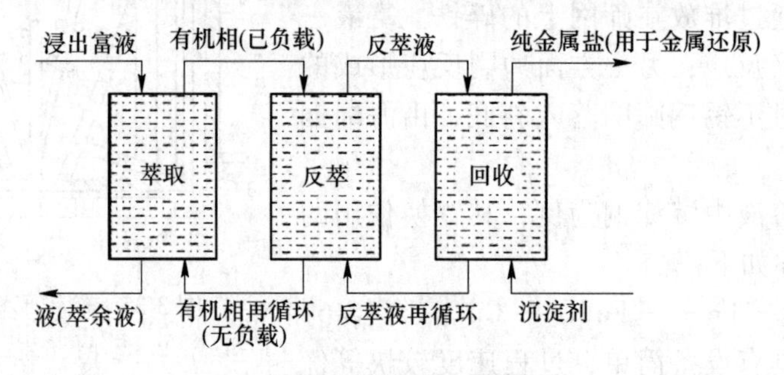

图 3-36　溶剂萃取法操作步骤

设 R 代表萃取剂阴离子基因，M 代表二价金属离子，则有：

$$[2RH]_{有}+[M^{2+}+SO_4^{2-}]_{水} \rightleftharpoons [R_2M]_{有}+[2H^{+}+SO_4^{2-}]_{水} \quad (3\text{-}8)$$

3.5.3.2　反萃

反萃即反萃取或洗脱，以少量适当的溶液与负载有机相搅拌，回收有机相中的有价金属，可以得到相当纯的有价金属富集液。经反萃的溶液经过配制，可以循环使用。

反萃可以用式（3-9）表示：

$$[R_2M]_{有}+[2H^{+}+SO_4^{2-}]_{水} \rightleftharpoons [2RH]_{有}+[M^{2+}+SO_4^{2-}]_{水} \quad (3\text{-}9)$$

萃取法的最大优点是可以获取纯度很高的金属富集液，但萃取剂较昂贵。

3.5.4　活性炭吸附法

活性炭吸附法也有两个步骤，即吸附和解吸。吸附装置有固定床和流化床两种，前者炭量较省，但容易堵塞，故广泛采用流化床。

3.5.4.1 吸附

炭吸附是在多段逆流连续吸附装置内进行的，它最小由5个以上炭吸附塔串联。富液以1~1.7L/s的流速从下而上泵入。其通过炭床的流速，可以使粒径为3.35mm×1.70mm或1.18mm×0.60mm的粒状活性炭保持流化状态。富液与活性炭逆向运动，即新鲜富液首先在最后一个塔与载金量最多的活性炭接触。以后依次通过载金量逐次递减的活性炭，最后以贫液从第一个塔流出。待饱和载金炭含金为3500~7000g/t时，即可取出载金炭进行解吸。

3.5.4.2 解吸

从载金炭上解吸金银的方法一般有三种，即常规法、甲醇法和高温加压法。常规法即传统的扎德拉（Zadra）法。解吸液为质量浓度1.0%NaOH+0.1%NaCN的热溶液，温度为93℃，需时24~48h，即可将载金炭中的金解吸进入溶液中。甲醇法是在解吸液中加入20%的甲醇或乙醚，解吸时间为5~6h。高温加压法是用0.4%NaOH的溶液，在150~200℃的温度下和0.35~0.63MPa压力下解吸，解吸时间只需数十分钟。

解吸后的炭经酸洗，置于间接加热的回转窑内，在700~750℃温度下用蒸汽处理，再生活性炭去掉细粉后即可重复使用。炭吸附法的主要优点是能从含金银的悬浮液吸附金、银而无需澄清和过滤，也不必真空除气；其含金浓度低至0.0015g/L时还能吸附，对环境的影响也较其他方法小。

3.5.5 电积法

经过离子交换，或溶剂萃取，或活性炭吸附后富集和提纯的浸出富液，当其中金属离子浓度和杂质含量已达到规定标准时，即可进行电积，以获取最终金属产品。

电积是在电积槽内进行的。以铜为例，一般采用铅银合金、铅锑合金作不溶极，用紫铜作始极板。进口铜富液含铜30~60g/L，硫酸质量浓度为100~170g/L，输入直流电，电压为50~100V，槽电压为1.8~2.4V，电流密度为80~200A/m^2，溶液循环流速为5~10L/min，电流效率为65%~85%，电能单耗为2000~5000kW·h/t Cu。

电积金时，一般采用不锈钢作不溶极，以不锈钢丝绵作阴极，钢丝绵密度为16kg/m^2。电积槽电压为2.5~3.5V，电流密度为30~40A/m^2，电积时间为15~30min。进口富液质量浓度为50~200g/L，电积尾液含金低于1g/t。沉积在钢丝绵上的金，通过坩埚熔融、盐酸溶解或再电积予以回收，并溶解铸成金银合金锭。

与置换沉淀法相比，电积法的优点是能获得最富的金属成品，而不需冗长的金泥富集处理工序和随后为精炼所做的准备作业，因而大大降低试剂单耗。

3.6 浸出过程调控及环境保护

3.6.1 提高浸出效率的有效方法

3.6.1.1 *浸矿微生物选育*

浸矿微生物广泛分布于铜矿、金矿、铀矿和煤矿的酸性矿坑水中。通过自然界取样、实验室内富集培养、驯化转代等选育方法，可以有效提高浸矿微生物浓度、微生物活性和浸矿效率，最终获得高效浸矿微生物。

3.6.1.2 采用钻井回收浸出富液的稀释法

在钻井边缘地区的浸出效率经常很低。解决这种问题的一种办法是使浸出的溶液比注入的药剂多，再加上一些外围钻井作为抽液井。另一种方法是在溶浸矿区的外围钻凿一排注水井，在外围井中稍微注入一些水，靠产生水幕墙来阻止溶液外渗。这些监测井可以充分地限制溶浸系统，理论上是可以达到100%的回收率。但是，浸出液可能会被稀释，浸出溶液量要比注入的多。

3.6.2 地表堆浸环保措施

地表堆浸首先应搞好底板铺垫工程和防洪措施，确保溶液不渗漏、不外泄，全流程实现完全封闭循环。其次，所有废渣、废水均须妥善处理，使之达到环境保护法规标准才能排放。酸性浸渣与废水可用石灰中和、澄清，然后弃去。氰化浸出后的矿渣应用漂白粉或次氯酸钙处理。

3.6.3 地下浸出环保措施

地下堆浸时，应完全掌握地下水文条件和底板与围岩的情况，确保溶浸区封闭良好，溶液不外泄；其次，应在地下堆浸场附近或井田周围，特别是地下水下游方向，有目的地设置一些监测井，井内安装测量仪器（自动取样化验仪、γ射线探测仪、电子探针），以便及时发现溶液漏失与地下水可能受到的污染，有针对性地采取补救措施。

3.7 工程实例

3.7.1 地表堆浸

3.7.1.1 浮选精矿堆浸

浮选精矿堆浸工艺是由 Geobiotics Inc. 开发的，因此也称为 Geobiotics 工艺，是一种浮选精矿的堆浸工艺。把细粉状的浮选精矿包覆在块状支撑材料表面，然后进行堆浸。矿堆的精矿量一般为支撑材料质量的20%，精矿层的厚度约为0.12cm。目前，已在铜精矿方面进行了柱浸试验，金精矿进行了5000t的扩大试验。

岩石块包覆矿浆的装置如图3-37所示，当石块从皮带输送机末端流下时，矿浆通过两个喷嘴从不同方向喷向石块，黏附在石块上。包覆了矿浆的石块直接筑成堆浸堆，不再搬动。据称，由于黄铜矿憎水，因此黏附在石块上的精矿在喷淋浸取液以及下雨时，并不会从石块表面被冲刷脱落。

在一个柱浸试验中使用的样品含铜26.1%、铁29.7%、硫29%和碳酸钙0.5%，矿物分析结果是含黄铜矿75.4%、黄铁矿14.5%（其中63%为磁黄铁矿）。其中酸溶铜为1.5%、酸溶铁为2.1%。柱高6m、直径0.144m，下面通入空气，试验中，掺入氧气或二氧化碳。他们先在常温下接种中温菌，浸取25d，反应速度明显下降。升温至50℃接种嗜热菌，浸取至50d，铜的浸取率达到50%，反应速度再次下降。再升温至70℃，接种极端

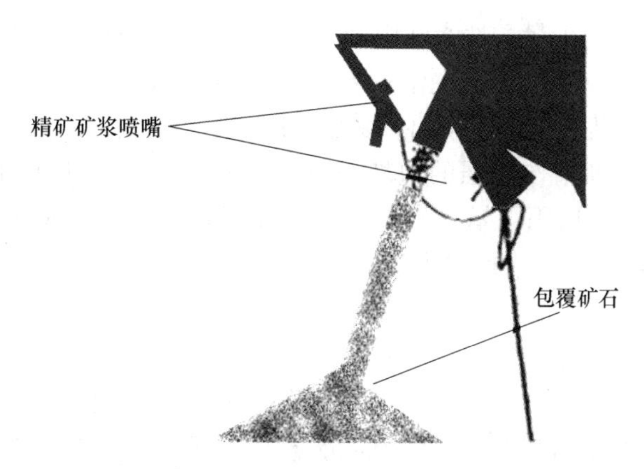

图 3-37 石块包覆矿浆的装置

嗜热菌，浸取率不断上升，至 150d，达到 80%以上，还将继续升高。这个试验说明，不同菌种浸取能力存在很大差别。

在另一项试验中，从开始即升温到 70℃，并直接接种极端嗜热菌，140d 时浸取率就达到 97.5%。起始两个星期，细菌处于繁殖阶段，浸取速度很慢。而后达到每天铜的浸取率为 1.14%，80d 后，随着矿石品位降低，浸取率逐渐下降，150d 的平均浸取率为 0.70%。多次试验结果的比较表明，铜的浸取率和矿石中硫的氧化呈线性关系。硫化矿除在起始阶段氧化为单质硫之外，以后单质硫含量逐渐降低。这有助于理解极端嗜热菌浸取黄铜矿时没有明显钝化作用的原因。

通过试验测得，在浸取速率进入线性阶段时，浸取柱平均产生的热量为 140W/m^3，浸取 100d 时，每千克矿石产生的热量约为 6600kJ。因此，应用模型计算，可认为靠细菌氧化自身产生的热量可以维持反应体系所需的温度。而且只需要通入低压空气，不必加入其他成分。最近日本学者研究在 65℃下，耐酸布雷尔莱菌（Acidianus Brierlayi）浸取黄铜矿时，再次证明其浸取速度远高于其他菌种。浸取机理以吸附于矿石表面的细菌对矿石的直接氧化为主，高铁离子的氧化仅占很小的比例。这个发现可以从另一方面解释这种细菌克服单质硫阻滞浸取反应的机理。他们还根据小试验的结果建立了模型，推测了在搅拌反应器中，连续浸取的最佳条件是细菌浓度为 10^{14}个/m^3，固液比为 5~10kg/m^3。

3.7.1.2 *德兴铜矿堆浸厂*

江西铜业公司德兴铜矿在露采过程中剥离出含铜小于 0.25%的废石，每年废石量超过 2500 万吨，现已堆积几十亿吨废石，仅一个铜厂矿区就有 3 亿吨，其中金属含量 700kt。剥离出的废矿石与表土、脉石一起堆放在废石场，受细菌、空气和雨水的作用，每年产生数百万立方米的含铜、铁等金属离子的酸性废水需要治理。经过 10 多年的试验研究，于 1997 年建成了 2000t/a 阴极铜的试验厂，现已运行近 10 年，除因废石混杂堆放、铜品位过低、未能达产外，其他主要指标都达到了设计要求，设备运转良好，为我国硫化矿的细菌浸出-萃取-电积工厂的设计建设和生产积累了经验。

1996 年 7 月，开始对 3 号堆进行喷淋浸出，开始效果较好，约 10000m^3 浸出液经 3 个喷淋循环，铜浓度达到 0.3g/L 以上，但随后浸出率急剧下降，50d 铜浓度仅为 0.57g/L，pH 值为 2.5。1997 年 5 月，1 号堆开始喷淋，初始喷淋液为该堆下的 1 号集液库（库容

65m^3）中从废石堆流出的少量酸性水和雨水的混合液。混合液的 pH 值为 3~4，细菌数为 10^4个/mL，喷淋面积为 70000m^2。根据 3 号堆的经验采取了如下措施：预先引入细菌，到喷淋时细菌已在堆内繁殖，加快了浸出；采用休闲式喷淋，保证了堆内有足够的氧气；边坡浸出，在透气性好、细菌作用强的边坡进行喷淋浸出。喷淋 1 个月后，浸出液含铜达 0.47g/L，浸出铜量 56t。后因下暴雨，库容从 120000m^3 增到 346000m^3，平均含铜量下降到 0.214g/L；1997 年 5 月至同年 10 月 21 日累计浸出铜 74t。据估算矿堆中铜的年浸出率约为 10%。

从 1998 年 5 月至今，在保持喷淋面积为 100000m^2、喷淋量为 7500m^3/d、每天循环一条的条件下，浸出液中铜浓度维持在 0.25~0.45g/L，pH 值从 1997 年的 2.6 以上降至 2001 年的 1.9，铁浓度从 0.45g/L 上升到 2g/L。

废石堆浸厂有 2 个库容为 1000000m^3 的集液库，两库之间由装有闸门的暗涵连通。对堆场采用了清浊分流的办法，使堆浸径流面积缩小，集液库从 1997 年 4 月启用以来，经受了 1998 年百年不遇的丰水年和山洪，2 个集液库只从溢洪口排出了少量的含铜小于 10mg/L 的上清水。

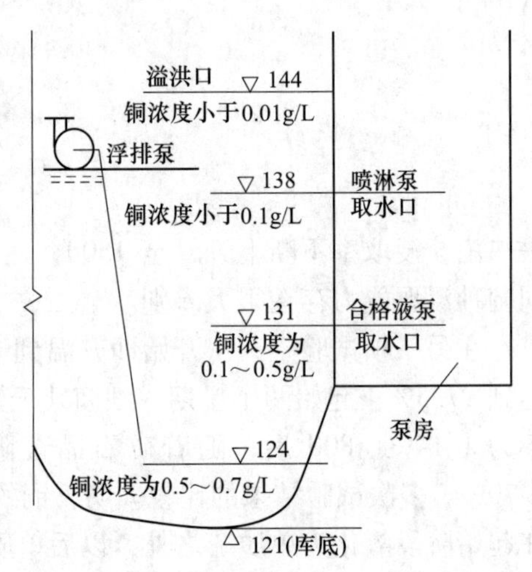

图 3-38 集液库中铜浓度分布示意图

利用集液库中溶液含铜上稀下浓的现象，采用上部取液供喷淋，下部取液供萃取的方法，解决了由于集液库容量大而产生雨水稀释的问题。图 3-38 为集液库中铜浓度分层的示意图。

萃取系统采用泵混合式混合澄清萃取箱。混合室有效容积为 32m^3，澄清室有效容积为 174m^2，箱体为砖衬玻璃钢。2 级萃取，1 级反萃。主要工艺参数见表 3-5。

表 3-5 德兴铜矿细菌浸出液的萃取参数及指标

项 目	设计参数	生产指标	项 目	设计参数	生产指标
处理浸出液能力/$m^3 \cdot h^{-1}$	312	312	萃余液含铜/$g \cdot L^{-1}$	0.05~0.1	<0.04
混合时间/min	3	1.5	负载有机夹带水相		$(40\sim50)\times10^{-6}$
澄清速率/$m^3 \cdot (h \cdot m^2)^{-1}$	3.7	3.7	反萃液夹带有机相		$<5\times10^{-6}$
萃取原液浓度/$g \cdot L^{-1}$	>1	0.25~0.4	萃余液夹带有机相		$<5\times10^{-6}$

负载有机相经过有机相循环槽再进反萃箱，以澄清分离夹带的水相和第三相污物，降低了反萃液中铁的积累。萃余液经 18m×12m×0.8m 的池子再沉淀后，再送入酸性水库，以减少有机相的夹带，避免了对环境的污染。采用搅拌加黏土净化处理第三相污物，使有机相的回收率达到 90%。目前日处理污物量小于 0.5m^3。

电积系统有 30 个电解槽，每槽 32 片阴极。阴极为永久不锈钢阴极，有效尺寸为 1.0m×0.95m。阳极为 Pb-Ca-Sn 合金，有效尺寸为 960mm×900mm×6mm，平均寿命为 3 年。阴极铜纯度大于 99.995%。为控制电解液中铁的积累，采用部分电解贫铜液开路的方法。采用离子交换膜回收酸，酸回收率为 70%，铁截流率为 90%。

近年来的主要技术经济指标见表 3-6。

表 3-6 德兴铜矿堆浸厂设计指标与实际指标对比

指标名称	品位 /%	分层高度 /m	浸出率 /%	喷淋面积 /m^2	喷淋强度 /$L\cdot(m^2\cdot h)^{-1}$	浸出液浓度 /$g\cdot L^{-1}$	生产能力 /$t\cdot a^{-1}$
设计指标	0.15	10	18	49×10^4	6~8	1	2000
实际指标	0.08	20~30	8	21×10^4	8~12	0.3~0.45	800

3.7.2 原地浸出

新疆铀矿原地浸出。新疆 512 矿床是我国第一座大型地浸铀矿山，1991 年进行 20t/a 规模的半验，1992 年 6 月投产，当年生产 U_3O_8 达 9t，1993 年年产量 20t，1994 年上升至 40t，1995 年进行了 50t/a 工业试验，当年产量达 100t，至今每年铀产量均保持在 200t 左右。

新疆 512 矿床矿化带产于侏罗纪含铀煤层的疏松矿岩中，含水层上下均为 4~40m 的不透水层，矿层东西走向，长 4km，由南向北倾斜，倾角 4°~19°。矿石埋藏深 110~200m，矿石品位为 0.03~0.15%，厚度为 0.3~8m。含矿层渗透系数为 1.5m/d，单孔最大涌水量为 $10m^3/h$，一般单孔涌水量在 $3\sim5m^3/h$。

脉石矿物成分以石英为主，其次是火山岩和变质岩屑，还有少量长石、白云母和绿泥石。矿石属于高硅低钙镁硅酸盐类型矿石，铀在矿石中主要以分散吸附的形式存在，铀矿物为沥青铀矿和铀黑及铀的有机络合物。矿样中 U^{4+} 约占 65%，U^{6+} 约占 35%。

512 矿床的抽液孔、注液孔均采用相同的结构，在钻孔施工中不区分抽、注液钻孔，钻孔结构以托盘结构为主。最大开孔直径为 300mm，终孔直径为 90~150mm，提升方式采用压缩空气提升。钻孔所用管材采用 ϕ75mm×10mm 的聚氯乙烯塑料管，生产管连接形式采用梯形相连接，丝扣长度不小于 6cm；过滤器采用筋条包网式，过水孔直径为 10~12mm，间距为 25mm，孔距为 60mm，外部包两层尼龙纱网，过滤管长度不得少于矿层厚度，以保证溶液在矿层运动，达到应有的涌水量；在托盘和充填物之上用耐酸水泥封孔，水灰质量比为 1∶2，封到地表，待水泥凝固后，下沿部分必须用砂浆二次封孔到孔口，以保证钻孔质量，使钻孔套管和孔壁承受一定的压力。

钻孔布置形式分别采用等腰三角形（见图 3-39）和正方形布孔形式（见图 3-40），布孔类型比较参数见表 3-7。从表 3-7 可知，三角形布孔孔距小，地浸工艺钻孔增加，建井费用高，溶浸液在矿体中没有得到充分反应就抽出地表，造成铀质量浓度低，也不适宜 512 矿床卷状矿体；而采用正方形布孔则较为合理。生产过程中，采用抽注孔数比例为 1∶2。

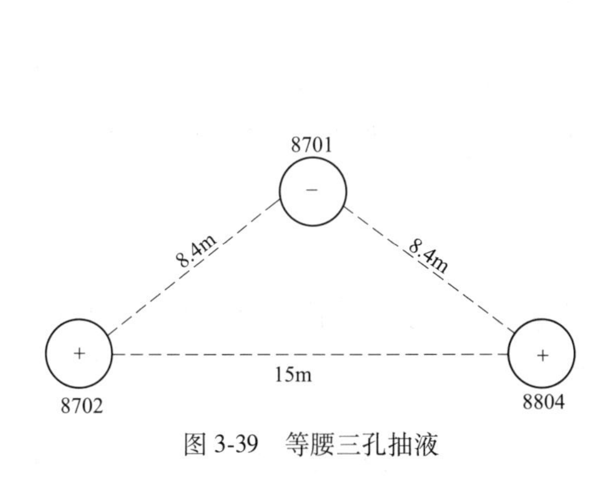

图 3-39 等腰三孔抽液

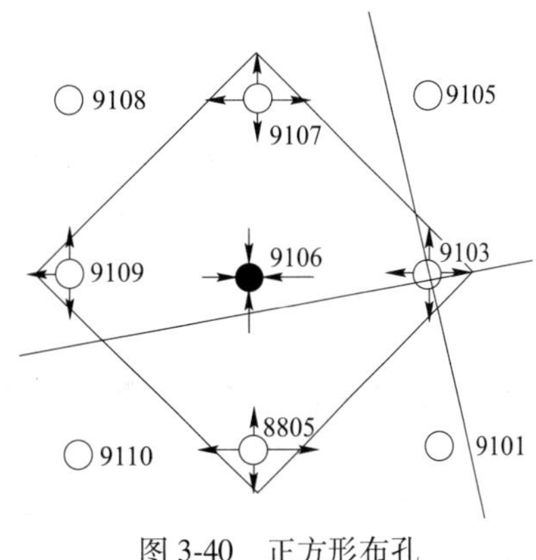

图 3-40 正方形布孔

表 3-7 布孔类型比较

类 型	间距/m	循环期 /d	ρ(U) /mg · L^{-1}	抽水体积 /m^3 · d^{-1}	渗透系数 /m · d^{-1}	试验天数	金属量 /kg	钻孔结构
等腰三角形	8.4×8.4×15.0	7	30~35	3	1.0	132	110.59	充填式
正方形	25×25	15	45~55	5	1.6	96	304.66	托盘式

根据 512 矿床含矿层岩石特性，开采时采用硫酸浸出，矿石不仅耗酸量少，且在浸出过程中不易产生化学堵塞。512 矿床 1 号、2 号、11 号采场溶浸均采用了硫酸浸出，在配制溶浸剂时采用了较为合理的配制方法。溶浸采铀工艺分为 3 个阶段，第一阶段是酸化阶段，第二阶段是强烈溶浸阶段，第三阶段是溶浸完成（洗涤）阶段，其中酸化是工艺流程的关键阶段。在这 3 个阶段中，如何配制溶浸剂至关重要，3 个阶段的溶浸剂配方是不同的。根据 512 矿床地质特征，在 1 号、2 号、11 号采场开采时，在溶浸液酸化阶段，配制 15~20g/L 高酸度的溶浸剂注入矿层以加快酸化速度、缩短酸化时间，使采场尽快投入生产使用，从生产统计数据来看，目前 512 矿床酸化时间在 40~45d，就可以使浸出液 pH≤2。结束酸化阶段，浸出液铀质量浓度会达到水冶处理的标准；进入强烈溶浸阶段，矿层大部分铀金属已被溶解，在这一阶段，保持一定的酸度，防止铀金属因酸度过低（pH>2 时）而产生再次沉淀，溶浸剂的酸度应使浸出液的余酸质量浓度保证在 2.5~3.0g/L，故一般强烈溶浸期酸度为 5~6g/L；当浸出液中的铀质量浓度下降到处理标准后，采场进入第三阶段，即溶浸完成阶段，在此阶段，溶浸剂配制方法是在溶浸液中不加酸，利用余酸将矿层中的铀金属洗涤出来，并且慢慢恢复地下水。

在孔深 120m 块段，原始水位在 7m 左右，抽液压力为 5kg/cm^2，最大水位降深值为 20m，保证抽液量大于注液量 5%，溶浸范围易于控制，在抽、注进行 3 年后，溶浸液范围沿矿层倾向扩散矿层 30m 左右。但在 11 号采场孔深 200m 的块段经过 1 年的抽注，水位降深达 16~20m，抽注平衡较难控制，生产以来，注液量一直大于抽液量 10%。

3.7.3 离子型稀土矿浸出

六汤稀土矿位于广西壮族自治区崇左市，属低山丘陵地貌，矿区的风化壳离子吸附型稀土矿床的赋矿层位是中酸性火山岩体的风化壳。矿体形态呈港湾状、不规则状，矿体埋深一般在 0~5.00m，矿体东西长 2.6km，南北宽 0.93~2.30km，倾向随风化岩体朝向各有所异，倾角为 0°~25°；平均矿厚为 4.00m，离子相品位为 0.030%~0.244%。矿体上方为黏土层（残坡积层）及全风化层，底板为半风化层或原岩。六汤稀土矿采用 1%~2%硫酸铵液浸矿，网格布孔的方式注液，收液系统主要为集液巷道加导流孔组合方式，同时设置观测井和环保井进行三级监测[8]。整个工程主要包括供液与供水工程、注液工程、集液与母液输送工程、避水、监测工程等。

3.7.3.1 开采单元划分

矿山在划分采场时，根据实际生产情况布置浸矿矿块，规格布置为宽 40~90m、长 50~200m，单个采场布置的浸矿矿块个数为 1~4 个。

3.7.3.2 供液与供水工程

高位水池一般设置在矿区地形标高较高处，有效蓄水量应能满足矿山至少一个班的浸矿用水量。水冶车间浸矿液配液池制备的浸矿液，用泵送至高位池，输送管采用PVC，敷线方式为地上敷设，按一定间距设置止回阀。

3.7.3.3 注液工程

注液孔分布采用菱形均匀布置，孔径为ϕ300mm左右，孔深为0.5~3.5m，网度为2m×2m。每个注液孔安装注液管道及闸阀控制注液量。注液管网由注液管自流至各个注液孔，注水管与注液管共用，注液管采用PVC管，分类总管、支管和注液分管管径分别为ϕ110mm、ϕ25mm、ϕ18mm，敷线方式为地上敷设，可移动、可重复使用。

3.7.3.4 集液与母液输送工程

集液巷道布置在矿体下盘半风化岩石中，巷道断面规格为1.2~1.8m，长度根据矿体的延伸而定，一般主平巷长60~200m，间距为20~25m。再在集液主巷中按8~15m的间距，在两侧布置垂直收液支巷；若矿体底板倾角稍大，集液支巷距矿体较远，则不利于矿液渗漏，必要时可在巷道顶板施工扇形钻孔，形成网格状收液系统。巷道底板修浅沟（梯形断面，规格为0.2m×0.3m），并且刷上水泥砂浆，形成人工防渗假底，在浅沟铺茅草，同时在浅沟上加盖水泥盖板，集液巷道在掘进过程中根据现场实际情况进行局部砌碹支护。

集液导流沟断面为梯形，规格为0.2m×0.3m。集液导流沟刷上水泥砂浆，并以HDPE防渗膜进行覆盖，形成人工防渗假底。所有的集液导流沟沟顶铺顶盖，防止雨水进入收集系统。母液中转池一般布置在采场外最低的位置处，池容按照浸矿液的流量来进行设计，母液中转池采用砖混结构，池直径为13~16m，深4m，池底和池壁使用HDPE防渗膜进行覆盖，防止浸矿液腐蚀池壁和池底。母液输送是通过母液输送管将母液中转池中的浸出母液泵送至水冶车间除杂池。在母液输送管线路沿线低洼处，适当布置事故井，在管线破损泄漏时可以收集母液。

3.7.3.5 避水和监测工程设置

在集液导流孔口上部采场水平长方向布置一条0.2m×0.3m的梯形断面避水沟，长度与集液导流沟相近，以防下雨时雨水流到集液沟。母液监测采用三级监控收集系统。第一级为集液巷道母液监控收集系统，第二级为水平孔监控收集系统，第三级为垂直孔监控收集系统。浸矿完成后立即对注液孔进行回填、复垦。矿块闭坑后，对集液沟、集液巷道等进行回填、复垦。母液中转池等永久性废弃地形成后及时覆土、复垦。注液孔回填时，先注入一定量的碱性液体，然后在回填土中拌入适量生石灰回填注液孔，具体用量根据现场而定。

3.7.4 原地破碎浸出

3.7.4.1 铜矿峪铜矿就地破碎浸出

1998年铜矿峪矿在5号矿体实施了就地破碎浸出提铜技术，使该矿常规采选工艺无法经济开采的低品位氧化矿得以开发利用。1999年铜矿峪电铜生产规模为500t，4年后生产规模已达1500吨铜/年，成为我国应用就地破碎浸出提铜技术最成功的示范企业之一。

A 地质概况

5号矿体地质勘探探明的氧化矿量为1700万吨以上，分布在930m标高以上的氧化矿量有1200万吨，铜品位为0.65%，铜金属量为7.8万吨，氧化率大于50%，结合率为10%~40%。

5号矿体岩性为变质花岗岩、闪长斑岩，其顶板为绢云母石英片岩，底板为绿泥石、石英片岩，局部为绢云母石英岩。矿石内节理裂隙较为发育，以张裂隙为主，有利于矿石浸出。矿体内无大的断裂构造存在，有利于溶液的防渗漏。矿床水文地质条件简单，围岩中的地下水以构造裂隙水为主，岩层渗透系数为0.07~0.38m/d，氧化矿的湿孔隙度平均为1.75%。因大部分矿体位于侵蚀基准面以上，故矿石浸出过程大部分溶液将沿地下溶浸采场垂直下渗，侧向扩散率小于8%，有利于集液。

B 原地爆破技术

通过单元爆破试验及参数优化，现场工业试验主要采用自拉槽、小补偿空间、分段和两段微差一次挤压爆破技术。其爆破参数为：扇形炮孔按前后排交错布置，深孔直径为60mm，孔底距为2.6~3.0m，排距为1.0~1.2m，补偿系数为15.08%，炸药单耗为0.441kg/t，起爆间隔为50m/s，崩矿量为5.54t/m，起爆网络方案为毫秒微差非电导爆管与导爆索复式网络起爆。采场爆破后，矿石块度低于196.3mm的占80.7%，达到了较理想的矿石粒度，就地破碎落矿自然构筑成的矿堆其矿石张裂隙发育，矿石粒级分布较合理，堆积密度适宜，满足了浸矿工艺的块度要求。

C 地下溶液防渗漏技术

根据受浸矿块的工程布置特征及地理位置，采用注浆防渗和导流孔导流相结合的技术。注浆防渗是在受浸矿块的下部，即在集液巷道内钻凿上向倾斜的注浆孔。浆液注入岩层后，在其底部形成结石，一方面堵塞岩层中的裂隙和大的地质构造，同时又在底部形成锅底状的防渗层，增强受浸矿块底部岩层的隔水性能。注浆工艺参数：孔排间距为2m，注浆压力1.5~2.0MPa，浆/灰比为（1~2）：1，注浆后岩层吸水率为0.0211L/(min·m·m）的标准，浆料为水泥+水玻璃，水玻璃用量为30~40kg/(m·孔），集液率为92.18%。导流孔导流是在受浸矿块边界设置集液导流孔，使浸出液沿集液导流孔进入集液巷道，以防浸出液流出试验采场边界进入采空区或外泄。溶浸采场经防渗处理后，采场底部的渗透系数由0.156~0.358m/d降为0.026m/d，溶液渗透率仅为7.82%，集液率达到92.18%，每吨矿防渗成本为1.42元，其防渗效果非常理想。

D 布液与集液系统布置

为了保证溶浸采场的均匀受浸和铜浸出液的充分收集，生产中采用钻孔注液与导流孔导流相结合的布液集液技术方案。

a 布液

利用溶浸采场上部已开拓的958m及968m水平废巷道作为布液巷道，并在布液巷道底部钻凿下向垂直扇形中深孔为布液孔，将930m水平硐口配液池内配制的浸矿液泵到布液巷道后，通过布液孔压进受浸采场。布液孔参数：布液孔排距为4m，孔距为3m，溶液扩散范围为2~2.5m。地下采场浸矿工艺参数为：浸矿液硫酸浓度为10~20g/L，布液强度为10~12L/(m^2·h)，布液制度是每天16h喷淋，8h休闲，布液量为160~200m^3/d。经5个月的生产指标检测，铜的浸出综合回收率达到71.06%，试验初期浸出液含铜大于1g/L。

b 集液

利用溶浸采场原受浸矿块下部中段已开拓的930m水平废巷道为集液巷道。在集液巷道顶板钻凿上向扇形孔作为集液导流孔，将溶浸采场中的浸出液通过导流孔流入集液巷道并汇至集液井。当浸出液含铜浓度大于0.8g/L时，泵入地表萃取电积提铜车间，小于此浓度则经配酸后返回溶浸采场继续浸出，浸出液集液率达到92.18%。

E 萃取电积提铜工艺

萃取为二级逆流串联萃取，一级反萃，采用汉高公司生产的Lix 984N作为萃取剂。进入萃取电积的合格液含铜浓度控制在0.8~1.5g/L。萃取后的萃余液含铜浓度为0.02~0.08g/L，将其适当补充硫酸和水后返回溶浸采场。萃取工艺参数：A/O（脱氮）= 1∶1，萃取率大于95%，pH=2左右，反萃硫酸浓度为160~180g/L。电积富液铜浓度为40~45g/L，电流密度为130~150A/m^2，槽电压为1.8~2.2V，电流效率大于95%，电铜生产周期7~8d。

F 技术经济指标

中条山地下溶浸系统当年投产、当年达产，取得了良好的技术经济指标，其中浸出液的含铜浓度最高达5.78g/L，平均为2.189g/L，超过了萃取车间设计浓度0.8g/L的指标要求，浸出率为77.87%，萃取率为99.5%，电积率为99.5%；吨铜生产成本为8754.31元，仅为传统采选冶方法成本的一半左右。同时，该技术使铜矿峪矿原来已被废弃的约1200万吨氧化铜矿石（铜金属量约5183万吨）得以重新利用，总体经济效益达7亿元。

3.7.4.2 法国勃鲁若矿山就地破碎浸矿

该矿的工业矿石已基本采完，余下的贫矿为含铀黑和少量沥青铀矿。其矿化程度与受正断层切割和挤压强烈的破碎花岗岩有关。沥青铀矿产于主裂隙中，矿体形态极不稳定。留矿矿房内的崩落矿石的块度为0~350mm，块度小于50mm的矿石量大致占20%，矿石铀含量为0.02%~0.07%。图3-41为一矿房剖面，崩落的矿石用硫酸溶液浸出。矿房上部为具有一定高度供淋浸用的空场。

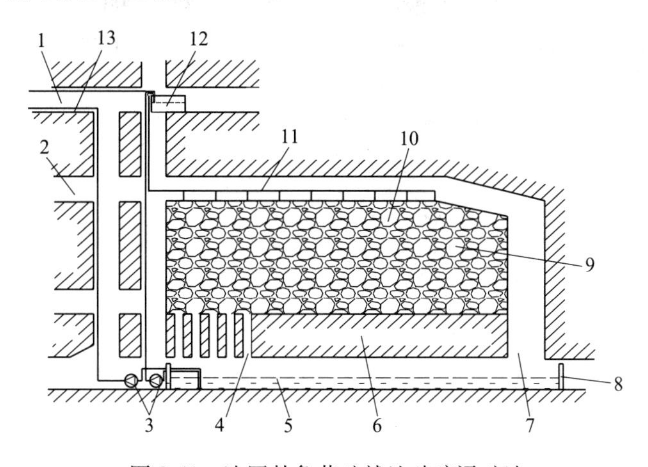

图3-41 法国勃鲁若矿就地破碎浸矿法

1—阶段平巷；2—分段平巷；3—泵；4—集液钻孔；5—集液池；6—矿房底柱；7—矿块天井；8—集液池挡墙；9—矿石堆浸硐室；10—淋浸硐室；11—淋浸管道；12—井下配液槽；13—抽液管

在宽度为4.5m的矿房柱上布置直径为32mm的钻孔145个，孔距为0.7m。从矿房渗出的浸出液沿钻孔流入集液池。该池位于矿块下部沿脉巷道内，用混凝土墙隔开而成。采用间歇式淋浸，强度为1.3$m^3/(m^2 \cdot h)$，硫酸浓度为10g/L。通过循环，铀含量达1.14g/L后，称为产品溶液。淋浸持续86昼夜，每吨矿石的酸耗量为20kg。

思 考 题

3-1 堆浸、原地浸出和就地破碎浸出这三种工艺各有何优缺点。

习 题

3-1 总结影响三种浸出工艺浸出效率的因素，试着了解各因素的敏感性。

3-2 针对浸矿对矿山环境产生的破坏问题，探讨缓解并改善这一问题的方法。

参 考 文 献

[1] 邱欣，池汝安，徐盛明，等．堆浸工艺及理论的研究进展［J］．金属矿山，2000，11：20~23.

[2] 王少勇，吴爱祥，王洪江，等．高含泥氧化铜矿水洗-分级堆浸工艺［J］．中国有色金属报，2013，1：229~237.

[3] 曾伟民，邱冠周．硫化铜矿生物堆浸研究进展［J］．金属矿山，2010，8：102~107，111.

[4] 谷晋川，刘亚川．堆浸提金强化技术评述［J］．矿产综合利用，1999，04：33~37.

[5] 张卯均，余兴远，邓佐卿．浸矿技术［M］．北京：原子能出版社，1994.

[6] 王昌汉．溶浸采铀（矿）［M］．北京：原子能出版社，1998.

[7] 邹佩麟，王惠英．溶浸采矿［M］．长沙：中南工业大学出版社，1990.

[8] 梁发，陆安丛，潘晓锋．浅谈广西六汤稀土矿开采工艺特点［J］．采矿技术，2018，18（3）：9~11.

4 盐类矿床钻孔水溶采矿法

4.1 水溶开采历史及其发展

盐类矿床是盐类物质在地质作用过程中，在适宜的地质条件和干旱的气候条件下，水盐体系天然蒸发、浓缩而形成的天然卤水和化学沉积矿床。盐类矿物有一个共性，就是能溶于水。只是不同的盐类矿物溶于水的难易程度、溶解度及溶解速度不同罢了。水溶开采就是根据大部分盐类矿物易溶于水的特性，把水作为溶剂注入矿床，在矿床赋存地进行物理化学作用，将矿床中的盐类矿物就地溶解，转变成流动状态的溶液，然后进行采集、输送的一种采矿方法。经过长期的应用研究，水溶开采已发展成为一门独立的应用科学，在氯化物（如石盐、钾石盐）、硫酸盐（无水芒硝、芒硝、钙芒硝）、碳酸盐（天然碱）等盐类矿床开采中得到广泛应用，取得了良好的技术经济效果[1]。

4.1.1 水溶开采的特点

水溶开采的特点集中体现在以下两点：

（1）水溶开采突破了常规开采方法“先采矿后加工”的程序，把采、选、冶融为一体，在盐类矿床所在地进行物理化学的加工，溶解开采矿石中的有益组分，把泥砂等杂质留在原地。

（2）直接作用于矿体的“开采工具”是最廉价的溶剂——水或淡卤，有的矿床加助溶剂（如 NaOH 等），经过物理化学作用，把固相盐类矿物转变为流动状态的溶液—卤水，然后进行提取。

4.1.2 水溶开采的优点及存在的问题

水溶开采的优点体现为以下四点：

（1）工艺简单。钻井代替了常规的地下井巷，开拓工程量少，基建时间短，基建投资不到常规开采的 1/4，生产成本下降 80%~90%。

（2）增大开采深度，扩大可采储量。常规开采深度超过 1000m 后会遇到深部地压和地热增温等困难，而水溶开采深度已达 3000m，在一定条件下提高了矿石利用率。

（3）改善劳动条件，提高劳动生产率。由于水溶开采生产工序大大简化，采矿原料和产品输送全部实现管道化，有利于生产过程的自动控制。

（4）减轻环境污染。盐类矿物溶解后取走，矿渣留在原地，不对地面环境造成污染。

水溶开采作为一门尚在发展中的应用科学，其基本理论和开采方法还不够完善；矿石采收率一般较低；尚有少数矿山诱发地质灾害，出现地面沉降和冒卤现象。

4.1.3　盐类矿床水溶法开采简史

我国是世界上最早开发盐湖卤水晒制食盐的国家，远在五六千年前就已开发利用。而我国地下卤水的开发，创始于战国末期秦孝文王时期，距今已有2200多年。在1400多年前的南北朝时期，我国开始认识到石盐的自然溶解与富集规律，并加以利用[2]。唐朝是解池产盐最盛时期，著名的“陵井”深八十余丈，岁炼八十万斤。北宋时期，出现了“卓筒井”，创造了“提捞采卤法”，促进了盐业的发展，公元12世纪仅四川一省年产食盐6000余万斤。1835年，在自贡市大安钻成了世界第一口超千米深井——燊海井，这也是19世纪中叶前世界深井钻井纪录。1892年，盐商李伯斋在自贡大坟堡盐矿发源井开创了我国钻井注水静溶—提捞法采卤之先河。两年之后，改用井组连通法开采，后被推广应用。1902年，欧阳显荣首次在石星井试用站炉蒸汽机车汲卤，其汲卤效率为畜力的2.8倍。1941年，四川五通桥宝昌井始用电动绞车汲卤，至此，现代盐类矿床水溶开采技术已趋雏形。

国外盐类矿床开发较晚，但发展速度较快。奥地利海尔施塔盐矿公元前200~400年开始开采，罗马公元50~350年进行过开采，英国奇沙依尔在1世纪开始利用盐资源，公元829年波兰在维利契卡开始采盐。在俄罗斯，首次谈到天然卤水开采的文献是在11世纪。17至18世纪，卤水开采达到繁荣时期。硐室水溶开采约在1740年始于英国奇沙依尔，此后在德国、奥地利、波兰和乌克兰推广应用。钻井水溶法开发始于法国南施，后传至英国，20世纪初在盐矿中得到普遍应用。1906年法国人提出用油、气建槽的设想，1935年索尔莱公司实行了气垫法建槽。1946年苏联制盐研究所地下浸析实验室进行了“油垫建槽溶解法”试验，后在乌克兰顿涅茨省拉维扬盐矿进行工业试验并获得成功。20世纪60年代，加拿大道化学公司在杜莎尔尼亚盐区首次进行井组连通开采，产量提高1.5倍，采收率由单井法的2%~2.5%提高到50%以上。而水力压裂法实质上是石油压裂技术在盐矿开采上的应用，1955年美国在沃金斯格伦卤水区进行试验，1957年加拿大卤水公司在安大略省漫索尔卤水田应用该方法生产，年产卤析盐128万吨。20世纪80年代，水溶开采技术已趋成熟，并逐渐推广应用到天然碱等其他盐类矿床的开采[3]。

4.1.4　中国水溶开采技术的发展

我国在总结水溶开采经验的基础上，积极试验采用国外先进的水溶开采方法，吸收相关行业的先进技术和装备，使我国的水溶开采技术有了长足发展，有的已达到了世界先进水平。总体上看，我国水溶开采技术的发展进程可分为三个阶段：

（1）原有注水溶盐-提捞采卤技术提高阶段。20世纪50年代，全国各地恢复井矿盐生产，在钻具方面逐步提高机械化水平。首先推广由人力、畜力顿钻改制的简易机动顿钻；其次推广国产和进口的机器顿钻；再次开始推广回转式钻机，逐步提高了机械化水平和钻进效率。同时，对提捞设备和提捞方法进行改进，如升高天车、加长加大汲卤筒，提高升降速度等，有效地提高了卤水产量。

（2）水溶开采技术试验应用起步阶段。为了加速我国盐业发展，四川首先试验和应用了国外先进的水溶开采法。1960年，自贡大安盐厂大3井简易对流法水溶开采试验获得成功。20世纪70年代以来，水溶开采先后在川、滇、湘、鄂、赣、皖、苏、粤、豫等省盐矿普遍应用。

1965年和1966年在云南乔后盐矿坑道内进行了气垫对流法中间试验和试生产，均获得成功，之后迅即在埋藏较浅的低品位（NaCl含量为40%~50%）盐矿推广应用。

1975年在自贡长山盐矿120井进行油垫对流法水溶采盐工业试验，此后，这项先进的开采技术在川、滇、苏、粤、鄂等省的一些品位较高、厚度较大的石盐和无水芒硝矿床中推广应用。

（3）水溶开采技术全面发展阶段。20世纪70年代以来，我国全面采用回转式钻机钻井。随着钻井技术的提高，井底动力钻具开始应用于盐矿钻井，钻井深度逐步增大，钻井和固井质量逐渐提高，为水力压裂法等新工艺的应用创造了良好的条件。

1970年在湖南湘澧盐矿进行水力压裂法采盐工业试验，获得了成功，促进了我国20世纪70年代井矿盐的大发展。1986年，湖北应城盐矿在同一井组的上、下两个工业盐群分层进行压裂法水溶采盐试验；1987年河南吴城天然碱矿在103~106井组Ⅱ1和Ⅱ2天然碱矿层先后实现了压裂连通，创造了在同一井组同时开采两个工业矿群的成功范例。

四川蓬莱盐厂、南充盐厂、万县高峰盐矿用简易对流法开采深度已达3000m左右，江苏洪泽无水芒硝矿用“两管油垫”对流法开采深度已达2200m左右，湖北沙市盐矿用“两管油垫”对流法开采深度达2800m左右。深部盐类矿床的成功开发，表明我国的水溶开采技术取得了较大的进展。

4.1.5 国外水溶开采技术现状

水溶采矿有着悠久的历史，公元前250年，李冰为蜀守的时代，第一口由人工穿凿盐井对地下天然卤水的开采，就开创了盐类矿床钻井水溶开采的历史。但是，由于科学技术水平落后，直到进入20世纪以来（我国是20世纪60年代），水溶采矿才逐渐引起人们的重视，并获得了飞速发展[4]。水溶开采可分为五大类：井式水溶开采、渠式水溶开采、井渠组合式水溶开采、硐室水溶开采以及钻井水溶开采，前三种方法用于盐湖固相矿床的水溶开采，后两种方法用于古代盐类矿床的水溶开采，其中硐室水溶开采仅适用于矿石品位低、水不溶残渣、膨胀系数较大的盐类矿床（如低品位石盐矿床、钙芒硝矿床等），对于地下一定深度的高品位盐类矿床，则通常采用钻井水溶开采。

钻井水溶开采中，单井对流法水溶开采起源于我国早期的单井提捞法，盐井钻成后，暴露出岩盐矿层，向井内注淡水溶解岩盐，之后将卤水用提桶提捞出地表。为了提高单盐井产量，提高盐矿资源回采率，减少井下事故，必须控制溶腔内溶液的上溶、加速侧溶，防止顶板的过早暴露。1947年苏联开始试验，并成功应用油垫建槽水溶开采方法，并逐步形成了油（气）垫水溶开采法。油（气）垫法在一定程度上达到了控制上溶、加速侧溶的目的，减少了顶板事故，提高了回采率。但也存在一些缺点：气垫法水溶开采对管道和设备腐蚀严重，同时矿层开采深度受空压机能力的限制，一般适用于埋深浅，致密性较好的高品位矿床的开采；油垫法水溶开采则油污染严重，盐溶液质量受损，且油量消耗大、成本高。

水力压裂连通法于1955年起源美国，指在一定的井田范围内布设两口竖井，至地下同一深度范围内的岩盐矿层，由其中一口井注入高压淡水，对地层进行压裂，破裂面在地层中沿一定弱面水平扩展，直至目标井底部两井连通，形成溶解运移的水溶开采通道。该技术随着水力压裂技术和装置的发展，现得到广泛应用。

定向对接连通于20世纪60年代初始于苏联。该方法在矿区范围内先钻一竖井达盐矿层，在距竖井一定距离处再钻一定向斜井与目标井对接连通，之后即可一口井注水，另一口井出卤，进行生产。该方法的优点在于对接连通率高，受矿层层面展布的影响较小。但其缺点是钻井费用大、回采率低、生产成本高。另外，压裂连通是沿一定近水平层面展开，初始溶腔范围广，易于侧向溶解的展开，从而控制岩盐的上溶；而定向对接连通，沿盐层中形成一孔型通道，初始溶腔范围窄，不利于侧溶的展开。

随着水溶开采理论的进步，开采技术与装备的快速发展，水溶开采技术也在不断创新。研究应用声呐测径技术测量水采溶洞直径和形状，做到既充分开采盐类矿产资源，又适度控制溶采直径，以减少地面下沉和环境污染；推广应用防腐设备和工程塑料管道，解决采卤、输卤测试仪表防腐蚀、防结晶问题，实现水采矿山自动化；研究试验水溶开采新工艺，提出群井致裂控制水溶开采等技术。

4.2　盐类矿床工业特征

4.2.1　盐类矿石与围岩的工业性质

盐类矿石与围岩的工业性质包括：

（1）可溶性。盐类矿物的溶解度与温度、压力有关，溶解速度受矿石品位、化学成分、结构构造、温度、压力、溶液浓度、布水方式、溶液动态、溶液磁化等因素的影响[5]。

（2）含水性与隔水性。孔隙较大的岩层含水性好，如砂层、砾石层、溶洞发育的石灰岩等，如果它们与盐类矿床沟通，就会破坏矿体，在钻井水溶开采时，应下套管固井，将含水层封隔。如果矿体中有断层通过，为防止断裂带中的地下水破坏矿体，距断层1km以上才能布置采区。盐类矿层顶、底板岩层隔水性良好，有利于水溶开采。

（3）孔隙度。孔隙度是岩石孔隙体积与包括孔隙在内的总体积之比。盐湖类岩石的孔隙度是晶间卤水静储量计算的重要水文地质参数，与颗粒大小、形状、排列情况、级配、压密程度、胶结状况等因素有关，其范围从百分之几到百分之三十，甚至更大，对水溶开采有重要影响。

（4）强度。盐类矿石的强度较低，抗压强度为5~37MPa，抗剪强度为0.7~14MPa，抗拉强度为0.3~2MPa；围岩的抗压强度为0.8~143MPa，抗剪强度为1.5~59MPa，抗拉强度为0.2~4MPa。

（5）硬度。硬度指岩石抵抗工具的侵入能力。岩石硬度分为10级，盐类矿物的硬度较低，为1~4级。

（6）韧性。指岩石抵抗冲击工具的能力。一般沉积岩的韧度较低，为0.08~0.4kg·m/cm。

（7）稳固性。水溶开采溶洞顶部暴露面积的大小及其在一定时间内保持稳定而不崩落的性能，反映盐类矿石与围岩的稳固性。它与矿石和围岩的结构与构造，裂隙发育情况，溶洞顶板岩石的工程力学条件和受水侵蚀后耐崩解的性能以及溶洞大小等因素有关。

4.2.2 盐类矿床的工业性质

4.2.2.1 矿床规模与矿石质量

当前，我国盐类矿床按其资源/储量划分矿床规模。一般分为大、中、小三个类型。四种主要盐类矿床资源储量的划分标准见表 4-1。

表 4-1 四种盐类矿床资源储量规模划分标准 （万吨）

矿 产	大 型	中 型	小 型
石盐 NaCl	100000	10000～100000	<10000
钙芒硝 Na_2SO_4	>10000	1000～10000	<1000
天然碱 $Na_2CO_3+NaHCO_3$	>1000	200～1000	<200
钾盐 KCl	>1000	100～1000	<100

通常按矿石品位划分等级。石盐根据 NaCl 的品位划分为：富矿大于 80%，中矿为 50%～80%，贫矿为 30%～50%。钾盐根据 KCl 的品位划分为：富矿大于 12%，贫矿为 8%～12%。

4.2.2.2 矿体形态

盐类矿床的矿体形态简单，呈层状、似层状或透镜状产出，厚度稳定，沿走向和倾向延伸均较大。只有在强烈的构造作用下才形成盐丘矿床，形态变得复杂。

4.2.2.3 矿层厚度

矿层厚度影响水溶开采方法的选择，如薄层适宜用井组连通法开采，巨厚矿层适宜采用油垫对流法开采。盐类矿层根据矿层厚度一般分为五类：极薄矿层小于 0.5m，薄矿层为 0.5～2.0m，中厚矿层为 2～5m，厚矿层为 5～20m，极厚矿层大于 20m。

4.2.2.4 夹层厚度

我国盐类矿床的特点是矿层的层数多，单层厚度薄，常划分为若干个工业矿层，自下而上进行开采。一般来说，当非矿夹层厚度小于 2～3m 且矿层多、密度大时，常并入工业矿层；当非矿夹层厚度在 10～20m 以上，或非矿夹层厚度虽在 5m 左右，但矿层稀疏、厚度薄时，则划分为工业矿层顶底板。

4.2.2.5 矿体埋藏要素

我国盐类矿床大多数为微倾斜和缓倾斜矿床，云南和新疆部分矿床为倾斜矿床，有的属急倾斜矿床。硐室水溶开采时，矿体倾角影响矿体开拓和采场矿石搬运方法。钻井水溶开采时，影响钻孔工程的布置。盐类矿体按埋藏深度可分为五类：裸露矿体直接出露地表；浅埋矿体的埋深小于 500m，中深矿体的埋深为 500～1500m，深埋矿体的埋深为 1500～3000m，极深矿体的埋深大于 3000m。目前主要开采盐湖矿床、浅埋和中深矿体，部分为深埋矿体，极深矿体一般未开采。

4.2.3 盐类矿床开采技术条件

盐类矿床开采技术条件主要指盐类矿床水溶开采难易程度，它影响水溶开采方法的选择、钻井工程的布置、水溶开采工艺参数的确定、服务年限等。主要包括：

（1）矿床地质条件。主要包括矿床规模、矿体分布面积、矿层厚度、埋藏深度、夹层厚度、矿石品位、矿石结构与构造等。

（2）工程地质条件。指盐类矿层及其顶底板岩石的物理力学性质，主要是矿岩的稳固性，它影响溶洞直径大小和保安矿柱尺寸，以及矿石采收率的高低等。

（3）水文地质条件。主要指盐类矿层的上部和下部含水层的特性、分布状况及其对水溶开采的影响。

（4）环境地质条件。主要指水溶开采对其上部道路、村镇、河流、植被、农田和水利设施的影响，它关系到采区布置和钻井工程布置，应防止在采集卤和输卤过程中卤水流失对生态环境的破坏，以及溶洞顶板垮塌可能引发的地面沉降与冒卤。

4.3 水溶法开采基本原理

4.3.1 盐类矿物溶解机理

4.3.1.1 溶解与结晶

当水与盐类矿物接触时，组成结晶格架的离子被水分子带相反电荷的一端吸引，当水分子对离子的引力足以克服结晶格架中离子的引力时，结晶格架遭到破坏，离子进入水中，这就是溶解盐类矿物的过程[6]。水与盐类矿物接触时，同时发生两种相反的作用：溶解作用与结晶作用。溶解到水中的盐类离子，在运动过程中遇到尚未溶解的矿物，也可以被吸引，由溶液回到盐类矿物结晶格架上去。

4.3.1.2 饱和溶液

盐类矿物开始溶解时，溶液中盐类物质的离子少，溶解速度大于结晶速度。随着溶解过程的进行，溶液浓度逐渐增大，溶解作用变慢，结晶作用加快，当单位时间内溶解与析出的盐类物质数量相当时，溶液达到饱和。

4.3.1.3 溶解过程中的热动力现象

物质溶解同时发生两个过程：一是破坏晶格，溶质粒子与晶体分离并向溶液中扩散，要吸收热量，这是物理过程；二是溶质分子和水分子结合生成水化物要放出热量，这是化学过程。这个物理-化学过程与各种物理化学条件有密切关系。

4.3.1.4 复盐矿物的水溶

多种盐类矿物共生的复盐矿物在水溶过程中有以下几种情况：

（1）组成复盐矿物的单盐相差不大时，在水溶过程中不形成中间产物，如钾芒硝矿物 $K_3Na(SO_4)_2$，其单盐 Na_2SO_4 和 K_2SO_4 的溶解度相差较小，属于这种情况。

（2）各单盐的溶解度相差较大且均易溶时，溶解度较小的单盐在水溶过程中形成暂时稳定的中间产物，但随时间的增长，这个中间产物也会被溶解，如光卤石矿物 $KMgCl_3 \cdot 6H_2O$ 由单盐 KCl 和 $MgCl_2 \cdot 6H_2O$ 组成，均易溶，在 10~20℃时，溶解度较小的 KCl 可形成暂时稳定的中间产物，但溶解时间增长后，中间产物亦被溶解。

（3）各单盐的溶解度相差较大，且其中一种单盐难溶于水时，这种单盐在水溶过程中形成的中间产物不再溶解，如钙芒硝 $Na_2Ca(SO_4)_2$ 的单盐 Na_2SO_4 易溶，$CaSO_4$ 难溶，所以在水溶开采钙芒硝矿床时形成大量的中间产物石膏（$CaSO_4 \cdot 2H_2O$），不再溶解。

4.3.2 溶解度

4.3.2.1 溶解度影响因素

固体盐类物质的溶解度是在一定温度（15℃）和压力（0.1MPa）下，单位体积溶剂（水）中所溶解的某种盐类矿物的饱和盐量。盐类矿物溶解度由大到小的顺序是：氯化物、硫酸盐、耐酸盐、硼酸盐。温度和压力对溶解度有不同的影响。一般来说，盐类矿物的溶解度随温度的升高而增大（见图 4-1），随压力增大而上升。

4.3.2.2 盐类矿物共生的溶解度变化规律

对于矿石中含有两种以上的盐类矿物共生时，其溶解度遵循以下规律：溶液中出现与该盐类物质含有共同离子的另一种盐类矿物时，该盐类物质的溶解度降低，如 KCl 与 NaCl 的共同可溶性，在任何温度下都比它们单独溶解时的溶解度小。在溶液中出现与该盐类物质未含共同离子的另一种盐类物质时，该盐类物质的溶解度增大，如 $CaSO_4$的溶解度由单独溶解时的 2.08g/L 增加到在 NaCl 溶液中的 5~6g/L。

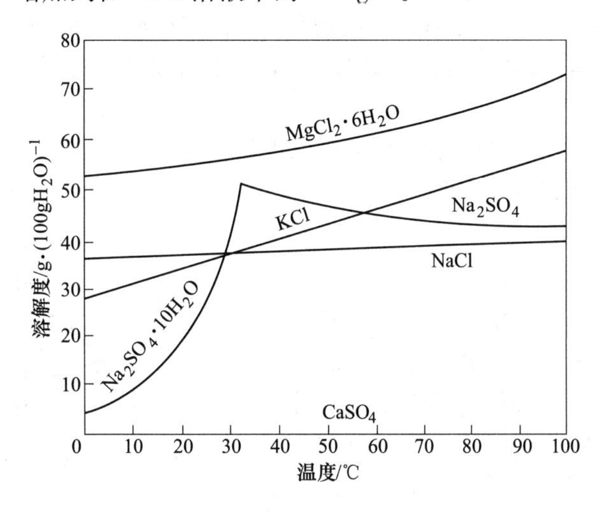

图 4-1　几种单盐矿物的溶解度曲线

4.3.3 溶解速度

盐类矿物在单位面积和单位时间内所溶解的盐量称为溶解速度。溶解速度的影响因素包括内在因素与外部因素两大类。

4.3.3.1 影响盐类矿物溶解速度的内在因素

（1）盐类矿物的水溶性。不同盐类矿物的水溶性不同，石盐、钾石盐、芒硝等矿物溶解速度快，钙芒硝等缓慢溶于水，石膏、硬石膏等难溶于水。

（2）盐类矿石的组分。多种盐类矿物共生的矿床，其主要盐类矿物将受其他组分的影响。如水溶开采钙芒硝-石盐矿床，若将含 Na_2SO_4的制盐尾液回输到矿床进行采卤，既可减少环境污染，又可降低 Na_2SO_4的溶解速度，实现石盐的选择性开采。

（3）盐类矿石的品位。通常情况下，矿石品位高，盐类矿物的溶解面大，溶解速度快。

（4）盐类矿石的结构与构造。矿石结构致密，水与盐类矿物的接触面小，溶解速度慢；矿石结构疏松，裂隙发育，水可以深入到矿石内部，接触面积大，溶解速度快；现代盐湖沉积的盐类矿产，未经硬结成岩作用，孔隙度一般为20%~30%，溶解速度快。

4.3.3.2　影响盐类矿物溶解速度的外部因素

（1）溶液的运动状态。在相同条件下，注入井内的水经精心策划，可以加速扩散作用，增大溶解速度。超声波用于水溶开采，把电能转化为机械能，产生波的振动，起到破坏盐层结构的作用，能提高溶液渗透率。

（2）溶液的浓度。浓度低时，溶解速度快。

（3）溶液的温度和压力。一般来说，盐类矿物的溶解速度随温度和压力的增加而提高，石盐在不同温度下的溶解度变化很小，用提高水温来加速溶解在经济上不合算，而芒硝受温度影响大，用热水作溶剂可以取得较好的经济效益。

（4）溶解面的空间位置。溶液在溶洞下部的浓度高，上部的浓度低，主要利用侧溶和上溶，只有在盐湖固相矿床水溶开采时，才利用侧溶和底溶。

（5）溶剂的性质。水经磁化后，溶解速度增加约50%，但此时氧离子浓度增大，导致井管和采集卤水管道的腐蚀加剧，因此，采用磁化水加速溶解仅适于建槽的强化开采，不宜长期使用。

（6）添加辅助溶剂。可提高某些盐类矿物的溶解速度，如加入3%~5%的NaOH，可提高天然碱的溶解速度和溶液浓度。

4.3.4　侧溶底角

由于盐类矿床水采溶洞中的溶液呈现垂直分带性：上部浓度低，下部浓度高，导致溶洞上下部侧溶速度的差异性，上部侧溶速度快，下部侧溶速度慢。盐类矿石中的不溶残渣不断沉积于溶洞底部，覆盖底部未溶盐类矿石，最后在溶洞底部形成一个以钻井（或初始硐室）为中心，形似空心倒圆锥体的倾斜底面。溶洞的倾斜底面与理想水平面之夹角α，称侧溶底角（见图4-2）。

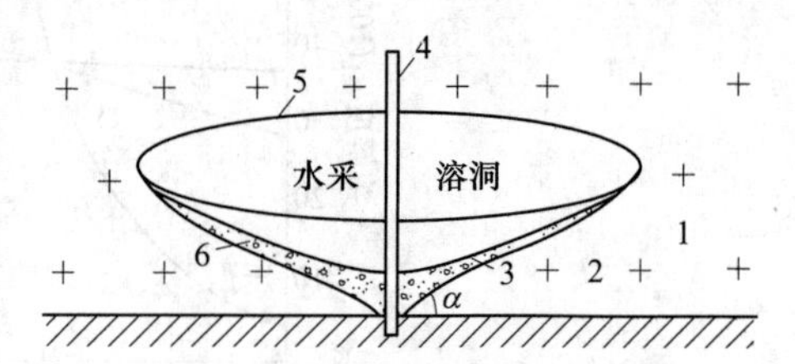

图4-2　水采溶洞侧溶底角示意图
1—石盐矿层；2—盐层底板；3—水不溶残渣；4—钻井；5—溶洞顶板；6—溶洞底板；α—侧溶底角

侧溶底角的大小，与盐类矿石品位有关，并影响矿石采收率。矿石的水不溶物含量低、品位高时，侧溶底角小，溶洞未溶矿石损失小，矿石采收率高。云南三个盐矿在坑道与溶洞中实测的侧溶底角为24°~42°。

4.3.5　钻井水溶开采的溶解作用和溶洞形状

由于开采方法不同，溶解作用的进行情况不同，形成的溶洞形状主要有圆锥形和长槽形。

4.3.5.1　单井对流法的溶解作用及溶腔形状

单井对流法的溶解作用可分为三个阶段，如图4-3所示。

（1）第一阶段：水从中心管注入后，沿管状井壁向上冲刷、溶蚀，形成梨形溶腔，溶解速率大于 10~15cm/d（图 4-3 中Ⅰ部分）。

（2）第二阶段：注入水与充满管状井空间的卤水混合，向上回流、溶蚀，溶洞发展成圆柱状（图 4-3 中Ⅱ部分）。

（3）第三阶段：溶洞进一步扩大，溶洞内的卤水在垂直方向上发生分异，使溶洞内溶解速率出现差异，上部溶解速度大，下部溶解速度小，致使溶洞周壁出现斜坡；溶洞底部卤水近于饱和，溶解速度极慢，加之水不溶物碎屑的堆积，覆盖未溶盐层，阻止其继续溶解，溶解作用亦渐趋停止。因此，溶洞形状发展成为顶部面积大，侧壁向内凹入，并具有指数曲线形式的空心倒锥体状（图 4-3 中Ⅲ部分）。

4.3.5.2 水力压裂法开采的溶解作用和溶洞形状

水力压裂法压裂裂缝很小，连通后进行水溶开采，其溶解作用和溶洞形状的发展大体分为三个阶段，如图 4-4 所示。

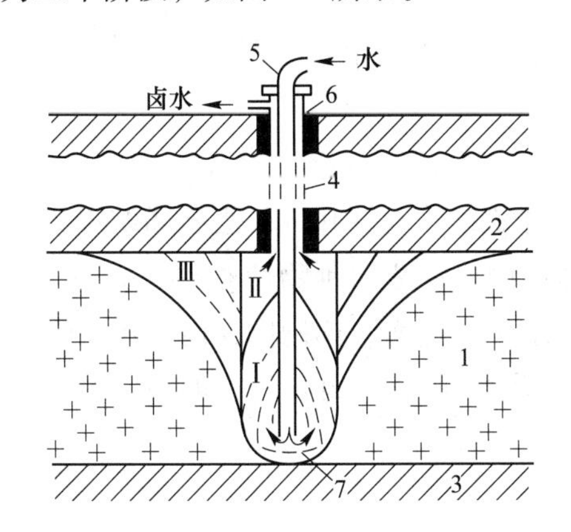

图 4-3 简易对流正循环溶洞发展示意图
1—盐层；2—矿层顶板；3—矿层底板；4—套管；5—中心管；6—套管水泥环；7—不溶物；Ⅰ~Ⅲ—溶洞发展阶段

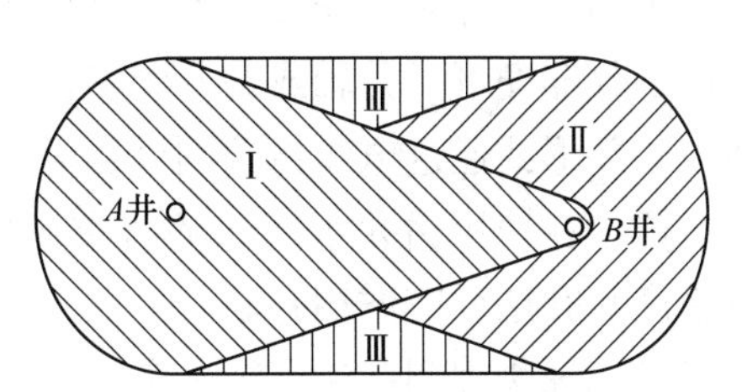

图 4-4 强制性快速连通井组水溶开采溶洞形状发展平面示意图
Ⅰ~Ⅲ—溶洞发展阶段

（1）第一阶段，*A* 井注水，*B* 井出卤，溶解作用自 *A* 井外侧呈似同心圆状向外扩展，由 *A* 井至 *B* 井，随着溶液浓度的逐步增高，溶解速度逐渐变慢，溶洞直径逐渐变小，溶洞形状呈 *A* 井大、*B* 井小的喇叭状。

（2）第二阶段，*B* 井注水、*A* 井出卤时，溶解作用自 *B* 井外侧呈同心圆向外进行，溶洞呈 *B* 井大、*A* 井小的反向倒置且重叠的喇叭状。

（3）第三阶段，适时调整注、采井，溶解作用自两个倒向叠置的喇叭状通道向外扩展，当控制一定的溶采直径时，溶洞逐渐发展成为两端呈半圆柱、中部呈长方柱的长槽状溶洞。

4.4 钻孔水溶法的矿床开拓

钻孔水溶法开采盐类矿床，是通过从地表向矿体钻凿一系列盐井来实现的。因此，钻井是开采盐类矿床的开拓工程。盐井钻凿完毕，需进行测井工作，并在此基础上设计盐井的结构固井。

4.4.1 钻井工程

钻机是建井的主要机械，一般分为旋转式和冲击式两大类。在生产实践中多采用旋转式钻机。钻井设备类型的选择要根据矿床的地质条件、盐井的深度来确定。盐井深度在1000m以内，终孔井径不小于91mm，选用XB-1000型、红旗-1000型钻机。盐井深度不超过1200m，终孔井径不小于146mm，需选用大型钻机。

钻井一般分为三个阶段：

（1）准备阶段。包括测量井位，划拨土地，平整井场，安装供水、供电、通信线路，钻井用的各种机械设备的搬迁和安装，井口安装工作。

（2）钻进阶段。包括提取岩心，循环泥浆，保护井壁，处理井下事故，加深井眼，维持钻进等工作。

（3）完井阶段。包括电测井，盐固井，试产，移交生产等工作。

4.4.2 地球物理测井

地理物理测井是把安装在绝缘电缆上的探头通过绞车放入钻孔内，当电缆缓慢提升或下降时，仪器便可沿井轴或贴井壁移动，测量出地层中一种或多种物性参数。这些物性参数以电位差形式通过电缆传输到设在地表的自动记录仪，经横向比例换算构成测井曲线。

目前，在使用钻孔水溶法的盐类矿床中，普遍利用电阻率测井法、伽马—中子测井法、密度测井法、声波测井法。

通过地球物理测井法，来确定以下几个问题：

（1）所钻探岩层的性质；

（2）含矿层或盐层的厚度；

（3）与盐层交替成层的不可溶性细矿脉分布情况；

（4）可溶性盐类矿物的成分；

（5）盐类矿床的顶板和底板岩层厚度与成分；

（6）对确定的溶解采矿工程进行经济评价。

根据电测井及其他来源所取得的资料，可以确定岩盐和钾盐矿层的位置，套管安装的具体位置，下放深度以及压裂的两井间盐层是否连续等。

4.4.3 固井作业

固井作业是指盐井钻凿完毕，并经测井以后尚需进行的作业。这些作业包括固盐井（下套管、注水泥浆）和注浆其他作业。要完成上述作业，需要确定盐井结构，然后才能确定固井的施工方案和工艺。

4.4.3.1 盐井结构

盐井结构包括下入井中的套管和固井的水泥环。下入套管的层数、各层套管的直径与下入深度，与钻孔直径、套管外水泥环封固的高度等相适应。

盐井一般设两层套管，即表层套管和技术套管。表层套管是用来封隔松软地层、砂砾层和地下含水层等具有腐蚀性的层位，用来安装井口装置，控制井喷，支承技术套管和井中其他生产用管的质量。技术套管是用来封隔盐层上部的岩层，防止井壁垮塌，满足采矿工艺要求。

4.4.3.2　设计固井方案时应考虑的因素

在设计固井方案时考虑的因素有：盐井深度；盐井经受的压裂压力；压裂和溶解过程中的摩擦压力损失；当压裂不成功时需要采取的补救措施等。

在考虑上述因素的基础上，设计时选择好套管尺寸、质量与材质，以满足溶解采矿工艺的要求。盐井封固质量的好坏，主要取决水泥环的强度和密封程度。

4.4.3.3　套管安装及注浆封固作业

套管安装时还需要一些套管附件，其中包括注浆套管鞋、套管接箍、磁管扶正器、注浆除泥器、专用的分级注浆工具、注浆头及注浆塞等。套管下入前或下入后都必须对钻孔中的泥浆进行冲洗，使孔中泥浆分布均匀，密度符合钻孔及地层的其他要求。为了更可靠地保证套管被水泥完全密封，套管必须在钻孔中扶正。当钻井穿过的岩层不能支承整个环形空隙中水泥浆柱的静压力时，可采用分级套管接箍的分级注浆工具对井壁进行分级封固。盐井中套管的封固必须采用经久耐用、并有足够强度的水泥密封材料将整个环形空隙全部填满。生产中通常采用改良硅酸盐水泥的饱和盐水泥浆，盐饱和水泥浆在凝固时体积膨胀，因而对套管施加一定的压力，套管产生变形而使水泥与套管间的胶结有可能受到破坏。为此，在注浆封固之后、水泥凝固之前，在套管内施加一定的静压，使水泥与套管之间的胶结不致受到破坏，直到水泥凝固时为止。

4.5　单井对流水溶开采法

4.5.1　简易对流水溶开采法

简易对流法是溶解采矿常用的一种工艺，它具有系统简单、流程简便、劳动强度低、容易操作等优点。但其缺点是在长期的生产过程中，盐井中的生产用管可能发生弯曲、变形，若矿层顶板稳固性差，容易产生顶板垮塌，产生套管破裂等事故，影响盐井的使用寿命和矿石的回收率。

4.5.1.1　盐井布置

简易对流法盐井的布置原则是：在合理开发地下资源的同时，取得最大的经济效益；对于浅部的盐类矿床，应防止过早的大面积连通；盐井生产终止，溶洞还可以利用。

若矿床赋存深度大，地面不存在下沉问题，盐井间距可按最大溶蚀半径的两倍布置。如果考虑到因采矿而引起的地面下沉，开采区内必须划分若干矿段，矿段之间留保安矿柱；在矿段内井距的大小仍可按最大溶蚀半径的两倍布置。

溶蚀半径的确定应考虑开采矿层厚度、矿石品位以及采卤工艺改进。溶蚀半径过大，开采达不到边界，就会降低单井的采收率；取值过小，则影响单井的服务年限。

4.5.1.2　中心管的安装

单井的技术套管下入开采盐类矿层顶部，经固井、钻开矿层并洗井后，还需下中心管柱，悬挂于井口装置上，其井身结构如图4-5所示。

中心管直径的大小主要决定于钻孔中套管的直径，只有与技术套管合理配合，才能发挥良好的生产效果。在实际工作中，应该计算中心管内的容积和中心管与技术套管之间的环隙容积的比值，该比值通常在1∶2左右。据此，根据生产能力确定中心管直径大小。一般来讲，生产能力较大的井选用的中心管直径较大；反之亦然。

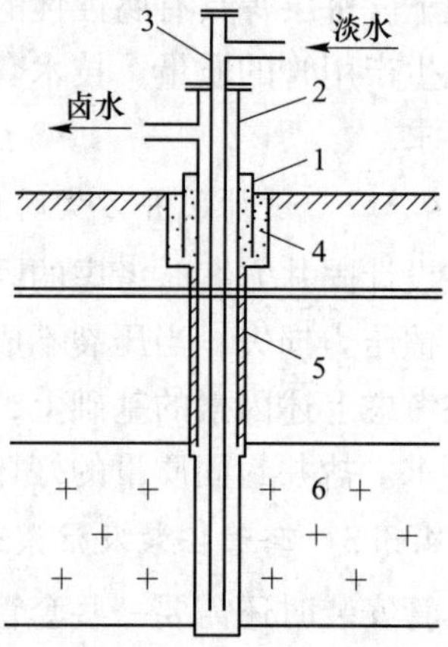

中心管的下入位置，应根据矿区的地质条件，开采盐层厚度及生产的效果来确定。一般条件下，中心管下入盐矿层的下部为宜。

中心管下井前，必须严格检查质量。下井时，必须保证下井深度误差小于0.5‰；开采薄矿层时，下井深度误差小于0.3‰。

图4-5　简易对流井井身结构示意图
1—表层套管；2—技术套管；
3—中心管；4—固井水泥；
5—井径；6—盐类矿层

4.5.1.3　采卤方式

简易对流法的采卤方式有两种：一是正循环，即从中心管注入淡水，溶解盐类矿层，生成卤水后，利用注水余压使卤水从中心管与技术套管的环隙返回地面；二是反循环，即从中心管与技术套管环隙注入淡水，卤水则从中心管返回地面。

建槽期以正循环为主，辅以反循环；生产期则以反循环为主，辅以正循环，两种采卤方式交替进行。

简易对流法开采的工艺流程如图4-6所示。

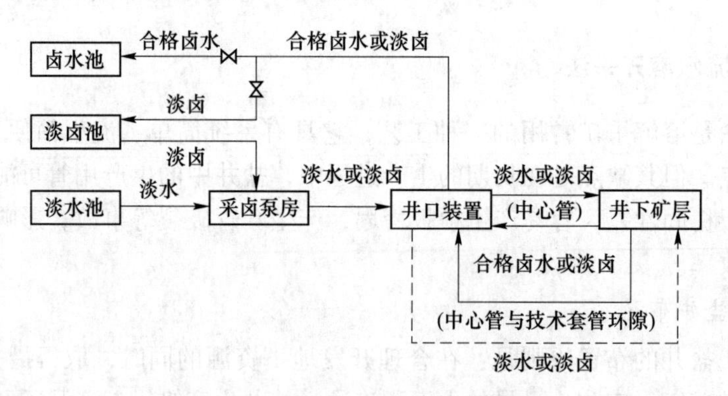

图4-6　简易对流法开采工艺流程

4.5.1.4　主要工艺参数

（1）采注比。采注比是指同一时间内采出卤水量与注入淡水量之比值。

$$\delta = \frac{q_{卤}}{q_{水}} \tag{4-1}$$

式中，δ为采注比；$q_{卤}$为同一时间内采出卤水量；$q_{水}$为同一时间注入淡水量。

在正常情况下，因采注的卤水中携带大量盐类物质而形成溶洞，需要相同体积的淡水充填其中，故同一时间内采出卤水量小于注入淡水量，因此，采注比应小于1。

由于井下地层吸水，地层裂隙充水、漏水，导致采卤时注入淡水量增大，采注比下降。在实际生产中，水溶开采矿山的采注比一般为0.8左右。

（2）盐井日生产能力。盐类矿床属沉积矿床，矿石品位一般变化不大，矿石结构基本均一，其平均溶解速度基本一致。矿体埋深一定，井下温度也基本稳定。此时，盐井生产能力决定于水溶开采溶洞的有效溶解面积。

$$A = 24WF = 140.88\left(1 + \frac{T}{22.4}\right)F \tag{4-2}$$

式中，A 为盐井日生产能力，kg/d；F 为溶洞有效溶解面积，m^2；W 为溶解速率，kg/(m^2·h)；T 为溶解时井下温度，℃。

（3）盐井年产盐能力。

$$A_a = Q_0 Cn \tag{4-3}$$

式中，A_a为盐井年产盐能力，t/a；Q_0为平均日产卤量，m^3/d；C 为卤水平均含盐量，t/m^3；n 为年工作日数。

（4）盐井控制可采矿量。盐井控制的矿层开采面积按圆面积计算，再结合有关参数计算可采矿量。

$$N_d = FH\gamma c = 0.785d^2 H\gamma c \tag{4-4}$$

式中，N_d为单井控制的可采矿量，t；F 为单井控制的矿层开采面积，m^2；H 为矿层厚度，m；d 为单井溶采直径，m；γ 为矿石体重，t/m^3；c 为矿石品位,%。

（5）盐井采收率。

$$K = \frac{A_0}{N_d} \times 100\% \tag{4-5}$$

式中，K 为单井矿石采收率,%；A_0为单井总产盐量，t；其他符号意义同上。

（6）盐井服务年限。

$$Y = \frac{N_d}{A_a}K \tag{4-6}$$

式中，Y 为单井服务年限，a；其他符号意义同上。

4.5.1.5 主要设备

水溶开采的主要设备是离心泵。常用离心泵主要有D型、DG型单吸多级节段式离心泵。泵型的选择决定于卤水产量、井深和井下管柱配合直径、地面管线直径和长度等，主要是根据水泵的总注水量和水泵的总扬程两个条件。

当水泵的总注水量确定之后，输水管道流速的大小是一个重要的经济问题。同样的流量，管径小，流速就大，管道磨损也大，虽然基建管材费用降低，但注水所需电费增加。再者，卤水是一种腐蚀性介质，在管径小的前提下，由于流速大而加剧钢管的腐蚀。反之，如果不适当地增大井下管径，又会大大增加昂贵的建井费用。

在这些相互影响、相互制约的因素中，必须选择一个合适的流速，以达到节能降耗、经济合理。一般选定井下中心管和水泵进、出口流速高一点，而地面采、集卤管汇流速应小些，见表4-2。

表 4-2 水采矿山管道一般选用流速范围

管道安装位置	常用管道内径/mm	流速/$m \cdot s^{-1}$
水泵吸水管	DN<200	1.0~1.2
水泵出水管	DN<200	1.5~2.0
井下中心管	DN<100	1.5~2.0
地面管汇	DN<300	0.5~1.0

4.5.1.6 生产阶段

简易对流法生产可分为三个阶段：建槽期、生产期和衰老期。

A 建槽期

在建槽期，因钻孔开拓的初始管状硐室很小，一般均采用正循环注水作业。正循环注水的作用是：清除井底碎屑堆积物，充分暴露井底矿层；淡水沿管状壁向上冲刷，溶解速度快，形成梨状溶洞；溶洞进一步扩大后，注入的淡水能起到搅拌作用，减弱卤水垂直分带性，有助于提高矿石采收率。

建槽期实际上是盐井正式投产的准备阶段，其所需的时间约为盐井服务年限的2%~5%。建槽期的长短与开采的盐类矿层的厚度和品位有关，开采矿层厚度较大、品位较高，建槽期较短；反之亦然。实践证明，简易对流法的建槽期一般为1~6个月。

B 生产期

盐井建槽后，水溶开采溶洞直径扩大，连续注淡水能生产合乎工业要求的卤水，此时盐井进入生产期。此阶段盐井的生产时间最长，一般占盐井服务年限的70%~80%左右；而且生产的卤水浓度较高，产卤量较大，生产持续稳定。

生产期的作业方式是以反循环为主，正、反循环交替进行。正反循环交替可以溶去管壁上的石膏和其他盐类结晶，防止结晶堵管。反循环是指从中心管与套管的环隙注水，如图4-6所示，可使溶洞顶部溶液浓度更低，溶解速度最大，从而提高卤水产量；同时，卤水从溶洞底部经中心管返回，其浓度亦较高。正循环作业时，淡水由中心管注入溶洞底部，使下部浓度降低，有助于提高矿石采收率，但卤水浓度相对较低，生产能力较小。

C 衰老期

盐井经长期开采，水溶开采溶洞已接近最大可采直径，顶板充分暴露、垮塌，溶洞底部堆积了大量碎屑物，溶解面缩小，溶解速度递减，卤水浓度和产量已达不到设计要求，连续开采已无经济价值。衰老期的生产时间较短，约占盐井服务期限的15%~20%。

4.5.2 油（气）垫对流水溶开采法

为了消除简易对流法生产中所呈现的倒立锥体溶腔，有效控制和防止盐层顶板过早暴露和垮塌，延长盐井的使用寿命，提高矿石采收率，油（气）作为垫层成为控制盐层的溶蚀高度，防止上部未采盐层和开采盐层的上部溶解而出现的一种工艺。

油（气）垫对流法是以一口井为一个开采单元，利用油（气）、水互不相溶且油（气）密度小、油（气）不溶解盐类的特性，在井内三层同心管的密闭系统中，从技术套管与内套管环隙间歇性地注入油（气），使其在水溶开采溶洞顶部形成一个很薄的油（气）垫层，将水与矿体隔开，以控制上溶，迫使溶解作用往水平方向进行[7]。当建立的圆盘状盐槽达到设计的溶采直径后，再自下而上地进行水溶开采；从内套管与中心管环隙注入淡水，溶解盐类矿层，生成卤水后，再利用注水余压使卤水从中心管返回地面。一般油（气）垫对流井的井身结构如图 4-7 所示。

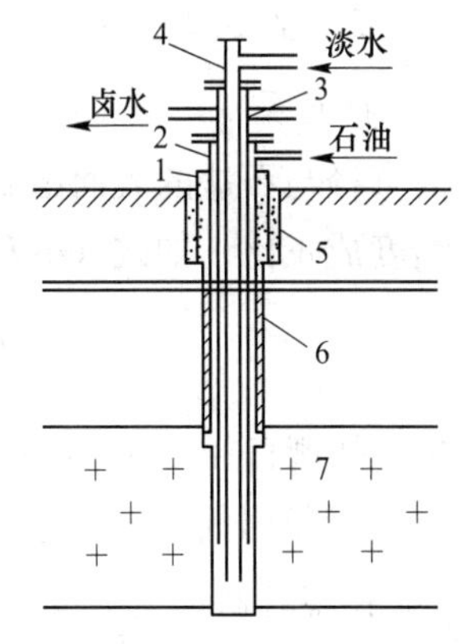

图 4-7　油（气）垫对流井井身结构示意图

1—表层套管；2—技术套管；3—内套管；4—中心管；5—固井水泥；6—井径；7—盐类矿层

在实际生产中，由于油垫法垫层稳定，但带砂能力弱，适用于含盐品位高的盐类矿床；气垫法垫层稳定性差，但带砂能力强，适用于含盐品位较低的盐类矿床。尽管人们感到使用油垫安装费用较高，但因为油垫比相同气垫柱的质量大，盐井工作压力较低，维护费用较少，故常用油作为垫层材料。使用气垫时，若用空气作为垫层材料易造成盐井生产用管和设备的腐蚀。若用 CO_2或 N_2做垫层材料，费用较高。故目前应用较少，主要在坑道开采的老矿山应用。

4.5.2.1　工艺流程

油垫对流法工艺流程比简易对流法增加了注油-油水分离及回收系统，其采卤工艺与简易对流法相同。在盐井中下入内套管柱和中心管柱，安装好井口装置后，往井内注入饱和卤水，充满技术套管和中心管。然后用油泵将贮油罐中的石油从技术套管与内套管环隙注入，替换该环隙的卤水，直至环隙与溶洞顶部充满石油，以控制上溶。此时，开始用注水泵往井下注淡水，进行正循环建槽。建槽时返出的含油卤水，经油水分离槽分离，分离出的石油回输到贮油罐；分离出的卤水，当浓度低时，将其输至淡卤池，继续进行循环建槽。当卤水浓度达到工业要求时，则将其输往卤水池，然后输往生产厂加工，如图 4-8 所示。

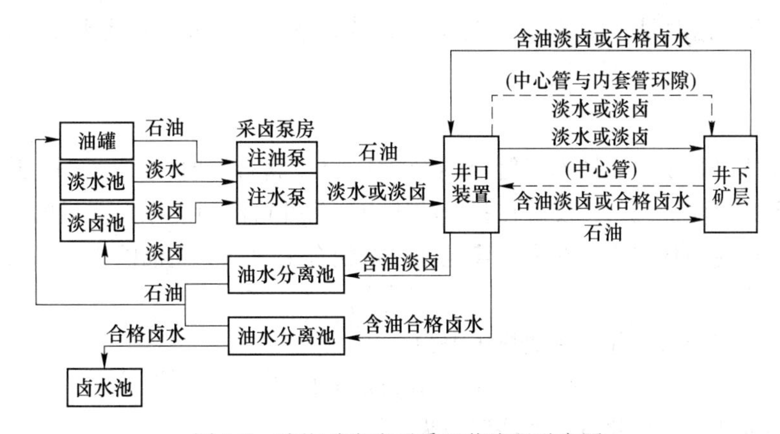

图 4-8　油垫对流法开采工艺流程示意图

4.5.2.2　主要工艺参数

A　盐槽直径

盐槽直径与石盐的表面溶解速率、溶解时间成正比，与石盐矿石体重成反比。而溶解速率与温度成正比，如式（4-7）所示：

$$D = \frac{2wt}{\gamma},\ w = 5.87\left(1 + \frac{T}{22.4}\right) \tag{4-7}$$

式中，D 为盐槽直径，m；w 为石盐垂直表面溶解速率，kg/(m^2·h)；γ 为石盐矿石体重，kg/m^3；t 为溶解时间，h；T 为溶解时的井下温度，℃。

B　盐槽溶解高度变化

在石盐矿石溶解过程中，油垫建槽的初始高度不变，随着溶洞直径逐步增大，石盐矿石中的不溶物不断沉淀于盐槽底部，导致在盐槽底部形成一个有一定侧溶底脚的漏斗状斜坡，盐槽周边垂直高度逐渐变小。

$$h = h_0 e^{-\frac{KD}{2}} \tag{4-8}$$

式中，h 为盐槽周边的垂直高度，m；h_0 为盐槽的初始高度，m；K 为石盐矿石不溶物含量,%；D 为盐槽直径，m。

C　建槽的容积变化

在油垫建槽期，当起始建槽高度不变时，建槽后的容积与侧溶直径的大小与矿石中不溶物含量的多少有关。

$$V = \frac{2\pi h_0}{K^2}\left[1 - e^{-\frac{KD}{2}}\left(\frac{KD}{2} + 1\right)\right] \tag{4-9}$$

式中，V 为盐槽容积，m^3。

D　分梯段上溶开采日产盐能力

油垫对流法盐井产盐能力与盐槽顶溶面积有关。由于顶溶溶解速率比侧溶速率高得多，在有效溶解面积相等时，油垫对流井的产盐能力显著高于简易对流法的产盐能力。

$$A = 24wS \tag{4-10}$$

式中，A 为盐井上溶时日产盐量，kg/d；S 为盐槽顶溶面积，m^2；w 为上溶开采溶解速率，kg/(m^2·h)。

E　注油压力

在油槽建槽过程中，往技术套管与内套管环隙注满石油时，井口注油压力呈现最大值。此时关闭井口注油阀门，反映在井口的压力称为井口注油静压力。只要保持井口注油静压力，就可以使油垫层稳定在内套管鞋处。再配合采用过量注油的方法，可以确保油垫层有一定的厚度。

采用正循环建槽时，井口注油静压力为

$$P_{油} = g(\rho_{卤} - \rho_{油})H \times 10^{-6} + p_{环} \tag{4-11}$$

采用反循环建槽时，井口注油静压力为

$$P_{油} = g(\rho_{卤} - \rho_{油})H \times 10^{-6} + p_{中} \tag{4-12}$$

式中，$p_{油}$为注油压力，MPa；$\rho_{卤}$为卤水密度，kg/m³；$\rho_{油}$为石油密度，kg/m³；H为内套管下井深度，m；g为重力加速度，9.81m/s²；$p_{中}$为中心管流体的井口压力，MPa；$p_{环}$为中心管与内套管环隙流体的井口压力，MPa。

F 注油量

在油垫建槽过程中，注油量的计算主要根据油垫层的厚度、盐槽直径和技术套管与内套管环隙容积。

$$q_{油} = f \times \left(\frac{\pi D^2 \delta}{4} + n\right) \tag{4-13}$$

式中，$q_{油}$为注入井内的油量，m³；δ为油垫层厚度，一般取0.02~0.03m；D为盐槽直径，m；n为技术套管与内套管环隙的容积，m³；f为油耗系数，矿石品位大于90%时，取值1.05~1.10。

4.5.2.3 开采设备

A 注油泵

用油垫对流法水溶开采，不论建槽，还是上溶开采，水采溶洞顶部的油垫层仅2~3cm，所需注油量不大，常采用间歇性注油方法。根据计算的注油压力，注油泵选择排量较小的DY型、YD型单吸多级节段式离心冷油泵或DJ型单吸多级节段式离心输油泵，配用防爆电机，以节省投资，确保生产安全。

B 储油罐

一般采用圆形卧式储油罐。这种油罐的安全性能较好，且易于安放。储油量多少视矿山规模而定。大型水溶开采矿山集中控制的采卤泵房，其储油量为100~200m³左右即可，然后根据生产需要，定期补充。

C 油气分离池

常用的油水分离方法是平流式重力法。即根据油、卤的密度不同，利用重力分离原理，用降低含油卤水在平流式油水分离池内的平流速度，并使含油卤水的平流速度小于油珠的上浮速度，再经过短暂停留，可以达到较好的分离效果。

平流式浮升分离池如图4-9所示，由“进水区”“浮升区”“出水区”三部分组成，其规格见表4-3。浮升区高度$H=0.4B$，长度$L=4B$（B为宽度值）。用浮升分离池分离的含油卤水，一般需在池中停留0.5~1h，含油卤水的平均流速为0.2~0.3cm/s。

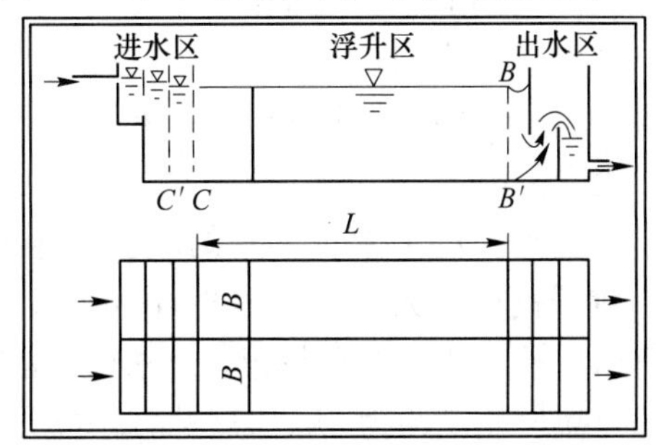

图4-9 平流式浮升分离池示意图

表 4-3 常用平流式浮升分离池规格

浮升区	宽/m	5.5	5.0	4.5	4.0	3.5	3.0	2.5	2.0
	高/m	2.2	2.0	1.8	1.6	1.4	1.2	1.0	0.8
	长/m	22	20	18	16	14	12	10	8.0
	容积/m³	266.2	200	145.8	102.4	68.6	43.2	25	12.8
进水区长/m		5		4.5		4		3.5	
出水区长/m		5		4.5		4		3.5	
分离池总容积/m³		387.2	300	218.7	160	107.8	72	42.5	24

4.5.2.4 油垫对流法的生产阶段

A 建槽期

在进行厚至巨厚和巨厚层盐类矿床开采时，选用的管柱组合不同，建槽作业有所不同，建槽直径亦不相同。

a 厚至巨厚层油垫建槽

开采矿石品位大于90%，厚度为15~50m的厚至巨厚盐类矿层时，选用的管柱组合为：技术套管ϕ178mm，内套管ϕ127mm，中心管ϕ62mm或技术套管ϕ140mm，内套管ϕ89mm，中心管ϕ60mm，两口距始终为1.5~2.0m。总的来说，建成直径约60~80m，约需有效作业时间为300~360d，平均侧溶速度为0.1~0.11m/d。

b 巨厚层油垫建槽

开采矿石品位一般在70%以上，厚度大于50m的巨厚矿层时，选用的管柱组合为：技术套管ϕ340mm，内套管ϕ245mm，中心管ϕ140mm或技术套管ϕ245mm，内套管ϕ178mm，中心管ϕ89mm，中心管鞋距开采矿层底板10~15m，两口距由初期的2~4m调整至1.5~2.0m。整个建槽有效作业时间约500d，建槽直径约80~100m，平均侧溶速度为0.08~0.1m/d。

B 上溶生产期

提升上溶开采的方法有两种：连续提升井管法和分段提升井管法。上溶生产期的长短视矿层厚度而定，短者数年，长者数十年。前者在上溶生产时，每天提升井管一次，每次提升高度为15~20cm，需时5~10min。此法建成的溶洞形状近似圆柱状（见图4-10），矿石采收率高；溶洞顶板呈穹隆状；耗油量较小，每吨盐约为1.5kg。但这种方法操作繁杂，劳动强度大，较少采用。

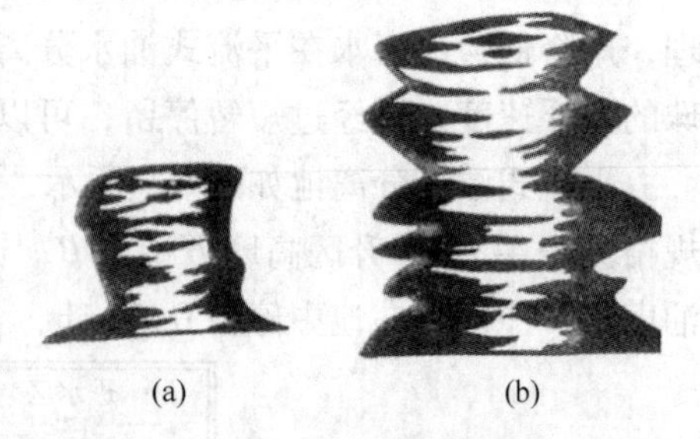

图4-10 上溶开采法溶洞形状示意图
（a）连续提升法；（b）分梯段提升法

梯段高度与开采矿层厚度有关。对于15~50m的厚至巨厚矿层，梯段高度为4~6m；厚度大于50m的巨厚矿层，梯段高度较大，一般为8~10m，大者为30~40m。

后者是按一定的时间间隔和梯段高度提升井管。此法建成的溶洞洞壁呈锯齿形，但溶洞总的形状近似圆柱状。每吨盐耗油量约为3kg。这种方法操作简单，劳动强度小，应用广泛。

C 衰老期

生产能力下降后油垫对流井仍能维持生产所持续的时间，称为衰老期。衰老期在盐井服务年限中所占比例主要决定于开采矿层厚度，矿层厚度愈大，衰老期所占比例愈小。

还有一些油垫对流井，采矿不是主要目的，其终极目的是在巨厚石盐层中建造稳定的溶洞，用于储存石油、天然气等。

4.5.2.5 优缺点及适用条件

油垫对流法具有许多优点，卤水产量大、浓度高，盐井的生产能力比简易对流法高；防止矿层顶板过早地暴露和垮塌，可延长盐井的服务年限；矿石采收率较高，一般可达25%~35%；能在溶洞顶部留一定厚度的“护顶盐”，增加溶洞的稳固性，可永久性地储存化学工业的有害有毒物质、放射性废料以及石油、天然气等。

其主要缺点是建槽时间长，建成直径60~100m的盐槽需300~500d；耗油量一般为1~3kg/t盐，矿石品位越低，油耗越大；常发生井下管柱弯曲、变形和断落等事故。

可见，油垫对流法适用于矿石品位较高（大于70%）、矿层较厚（厚度大于15m）的易溶性盐类矿床。

4.6 井组连通水溶开采法

4.6.1 对流井溶蚀连通法

对流井溶蚀连通法是以两井或多井为一个开采单元，在单井对流法水溶开采过程中，随着水采溶洞直径的扩大，当两井（或邻井）的溶洞相互溶蚀连通后，改从其中一口井注入淡水，溶解矿层，生成卤水后，再利用注水余压使卤水从另一口井返出地面的开采方法[8]。

对流井溶蚀连通法根据单井对流水溶开采时是否控制上溶和控制上溶方法的不同，可细分为三种方法：自然溶蚀连通法、油垫建槽连通法和气垫建槽连通法。

4.6.1.1 自然溶蚀连通法

自然溶蚀连通法是以两井或多井为一个开采单元，各井早期用简易对流法开采，对井下矿层的溶解作用不加控制，随着水溶开采溶洞直径的扩大，当两井（或多井）的溶洞相互溶蚀连通后，改从其中一口井（或分井）注入淡水，溶解矿层，生成卤水，再利用注水余压使卤水从另一口井（或其他井）返出地面的开采方法，如图4-11所示。

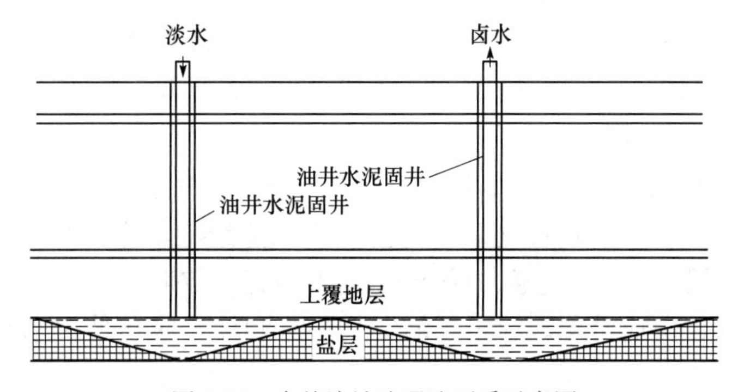

图4-11 自然溶蚀连通法开采示意图

自然溶蚀连通法开采以我国自贡大坟堡盐矿发源井与天全井最早（1895 年）。只是限于当时的钻井技术水平，盐井不密封，注水和采卤由两个系统构成：只能从一口井注入淡水，溶解盐层，生成卤水，由另一口井进行提捞采卤。

随着钻井技术水平的提高，盐井质量变好。现在用简易对流法开采的矿山，当邻井之间在矿层中相互溶蚀连通后，均改用自然溶蚀连通法开采。由于盐井密封，注水和采卤为同一系统，从其中一口井注水溶矿制卤，可利用注水余压使卤水由另一口井返出地面。

自然溶蚀连通法的优点主要有：可以起出中心管，简化井身结构，减少了井下事故；卤水浓度提高、产量增大，开采薄矿层时尤为显著；有助于提高矿石采收率。因此，这种方法已成为用简易对流法开采的矿山进行后期开采的重要方法。

自然溶蚀连通法的主要缺点有：简易对流法开采井，到生产后期才能在水采溶洞的上部进行连通，如图 4-11 所示；水溶开采溶洞侧溶底角以下的矿层难以继续溶解，影响矿石采收率。

自然溶蚀连通法的适用条件：此法用于开采矿石品位较高的盐类矿床。当矿石品位较低时，简易对流法开采井有一定间距，因水溶开采溶洞的侧溶底角较大，难以实现溶蚀连通。

4.6.1.2 油垫建槽连通法

油垫建槽连通法是以 2~3 口井为一组（即开采单元），各井先在矿层下部用油垫对流法建槽（即溶解硐室），控制上溶，拓展侧溶，促使邻井在矿层下部溶蚀连通，再自下而上地进行水溶开采，从其中一口注入淡水，溶解矿层，生产卤水，利用注水余压使水从另一口井返出地面的开采方法。

1978 年 12 月至 1980 年 4 月，自贡长山盐矿在 128-129 井组（井底距 75m）首次进行油垫建槽连通法水溶采盐试验获得成功。嗣后，自贡盐业地质钻井大队在长山盐矿同一井场分别用涡轮钻具和利用自然井斜规律钻成两口定向斜井（213-214 井组），其井底距离为 68.5m，油垫建槽连通法水溶采盐试验亦获得成功。

生产实践证明，油垫建槽连通法虽然存在连通时间较长、耗油等缺点，但是具有连通部位可控，在开采矿层下部溶蚀连通后，自下而上地溶采，卤水产量大（$40\sim50m^3/h$），浓度高（NaCl 浓度大于 300g/L），矿石采收率较高（20%~30%），盐井服务年限较长等突出优点。因此，这项水溶开采技术虽然已长期、广泛应用，但至今仍不失其先进性。

油垫建槽连通法适用于开采矿层厚度较大、矿石品位较高的盐类矿床。目前四川、广东、云南等省一些品位较高、厚度较大的盐类矿床用此法开采。

4.6.1.3 气垫建槽连通法

气垫建槽连通法是以两井（或多井）为一组（即开采单元），各井先在开采矿层下部用气垫对流法建槽和生产。通过间歇性上溶生产和连续上溶生产扩大溶采直径，使两井（或多井）在矿层下部溶蚀连通，再分梯段连续进行上溶生产；从一口井注入压缩空气和淡水，溶解矿层，生成卤水，利用压缩空气膨胀和注水余压使卤水从另一口井返出地面。

气垫建槽连通法的优点与油垫建槽连通法相同，即连通部位可控制在开采矿层下部；

分梯段自下而上地溶采，卤水产量大，浓度高；矿石采收率较高；盐井服务年限较长等。

其缺点主要有：为使气垫层较稳定，需连续输气，动力消耗多；卤水中溶解的空气多，使井下管柱和采卤设备腐蚀严重，使用寿命缩短；由于空压机的工作压力有限，其开采深度受到制约。

气垫建槽连通法的应用条件：此法适用于开采矿石品位较低（40%~60%）、矿层厚度大（50~100m）的易溶性盐类矿床。

4.6.2 水力压裂连通水溶开采法

4.6.2.1 水力压裂法实质

水力压裂法最初应用于石油开采。在原始状态下，致密的原油从油层向井筒内渗流是比较缓慢的。对油层进行水力压裂后，油层就会形成水平或垂直裂缝；同时，由于压裂液中加入一定直径的石英砂、核桃壳等支撑剂，使之沉淀于裂缝中，保持裂缝张开状态。这就在一定程度上改变了油层的物理结构和性质，增大了排流面积，降低了流动阻力。

该项技术在盐类矿床开采中得到应用。它是在开采同一矿层中，以2口井为一个开采单元，利用水力传压作用，水的体积不可压缩性和水对盐类矿床的溶解性，从其中一口井注入高压淡水，迫使井下矿层形成压裂裂缝与另一口井贯通，并将裂缝迅速溶蚀、冲刷、扩展成压裂通道；然后从其中一口井注入淡水，溶解矿层，生成卤水后，利用注水余压使卤水由另一口井返回地面的开采方法。

水力压裂时，裸眼井段地层在高压水的作用下，形成裂缝。图4-12是油井压裂过程中井底压力随时间变化的典型曲线。压裂时，向井内注入压裂液，当井底压力达到破裂压力 p_F 时，致密地层开始破裂，形成压裂裂缝。然后在较低的延伸压力下，裂缝向远处延伸。如地层渗透率较高，或存在原始裂缝时，地层破裂时的井底压力并不比延伸压力有明显升高。

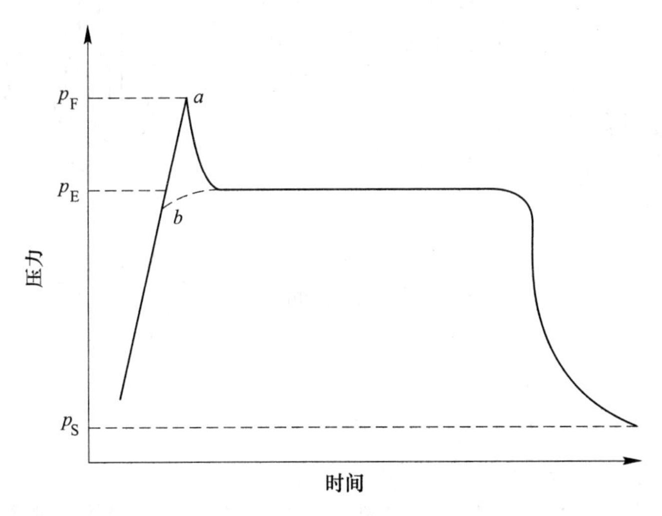

图4-12 井底压力曲线

a—致密岩石；*b*—微缝高渗岩石

4.6.2.2 压裂井井身结构

在压裂井井身结构方面，与压裂工艺有关的两个问题是压裂层段和技术套管下入位置。

A 压裂层段的选择

压裂层段应选择在开采矿层中。选择的先决条件是：矿层的划分和对比准确无误，压裂矿层无分枝复合现象；压裂井间矿层构造简单，无断层通过。在此基础上，再选择易于形成裂缝的薄弱部位。例如，矿层与底板的界面；矿层与非矿夹层层理发育的部位；矿层结构疏松，抗压、抗剪强度较小的部位；矿层微裂隙发育部位等。在均质石盐矿层中较难形成水平裂缝，不宜选作压裂部位。

B 压裂井与目标井的技术套管下入位置

压裂井技术套管和下入位置，由开采矿层中所选定的压裂层段来决定，通常有下列三种情况：

（1）在较均质的单层盐类矿床中，压裂层段选择在开采矿层的底部。压裂井技术套管下至距矿层底板2~3m处；目标井技术套管下入开采矿层上部2~3m处，目标井的矿层裸露。进行水力压裂时，压裂裂缝沿矿层与底板界面延伸，在矿层底部形成压裂通道，自上而下地进行溶解开采，可以提高矿石采收率。

（2）在多层、薄层盐类矿床中，压裂层段选择在开采的工业矿层下部、矿层与非矿夹层之间层理发育的部位。压裂井技术套管下至开采的工业矿层下部，目标井技术套管下入开采矿层顶部。目标井开采矿层全部裸露，利于压裂裂缝贯通。

（3）第三种情况是压裂井和目标井技术套管均下入开采矿层的底板，并用油井水泥封固。然后在选定的最有效的压裂部位切口，将套管和水泥环切开进行压裂连通。切口的方法有：用割管器割开套管与水泥环，如图4-13所示；用水力加砂射孔切割、磨削套管、水泥环和地层；用炮弹射孔穿透套管、水泥环，进入地层；用聚能射孔射穿套管和水泥环。不管用何种方法，均要求切口断面积大于4000mm²。

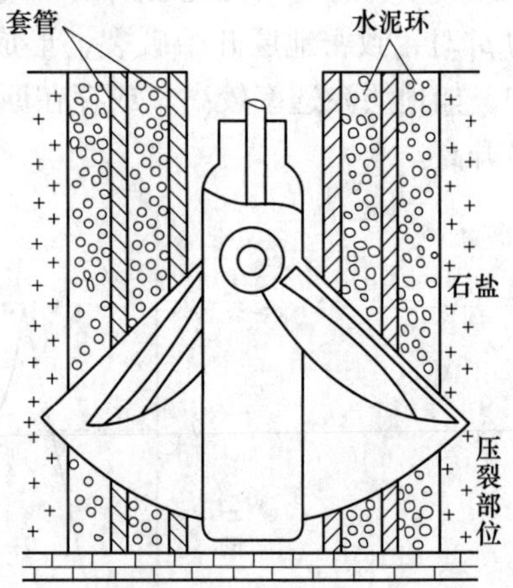

图4-13 割管器割开套管及水泥环进行压裂图

4.6.2.3 压裂井组的布置

压裂井组布置合理与否，直接关系到能否顺利实施压裂连通。这个问题包括压裂井组的布置方向、布置形式、井距和组距等。

A 压裂井组的布置方向

压裂井组的布置方向，是指压裂井（注水井）和目标井（出卤井）连线在地层构造中所处的方位。

压裂裂缝在两井贯通中需具备两个条件：一是形成的主裂缝为水平裂缝；二是压裂井组的布置与压裂裂缝延伸方向基本一致。而压裂裂缝的形态和延伸方向主要受地应力和构造力的控制。当水平应力大于垂直应力时，就会形成水平裂缝；两对水平应力 σ_x、σ_y 的大小有别，当 $\sigma_y>\sigma_x$ 时，水平裂缝沿 σ_y 方向延伸；当 $\sigma_x>\sigma_y$ 时，水平裂缝沿 σ_x 方向延伸。

压裂实践表明，在不同的矿区，压裂裂缝延伸方向是不相同的；在同一矿区的不同矿段，压裂裂缝延伸方向亦有变化。一般说来，压裂裂缝延伸方向主要决定于矿区的褶皱构造、原始裂隙发育方向、矿层层理、矿层倾角等地质构造因素。如沿背斜轴部的张力裂隙方向布井，容易压裂连通；当矿层倾角大于10°时，沿矿层倾向布井较为有利。我国广布的陆相多层、薄层盐类矿床，矿层与非矿层之间的层理面，易于形成水平裂缝。在进行压裂井组布置时，应尽量避开断层、裂隙带等。

对于地应力复杂地区、新采区拟用压裂法开采时，开始最低限度应布置三口井，分别沿矿层走向和倾向呈等边三角形，顶角为压裂井（注水井），另两口井为目标井（出卤井），进行压裂试验，借以探索该区压裂连通方向的规律性。

B 压裂井组的布置形式

国内外现有压裂井组布置形式有多种，在实践生产中，多采用对井布置和三角形布置。各井组间留保安矿柱，以防地面沉陷。

开采多层、薄层盐类矿床，当矿层埋深较浅时（理论值小于652m），易于形成水平裂缝，此时采用对井布置比较合理。其布置方向与裂缝延伸方向相一致；当压裂裂缝沿倾向延伸时，压裂井布置在倾向下方，目标井布置在倾向上方。

当矿层埋藏深度近1000m，压裂不易成功的矿区，可以采用三角形布井，即以三井为一组，要求组距大于井距的两倍，以防止井组之间过早连通。

C 压裂井井距与组距

由于压裂费用比钻井费用低得多，所以井距应尽可能大一些。井距越大，可采矿量越多，其服务年限越长。但是井距又不宜过大，井距过大，一是不容易压裂连通，二是连通初期如果不连续采卤，易造成通道结晶堵塞，导致连通失败。

压裂井组之间的距离较大，一是防止井组之间压裂窜槽，形成不合理通道；二是将未溶矿层留作保安矿柱。一般说来，组距为井组的1.5~2.0倍，表4-4所列为压裂井井距与组距。

表4-4 压裂井井距与组距

项目	矿山					
	湖北云应地区各盐矿	湖南湘澧盐矿一采区	四川长山盐矿	加拿大温索尔卤水田	法国豪特里夫斯盐矿	美国俄亥俄、密执安、安大略等地的盐矿
井距/m	100~160	100~130	100~200	152.40	117、118、250	120~150
组距/m	250	>200	350~500	243.84		250
备注	部分井距大于160m			压裂井成排布置		有的成排布置，有的沿公路布置

4.6.2.4 压裂工艺与主要压裂设备

A 压裂工艺

水力压裂连通工艺流程为：先用压裂车将淡水加压后，经高压管汇输送至压裂井井底，给开采矿层压裂层段持续施压，迫使压裂层段破裂，形成压裂裂缝，并使裂缝向目标井延伸。当压裂裂缝在矿层中与目标井贯通，目标井开始出卤水后，改用固定式高压泵持续注水，溶解、冲刷、扩展压裂裂缝，使其形成一定直径的溶蚀通道。当注水量与出卤量基本平衡，注水压力骤降至正常采卤压力时，该井组可交付生产，改用常规采卤设备注水采卤，如图4-14所示。

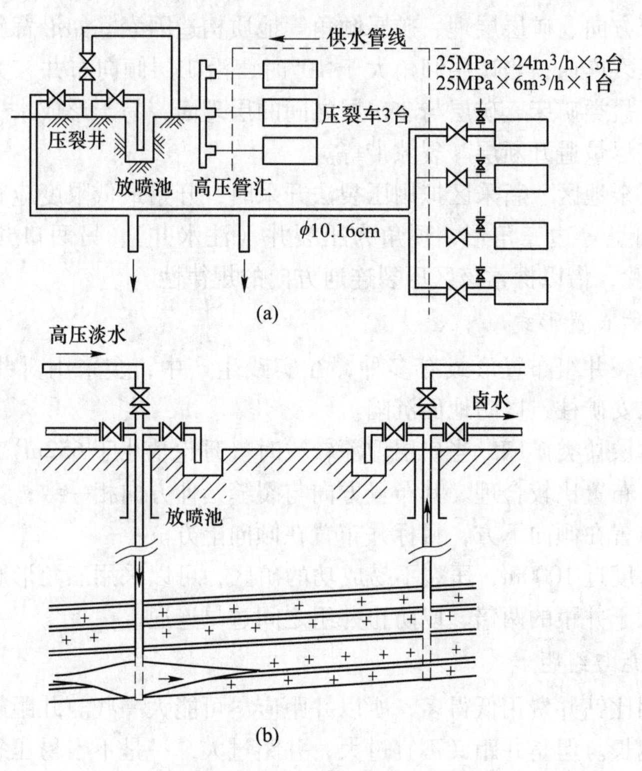

图4-14 压裂工艺流程示意图

（a）压裂井场布置；（b）井下压裂连通剖面

B 主要压裂设备

中国盐类矿床目前使用的压裂设备大致可分为移动式和固定式两类。

移动式压裂设备安装在黄河JN-150、太托拉-138、斯可达-706R和克拉兹-219型汽车上，具有机动性强，可到压裂现场施工，安装简单，操作方便，便于及时观测各井口压力、出卤动态变化等优点。其缺点是露天作业，工作条件和设备维修条件较差，施工费用较高。故一般仅在注水压力高的压裂阶段选用移动式压裂设备，设备选型主要根据压裂作业区的破裂压力值来确定。

目前使用的固定式压裂设备主要为水泥车、压裂车上的柱塞泵和D型、DC型单吸多级节段式离心泵。固定式压裂设备一般安装在总泵房内，其优点是可长时间连续运行，操作与维修方便，设备运行费用低。缺点是需要安装专用的压裂管线，增加了地面管线的摩阻损失。操作人员仍需到各井口观测压力和出卤量等动态变化。固定式设备较适用于注水压力较低的扩展阶段，其设备选型主要根据压裂裂缝扩展时的稳定注水压力来确定。

4.6.2.5 常用压裂作业方法分类

常用压裂作业方法根据井内注液通道不同分为三类：中心管压裂、套管压裂、环隙压裂和环隙与中心管混合压裂。

A 中心管压裂

中心管压裂就是从中心管注入高压水进行压裂。由于中心管管径较小，摩阻损失较大，此法一般在埋深小于1000m的浅井至中深井应用，或井下需要水力喷射切槽和下封隔器时作用。

B 套管压裂

套管压裂就是井内不下中心管，直接从技术套管内注入高压水进行压裂。这种方法的摩阻损失相对较小，能相应提高排量，降低泵压，适用于在套管强度允许范围内的中深井压裂。

C 环隙压裂和环隙与中心管混合压裂

这种方式需要在井内下入中心管，从中心管与技术套管环隙注入高压水进行压裂，或者同时从环隙与中心管注入高压水进行压裂。前者多用于浅井压裂，后者多用于深井压裂。此法与中心管压裂相比，当排量相同时，其摩阻损失相对较小；当压裂后而未实现连通时，可立即用简易对流法生产，一般不需要建槽期，就可生产合格卤水。

4.6.2.6 压裂建井阶段

一个压裂井组用水力压裂法建井，从矿层开始压裂到井间矿层压裂连通、投产，根据压裂裂缝的形成、延伸与扩展状况，可以分为三个阶段：压裂期、扩展期和生产期，如图4-15所示。

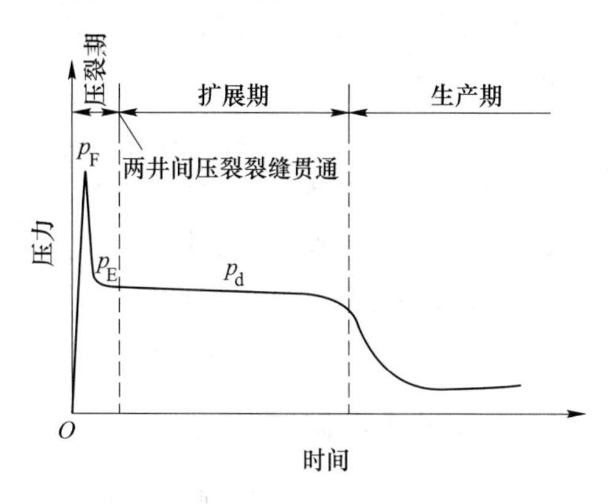

图4-15 压裂建井阶段示意图

A 压裂期

压裂期是指压裂井从注入高压水开始，到压裂裂缝形成、裂缝延伸并与目标井贯通为止。这个阶段根据压裂裂缝形成和延伸状况又细分为两个小阶段：破裂压裂阶段和压裂连通阶段。

破裂压裂阶段实质就是压裂裂缝开始形成的阶段。刚压裂时，井壁应力集中，尚未产生裂缝，井筒处于相对密闭状态。用压裂设备往井内注水后，注水压力迅速上升，经几分钟到几十分钟，注水压力上升到峰值。此时，注水压力超过井壁周向压力，井筒开始破裂，在矿层中形成压裂裂缝，注水压力陡然下降至延伸压力 p_F。

压裂连通阶段实质就是压裂裂缝延伸并与目标井贯通的阶段。这个阶段一般需要几小时到几天的时间。压裂裂缝形成后，继续在压裂井注水压裂，高压水犹如一个可塑的水力楔子，迫使裂缝向远处延伸，最后与目标井贯通，目标井有卤水流出等明显的连通显示。至此，该井组压裂阶段宣告结束，而转入扩展阶段。

B 扩展期

扩展期实质就是将压裂裂缝扩大成一定直径的生产性溶蚀通道所需的时间。同内外压裂资料表明，这个阶段从压裂裂缝在两井间矿层中贯通开始，到扩展成一定直径的生产性溶蚀通道为止，一般需要几天到几周，甚至几个月的时间，是压裂建井的一个重要阶段。

C 生产期

压裂井组进入生产期的主要标志，一是注水压力骤降至正常采卤压力，二是出卤量剧增至与注水量近于相等。

压裂井组投产后的注水压力只需克服地面管线和井管的压力损失、压裂通道的压力损失，以及注入淡水与采出卤水的相对密度差压力损失。

压裂井组连续生产时的卤水量一般为 $30m^3/h$，有的达 $40\sim50m^3/h$，卤水浓度为 23~24°Bé，总含盐量大于 300g/L。

4.6.2.7 压裂法的优缺点及应用条件

A 压裂法的优缺点

与单井对流法相比，水力压裂法优点体现在：钻进井径较小，节省了一套中心管，节约了钻井费用；同等规模的水溶矿山，压裂法所需钻井数量减少一半，节省基建投资；生产的卤水浓度高、产量大、成本低；井下事故较少。

压裂法的主要缺点是：压裂主裂缝的延伸方向和连通部位不能有效控制，而受地质构造条件制约；易造成邻近井组间压裂窜槽和地层充水。

B 压裂法的应用条件

压裂法适用于：(1) 埋深较浅的盐类矿床，目前最大开采深度已达 1500~1700m；(2) 矿石品位较高的易溶性盐类矿床；(3) 产出于碎屑系中的多层、薄层盐类矿床，矿层顶底板泥砂岩抗压、抗剪强度高，隔水性能好。

对于埋藏虽然较浅，但构造裂隙很发育的盐类矿床，断裂带附近的盐类矿床和矿层顶底板有破碎带、含水层的盐类矿床，不适宜用压裂法开采。

4.6.3 定向井连通水溶开采法

定向井连通法有两种类型：定向斜井连通法和定向水平井连通法。随着钻井技术的进步，定向井连通法由最初的定向斜井连通法已发展到中小半径水平井连通法，目前正在向智能化方向发展。同时，径向水平井连通法亦逐步得到应用[9]。

4.6.3.1 定向斜井连通法

定向斜井连通水溶开采法就是以 2 口井为一个开采单元，其中一口井朝目标井（直井）钻一口倾斜水平井，使两井在开采矿层下部连通，形成初始溶解硐室，然后从一口井注入淡水，溶解矿层，生成卤水，再利用注水余压使卤水从另一口井返出地面的开采方法，如图 4-16 所示。

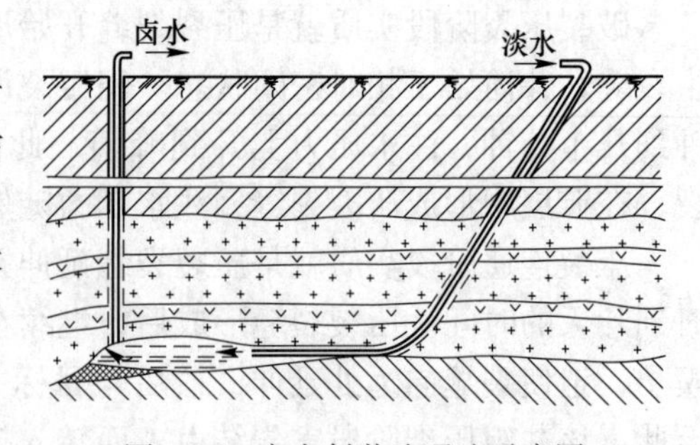

图 4-16 定向斜井连通法示意图

4.6.3.2 中小半径水平井连通法

中小半径水平井连通水溶开采法就是以 2 口井为一开采单元，其中一口中小半径水平井朝目标井（直井）进行定向钻井（见图4-17），或者两口中小半径水平井朝设计的同一“靶点”进行定向钻进（见图 4-18），使两井在开采矿层下部连通，形成初始溶解硐室。然后从其中一口井注入淡水，溶解矿层，生成卤水，再利用注水余压使卤水从另一口井返出地面的开采方法。

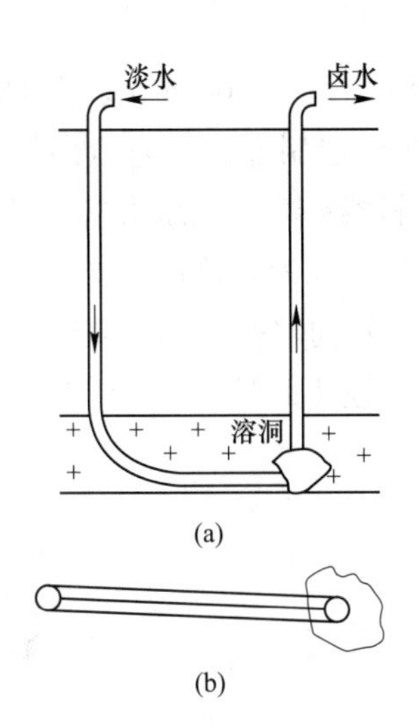

图 4-17 中小半径水平井与直井连通

（a）垂直投影图；（b）水平投影图

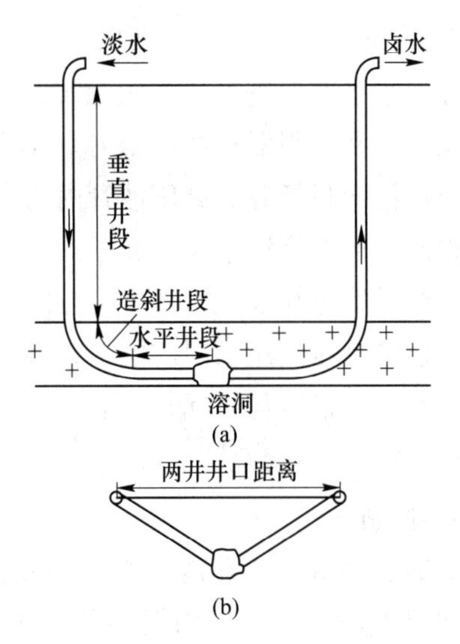

图 4-18 中小半径水平井与井连通

（a）垂直投影图；（b）水平投影图

由于中小半径水平井完全“中靶”的概率很低，往往距设计的“靶点”有一定误差，必须配合其他方法实现连通才有实际生产意义。这些方法包括对流建槽、水力压裂以及定向水力喷射等。

我国原地矿部勘探技术所、湖南地矿局 417 队与湘衡盐矿合作，于 1991 年 11 月至 1992 年 12 月首次在该盐矿茶山坳矿区 2038-2039 井组用定向钻井技术进行开拓，钻成两口中小半径水平井，平均造斜率 $i=$（0.40~0.41）°/m，钻井剖面呈“L”形，水平井段长度为 11.5m，两井连通轨迹呈“U”形。由于中靶误差（即实际与设计靶点的差值）小（仅 0.45m），用简易对流法建槽 27h 后，两井在矿层下部实现了连通。

中小半径水平井连通法的优点有：井组连通方向和连通部位基本上可控制；中靶误差在 2m 以内；连通部位在开采矿层下部，自下而上地溶采，矿石采收率较高，井组矿石采收率可达 40%左右；井组生产能力大，卤水浓度高；井距大，控制的可采矿量多，服务年限较长；同等规模的矿山所需盐井较少，可节约基建投资，减少农田山林占用面积。

中小半径水平井连通法的主要缺点有：中小半径水平井轨迹以下的矿石无法开采，约造成 20%的矿石损失；上溶生产不加控制，易于上溶至矿层顶板，既影响矿石采收率，又难以充分发挥井组的生产潜力。

中小半径水平井连通法的适用条件：中小半径水平井连通法适用于开采矿层有一定厚度的盐类矿床。目前，这项新的水溶开采方法已在湖南、江苏、湖北、江西、云南等省部分盐类矿床开采中应用。

4.6.3.3 径向水平井连通法

径向水平井连通水溶开采法就是以 2 口井为一开采单元，在其中一井（直井）下部矿层中，应用径向水平井钻井系统，以 0.3m 的超短半径由垂直方向转向水平方向，朝目标井（直井）进行定向喷射钻进，使两井在开采矿层下部连通，形成初始溶解硐室，然后从其中一井注入淡水，溶解矿层，生成卤水后，再利用注水余压使卤水从另一井返出地面的开采方法。

A 径向水平井钻井系统概要

径向水平井钻进时，首先在直井下部盐类矿层中建成直径为600mm以上的溶洞。后将径向水平井造斜器连接在高压油管下端，下入溶洞中，造斜器由垂直方向转向水平方向，出口指向目标井。高压油管内的高塑性钢管通过造斜器上部"高压密封"进入造斜器后，地面压裂泵将淡水泵入高压油管，油管中的高塑性钢管在液体静压力作用下，通过造斜器各节的滚轮和滑道，从垂直方向以0.3m的超短半径转向水平方向，高塑性钢管前端喷嘴喷射的高压液流切削矿层，并将盐类矿石碎屑溶解、液化而带出地表，在矿层底部建成水平井段，最后与目标井连通。

B 径向水平井钻进的几项关键技术

a 造斜器

造斜器是由滑道和滑轮组成的双曲线导向机构，如图4-19所示。造斜器各节支架的伸缩靠提拉侧板来完成。造斜器可直立下至井内盐类矿层下部拐90°急弯处，地面压裂泵注水加压后，造斜器呈双曲线弯曲，凸出于直井底部两侧，故需在下造斜器之前，先在盐类矿层下部建槽，建成直径为600mm以上的溶洞。

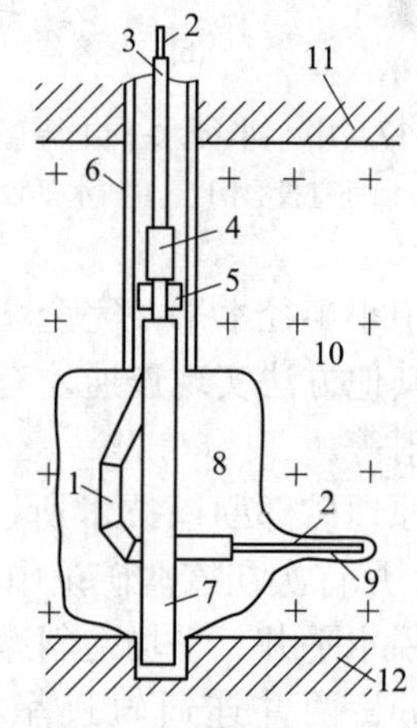

图4-19 造斜器示意图

1—造斜器；2—高塑性钢管；3—高压油管；4—速控器；5—卡爪；6—技术套管；7—造斜器侧板；8—盐层溶洞；9—水平井段；10—盐类矿层；11—盐层顶板；12—盐层底板

造斜器的主要功能有两个：一是定向，使高塑性钢管从垂直方向沿半径为0.3m的90°弯头滑动，再通过校直装置，最后沿设计的水平方向进入盐类矿层；二是高塑性钢管水平进入矿层时，自动抬起来，离开弯曲的滑轮和滑道，从而减少摩擦。

b 喷射钻进

高压油管柱上接地面压裂泵，下接造斜器，构成一个密封系统。高塑性钢管置于高压油管柱构成的密封系统内，其尾端接随钻钻速控制装置，如图4-20所示。这是一个密封活塞，与液体减震器相似，由一个密封装置和不动的旁通装置组成，靠活塞上的小孔来调控钻进速度。高塑性钢管前端接喷射钻头，在钻头内装有电子倾斜仪作实时测量，以便对径向水平井眼的倾角（上/下倾角）进行控制。

径向水平井钻进利用55.16MPa的高压淡水工作，功率为735.5kW，排量为600L/min，钻进力由前拉后推两部分组成：即高压水向前牵引与高塑性钢管连在一起的喷射钻头同时作用于高塑性钢管尾端横截面上形成推力，这两个力减去喷射钻头射流的反作用力、高塑性钢管通过造斜器的摩擦阻力，推拉力的合力为29.4~39.2kN。高塑性钢管在拉力、推力、弯曲力和油管内液压力的联合作用下，处于高应力状态，从而发生塑性变形；在推拉力的合力作用下，高塑性钢管迅即通过造斜器沿水平方向进入盐类矿层。喷嘴喷射的高压液流达244~290m/s，可切削破碎盐类矿石，并将其溶解，形成溶液，返出地面，从而实现钻进。其钻进速度为0.5~2m/min，一般钻出的径向水平井直径为100mm，盐类矿层易被水溶解，其直径大于100mm。

c　定位测量装置——V形曲率半径探测器

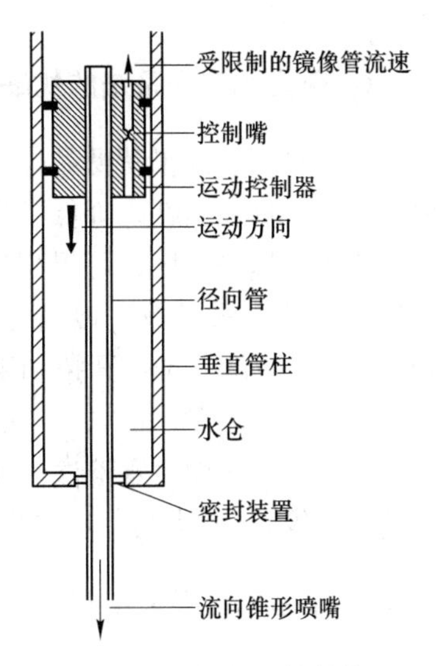

图4-20　随钻钻速控制装置

在钻进过程中，为了同时获得径向水平井眼的水平投影和侧向剖面的数据，美国研制了“V形曲率半径探测器”。这套工具有四根长的滑动导线安装在四个象限内，这些导线连到一根电缆脊椎上，可以做弯曲运动，但不能绕中心电缆柱扭转。滑动导线精确地启动线性电压差动转换器，转换器测量滑动导线的位移，这些位移量直接转换成柔性钢管的曲率。因此，它又叫曲率半径传感器，靠地面的计算机软件把这些曲率转换成常规的方位和倾角，并打印输出。V形曲率半径探测器靠电缆连接，用泵送入井下，沿柔性钢管进入水平井段测量。

C　径向水平井连通工艺

径向水平井连通，就是在两口井完钻后，在其中一口直井（目标井）进行对流建槽。在另一口直井下部盐类矿层中建成直径为600mm以上溶洞后，下入高压油管柱和造斜器（下端）；经定向后，将尾端接有随钻钻速控制装置的高塑性钢管和喷射钻头（下端），下入高压油管下端造斜器内，喷射钻头内装有电子测斜仪；高塑性钢管内泵入定位测量装置——V形曲率半径探测器。地面压裂泵将淡水泵入高压油管柱内，高压油管柱内的高塑性钢管在液体静压力作用下，迅即通过造斜器各节滚轮和滑道，从垂直转向水平，其出口指向目标井。高塑性钢管尾端的钻速控制装置调控钻进速度，高塑性钢管前端喷嘴喷射的高压液流切削矿层，将盐类矿石破碎，并将碎屑溶解带出地表，在矿层底部建成水平井段。定位测量装置可随时测出水平井段的方位角和倾角。喷射钻头中的上/下控制装置对水平井眼轨迹在上、下方向作适当修正。最后实现与目标井连通。

径向水平井连通工艺流程如下：*A*井井底建槽（直径大于600mm）—高压油管柱下接造斜器下入*A*井—钻具定向（造斜器出口端指向*B*井）—高塑性钢管尾端接钻进控制装置，下端接喷射钻头（钻头内装有电子测斜仪），高塑性钢管内下入定位测量装置—地面压裂泵注入淡水朝*B*井进行水平井段喷射钻进，直至*B*井—*B*井对流建槽（或水力压裂、定向水力喷射）—*A*井与*B*井连通。

D　径向水平井连通法的应用前景

径向水平井连通法试验成功后，应用于盐类矿床水溶开采，由于钻进方向和部位基本可控，可在井底借助造斜器拐90°急弯，喷射钻井建造的水平井段（即初始溶解硐室）在开采矿层底部；连通时间短，所需费用较低；生产的卤水浓度高、产量大；自下而上地进行溶解开采，矿石采收率高。可以说，径向水平井连通法兼备现有其他各种井组连通法的优点，是极具发展潜力和发展前景的水溶开采新技术。

4.7 硐室水溶开采法

4.7.1 硐室水溶开采法的优缺点及应用条件

硐室水溶法开采特低品位盐矿获得成功后，随即替代了原来的房柱法开采，相应地减少了人力、物力消耗，降低了生产成本；矿渣大部分留在地下，减轻了地面环境污染；水不溶残渣充填采空区，可提高矿柱的承载能力，有利于防止地面沉陷；溶矿开始后，工作人员不需进入采矿场，改善了生产安全条件；矿石采收率较高，中段矿石采收率可达40%。其主要缺点是：开拓和采准工程量大，所需时间长，增加了生产成本；开采深度仅数百米[10]。

综上所述，硐室水溶法用于开采特低品位盐矿或开采溶解速度较慢的盐类矿床（如钙芒硝矿床等），不失为一项先进而实用的水溶开采方法。

4.7.2 硐室水溶开采主要工艺参数

4.7.2.1 上溶速度

硐室的溶解作用主要是上溶。因此在水溶开采过程中，要始终保持溶液与硐室顶板矿石的接触，这是获得高浓度卤水的关键。矿石含 NaCl 30%左右时，实测的上溶速度为2.9~3.0cm/d，月平均上溶速度为0.8~1.0m/月。矿石 NaCl 品位为50%左右时，月平均上溶速度为1.5m/月。

4.7.2.2 硐室顶溶面积与产卤量

硐室水溶法生产的高浓度卤水，其盐类物质主要来源于硐室顶板矿石的溶解。因此，硐室顶溶面积、矿石品位与卤水产量有着密切的关系。矿石 NaCl 品位为30%左右时，硐室顶溶面积每 $10m^2$ 每天可生产 20°Bé 卤水 1t/d。如矿石 NaCl 品位为50%左右，顶溶面积 $5\sim7m^2$，可日产 20°Bé 卤水 1t/d。

4.7.2.3 侧溶底角与水不溶残渣堆积安息角

矿石侧溶底角大小与矿石品位、水溶状态（动溶或静溶）有关。一平浪盐砂矿石含NaCl 29.44%，根据试验和硐室溶洞实测，其矿石侧溶底角为38°~42°，一般为41°左右。水不溶残渣堆积安息角为25°~35°，一般为28°左右。

根据硐室上溶速度、侧溶底角和硐室长度等参数，可以推算任一阶段的硐室容积和顶溶面积，进而预测硐室的生产能力。

4.7.2.4 水不溶残渣膨胀率

矿石品位较低时，在水溶开采过程中，水不溶残渣经过水浸泡以后，体积膨胀，水不溶残渣体积与原矿体积的比值，即为水不溶残渣膨胀率。水不溶残渣膨胀率是确定初始硐室高度、硐室溶采高度和中段高度等参数的主要依据。

4.7.2.5 水、旱采比例与卤水成本

硐室水溶法开采的开拓和采准工程均属“旱采”，采出的矿石要运至地面进行溶盐制卤，其卤水成本较水溶开采卤水为高。为了保持硐室水溶均衡生产，开拓和采准工程又是

必不可少的。生产实践证明，水溶开采卤水量与旱采矿石制卤量之比，以4∶1较为适宜，其混合卤水成本较低。例如，一平浪盐矿1990~1993年卤水成本为2.83~3.01元/m³。

4.7.3 硐室水溶开采工艺过程

4.7.3.1 矿床开拓

采用硐室水溶法开采的新建矿山，首先根据矿床开采技术条件，进行矿床开拓工程建设，包括开凿竖井（或平硐、斜井）通达矿床，划分井下采区，开掘运输、通风巷道，建立和设置井下运输、通风、排水、采卤、输卤、动力和照明系统等。对于原采用房柱法开采，后期改用硐室水溶法开采的老矿山，除开拓新区外，充分利用原有的井巷、设施。

4.7.3.2 采矿准备

在井下采区内，根据矿层垂向厚度，划分若干中段，中段高度一般为25~30m。在中段内，沿矿体走向布置一对盲斜井，其间距为300~500m。盲斜井作运输、通风和敷设管道用。垂直矿体走向布置4~5个溶区（即溶解硐室组）和相应的保安矿柱。溶区宽30~38m，保安矿柱宽40~52m，长数十至100余米（或矿层水平厚度）。溶区内开掘2~3个初始硐室，硐室高2.5~3m。硐室间留1~2个宽5~9m的临时性小矿柱，借以防止初始硐室建造期间顶板下沉；初始硐室上溶回采时，小矿柱被逐渐溶采完，如图4-21所示。

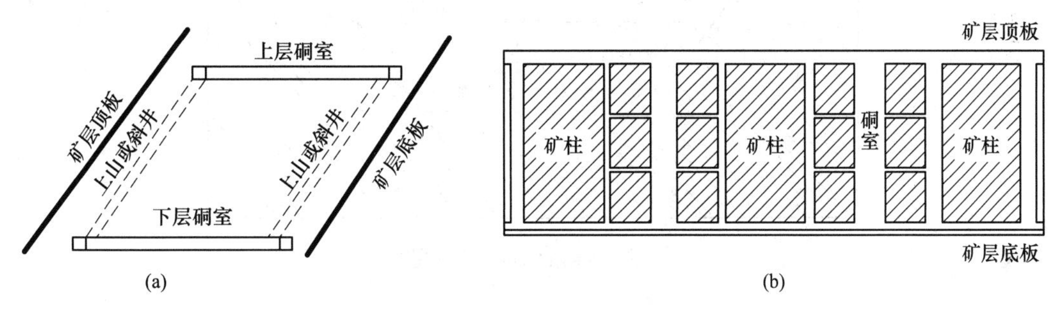

图4-21 水溶硐室布置示意图

（a）水溶硐室平面图；（b）水溶硐室剖面图

开掘初始硐室的目的是为矿体开拓初始溶解面，并为矿石溶解后的水不溶残渣提供堆积的场所。初始硐室完工后，撤出掘进设备，安装好注水、抽卤、输卤管道和配套设备，采矿准备工作即告完成。

4.7.3.3 水溶回采

用硐室水溶法回采，其开采顺序是：由远及近（后退式），由深而浅（上行式）。

水溶回采时，将地面淡水用管道输入初始硐室，并充满整个硐室，不留空隙，使硐内溶液始终与顶板矿石接触，以溶解硐室顶部和侧壁矿石。硐室的溶解作用以上溶为主，侧溶次之。

硐室第一次注水溶解，到卤水接近饱和时所需时间决定于矿石品位高低；含NaCl 30%的矿石溶解，溶液饱和约需15d时间；矿石品位高时，需时较短。在溶解过程中，随着硐室顶板暴露面积不断增大，从注入淡水到生成近于饱和卤水所需时间逐渐减少。

当硐室内卤水近于饱和时，用水泵抽汲卤水，经管道输送到地面卤水池。根据生产需要，硐室抽卤作业要连续进行。即在硐内连续抽汲合格卤水的同时，连续向硐室内注入淡水，使硐室水位保持动态平衡；并使水位随着硐室升高，使硐室顶板矿石始终与溶液保持接触，以保持溶解作用持续进行，保证卤水生产持续进行。

一组硐室的抽卤点和注水点，通常设置在硐室两端，相隔较大的距离。当连续抽卤和连续注水时，整个硐室的水体处于缓慢的流动状态，有一定的动溶作用。为了提高矿石的溶解速度，一般将注水管口置于硐室顶部，使淡水直接与硐室顶板矿石接触，有利于加速上溶。同时，根据硐室内卤水的重力分异作用，采用浮筒将抽卤管口悬浮于硐室下部，与底部水不溶残渣堆积物保持一定距离（0.5~1m），进行“深部汲卤”，以抽汲高浓度卤水。

由于硐室内卤水存在上淡下浓的密度差异，导致硐室侧壁矿石的溶解速度出现上快下慢，进而形成平整的侧溶面和侧溶底角。侧溶底角的大小，与矿石品位有关：矿石品位高时，侧溶底角小；反之亦然。一平浪盐矿侧溶底角为38°~42°，一般为41°，如图4-22所示。

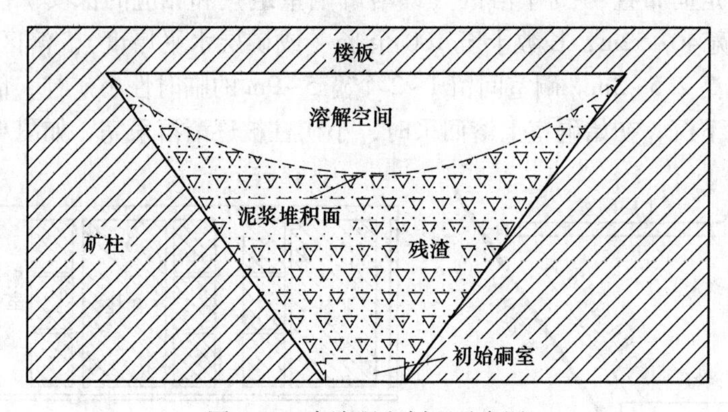

图4-22　水溶硐室剖面示意图

在硐室水溶开采过程中，泥沙、砾石等残渣堆积于硐室底部，整个硐室呈倒锥体状向上扩展，直到溶采高度达到设计要求，即上中段的“楼板”厚度仅留下5~6m时为止，本中段的上溶回采宣告结束，中段矿石采收率可达40%。此时，转入对上一中段的初始硐室进行回采。

4.8　钻孔水溶采矿法实例

4.8.1　自贡大山铺盐矿简易对流法

自贡大山铺盐矿是我国最早应用简易对流法开采的盐矿。该石盐矿体呈薄层状产出于下三叠系嘉陵江组四段四层。该石盐矿共有两层，A1为主矿层，厚度为1.38~8.0m，A2为次矿层，厚度为1~5m，两层盐间距为25~39.2m。A1埋深为1289.55~1427.77m，A2层埋深为1285.5~1381.16m。A1矿层分布面积为0.86km^2，A2层为0.48km^2。石盐矿石NaCl储量约为4.4Mt。

盐井井身结构以早期投产的流25井、流33井为例，见表4-5。

表 4-5 流 25 井、流 33 井井身结构简表

<table>
<tr><th colspan="2">项　目</th><th>流 25 井</th><th colspan="2">流 33 井</th></tr>
<tr><td colspan="2">终井深度/m</td><td>1435</td><td colspan="2">1444</td></tr>
<tr><td colspan="2">A1 层石盐厚度/m</td><td>1327.69～1330.69</td><td colspan="2">1408.68～1411.77</td></tr>
<tr><td rowspan="2">表层套管</td><td>规格/m</td><td>8</td><td>12.75</td><td>8</td></tr>
<tr><td>下入深度/m</td><td>313.08</td><td>27.63</td><td>454.39</td></tr>
<tr><td rowspan="3">技术套管</td><td>规格/m</td><td>5</td><td colspan="2">4.625</td></tr>
<tr><td>下入深度/m</td><td>1299.94</td><td colspan="2">1401.38</td></tr>
<tr><td>固井情况</td><td>水泥浆未返回地表。固井后，管内试压为 8MPa，30min 下降 0.6MPa</td><td colspan="2">水泥浆未返回地表。固井后，管内试压为 15MPa，30min 下降 1.5MPa</td></tr>
<tr><td rowspan="2">中心管</td><td>规格/m</td><td>2.5</td><td colspan="2">3（上部）+2.5（下部）</td></tr>
<tr><td>下入深度/m</td><td colspan="3">修井后，中心管下入深度不同。中心管距石盐矿层底板 0.2～0.4m 时，生产最佳</td></tr>
</table>

该矿曾采用过多种采卤设备。1967 年使用 SSM-100-10 型离心泵，注水压力为 2.4MPa；1972 年改用 ПМ$_3$ 100 10 型离心泵采卤，注水压力为 6.0MPa；随后改为 ПМ$_3$-100-13 型离心泵，注水压力为 7.2～7.8MPa；1981 年增置 Dg180-59 型离心泵，与 ПМ$_3$-100-13 型离心泵并联使用，注水量增大，注水压力为 6.2～6.8MPa；1987 年增置 D280-100×6 型离心泵，与 Dg180-59 型离心泵并联使用，注水压力下降为 5～6MPa。

建槽期约为 4～6 个月，主要用正循环作业，建槽期最大卤水产量为 460m^3/d，最高卤水浓度达 23.5°Bé。生产期主要采用反循环作业，随着溶洞直径的扩大，单井卤水产量和浓度显著提高，相应的最大卤水产量达 700m^3/d，最高卤水浓度达 20.3°Bé。

经过长期开采，1978 年 5 月开始发现邻井盐层逐步溶蚀连通。至 1989 年初，在 11 口盐井中，除大 20 井仍用简易对流法开采外，其他各井盐层均先后溶蚀连通，改用井组连通法生产，如图 4-23 所示。用井组连通法生产的卤水浓度高、产量大，可提高矿石采收率。井组连通法最高日产量达 11000/m^3，卤水成本为 1.791 元/m^3，比外购卤水价降低了 33%。

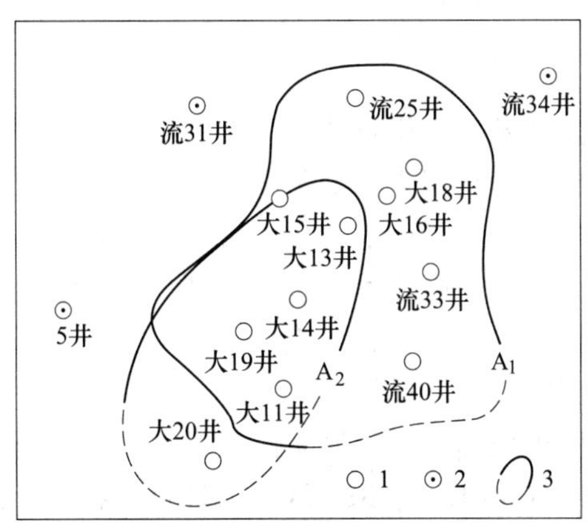

图 4-23 大山铺盐砂钻井开采工程布置示意图

1—开采井；2—未见盐钻井；3—矿体分布范围

4.8.2　云南磨黑盐矿气垫对流法

磨黑盐矿是一个有270年开采历史的老矿山，石盐矿体呈似层状，透镜矿产于白垩系勐野井组上段（k_{me}^3），矿体长2011m，宽680m，厚度平均为55.12m，埋深一般为70~110m。矿石类型为含泥砾石盐与粉沙石盐，矿石NaCl平均品位为42.92%，属小型石盐矿床。

4.8.2.1　盐井井身结构

0~1.5m为ϕ0.5~1.5m的井口圆台，上部1.5~4.5m井径扩孔至ϕ400mm，下ϕ219mm×9mm技术套管，其中井口圆台与技术套管固井用水泥砂浆。下部井径扩孔至ϕ170mm，经洗井后，下入内套管（ϕ159mm×4.5mm）和中心管（ϕ108mm×4.5mm），中心管鞋距井底0.5~1m。

4.8.2.2　采卤设备

注水泵选用75TSW-9型多级离心泵（$H=101m$，$Q=36m^3/h$），空压机选用w6/7型（$p=0.7MPa$，$Q=6m^3/min$）和w3/7型各一台（$p=0.7MPa$，$Q=3m^3/min$）。

4.8.2.3　建槽期

首先将两口距调整到2m左右，开始不加气垫，采用反循环与正循环交替作业5~6d。然后从技术套管与内套管输入压缩空气，建立气垫层。气垫建槽时，一般用反循环作业，注水量约为30m³/h。建成直径为20m、高约2m的盐槽，作业时间约2个月。

4.8.2.4　上溶生产期

上溶生产期包括间歇性上溶生产和分梯段连续上溶生产两个阶段。前期是在完成建槽后注水静溶，当卤水浓度达到18~24°Bé时，输入压缩空气替换全部卤水；如此循环间歇性地进行上溶生产。当盐槽直径达35m，溶采高度为6m，侧溶底角约40°时，可转入分梯段连续上溶阶段。此时用气垫层控制上溶，用气垫喷射法进行反循环作业。日产24°Bé卤水500m³/d左右，卤水成本为0.50元/m³。

4.8.3　河南吴城天然碱水力压裂法

4.8.3.1　矿床地质

吴城盐碱矿属于古代内陆湖相沉积石盐—天然碱矿床，分布于吴城盆地中心偏北的缓坡上，形似不规则的椭圆，分布面积为4.66km²，矿层倾向南东，倾角为8°~10°，区内无断层存在。矿层埋藏为42.76~973.78m，一般为650~850m[11]。

矿层呈层状、似层状，产出于第三系统新五里堆级下段。下部含矿段为天然碱矿段，有15层天然碱矿，单层厚0.5~1.5m，组合为Ⅰ、Ⅱ、Ⅲ三个矿组。上部含矿段为盐碱矿段，共由21层石盐和天然碱矿层，单层厚1~3m，组合为Ⅳ、Ⅴ、Ⅵ、Ⅶ四个矿组，为中型天然碱矿床。矿层顶、底板为油页岩、泥质白云岩，矿层与顶、底板界面清晰。

主要盐类矿物为天然碱（$Na_2CO_3 \cdot NaHCO_3 \cdot 2H_2O$）和石盐，两者在上部含矿段密切共生。次为重碳酸盐（$NaHCO_3$）。

矿石品位：Na_2CO_3平均为41.68%，其中上矿段平均为33.96%，下矿段平均为54.9%。上矿段NaCl平均品位为45.55%，水不溶物含量较低，一般小于10%；下矿段水不溶物含量较高，一般在 20%以内。

4.8.3.2 压裂井组布置

为了解该矿区压裂连通方向，以 3 口井为一井组，共布置 2 个井组，如图 4-24 所示。以 101、102 和采 3 井为例，3 口井略成直角三角形布置，101 和 102 井沿走向分布，井底距离为 133m；采 3 井位于 101 井倾斜下方，井距 106m。

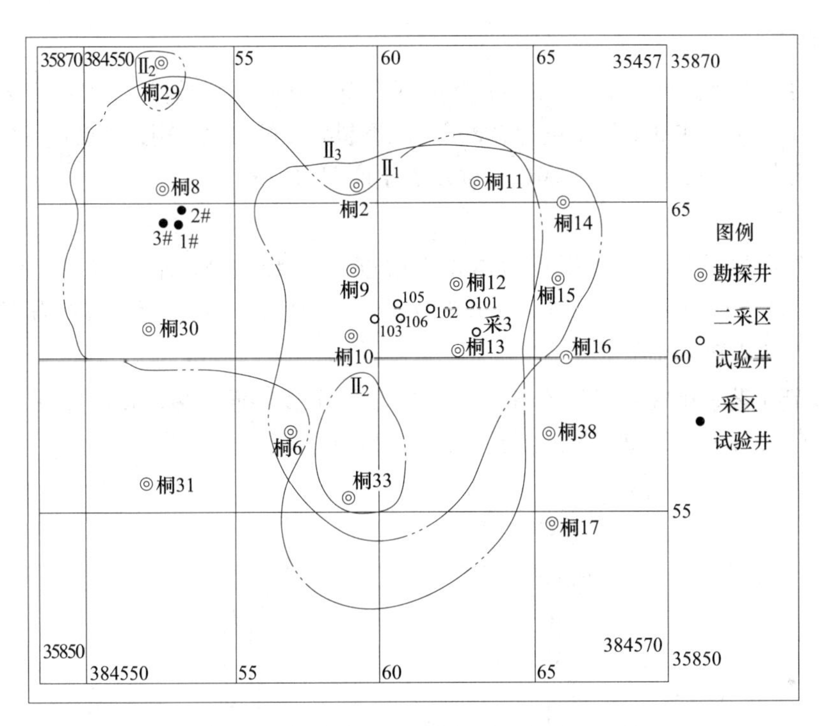

图 4-24 吴城盐碱矿试验井平面位置示意图

4.8.3.3 井身结构

为适应多层矿开采工艺，需电测井、射孔和下水力封隔器，其井身结构为：开孔井径为 ϕ311mm，ϕ245mm×10mm 表层套管下入深度为 17～18.81m，封隔第四系含水层。第二次钻进井径为 ϕ216mm，ϕ140mm×8mm 技术套管下入深度为 794.8～819.6m，均下至采矿层顶板，采用后期完井方式。

4.8.3.4 压裂作业简况

主要压裂设备选用 ACF-700 型压裂车。压裂液为含 NaOH 浓度为 5.84%的杂水（即碱厂排放的工业废液）。

压裂井（101 井）在压裂作业之前用简易对流法进行了建槽，有助于降低破裂压力。101 井破裂压力为 11.5MPa，破裂压力梯度为 0.024MPa/m；采 3 井未进行简易对流建槽，其破裂压力为 13.5MPa，破裂压力梯度为 0.027MPa/m。

为了解最佳压裂连通方向，在走向和倾向均进行压裂试验。布置在倾向下方的采 3 井与 101 井的井距为 106m，小于 101 井～102 井井距，虽然也实现裂缝贯通，但压裂时间较长，注水总量较多，说明压裂井组沿矿层走向布置较易于压裂连通。

4.8.3.5 101-102 井组压裂建井阶段

A 压裂期

101 井压裂作业开始后，注水压力迅速上升至 11.5MPa，当矿层开始形成压裂裂缝后，注水压力降至 8MPa。为加速压裂裂缝延伸，单位注水量较大，平均为 $34.06m^3/h$。经过 4h33min 压裂作业，压裂期注水量为 $155m^3$，压裂裂缝与 102 井贯通，102 井开始出卤，该井进入扩展期。

B 扩展期

扩展期注水压力有所下降，由 8MPa 逐渐下降至 6MPa，单位时间注水量为 $22.46m^3/h$，经过 17h27min 压裂，扩展期注水量为 $392m^3$，压裂裂缝经过溶蚀冲刷，扩展成一定直径的压裂通道后，注水压力骤降至 2.3~2MPa，显示着生产期的到来。

C 生产期

经过 6 个月的试生产，以平均含 NaOH 浓度为 5.40%的杂水为溶剂，平均日采卤 18h26min，平均采卤量为 $300m^3/d$，卤水总碱度为 9.61%，日采卤折纯碱量为 31.11t/d。

4.8.3.6 TSBMC 新工艺

TSBMC 新工艺，即在同一压裂井组，采用分层压裂连通，多层同时溶采工艺。这项新工艺试验在二采区 103-106 井组进行，井距为 96m，如图 4-25 所示。

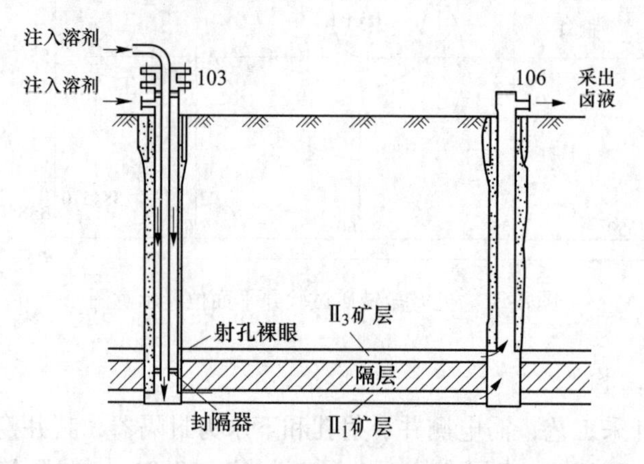

图 4-25 分层压裂连通多层同时溶采工艺示意图

分层压裂同时开采层数定为 2 层，即在下部天然碱矿段Ⅱ矿组的 8 层矿中，选择$Ⅱ_1$和$Ⅱ_3$矿层。$Ⅱ_1$矿层平均厚度为 1.3m，$Ⅱ_3$矿层平均厚度为 1.5m，两矿层间距为 7.9m。

压裂作业开始时，从 103 井注水，先对$Ⅱ_1$矿层进行压裂，破裂压力为 10MPa。压裂裂缝形成后，注水压力下降至 5MPa。实际压裂 2h53min，103-106 井组在$Ⅱ_1$矿层中实现了压裂连通。扩展期实际压裂 3h48min，注水压力下降，采出卤水总碱度为 14.5%，进入生产期。

$Ⅱ_1$矿层压通后，在 103 井用聚能射孔射穿技术套管和水泥环，使$Ⅱ_3$矿层裸露，然后在 ϕ62mm 中心管下端接水力封隔器下入技术套管，并从中心管注水，使$Ⅱ_1$与$Ⅱ_3$矿层分隔。然后从 103 井技术套管注水，对$Ⅱ_3$矿层进行压裂，破裂压力为 9.5MPa。压裂裂缝形成后，注水压力下降至 6MPa。经过 3h53min 压裂，103-106 井组在$Ⅱ_3$矿层亦实现了压裂连通。扩展期实际压裂 32h30min，注水压力下降，采出卤水碱度为 19.2%。

思 考 题

4-1 水溶开采过程中，盐类矿物溶解是一个受到多因素共同作用的物理-化学反应过程，试述各因素之间的作用过程及影响机理。

习 题

4-1 钻井是连接地面与地下可溶性盐类矿床的主要通道，针对盐井盐系地层中的复杂情况，除了油、气钻井技术外，还有什么可以借鉴的?

4-2 盐类矿产资源的水溶开采工艺相对简单、劳动强度低，但是开采过程仍然存在生卤水泄漏污染地下水、引发地表涌（突）水、沉降等环境问题，如何在生产中进行调控和优化?

参 考 文 献

[1] 王清明．盐类矿床水溶开采［M］．北京：化学工业出版社，2003.
[2] 王清明．我国盐类矿床水溶采矿简史［J］．盐业史研究，1997（2）：30~36.
[3] 王清明．欧美国家水溶采矿发展的历史概况［J］．盐业史研究，2001（4）：45~47.
[4] 梁卫国．盐类矿床水压致裂水溶开采的多场耦合理论及应用研究［D］．太原：太原理工大学，2004.
[5] 程国政．建筑工程招投标与合同管理［M］．武汉：武汉理工大学出版社，2005.
[6] 宋亮．芒硝力学性质及其水溶开采溶腔稳定性研究［D］．重庆：重庆大学，2010.
[7] 卢立国．油垫法开采在芒硝矿中的应用及效果分析［J］．中国井矿盐，2011，42（3）：16~17，23.
[8] 刘又涛．浅谈对井连通开采中盐结晶堵管和砂堵成因及预防［J］．中国井矿盐，2011，42（6）：19~21.
[9] 徐素国．岩盐矿床油气储库建造的基础研究［D］．太原：太原理工大学，2004.
[10] 王清明．我国水溶采矿技术的发展［J］．中国井矿盐，1999（5）：3~5.
[11] 冯金亭，赵吉来．吴城天然碱矿水采试验简介［J］．河南化工，1982（4）：23~29.

5 盐湖矿床开采

5.1 盐湖矿床特点及其开采方法

5.1.1 盐湖矿床特点

我国是一个盐湖资源大国，盐类资源种类全，数量多，主要分布在青、新、藏、蒙等地，主要盐类资源有石盐、芒硝、石膏、天然碱、光卤石、钾石盐等[1]。液体矿床中含有钾、钠、钙、镁、硼、锂、溴等元素。盐湖矿产资源的开发利用在国民经济中占有重要地位。

5.1.2 盐湖矿床开采方法

盐湖矿床，是第四纪以来可溶盐分聚集于成盐盆地，矿化水经过浓缩，盐类矿物逐渐沉积而形成的现代矿床。依矿体的产出状态，可将其分为固体矿床和液体（卤水）矿床两类[2]。

固体矿床，根据矿石的采出方式和作用原理，开采方法分为直接采出固体矿石的露天法和矿石经固—液转化以液体形态采出的溶解法两类。赋存条件简单，矿石品位高的矿床，用露天法开采；赋存条件复杂，矿石品位低的矿床，利用盐类矿物的易溶性，用溶解法开采。

液体矿床开采方法分管井式、渠道式和井渠结合式三种。渠道式开采法只适用于开采水位埋深接近地表、含水层厚度小于10m的潜水型含水层；水位埋深大和含水层厚度大的液体矿采用管井或井渠结合式开采法。液体矿床水质的水平分带和垂直分异现象，在开拓系统、采区布置、开采顺序确定时，必须予以考虑。大规模开采条件下，必须打破原始状态下卤水的动态平衡和水化学平衡，由于卤水具有流动性和补偿性，加剧了不同性卤水的兑卤析盐，造成地层、采卤构筑物和设备结盐，给卤水的采、输带来困难。因此，水质、水量必须随时监测和预报。

5.2 盐湖固体矿床开采

5.2.1 轨道式联合采盐机开采

轨道式联合采盐机采掘盐矿层时，往返行驶在平行于台阶坡面铺设的轨道上，能顺序完成盐盖剥离、盐层松碎、盐卤混合、汲取和运输、固液分离、固盐洗涤和装车等一套完整的采装工序，在我国的盐湖固相矿床开采中主要用来开采石盐[3]。

5.2.1.1 设备类型及其选择

联合采盐机的结构类型是多种多样的，根据轨距不同，分准轨式和窄轨式两种；根据动力来源，分内燃机式和电动式两类。根据供电方式，电动式又分为内部供电式和外部供电式两种；根据是否完成洗选作业，分为带洗选装置和不带洗选装置两种。

开采工艺流程如图 5-1 所示，包括轨道铺设和移置，盐盖的剥离、装车和排弃，开掘回转坑，采掘盐层，矿石装运等工序。

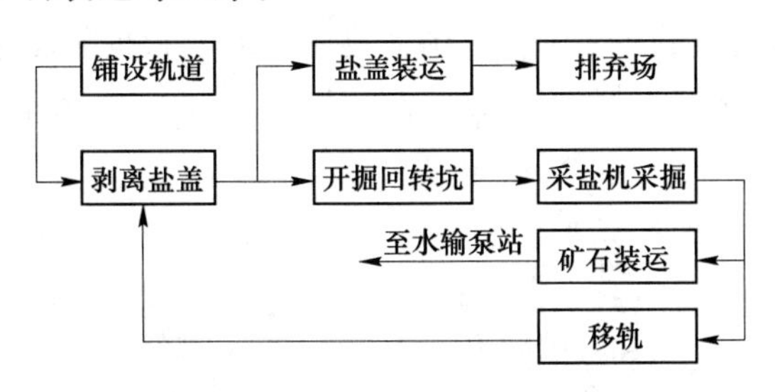

图 5-1 开采工艺流程

A 铺设铁道线路

采区或开采单元采掘盐层前，先沿其边缘铺设供采盐机行驶的铁路线路。若与采盐机配合的运输车辆是汽车，只铺一条线路；若是各种轨道式车辆，则必须平行铺设两条以上的线路，一条作采盐机的作业线，其他作车辆装载运输线。采盐机每采完一个条带（或堑沟），作业线路要相应平移。移轨采用移轨机或拖拉机整体牵引，辅以人工拨直。

B 剥离盐盖

剥离盐盖的方法有两种：一是推土机聚堆，前端式装载机装车外运；二是直接采用采盐机的剥离盐盖装置（见图 5-2）剥离。

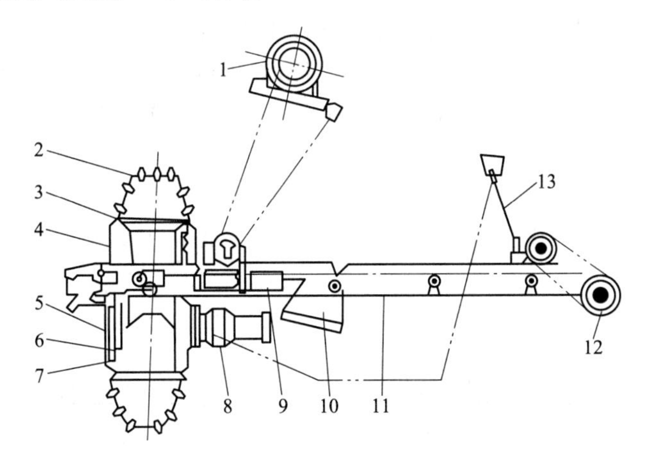

图 5-2 剥离盐盖装置

1—提升机；2—斗轮；3—外壳；4—内壳；5—支承受板；6—内齿圈；7—尼龙滑块；8—减速器；9—悬臂梁；10—支座；11—托架；12—皮带运输机；13—拉杆

C 挖掘回转坑

联合采盐机切盐器的直径和长度约为 1m。因此，它在轨道上行驶一趟的切盐厚度一般为0.8~1m。盐层厚度较大时，要往返几趟才能采完一个条带。故联合采盐机采掘盐层前，必须在采掘作业线的两端或其中间先挖掘回转坑。

D 采掘盐层

采盐机作业工序包括：切盐器切割松碎盐层，松碎下来的盐粒与卤水混合成悬浮浆；盐浆泵通过汲盐管汲取矿浆经管道输送；旋流器和弧形筛作固液分离；固体盐冲洗、提升和装车。

切盐传动装置是采盐机的主要工作机构（见图5-3）。根据矿层厚度，选用相应长度的切盐杆。采盐机一个行程的采厚等于切盐器长度。采完一个条带矿层全厚要往返几个行程。

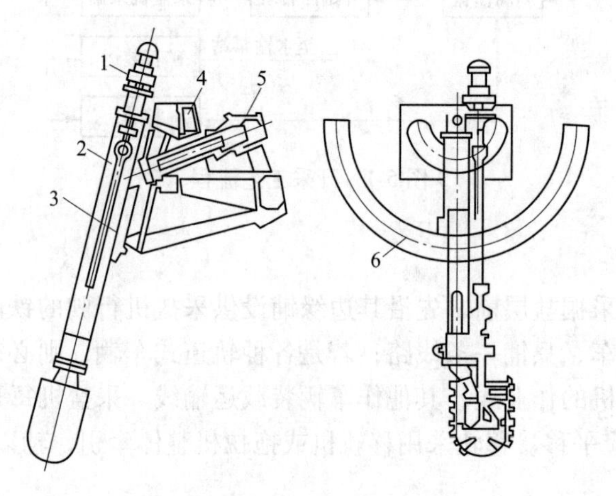

图5-3 切盐传动装置
1—摆线针轮减速器；2—切盐杆；3—卡爪；4—支座；5—球接头；6—半圆挡

切盐器切割盐层的方式有条带式和沟槽式两种（见图5-4）。前者无间隔矿柱，分条带连续推进；沟槽间留0.1~0.15m宽的矿柱。沟槽式采掘的优点是松碎固体矿不会被旋转的切盐器抛向采空区一边，提高吸盐效率。卤水具有再结晶能力，形成新的盐层供二次开采。

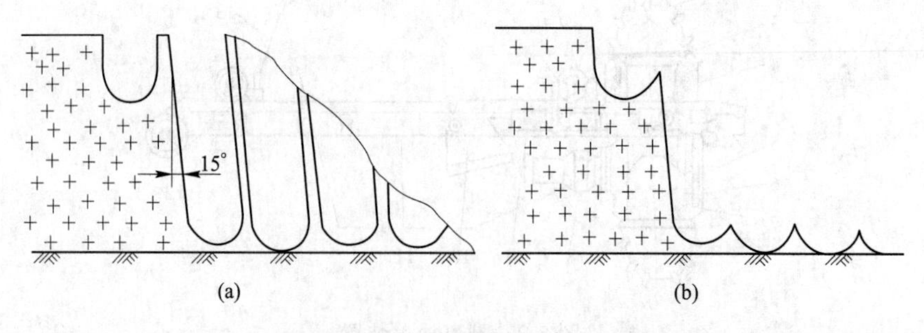

图5-4 采掘盐层方式
（a）沟槽式；（b）条带式

E 轨道移置工作

采盐机每采掘一个条带（或堑沟），其作业线路（和运输线路）要做相应的平移。条带式采掘时，移动距离等于切盐器直径，堑沟式采掘时，移动距离 1.1～1.2m。可用移道机或拖拉机整体牵引，辅以人工拨直。

5.2.2 盐湖固体矿床溶解开采

盐湖固体矿床天然沉积旋回中受风积泥沙污染。矿石一般要经溶解、净化、物理分选和化学加工。利用盐类矿物易溶于水，采用溶解法开采，将采矿和矿物加工结合实现经济最优[4]。

盐湖固体矿床初露地表或浅埋，根据布液、集液方式及手段，有漫流溶采、集液沟溶采、钻孔和射流穿孔注液溶采几种方式。

（1）地表漫流布液溶采实例：地表布液溶采，溶剂为大气降水，盐湖或湖底低矿化水。

（2）沟槽集液溶采实例：新疆七角井盐湖，上部石盐层初露地表，厚 1～2m。岩层含泥沙、泥垄、泥柱（见图 5-5），采用沟槽溶解开采。

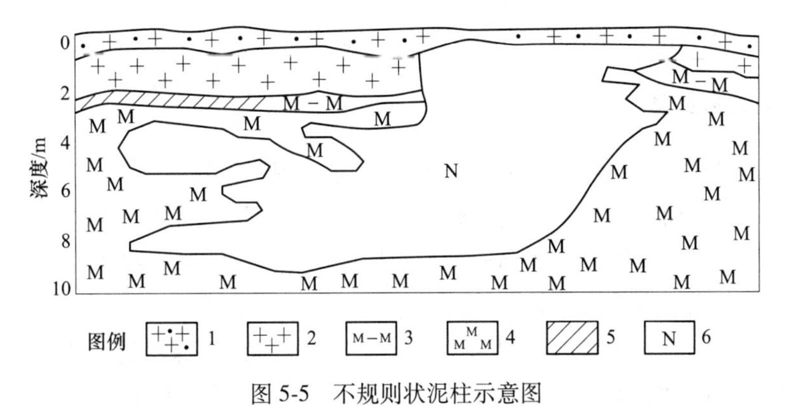

图 5-5 不规则状泥柱示意图

1—盐壳；2—石盐层；3—无水芒硝层；4—芒硝层；5—黏土层；6—泥柱

（3）热液射流穿孔溶采实例：加拿大麦地斯科湖面积为 1.64km^2，芒硝矿层厚 9～17m。矿体含 15%～50%以上有机质、黏土和砂混合物。该湖芒硝为热液射流穿孔溶解开采，如图 5-6 所示。

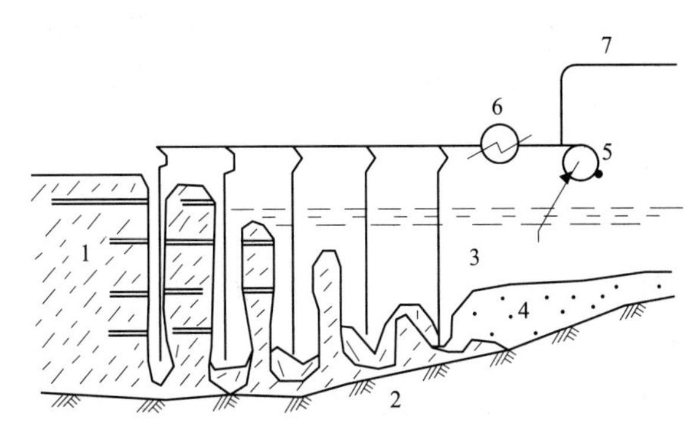

图 5-6 芒硝热液射流溶采工艺

1—芒硝、泥砂互层；2—黏土、砂底板；3—卤水；4—残留泥沙；
5—泵；6—加热器；7—至加工厂管道

5.3　盐湖液体矿床开采

5.3.1　采区划分

采区划分主要取决于工业储量分布、矿床赋存条件、水化学类型和水质分布特征，并与开采规模、工程地质和水文地质条件相关[4]。

（1）矿床赋存条件和工业储量是采区划分基础，决定采区大小、开采规模和服务年限。首采区应选择在勘探程度高、工业储量大、品位高、赋存条件好、水量充足的丰水地段。

（2）矿床水化学类型及其水质空间分布对采区划分起支配作用。同一盐湖不同地段水化学类型和水质不同时，应分别规划采区。

（3）同一水化学类型卤水，化学成分相对稳定，应尽量划归为一个采区。

（4）含水层厚度和埋深相同的地段，应尽量划归一个采区。

5.3.2　采卤构筑物及其选择

采卤方法，包括合理地布置开采系统和有效地实现开采工艺[5]。由一系列工序组成，其中，基本工序是采卤和输卤。不同的采卤方法，采用不同的采卤、输卤构筑物。

地下水位浅但含水层厚度大于10m，或水层埋深10m以下时多选用管井开采，用深井泵抽卤。水位埋藏浅，含水层水量丰富，透水性良好，厚度大于3m时，可选用大口井开采。含水层透水性差时，可考虑选用辐射井。地下卤水水位埋深接近地表，含水层厚度小于10m时采用渠道开采。含水层厚度小于5m宜采用完整渠，大于5m可采用非完整渠、井渠结合开采，一般以渠作为集卤构筑物，并作为取卤构筑物。

地表卤水开采，一般用固定式或趸船式（浮式）取卤构筑物。斜槽式采卤布置系统适用于湖水浅，用修筑斜槽来加深湖底，建固定式泵站抽卤。引水渠采卤布置系统适用于卤水不饱和，卤水通过渠道蒸发浓缩达饱和后再供入盐田。拦坝式采卤布置系统适用于湖底有淤泥，能筑坝分隔湖湾建造盐田。趸船式采卤系统适用于湖底不能建造泵站，湖水水位变幅大的条件。用趸船使泵的吸入高度恒定，不受湖水涨落影响。

5.3.3　基本工艺参数的确定

不同采卤构筑物涌水量见表5-1。

管井结构参数主要包括过滤器长度与有效孔隙率的计算。

5.3.3.1　过滤器长度

过滤器长度根据含卤层厚度、涌水量大小及卤水化学组分垂直分布特征确定。当含卤层厚度不大，垂直方向卤水水质变化均匀时，过滤器长度等于含卤层厚度；当卤水化学组分有垂直分异时，根据兑卤计算确定其长度。不同部位兑卤混合随时间变化使水质变化复杂，需辅以现场试验。

5.3.3.2 过滤器的有效孔隙率

过滤器的类型很多，盐湖卤水开采多采用缠丝和包网过滤器，它们的有效孔隙率按式（5-1）计算：

$$P = \rho\mu \tag{5-1}$$

式中，μ 为含水层给水度；ρ 为过滤器骨架孔隙率。

表 5-1 不同采卤构筑物涌水量计算

采卤构筑物		含水层	计算公式	适用条件	图形	备注
管井	完整井	非承压含水层	$Q = \dfrac{\pi K(2H - s)s}{\ln R - \ln r_0}$ $Q = \dfrac{1.366K(2H - s)s}{\ln R - \ln r_0}$	开采中不稳定流动，过程缓慢，有限时段内水流运动要素变幅微小，认为处于相对稳定流状态	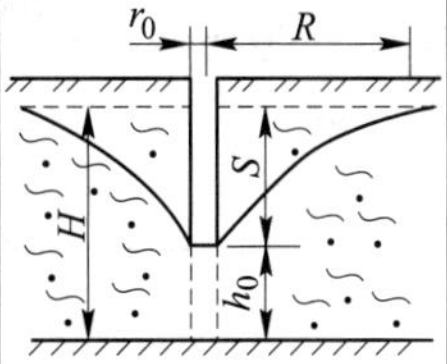	
		承压含水层	$Q = \dfrac{2\pi KMs}{\ln R - \ln r_0}$ $Q = \dfrac{2.73KMs}{\ln R - \ln r_0}$		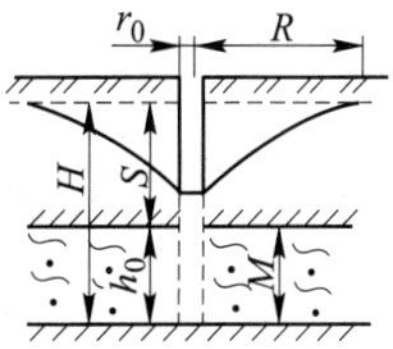	
大口井	井底进水非完整井	非承压含水层	$Q = 4Ksr_0$ $Q = \dfrac{2\pi Ksr_0}{\dfrac{\pi}{2} + \dfrac{r_0}{h}\left(1 + 1.185\lg\dfrac{R}{4H}\right)}$ $Q = \dfrac{2\pi Ksr_0}{\dfrac{\pi}{2} + 2\arcsin\dfrac{r}{m + \sqrt{m^2 + r_0^2}} + 1.85\dfrac{r}{h}}$	$h \geqslant (8 \sim 10)r_0$, $h > 2r_0$, $r_0 < h < 2r_0$	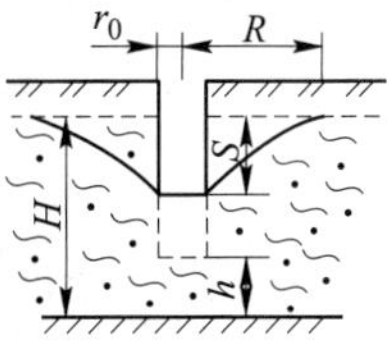	K 为渗透系数； $a = \dfrac{1}{M}$; $A = f(a)$
		承压含水层	$Q = 4Ksr_0$ $Q = \dfrac{2\pi Ksr_0}{\dfrac{\pi}{2} + \dfrac{r}{M}\left(1 + 1.185\lg\dfrac{R}{4M}\right)}$ $Q = \dfrac{2\pi Ksr_0}{\dfrac{\pi}{2} + 2\arcsin\dfrac{r_0}{M + \sqrt{m^2 + r_0^2}} + 1.185}$	$M \geqslant (8 \sim 10)r_0$, $8r_0 > M \geqslant 2r_0$, $M < 2r_0$	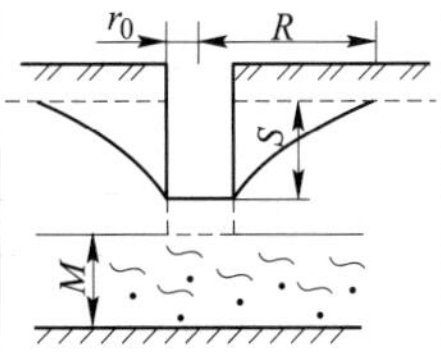	

续表 5-1

采卤构筑物	含水层	计算公式	适用条件	图形	备注
大口井 井壁进水完整井	非承压含水层	$Q = 1.366K\dfrac{(2H-s)s}{\ln R - \ln r_0}$	同管井	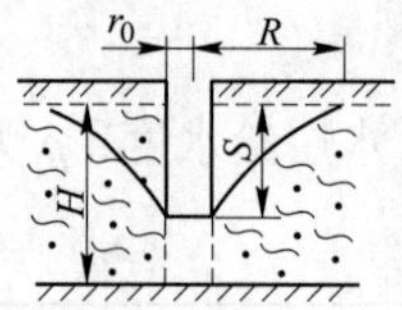	
大口井 井壁进水完整井	承压含水层	$Q = 1.366K\dfrac{2MH - M^2 - h_0}{\ln R - \ln r_0}$	$h_0>M$，$h_0<M$	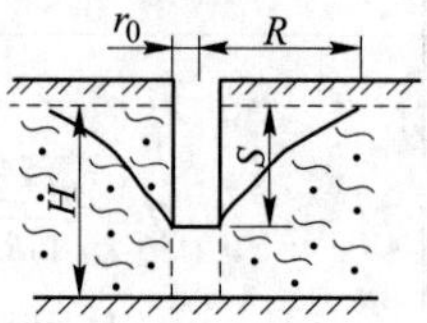	渠近似椭圆时：$R_i = \dfrac{D_1 + D_2}{4}$ 式中，D_1，D_2为椭圆的长短轴。渠为矩形时：$R_i = a\dfrac{L-B}{4}$（B/L：0.1，0.2，0.4，0.6，0.8，1.0；a：1.0，1.12，1.14，1.16，1.18，1.18）
大口井 井壁井底同时进水非完整井	非承压含水层	$Q = 1.366K\dfrac{(2h''-s)s}{\ln R - \ln r_0} + 4Ksr_0$	含水层较厚，h'较大时	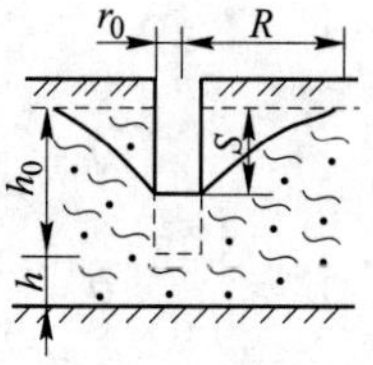	
大口井 井壁井底同时进水非完整井	非承压含水层	$Q = \pi Ks\left[\dfrac{2h''-s}{2.3\lg\dfrac{R}{r_0}} + \dfrac{2r_0}{\dfrac{\pi}{2} + \dfrac{r_0}{h'}\left(1 + 1.185\lg\dfrac{R}{4h'}\right)}\right]$	含水层较薄，h'较小时		
大口井 井壁井底同时进水非完整井	承压含水层	$Q = \dfrac{2.73KLs}{\ln 1.6L - \ln r_0} + 4Ksr_0$	$L<0.3M$	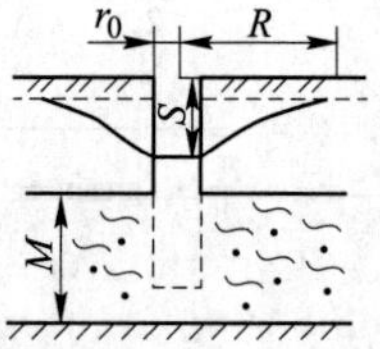	
大口井 井壁井底同时进水非完整井	承压含水层	$Q = \dfrac{2.73KMs}{\dfrac{1}{2a}\left(2\lg\dfrac{4M}{r_0} - A\right) - \lg\dfrac{4M}{R}} + \dfrac{4\pi KMs}{\pi\left(\dfrac{M}{r_0} - 1\right) + 2\lg\sqrt{\dfrac{1.6R}{r_0}}}$	$L>0.3M$		
渠道		采用大口井计算公式	$\dfrac{L}{B} < 10$	引用半径计算见备注	
渠道		$Q = LK\dfrac{H^2 - h_0^2}{R}$	$\dfrac{L}{B} > 10$	$R = 2s\sqrt{HK}$	

5.3.4　液-固转化的利用和防治

开采条件下，地下卤水渗流场、水化学场、热力学条件均发生变化，液、固体间的平衡关系受到破坏，要建立新的平衡，就产生溶盐和析盐的液-固转化。液-固转化在液体矿开采中有十分重要的意义。掌握一定条件下卤水的蒸发析盐规律，可按卤水的析盐阶段确定矿床的水化学和水质分区，确定矿床储量和水质指标，达到合理开发的利用目的[6,7]。

5.3.4.1 晶间卤水水质指标的确定

统计察尔汗区段晶间卤水的水化学分析资料，绘 K^+、Na^+、Mg^{2+}/Cl^--H_2O 四元体系25℃相图，它对衡量卤水水质具有重要意义。

5.3.4.2 矿床的水质分区

根据钻孔水样分析资料，做晶间卤水密度等值线图和 $MgCl_2/KCl$ 值平、剖面等值线图。根据相图分析确定水质分区。根据水质要求圈定出采区。在采区内根据卤水含水层厚度、埋藏深度、水质分异规律确定采卤构筑物类型，布置采卤工程。

5.3.4.3 结盐及其防治

防治设备结盐分化学药剂法、物理法、机械除盐法和加淡水法等四类。目前，美国及我国盐湖采矿中均采用加淡水防结盐。在开采晶间卤水时加入一定量淡水防止抽、输卤工艺设备结盐的方法，是在井或渠内平行吸管引入淡水管，并在吸口下设置喷水环。加淡水防结盐，具有工艺设施简单、成本低、无毒性、效果好的优点。

5.3.5 采卤构筑物的防腐蚀性

卤水和卤水蒸气、盐层和盐渍土对金属有很强的化学和电化学腐蚀作用，因此，对抽、输卤及供水设备、管道防腐问题应引起足够重视[8]。

防腐蚀方法归纳起来有三类：即选择抗腐蚀材料、采用防腐涂料和阴极保护，有时可几种方法同时采用。管井的腐蚀和建井材料、卤水的化学成分有密切关系。在选取井管和滤水管材料时，根据卤水化学成分和 pH 值，分别选用高硅铸铁管、普通铸铁管、耐腐蚀低碳合金钢管以及耐腐蚀非金属材料管。防腐涂料很多，对保护井管、输卤和输水管有显著效果，可根据卤水组成、pH 值选用，如酚醛树脂耐化学腐蚀；环氧树脂耐碱性不耐酸性；呋喃树脂耐酸、碱性能良好；沥青类涂料耐水、防湿、耐酸、碱；环氧沥青漆对铸铁管防腐好。阴极是防止电化学腐蚀、延长管道寿命最经济且有效的可靠办法。阴极保护可用外加电流法或牺牲阳极法（见图 5-7）。

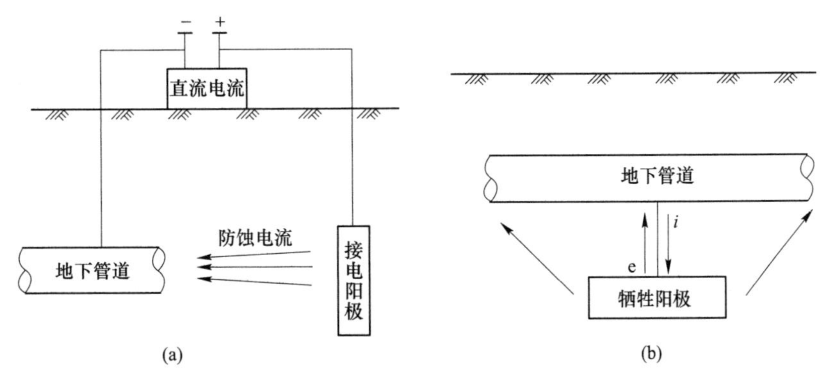

图 5-7 阴极保护防腐蚀原理

（a）外加电流法；（b）牺牲阳极法

e—电子流动方向；i—电流流动方向

思 考 题

5-1 盐湖矿床开采方法分类、优缺点？

习 题

5-1 简述盐湖液体矿床开采的基本工艺流程或步骤？
5-2 简述液-固转化的利用、防止方法？

参 考 文 献

[1] 童阳春，周源. 现代盐湖卤水矿床开采新技术 [J]. 金属矿山. 2009 (s1)：316~319.
[2] 王清明. 石盐矿床与勘查 [M]. 北京：化学工业出版社，2007.
[3] 王清明. 盐类矿床水溶开采 [M]. 北京：化学工业出版社，2003.
[4] Zheng Yali, Zhao Yanjie, Ding Guosheng, et al. Solution mining technology of enlarging space for thick-sandwich salt cavern storage [J]. Petroleum Exploration and Development, 2017, 44 (1): 139~145.
[5] 梁卫国，赵阳升，王瑞凤. 水溶开采岩盐溶腔形状的反演分析 [J]. 矿业研究与开发，2003, 23 (4)：11~14.
[6] 梁卫国，李志萍，赵阳生. 盐矿水溶开采室内试验的研究 [J]. 辽宁工程技术大学学报，2003, 22 (1)：54~57.
[7] 高丽，苏如海，戴鑫，等. 盐井水溶开采上溶速度影响因素研究 [J]. 中国井矿盐，2017, 48 (6)：11~13.
[8] 邵倩倩. 耐高盐卤水的表面防腐技术 [D]. 济南：山东大学，2015.

6 砂矿床开采

砂矿床是有色金属、贵重金属、稀有金属以及非金属矿物的重要来源之一。砂矿床矿产品种很多，其中又以金、金刚石、铂、锡等矿产较为重要。这些矿物在国防工业、冶金工业、尖端工业和对外贸易方面占有极其重要的地位。

砂矿床开采是采选（粗选）紧密结合的工艺系统，无论采用何种开采法，几乎均涉及先用湿式重选法进行粗选，然后送入精选厂进行精选。随着砂矿床开采技术的进步，以及人们对矿产资源需要的不断增大，砂矿床开采逐渐向海洋砂矿床开采方向发展，尤其是采砂船的技术进步，可以推动浅海砂矿床乃至海底锰结核开采技术的发展。

6.1 概　　述

6.1.1 砂矿床基本特点

地壳中的原岩或原生矿床一经暴露地表，就要受到大自然的风化、侵蚀、剥离、搬运、分选和沉积等一系列作用，整个过程使其形成碎屑沉积物质，其中某部分沉积物质中的有用矿物富集程度达到具有工业开采价值时，便称之为砂矿床[1]。砂矿床又称为机械沉积矿床，它是由含有自然金属或有用矿物颗粒的松散岩石或胶结层组成的次生矿床，具有强度低（整体岩石）、松散和透水性强等特点。主要分布于碎屑层或碎屑岩系中，一般埋藏不深。矿体多透镜状、似层状，规模一般不大。矿石主要由化学性质稳定、耐磨和密度较大的矿物组成[2]。

砂矿床的形成需要借助一定的物源（即原岩）及搬运介质、气候及地貌条件。物源包括两类，一类是原生矿床，如 Au 可以形成砂金；另一类是岩石中的副矿物，例如伟晶岩中的 Nd、Ta，花岗岩中独居石、金红石、锆石等，爆破角砾岩（金伯砾岩）中的金刚石。

搬运介质包括风（仅限于干燥地区，其作用较小）、冰川（搬运能力强，但分选差，形成砂矿可能性小）、生物（因为其本身质量小，不可能搬运砂矿物）以及水，其中水是形成砂矿床最重要的营力。

6.1.2 中国砂矿资源

砂矿床是含有自然金属或有用矿物碎屑的松散或胶结物的聚集体、具有工业价值的矿床。砂矿床的主要矿产有：金、锡、金刚石、铂、钛铁和稀土矿物以及石英砂等。黄金历来是最重要的砂矿床矿产，全世界已探明的黄金总储量中砂金储量约占 10%以上，我国则为 45%左右。锡石是锡的重要矿物，主要来自砂矿床，我国已探明的锡金属总储量中，砂锡矿储量约占 24%。全世界金刚石总产量中，90%以上来自砂金刚石；而我国的金刚石则全部采自砂矿。世界各国建筑工业需求的砂、卵石，主要采自砂矿，砂矿也为玻璃工业及铸造业提供丰富的砂料。

6.1.3 中国砂矿床开采历史

我国开采砂矿床的历史悠久。一千多年前，在广西、湖南、云南、广东、四川及山东等地开始了淘采锡矿、砂金和砂金刚石。19世纪60年代，在黑龙江和吉林两省展现出大规模砂金矿床，从而出现我国历史上开采黄金的极盛时期。1929年广西平桂地区首先采用水枪—砂泵工艺开采锡矿，这是我国砂矿床开采史上的一大进步。20世纪50年代，砂锡矿水力机械化开采得到迅速发展，其比例达到90%以上。20世纪50年代末期，东北地区大力发展采砂船开采砂金矿。20世纪80年代内蒙古、新疆、青海等地区相继发现了丰富的砂金矿床，且已建设一批机械（挖掘机、推土机和铲运机等）开采的砂矿，并保持良好的发展势头。

就世界范围而言，砂矿开采保持高速发展的趋势，几种主要砂矿开采的比例见表6-1。苏联是世界第二大产金国，其中砂金矿开采量占60%以上。巴西1984年生产黄金70t，其中80%采自砂金矿。马来西亚、泰国和印度尼西亚是世界上最主要的锡金属出口国，其锡产量80%以上来自砂锡矿。

表6-1 主要砂矿开采的比例 （%）

矿种	黄金	锡石	金刚石	铂	锆英石	独居石	金红石
比例	11	75	90	13	100	80	98

6.2 砂矿床成因类型及其土岩分类

6.2.1 砂矿床成因类型

按砂矿床的成因分类，其类型见表6-2。

表6-2 砂矿床成因类型

成因类型	分　类	赋存的基本特点
残积	残积砂矿	由露出地面的矿体或含有有用矿物的岩石所风化的物料，聚集于原地上而逐渐形成残积覆盖层。其特征是带有黏土而未分级的棱角形物料，矿床中含石率一般较高，有用矿物分布在各层中
坡积	坡积砂矿	残积覆盖层由于剥蚀与重力作用的原因，逐渐沿山坡移动，在稍平缓的山坡上积聚而形成的坡积砂矿
洪积	洪积砂矿	是由间歇性急流，携带大量疏松堆积物，沉积在山麓、山沟、盆地及喀斯特的溶沟、漏斗中，主要特征是沉积的分选作用差，有用矿物分布不均匀

续表 6-2

成因类型	分　类	赋存的基本特点
冲积	河床砂矿	由于水流作用，松散物料沉积在河床、浅滩、沙洲形成的砂矿床，特点是物料，重矿物富集于沉积层下部
	河谷砂矿	在谷道底部及谷道附近形成的冲积层，矿层的分布具有规律性，标准的砂矿床剖面从上到下是：底岩、矿层、小砾石层、冲积的淤泥和砂质黏土层、表面植物层，各厚度之和通常为 8~15m。重矿物主要富集在矿层及小砾石层中
	阶地砂矿	随着河流的冲蚀，河床加深，使早期形成的砂矿床残留在高出河流水面以上，最古老的阶地砂矿床可高出现代河床数十米至百米以上。其特点是胶结较致密，矿体不连续，往往含黏土量高，品位分布不均
	河滨砂矿	河滨砂矿平行于河岸，一般呈狭长条带状，沉积于河水高潮线和低潮线之间。矿床中的有用矿物是由河流从大陆搬运而来，或河岸附近岩石返河水浸蚀而破坏，由涌浪作用使它们在有利于沉积的地带富集而成

各类砂矿床的共同特点如下：

（1）由于形成时期较晚，还来不及经历成岩作用，因此是较疏松的土岩，可直接用机械进行采掘，或利用压力水射流进行冲采和水力输送；

（2）砂矿层离地面近或直接出露地表，矿层一般不大，适合于露天开采；

（3）砂矿床的品位一般较低，且分布不均匀，在生产过程中应加强生产勘探；

（4）冲积砂矿一般地下涌水量大或直接位于地下潜水面以下，若要降低地下水位，不仅不经济，有时甚至不可能，所以只能从水下开采；

（5）砂矿疏松沉积物中，不同程度地含有水分，在严寒地区会产生永久冻结或季节性冻结现象，土岩变得很坚硬和体积增大等。因此，冻结作用对开采砂矿床工艺提出一些特殊要求，例如冻结的预防及融解等；

（6）冲积砂矿床中的有用矿物，大部分富集在矿床的下部，特别是接近基岩的底部，矿层基岩接触界面通常是砂矿的最富层。而且有用矿物会渗入到基岩的裂隙中，其渗入深度视基岩性质而变化。因此，不同基岩的特点是选择开采方法必须考虑的重要因素之一。

6.2.2 砂矿床土岩分类

砂矿床土岩的物理力学性质，决定于土岩的颗粒组成及其成矿年代和环境，前者决定土岩的黏结性强弱，后者往往决定土岩的胶结致密程度。土岩都是大小不等的颗粒集合体，土岩颗粒的粒度分类见表 6-3。

表 6-3 土岩颗粒分类

颗粒名称	粒级名称	颗粒大小/mm
漂石（滚圆的）或块石（棱角的）	大	800
	中	400~800
	小	200~400
卵石（滚圆的）或碎石（棱角的）	大	100~200
	中	60~100
	小	40~60
细砾（滚圆的）或角砾（棱角的）	最大	20~40
	大	10~20
	中	4~10
	小	2~4
砂	大	1~2
	中	0.5~1
	小	0.25~0.5
粉砂	粗粒粉砂	0.1~0.25
	粉砂	0.05~0.1
	细粒粉砂	0.01~0.05
	淤泥质粉砂	0.005~0.01
黏土	粗粒黏土	0.001~0.005
	细粒黏土	<0.001

6.2.2.1 按土岩中黏土粒级含量分类

土岩的颗粒粒度是决定土岩各项物理力学性质的基本因素，而其中含黏土粒级（粒径小于0.005mm）量的多少又是决定性的因素，按此观点土岩的简化分类见表6-4。

表 6-4 按土岩中黏土粒级含量的土岩分类

土岩名称	黏土粒级含量/%
黏土	>30
亚黏土	10~30
亚砂土	3~10
砂质土	砂粒级含量多于粉砂粒级含量，而且黏土粒级含量小于3%
粉砂质土	粉砂粒级含量多于砂粒级含量，且黏土粒级含量小于3%

6.2.2.2 按土岩的可采性分类

砂矿开采的难易程度（包括采掘和运输），即可采性，能综合反映土岩的物理力学性质特点，所以按土岩的可采性分类得到广泛应用。按土岩的可采性分类的实质，是将生产实践的统计数据与专门的试验测定（触探试验和土岩松散系数的测定）数据相结合进行分类的方法，因此要根据陆地上砂矿和水下砂矿的开采特点分别进行分类。总结我国砂矿开采的经验并参考国外数据，常用的陆上砂矿土岩分类见表6-5。水下砂矿土岩的分类见表6-6。

表6-5　陆上砂矿土岩分类

土岩类别	土岩特点	土岩的松散系数
Ⅰ	没有植物根的表土及泥炭；细砂、粉砂状；松散的砂质土；松散的湿黄土；非黏结性的石英、长石质矿砂；选矿厂尾砂堆积物；预先松散的干燥黏土	1.1~1.2
Ⅱ	大孔隙轻砂质黏土；有植物根或含少量砾石及碎石的表土层和泥炭；正常湿度（15%~20%）含小卵石或有碎石（小于10%）的砂-淤泥质土；胶结弱的砂质砾石土；软质亚黏土；一般黄土；含少量卵石或碎石的填方土；较紧密的中大粒砂	1.2~1.3
Ⅲ	油性中软黏土；重砂黏土；含有大量10~40mm的砾石土；致密黄土；含有砂和砾石的致密亚黏土；人工堆积的（含卵石、砾石或碎石20%~30%）砂黏土	1.25~1.35
Ⅳ	含卵砾石（或碎石）30%的致密黄土硬质黏土；胶质的致密亚黏土；胶结弱的砾岩；含碎石的重砂黏土；含砾石、碎石及漂石的砾黏土	1.25~1.4
Ⅴ	黏性特强的黏土；黏土胶结紧密的氧化锰结核；胶结致密的小碎石；含块石的粗粒花岗岩、斑岩的强风化壳；含卵砾石40%的致密质黏土；冻结的Ⅰ-Ⅱ级土岩；含石率为40%的砂质砾石土；弱胶结的黏土质粉砂岩	1.3~1.55

表6-6　水下砂矿土岩多方面分类

土岩类别	土岩性质	贯击次数/N63.5①	选用采砂船类型的次序
Ⅰ	流动性淤泥；软塑淤泥；淤泥质土；松散的砂；软黏土；松软的亚黏土	0~4	吸，绞吸，链斗
Ⅱ	中等致密的砂；夹杂有砾石（≤等致）的砂；中等致密的亚砂土；软塑的亚黏土	5~15	绞吸，轮斗吸，链斗
Ⅲ	中硬塑亚黏土；中硬黏土；中硬砂质土；含有卵石及大于50%占1%、少于10%的杂粒砂	15~30	链斗，轮斗吸，绞吸抓斗，铲斗
Ⅳ	紧密的杂粒砂（含砾石和卵石少于20%，粒径大于50cm占1%~3%）；含卵石和砾石少于10%的亚黏土；硬质砂质土，含砾石和卵石小于10%的亚黏土	30~50	链斗，铲斗，抓斗，轮斗吸
Ⅴ	含砾石达30%~40%，粒径大于50cm占3%的砂砾石类土岩；紧密的砾石和卵石；超硬质砂质土；很硬的黏土；被黏土胶结的砾石、卵石、砂，泥质粗粒砂岩	>50	链斗，铲斗，抓斗
Ⅵ	强风化的硬岩石；软岩石；冻结土岩；残积碎石		铲斗，链斗②

①N63.5作为触探试验时，锤重63.5kg时的贯击次数；

②在Ⅵ级土岩条件下，当采用链斗式采砂船开采时，对于硬岩石要预先用冲击法或爆破法破碎。

6.3　砂矿床开采方法及分类

由于砂矿床具有松散碎屑等特点，无论采用何种开采法，几乎都是立即采用湿式重选法进行粗选，然后送入精选厂进行精选，因此，砂矿床开采是采选紧密联系的工艺系统。

同时，砂矿床具有分布面大、埋藏浅、矿层厚度小、品位低等特点，其采矿方法主要以机械化为主，见表6-7。

表6-7 砂矿床开采方法分类

类 别	开采方法分类	开采工艺
陆地砂矿床	水力机械化开采	水枪冲采—砂泵加压水力输送； 水枪冲采—自流水力输送
	机械开采	单斗挖掘机—汽车 单斗挖掘机—窄轨铁道 推土机—铲运机 推土机—前装机—带式输送机 推土机—带式输送机 推土机—索斗铲—汽车 推土机—索斗铲倒堆—单斗挖掘机—带式输送机 推土机—单斗挖掘机—带式运输机
	人工开采	人工采挖—小型人工淘选设备 人工采挖—小型运输及洗选机械设备
	联合开采	单斗挖掘机—水力运输 推土机采掘—水力冲运
水下砂矿床	机械开采	陆上索斗铲采运倒堆—陆上运输 陆上索斗铲挖掘—漂浮式选矿厂
	采砂船开采	链斗式采砂船 抓斗式采砂船 绞吸式采砂船 轮斗吸扬式采砂船

在砂矿床开采方法中，机械开采方法在金属矿山露天开采中有所涉及，此处不再赘述。而水力机械化开采及采砂船开采方法为砂矿床开采所特有的采矿方法，故以下只叙述这两种特殊开采方法。

6.4 陆地砂矿露天水力机械化开采

6.4.1 水力机械化开采的特点

水力机械化开采，通常是指用水枪产生的射流冲采土岩，形成浆体，再以加压或自流水力运输方法输往选厂或水力排土场。其基本特点是利用同一水流依次完成冲采、运输乃至洗选和尾矿排弃等工作，形成连续的生产工艺过程，是一种高效率的开采方法[3]。水力机械化开采的适用条件是：

（1）土岩特性适合机械化开采，当土岩中100~200mm的大块石含量超过20%或50~100mm的小块石超过30%时，不宜采用单一的水力机械化开采；

（2）有充足的经济水源和稳定电源；

（3）人口密集和农业丰产区，不宜采用；

（4）地区气候无冰冻期或冰冻期很短；

（5）有建立水力排土场的合适场地。

水力机械化的优点：

（1）工艺流程简单，生产工艺连续，机械化程度高；

（2）设备构造简单，制造容易，价格低廉，维修量小；

（3）劳动生产率高，开采成本低，回采率高；

（4）投资少，基建期短（一般为两年左右）；

（5）不受雨季限制，在多雨地区应用，能保证均衡生产。

水力机械化的缺点：

（1）使用条件局限于能被中低压（0.5~2.0MPa）射流冲采的土岩；

（2）水电消耗大，电耗通常为6~10kW·h/m^3，耗水量一般为5~8m^3/m^3；

（3）在严寒地区年作业时间短（当气温在-10℃以下时生产困难）；

（4）采用水力剥离时，土层结构全遭破坏，复垦质量差和复垦周期长；

（5）从水力排土场泄出的溶液含固量较高，容易污染附近水系和渔业生产。

6.4.2　水力机械化开采的主要设备

水力机械化开采的主要设备有水枪、水泵、砂泵和管道。

6.4.2.1　水枪

水枪是形成高压水射流进行冲采的主要设备。它主要由枪筒、喷嘴、球形活动接头、水平旋转结构、上弯管、下弯管及稳流片组成，如图6-1所示。其中，枪筒和喷嘴是水枪的关键部件，直接影响着射流质量的好坏。

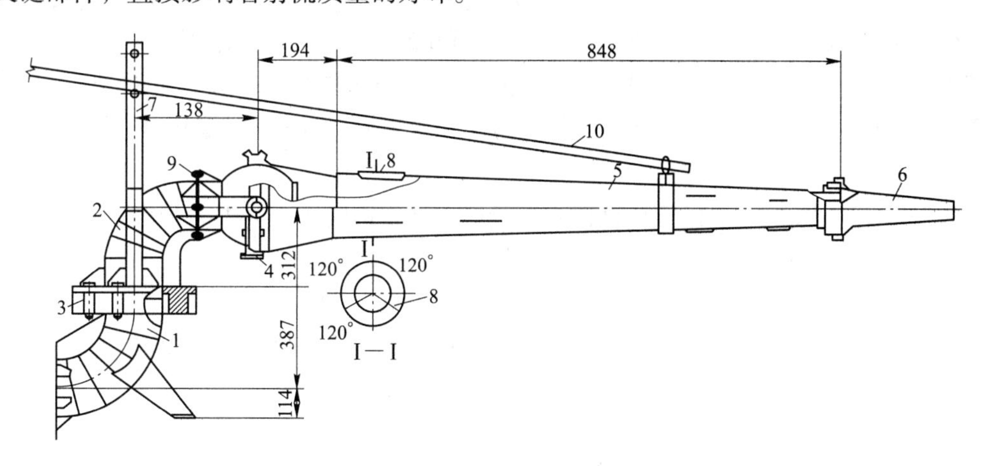

图6-1　平桂-200型水枪结构

1—上弯道；2—下弯道；3—水平活节；4—垂直活节；5—枪筒；6—喷嘴；7—操纵杆托架；8—稳流叶片；9—法兰盘；10—人工操纵杆（木杆或圆竹竿）

砂矿水力机械化开采，是采用大流量低压力的水射流进行冲采，水枪喷嘴出口压强一般为0.5~1.5MPa，个别达1.7~2.0MPa。

水枪按操作方式分为液压操作的水枪和人工杠杆操纵的水枪。我国大多采用人工杠杆操纵的水枪，即SQ型和平桂型水枪。这类水枪结构简单，但为了安全起见，不能靠近工作面作业，因而射流的能量利用率低。因此，国外着重研制远距离自动控制和自行式的大型水枪。

6.4.2.2 砂泵

砂泵是加压进行水力运输的主要设备。按结构原理，目前我国生产的砂泵分为离心式和往复式两类。离心式砂泵又分为卧式泵和立式泵两种。离心泵的特点是扬程较小，允许吸入的固体颗粒较大，一般适用于短距离管道运输。水枪开采的运输管道较短，故多采用离心式砂泵。砂泵的分类包括：

（1）平桂型砂泵。它是卧式单面进浆的离心式砂泵。在砂矿开采中，常用的是平桂-123、150、200型砂泵。主要优点是：叶轮片数少（3片），允许通过固体粒径可达100mm，对矿浆的适应性强，一般液固比为（3∶1）~（4∶1）。缺点是效率低、耗电量大等。

（2）PN型砂泵。特点是效率高（56%~65%），叶轮直径大，叶片数小，允许通过的固体粒径大，对矿浆的适应性强，能适应大规模砂矿开采的要求。

（3）PS型砂泵。特点是结构紧凑，整个设备可以安装在滑橇式底座上，移动方便，对矿浆的适应性差，一般用于输排选矿厂的尾砂。

6.4.3 水枪射流的物理机械性质

6.4.3.1 水射流的结构特征

由水枪喷射出来的水流，是属于自由非淹没射流。该射流的结构特征，主要决定于水枪出口的压力以及水枪喷嘴的结构与其内表面的加工质量。射流的特征是：当水压大于0.49MPa时，射流一离开喷嘴即开始扩散（见图6-2（b））；从射流的横截面上看，按水质的紧密性可分为常速核心、水片带及水滴带（见图6-2中的Ⅰ、Ⅱ、Ⅲ部分）；在射流长度方向，按其横截面结构可分为起始段、基本段及射滴段（见图6-2中A、B、C）。

A 起始段

从喷嘴出口到常速核心结束的区段为起始段，其结构紧密，冲击力最大。起始段的长度可按式（6-1）计算：

$$L_H = (25.448p_0^3 + 55.1p_0 - 20.4)d_0 \tag{6-1}$$

式中，L_H为起始段长度，m；p_0为工作压力，取值范围为0.785~1.471MPa；d_0为喷嘴直径，取值范围为0.05~0.11m。

B 基本段

从常速核心尖灭到全变为短节射流尖灭的区段为基本段。其紧密程度远不如起始段，射流全部变为大块水片状，充入少量空气，冲击压强度迅速降低，而且总冲击力随长度的增加逐渐降低。

C 射滴段

从基本段结束至射流消失的区段为射滴段。该段已全部变为水滴，并大量充气，冲击强度最小。从冲采土岩的效率来看，起始段最好，基本段次之，射滴段最差，基本上失去了冲采土岩的能力。但起始段很短，很难用于冲采，主要用基本段冲采。

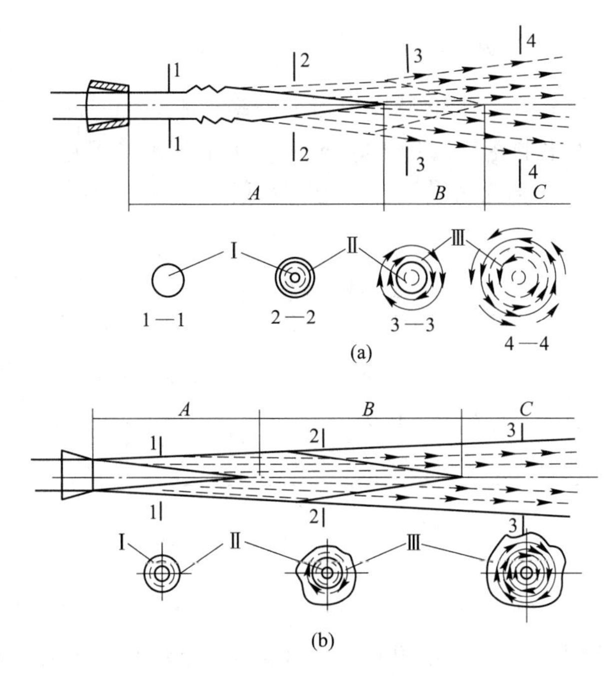

图 6-2 水枪射流结构示意

(a) p_0<0.49MPa 的射流结构；(b) 0.49< p_0<2.94MPa 的射流结构

A、B、C—沿射流长度划分的起始段、基本段及射滴段的长度；

Ⅰ、Ⅱ、Ⅲ—在射流横断面结构的常速核心、水片带及水滴带

6.4.3.2 水枪的水力计算

喷嘴出口处的射流流速为

$$v_0 = \varphi\sqrt{0.002p_0} \tag{6-2}$$

水枪流量为

$$Q_0 = v_0S = \frac{\pi d_0^2}{4}\varphi\sqrt{0.0002p_0} \tag{6-3}$$

机械加压时，压力水的单位能耗为

$$E = 2.77 \times 10^{-7}\frac{p_0}{K} \tag{6-4}$$

式中，v_0为喷嘴出口处的射流流速，m/s；p_0为喷嘴出口处的压力，Pa；φ 为流速系数，φ=0.92~0.96；S 为喷嘴出口断面积，m^2；d_0为喷嘴直径，m；Q_0为水枪流量，m^3/s；K 为供水的总效率，一般取 0.85；E 为压力水单位能耗，$kW \cdot h/m^3$。

6.4.3.3 射流的冲击力和压强

射流刚离开喷嘴口时的总冲击力为

$$F_0 = 19.6 \times 10^3 S_0 p_0 \gamma_0 \tag{6-5}$$

平均冲击压强为射流作用在土岩单位面积上的平均冲击力，即

$$p_y = 2\beta p_0 = 2\left[\frac{m}{L/d_0 + 30}\right]^2 p_0 \qquad (6\text{-}6)$$

式中，F_0为总冲击力，N；S_0为水枪喷嘴出口处的断面积，mm^2；p_0为喷嘴出口处射流的工作压头，mH_2O；γ_0为水的密度，$1000kg/m^3$；p_y为射流刚离开喷嘴时的冲击压强，Pa；β为冲击压强降低系数；m为与喷嘴工作压力p_0和射距L有关的系数（见表6-8）；d_0为喷嘴直径，mm。

表6-8　系数 *m* 值

喷嘴直径 d_0/mm	射距 L/m	不同工作压力 p_0（MPa）的 m 值							
		0.392	0.441	0.490	0.539	0.588	0.637	0.686	0.735
50，57	1~10	38.2	40.0	41.7	44.8	47.8	52.8	56.8	62.5
62.5，75	11~20	34.4	36.4	38.2	41.7	44.8	47.8	52.5	56.5

6.4.4　开拓方法

水枪开采的开拓工作是指挖掘供安装设备的基坑或堑沟，开辟采矿工作面，建立供水、供电和水力运输等生产系统。主要有基坑开拓法、堑沟开拓法和平硐溜井开拓法。

6.4.4.1　基坑开拓法

在适当位置挖掘一个基坑，坑底标高应达到矿床的底板，设置砂泵和水枪，然后对矿床进行开采。这种方法一般是在矿床由下而上不具备采用自流运输方法运输矿浆时采用。

开挖基坑的方法是用推土机、前装机、反铲和水枪—砂泵挖掘。推土机和前装机只适于挖掘较浅的基坑；反铲是挖掘基坑的最理想设备，其主要优点是挖掘效率高、工艺简单、成本低和适用性强；水枪—砂泵法是采用移动式砂泵，砂泵首先位于地表，用水枪逐渐扩大与加深吸浆池，当吸浆池的深度等于砂泵的吸入深度（4~5m）时，下降一次砂泵，直到砂泵下降到设计深度为止，如图6-3所示。此法的优点是工艺简单，不需另购挖掘设备；它的缺点是砂泵下降工作较复杂。

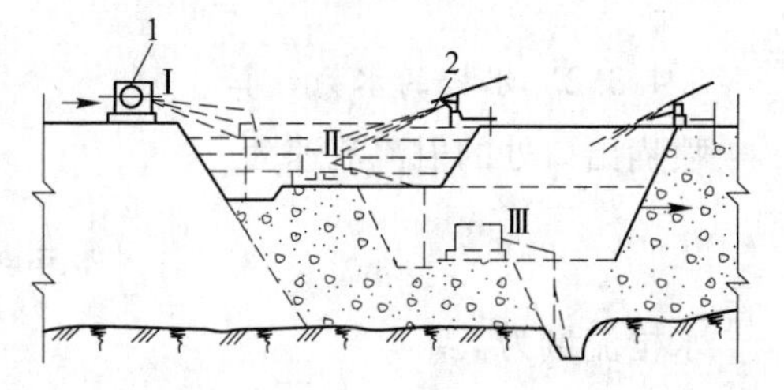

图6-3　水枪-砂泵开挖基坑示意图

1—砂泵；2—水枪；Ⅰ、Ⅱ、Ⅲ—砂泵位置顺序

6.4.4.2　堑沟开拓法

当矿区地形和矿床埋藏条件适合自流水力运输矿浆时，可采用堑沟开拓法，如图6-4所示。堑沟开拓是利用明沟掘进通达矿床，进而为矿浆的自流运输开拓出通道。堑沟的位置应根据地形和矿床赋存条件确定，尽可能使一个块段的绝大部分矿浆能自流进入运矿沟，并使掘进工程量尽可能小。堑沟的坡度可根据自流运矿所要求的坡度确定。

6.4.4.3　平硐溜井开拓法

对具有水力自流运输高差和储量大的封闭式或山坡砂矿床，因地形复杂，不能在地面布设运矿沟槽时，为形成自流运输系统，可用平硐溜井开拓，如图6-5所示，该法虽然基建工程量大，投资较高，建设周期较长，但经营费用较低，在合适的条件下应用，可取得

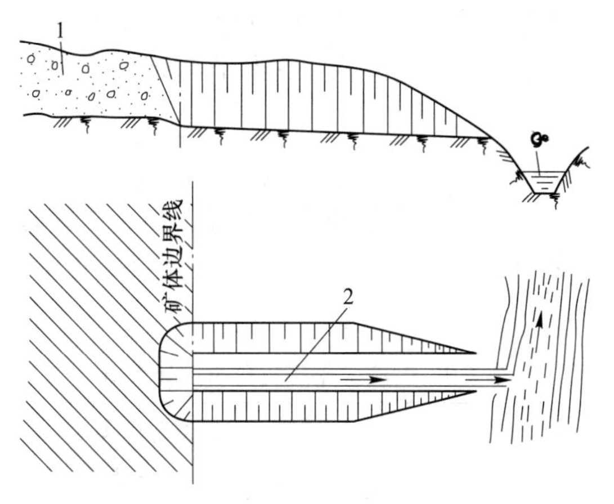

图 6-4 堑沟开拓法示意图

1—砂矿体；2—自流水力运输堑沟；3—主运矿沟

较好的经济效益。如云南锡业公司就广泛采用这种开拓方法。平硐应布置在基岩中，溜井多采用垂直大井，其位置应在矿量集中和底板最低处。

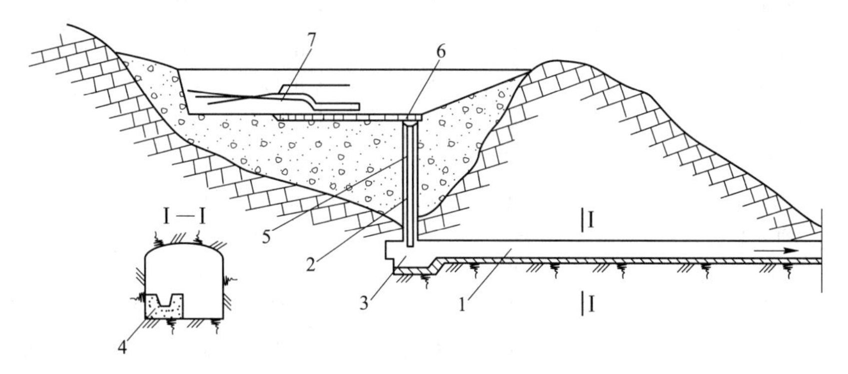

图 6-5 平硐流井开拓法示意图

1—平硐；2—溜井；3—缓冲池；4—运矿沟；5—导浆管；6—格筛及漏斗；7—水

6.4.5 冲采工艺

6.4.5.1 冲采原理

水射流破碎土岩的机理，与其他机械破碎土岩的机理是有区别的，因为射流作用于土岩体，不但有法向应力，还有射流沿横向流散时产生的切向应力，以及压力水注入土岩孔隙中产生的静压力（水楔作用）而引起的张应力；此外，还有水对土岩的湿润软化和对胶结质的溶解等作用。其中最重要的是射流冲击力所产生的法向应力。所以，以相同的射流能量与机械能量破碎土岩相比较，射流破碎土岩的效率要高得多。射流对土岩的冲击作用，发生在射流射达土岩的瞬间，以及紧接着的很短时间内，此时射流的动能转变为使土岩变形的功，当所产生的应力达到或刚超过土岩的强度时，土岩即开始破坏。

射流具有的能量与作用于土岩时间的乘积，即是破碎土岩过程能耗的数量指标。要使冲采能耗达到最小，首先，必须针对不同类别的土岩特性，确定射流射达土岩体时的合理冲击压强值；其次，在冲采过程中，必须合理控制射流冲击某一点的停留时间，即按一定速度均匀地移动水枪；此外，应合理地利用土岩体自重崩塌作用，即应在台阶下部先行冲采掏槽[4]。

6.4.5.2　冲采参数

冲采参数包括工作压力、单位耗水量和喷嘴直径，而工作压力、单位耗水量又是水力机械化的基本经济指标。依据土岩性质、工作压力、台阶高度和流运条件等，参考表 6-9 选取单位耗水量。

表 6-9　射流工作压头和单位耗水量

序号	土岩名称	台阶高度/m								
		3~5			5~15			>15		
		单位耗水量 $/m^3 \cdot m^{-3}$	射流工作压头/MPa	工作面允许最小坡度/%	单位耗水量 $/m^3 \cdot m^{-3}$	射流工作压头/MPa	工作面允许最小坡度/%	单位耗水量 $/m^3 \cdot m^{-3}$	射流工作压头/MPa	工作面允许最小坡度/%
Ⅰ	疏松的非黏结土岩细粒砂	5	0.294	2.5	4.5	0.392	3.5	3.5	0.490	4.5
Ⅱ	粉砂状	6	0.294	2.5	5.4	0.392	3.5	4	0.490	4.5
	轻砂状		0.294	1.5		0.392	2.5		0.490	3.0
	松散黄土		0.392	2.0		0.490	3.0		0.588	4.0
	风化泥炭		0.392	2.0		0.490	3.0		0.588	4.0
Ⅲ	中粒砂	7	0.294	3.0	6.3	0.392	4.0	5	0.490	5.0
	重砂土		0.392	1.5		0.490	2.5		0.588	3.0
	轻质黏土		0.490	1.5		0.588	2.5		0.686	3.0
	致密黄土		0.588	2.0		0.686	3.0		0.784	4.0
Ⅳ	大粒砂	9	0.490	5.0	8.1	0.588	6.0	7	0.686	7.0
	重砂土		0.490	1.4		0.588	2.5		0.686	3.0
	中及重黏土		0.686	1.5		0.784	2.5		0.882	3.0
	瘦黏土		0.686	1.5		0.784	2.5		0.882	3.0
Ⅴ	砂质砾石土	12	0.392	5.0	10.8	0.490	6.0	9	0.588	7.0
	半油性黏土		0.784	2.0		0.980	3.0		1.18	4.0
Ⅵ	砂质砾石	14	0.392	5.0	12.6	0.588	6.0	10	0.686	7.0
	半油性黏土		0.980	2.5		1.18	3.5		1.37	4.5

当工作压力和射距一定时，射流的冲击压强几乎随喷嘴直径的平方增加，可见用加大喷嘴直径提高冲击压强比增加工作压头要经济得多，可节约能耗，因此国内外砂矿水力机械化开采中广泛应用大喷嘴和低压头冲采。

6.4.5.3　冲采方法和工作面参数

根据水枪射流的喷射方向与冲采下来的矿浆流动方向的相对关系，水枪开采法可分为逆向、顺向和逆-顺向三种[5]。

A　逆向冲采法

这是水枪开采普遍使用的方法（见图 6-6（a））。水枪位于工作面台阶下平盘，水枪射流垂直工作面。首先在工作面最下部掏槽，使上部的土岩失去支撑而塌落，然后再射流塌落下来的土岩，如此反复进行。射流形成的矿浆，逆射流方向流入矿浆池或运矿沟，然后借助自流或砂泵送往选矿厂。逆向冲采时，水枪垂直工作面，所以冲击力大，能量利用充分，冲采效率高，单位耗水量小。缺点是不能借助射流的力量把大颗粒物料冲离工作面。此方法一般适用于矿床厚度大、土岩致密、矿浆易于流运的砂矿床。

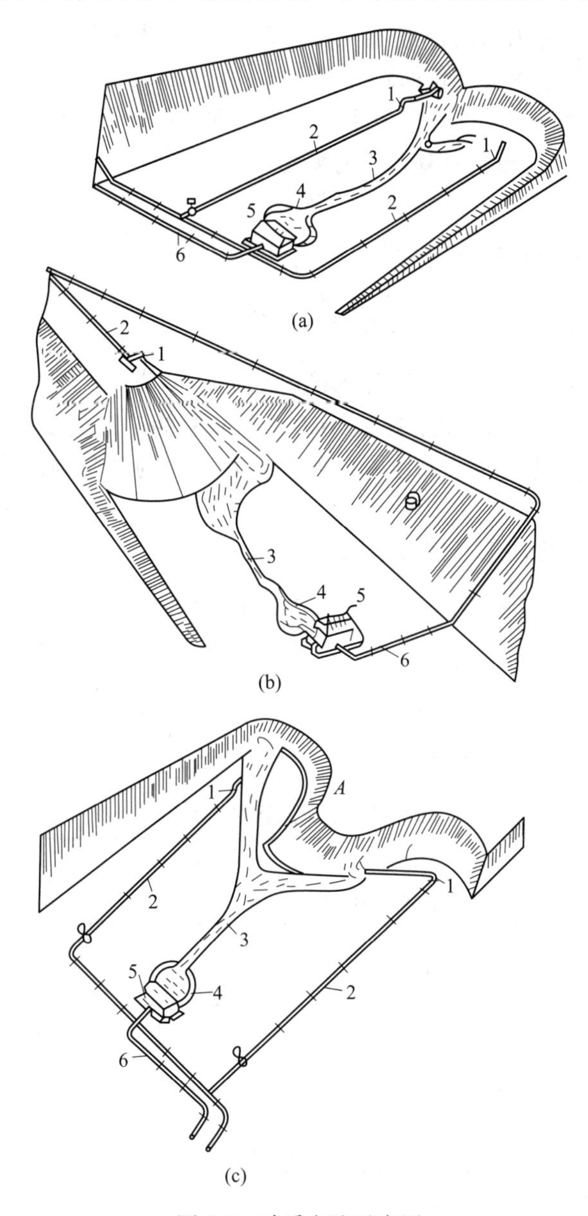

图 6-6 冲采方法示意图

(a) 逆向冲采；(b) 顺向冲采；(c) 联合冲采

1—水枪；2—供水管道；3—矿浆沟；4—吸浆池；5—砂泵站；6—水力运输管道

B 顺向冲采法

水枪位于上平盘靠近工作面（见图 6-6（b）），射流方向与矿浆的流动方向一致，可利用水枪射流推赶矿浆，并将大块砾石冲离工作面。缺点是由于水枪射流顺工作面，使水枪的有效冲击力大大减小，特别是台阶高度增大时，冲采面的坡面角小，射距增大，冲击力更小，冲采效率将明显下降，单位矿砂耗水量增大，也不能利用矿岩的重力崩落土岩。适用于矿床厚度为3~5m、土岩松散、胶结性差、含砾石较多、难以流运的砂矿。

C 逆-顺向冲采法

它兼有逆向和顺向冲采法的优点（见图6-6（c））。先采用逆向冲采法对工作面进行冲采，然后再顺向冲采残留在工作面附近的土岩。此时，由于射流方向与矿浆流运方向一致，改善了矿浆流运条件，因而冲采效率高，单位砂矿耗水量小。

6.4.5.4 水枪生产能力及水枪数量的确定

A 水枪生产能力

水枪生产能力按式（6-7）计算：

$$Q_T = \frac{Q_0}{q} K_1 K_2 K_3 \tag{6-7}$$

式中，Q_T为水枪生产能力，m^3/h；Q_0为水枪射水量，m^3/h；q 为冲采土岩的单位耗水量，m^3/m^3；K_1为冲采方法的影响系数，按表6-10选取；K_2为矿床底板特征影响系数，可按水枪清理残矿引起的耗水量增加系数选取，见表6-11；K_3为台阶高度影响系数，按表6-12选取。

我国部分矿山的水枪冲采平均效率见表6-13。

表6-10 冲采方法影响系数选取表

冲采方法	逆向冲采	顺向冲采	
		水枪位于下平盘	水枪位于平盘
影响系数	1	1.1	0.87

表6-11 矿床底板影响系数

耗水量增加系数	1.0	1.1	1.2	1.3	1.4	1.5	1.6	1.7	1.8	1.9	2.0
矿床底板影响系数	1.0	0.9	0.85	0.77	0.71	0.67	0.63	0.58	0.55	0.52	0.50

表6-12 台阶高度影响系数

台阶高度/m	<6	6~10	11~15	>15
台阶高度影响系数	0.80	0.95	1.0	1.11

表6-13 水枪冲采效率

矿山名称	新路矿	水岩坝矿	白面山矿	新冠矿	黄茅山矿	老厂砂矿	卡房矿	八一锰矿	坂潭矿	南山矿	派潭矿	永汉矿	泰美矿
水枪效率/t·台时$^{-1}$	35.3	63.6	48	176	196	119	126	47.6	54.4	101.4	23.77	20.55	25.9

B 水枪数量的确定

在一个采场内同时工作的水枪台数为

$$N_1 = \frac{Vq}{Tn_1n_2Q_0K_4} \tag{6-8}$$

式中，N_1为同时工作的水枪台数，台；V为采场的年产量，m^3/a；q为冲采土岩耗水量，m^3/m^3；n_1为年工作天数，d；n_2为日工作班数；T为班工作小数，h；Q_0为一台水枪的喷射水流量，m^3/h；K_4为时间利用系数，一般取值0.66~0.75。

考虑到水枪移设及清理工作面的废石和残矿时不中断冲采工作，每个采场必须设有100%~200%的备用工作面，备用工作面上都安设水枪，故采场所需的水枪总数应为

$$N_2 = (2 \sim 3)N_1 \tag{6-9}$$

式中，N_2为水枪总数，台。

6.4.6 运输方法

水力机械化开采所产生的矿浆通常采用加压水力运输或自流水力运输，在特殊条件下可采用倒虹管水力运输。

矿浆沿敞露的沟槽（或不满管）流动，是依靠沟槽底板坡度产生的重力分力实现的。自流水力运输是最经济而又可靠的运输方法，因此，只要能满足自流条件的，均应优先使用。

加压水力运输一般采用单级离心式砂泵加压，矿浆由管道输送。只有在采场狭窄、扬程小（不超过20~30m）和矿量不多的条件下，才采用射流泵提升矿浆，原因是其效率太低（仅20%以内）。

6.4.6.1 砂泵设备的选择计算

土岩性质、小时矿浆流量、运距和高程是选择砂泵设备的主要依据。

矿浆流量按式（1-10）计算：

$$Q_j = [Q_T(1 - m + q)/TK_1] + Q_w \tag{6-10}$$

式中，Q_T为日采矿量，m^3/d；T为日工作小时，h；K_1为工作利用率，取0.75~0.80；m为土岩孔隙率；Q_w为考虑地下涌水及大气降水等的水量，m^3/h；q为冲采土岩的单位耗水量，m^3/m^3；Q_j为矿浆体流量，m^3/h。

总扬程按式（6-11）计算：

$$H = H_1\gamma_j + h_L + h_M + h_B + h_O \tag{6-11}$$

$$h_L = i_jL \tag{6-12}$$

式中，H为总扬程，m；H_1为吸浆池液面至输浆管排出口间高差，m；γ_j为矿浆密度，t/m^3；h_L为输浆管内阻力损失，m；i_j为输浆管单位长度内阻力损失；h_M为输浆管内局部附加阻力损失，通常取（0.05~0.15）h_L；h_B为吸浆管内阻力损失，取2~2.5m；h_O为输浆管排出口剩余压头，取0.5~1m。

砂矿水力冲采中所形成的矿浆都是非均质浆体，目前计算单位长度阻力损失时均采用经验公式，而且不同的公式是按一定的实验条件得出的，从而决定了其特定的适用范围。管道压头损失计算经验公式比较繁杂，可参考文献。

6.4.6.2 砂泵选型及台数确定

根据总流量（Q_j）和总扬程（H），选取合适的砂泵型号。首先，将砂泵的清水曲线

参数（Q_0、H_0）换算成矿浆的流量（Q_{j1}）及扬程（H_{j1}），即

$$Q_{j1} = Q_0\gamma_0/\gamma_j \tag{6-13}$$

$$H_{j1} = H_0\gamma\alpha/\gamma_0 \tag{6-14}$$

$$\alpha = 1 - 0.0005\frac{\gamma_j - \gamma_0}{\gamma_j}K_T K_C \tag{6-15}$$

式中，Q_{j1}/Q_0为输送矿浆/清水的流量，m^3/s；H_{j1}/H_0为输送矿浆/清水的扬程，m；γ_j/γ_0为矿浆、清水体重，t/m^3；K_C为砂泵结构系数，取1.5~1.8；

K_T为物料粒径大小影响系数，按表6-14选取。

表6-14　固粒粒径影响系数

粒径/mm	30~20	20~5	5~3	3~1	1~0.5	0.5~0.25	0.25~0.10	0.10~0.05
影响系数	1.8	1.7	1.5	1.2	0.75	0.40	0.10	0.07

然后根据矿浆总流量Q_j和单台砂泵的矿浆流量Q_{j1}，选择砂泵型号和确定报需要的砂泵台数；按水力输送所需要的总扬程H和单台砂泵的扬程H_{j1}来确定串联的级数，即

$$n_1 = \frac{Q_j}{Q_{j1}} \tag{6-16}$$

$$n_2 = \frac{H}{H_{j1}} \tag{6-17}$$

式中，n_1为砂泵台数；n_2为水泵串联级数。

6.4.6.3　砂泵站

砂矿床开采中，有移动式和固定式两种泵站。前者是随工作面的推进或向下延深而定期搬迁的五雀六燕站，为移动方便，泵房与基础均可采用木结构或钢结构雪橇式的、履带式或迈步式大型移动式砂泵站。固定式泵站是位于采场境界以外与移动式泵站串联工作的增压站。由于吸入式泵站能调节砂浆流量与浓度，为移动泵站广泛采用。

6.4.7　供水

为保证水力机械化开采，必须向采场供应足够压头的水量，这是能否采用水力开采的先决条件之一。

6.4.7.1　水泵的选择

冲采所需水量按式（6-18）计算：

$$Q_0 = \frac{K_1 V_T q}{T} \tag{6-18}$$

供水设备应达到的扬程为

$$H_0 = \frac{p_0 + \sum h}{K_2} \tag{6-19}$$

式中，Q_0为水泵流量，m^3/h；V_T为采场日冲采土岩量，m^3；q为冲采土岩的单位耗水量，m^3/m^3；K_1为储备系数，一般取1.2；T为日工作小时，h；H_0为水泵的扬程，m；p_0为水枪出口应用的压力，pa；$\sum h$为供水系统的各种压力损失之和，Pa；K_2为扬程利用系数，

机械加压供水时取值为 1，自然压头供水时取值 0.75。

加压供水时，根据所需要的供水量及供水扬程在水泵产品系列中选择合适的水泵类型。当单台水泵的扬程或流量不能达到所需要的总扬程或总流量时，即应采取串联或并联来提高扬程或流量。

6.4.7.2 供水方式

按生产用水是否重复利用可分为单向供水与循环供水方式。为了节约水资源和减少对邻近水系的污染，均应尽可能采用循环供水方式。

循环供水方式中，所需水量主要取自排土场或尾矿库的澄清水。取自水源的水量仅用于补充在循环使用过程中损失的水量，即

$$Q_u \geqslant K_x Q_0 \tag{6-20}$$

式中，Q_u为循环所需供水量，m^3/h；K_x为水的循环损失系数，通常取值为 0.2～0.25；Q_0为生产用水量，m^3/h。

水的循环损失量，包括冲采工作面、引水沟、排土场等方面的损失。雨季损失少，旱季损失大。为了减少水的损失量，必须加强技术组织管理。

6.4.7.3 供水管道的选择

矿山供水管道系统，实际上是由主干管、分支干管和工作面管道组成的并联系统，如图 6-7 所示，各段管道在服务生产中的移设周期是不同的，所以各段管径应分别按流量予以计算。

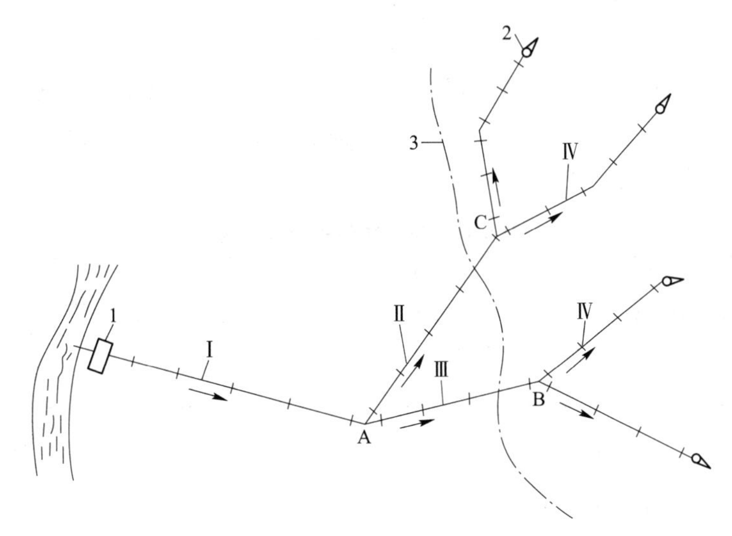

图 6-7 加压供水管道系统示意图
Ⅰ—主干管；Ⅱ，Ⅲ—分支干管；Ⅳ—工作面管道；
1—水泵站；2—水枪；3—采场境界

供水管道中水流的平均速度，应按其长度大小而定，当供水管道长度大于 1000m 时，平均流速取值为 1.0～1.5m/s，当供水管道长度小于 1000m 时，平均流速取值为 2.0～3.0m/s。

供水管道壁厚应与管内水体的压力相适应，可按式（6-21）计算：

$$\delta = \frac{pDK}{2[\sigma]} + c \tag{6-21}$$

式中，δ为管道壁厚，m；p为管内水体压力，一般取1.3倍水枪出口压力，Pa；D为供水管径，m；K为安全系数；$[\sigma]$为许用压力，Pa；c为考虑管道的缺陷和锈蚀的附加厚度，m，取0.5~1.0mm。

供水管道的阻力损失与钢管的直径及供水流量有关，当采用钢管供水时可采用式(6-22)：

$$i_0 = 9800 \times 0.00122 \frac{Q_0^2}{D^{5.312}} \tag{6-22}$$

式中，i_0为供水管道阻力损失，m·水柱/m；Q_0为水流量，m^3/s；D为管径，m。

6.4.8 水力排土场

水力排土场是排置水力剥离物的场所，是水力机械化开采矿山的一个重要组成部分。

6.4.8.1 水力排土场位置选择与容积确定

在选择水力排土场时，应遵循以下原则：充分利用经济价值较小的谷地、沼泽地以及采空区，尽可能与改造和复垦农田相结合；充分利用山谷且谷口窄小的地形，没有或少许地质断层及溶洞；应避免在村庄、城镇、工厂、主要公路或铁路线段上方；有利于回水条件，考虑污水处理问题。

所需水力排土场容积按式（6-23）计算：

$$V = KV_1 + V_2 \tag{6-23}$$

式中，V为所需水力排土场的容积，m^3；V_1为需要向排土场堆放的表土体积，m^3；K为排放物料的膨胀系数，按表6-15选取；V_2为澄清池的容积，黏性土岩取$5\sim6Q_j$，砂质土岩取$3\sim4Q_j$；Q_j为每天灌入排土场的泥浆量，m^3/d。

表6-15 排放物料的膨胀系数

土岩名称	黏性很大的土岩	普通的塑性土	重亚黏土	中重亚黏土	轻亚黏土	中重亚砂土	亚砂土	粉砂	黏土质砂	砂
膨胀系数	2~1.5	1.5	1.5~1.45	1.45~1.2	1.2	1.15	1.15~1.05	1.1	1.1~1.05	1.0

6.4.8.2 水力排土场的组成与排灌方法

A 水力排土场的组成

水力排土场由挡土坝、澄清池、溢水井和泄洪道组成，如图6-8所示。

建设排土场的初期，用人工或机械筑初始坝，以后随着排弃土岩量的增加而逐次加高。加高坝的方法有干式筑坝与排灌筑坝两种方法。前者从外面用人工或机械取土来筑坝加高；后者则直接将排浆管沿坝轴线铺设，再从排浆管接出许多短管向内坡面排灌，利用排灌泥浆沉积的粗粒物料自然地加高坝，而坝顶轴线逐渐向内移动。溢水井大多采用钢筋混凝土圆形井，并且四周相距一定的高度布有许多进水水孔，根据控制溢水层厚度要求关闭或启开进水孔；在服务期短及排土场深度小于10m时，可采用木质溢水井，泄水管从溢水井底部将水引出坝外。溢水井距挡土坝的距离不小于10m。

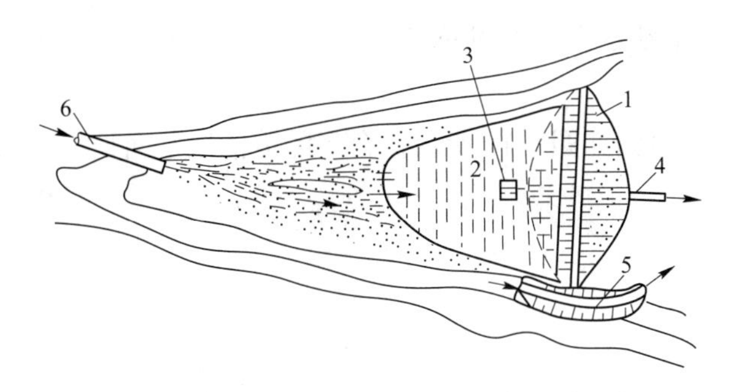

图 6-8　水力排土场组成示意图（端部排灌式）

1—挡土坝；2—澄清池；3—溢水井；4—泄水管；5—泄洪道；6—排浆管

B　水力排灌方法

根据排浆管在排土场的布置特点，可分为端部排灌与环状排灌方法。端部排灌法排浆管布置在某一位置排放泥浆，排灌是从管端部逐层进行，每层排灌完毕后，再向前加接管道。其主要优点是管路短，架设管道栈桥的工程量少，日常生产管理工作简单；突出的缺点是不能利用排灌的土岩来加筑挡土坝。

环状排灌法是泥浆管沿排土场土坝周边铺设，并用支托栈桥将泥浆管支托一定高度，自输浆管向水一侧接出泄浆短管，短管间距离为 8~10m，每个短管的截面积约为输浆管截面积的 20%，而同时泄浆短管数约为 7~8 个，以保证流向输浆管末端浆体小于每个短管泄放的量。该法的优点是能利用排放的土岩加高土坝，同时泥浆分散排灌有利于固体物料的迅速沉降；但因环状排灌时布设管路长，生产管理较复杂，所以在生产中常用端部排灌与环状排灌联合方法，如图 6-9 所示。

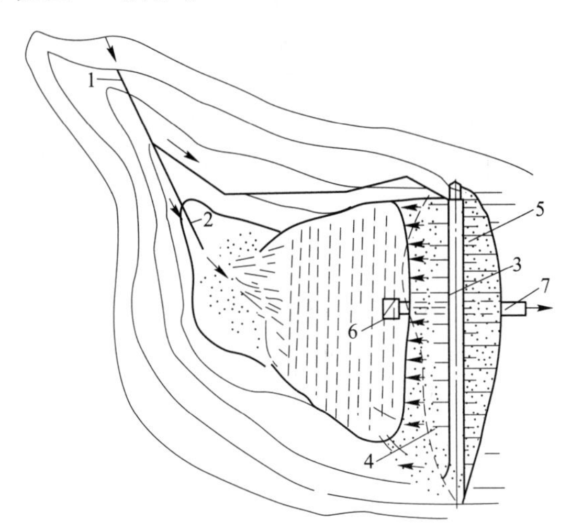

图 6-9　端部-环状联合排灌示意图

1—输送泥浆主管道；2—端部排灌管道；3—环状排灌输浆管道；4—泄浆短管；
5—挡土坝；6—溢水井；7—泄水管

6.4.8.3　水力排土场澄清池水面长度及溢流井流量的计算

砂矿床水力机械化开采中，都是采用连续作业的排土场。为了保证泄出水中含固量在

300~500g/L 以下，澄清池水面长度和溢水井流量是最重要的两个参数。

A 澄清池水面长度

澄清池水面长度示意图如图 6-10 所示，合理的澄清池水面长度按式（6-24）计算：

$$L = K\frac{v_c}{\omega}h \tag{6-24}$$

$$v_c = \frac{Q_j}{Bh} \tag{6-25}$$

式中，L 为水面长度，m；K 为备用系数，取值 1.2~1.5；v_c为澄清池中泥浆流速，m/s；ω 为要求沉降在排土场的最小固粒的沉降速度，m/s；h 为控制的溢水层厚度，m，一般取值 0.10~0.12；Q_j为排灌泥量流量，m^3/s；B 为澄清池水面起点与溢水井之间的流动宽度，m，通常取值 30~50。

实际生产中，L 值变动在 50~350m 之间，溢水井距挡土坝距离不小于 10m。

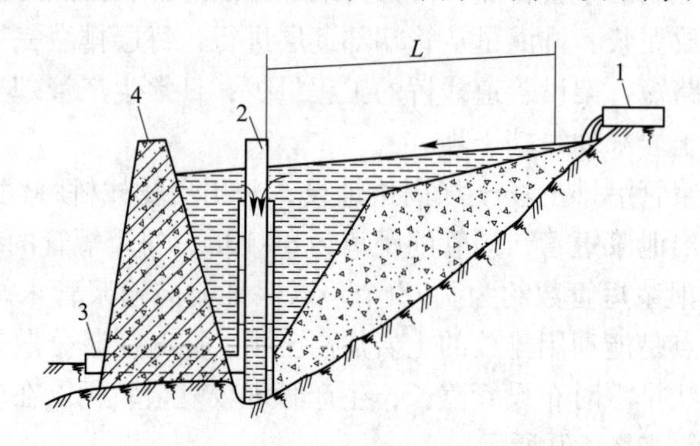

图 6-10 澄清池水面长度示意图

1—排浆管；2—溢水井；3—泄水管；4—挡土坝

B 溢水井与泄水管道的流量

当采用钢筋混凝土溢水井时，其流量按式（6-26）计算：

$$Q_m = \mu S\sqrt{2gh} \tag{6-26}$$

式中，Q_m为溢流井流量，m^3/h；μ 为孔口流量系数，取值 0.64；S 为孔口断面积，m^2；h 为溢流井外水面与孔口中心间的高差，m。

泄水管关系密切的流量按式（6-27）计算：

$$Q_g = \mu\frac{\pi d^2}{4}\sqrt{2gH} \tag{6-27}$$

$$\mu = \frac{1}{\sqrt{1 + \lambda_0\frac{L}{d} + \sum\xi}} \tag{6-28}$$

式中，μ 为直接排入大气的流量系数；d 为泄水管直径，m；H 为泄水管中心水位，m；λ_0为泄水管阻力系数；L 为泄水管长度，m；$\sum\xi$ 为泄水管的局部阻力系数之和。

6.5 水下砂矿采砂船开采

6.5.1 采砂船及其分类

用于开采内陆砂矿床的采砂船，是一种漂浮式的从事水下砂矿床开采的采选联合设备。其整个开采过程包括采掘、从水底将矿砂提升到选矿设备，集中流域选回收重矿物以供进一步精选，以及将尾矿排弃到船后的采空区。采砂船主要由安装在平底船上的采掘设备、洗选设备、调船设备、尾矿排弃设备以及相应的供电、供水、通讯与仪表等辅助设备组成，形成连续生产工艺系统。

用于开采内陆砂矿床的采砂船，主要是根据采砂船的采掘设备系统的特点和调船方式，以及采掘深度与生产能力来进行分类的。

（1）按采掘设备系统的不同分为：链斗式、吸扬式、铲斗式和抓斗式四大类[6]。

（2）除铲斗式采砂船外，按采砂船生产过程中调船设备可分为桩柱式、钢绳式、混合式三种。

（3）按采掘水下深度大小可分为：浅挖型（深度在6m以内）、中等挖掘型（深度为6~18m）、深挖型（深度在35m以内）、超深挖型（深度大于35m）。

（4）对于链斗式采砂船，按其斗容大小可分为：小型（斗容在100L以内）、中型（斗容为150~250L）、大型（斗容为250~600L）、特大型（斗容大于600L）。

（5）对于吸扬式采砂船，按其吸管前面是否安装松散土等多方面的设备以及设备类型可分为直吸式采砂船、绞刀切割吸扬式采砂船、轮斗切割吸扬式采砂船、水力松动吸扬式采砂船。

目前，世界上使用最多的采砂船是链斗式采砂船。现以桩柱式链斗采砂船为例介绍采砂船工作原理。桩柱式链斗采砂船（见图6-11）的挖掘装置是一条由许多挖斗组成的挖斗链2，工作时它被上导轮的主驱动14带动回转，当上导轮转动时，斗链由斗桥1上的托辊和下导轮3引导，以一定的速度围绕上下导轮及斗桥运转，挖斗在重力作用下插入矿岩，并将其挖掘上来。斗桥的上端固定在由两个轴承座支撑，并与上导轮滑轮组5、悬吊在前桅杆9上，钢绳的另一端绕在起落斗桥的绞车上，斗桥的悬吊装置可调整和保持斗桥在需要的挖深层位上挖掘土岩。在船的尾部有两个用以固定采砂船的桩柱22。船工作时，其中一个提起，称非工作桩，另一个下放并插入尾砂堆中，称工作桩。船工作时是以工作桩为圆心，在水面上做扇形的圆弧运动。因此，挖斗既有回绕上下导轮及斗桥的运动，又有以工作桩为中心的圆弧运动，是一种复合运动。挖斗挖掘的土岩随挖斗沿斗桥提升到上导轮处翻卸，并通过受矿漏斗卸入圆筒筛，进行冲洗、碎散和土岩筛分。筛上的砾石和杂物由砾石胶带机20排到船尾采空区。砾石胶带机是由传动装置19带动，并由砾石胶带机固定钢绳18悬吊在后桅杆17上。砾石胶带机可通过绞车16进行起落，调整高度。筛分下来的矿砂进入选别设备进行选矿，选别的细尾矿由尾砂溜槽21排弃到船后采空区。船的移动主要是靠两个桩柱22进行的，船移动前先将斗桥提升到水面以上，然后通过两个桩柱交替提升和下放，同时船配合进行往复回转，实现向前移动一个步距。

船挖掘时，先放下斗桥，然后横移绞车，使斗桥从工作面的一角转到另一角。挖掘一

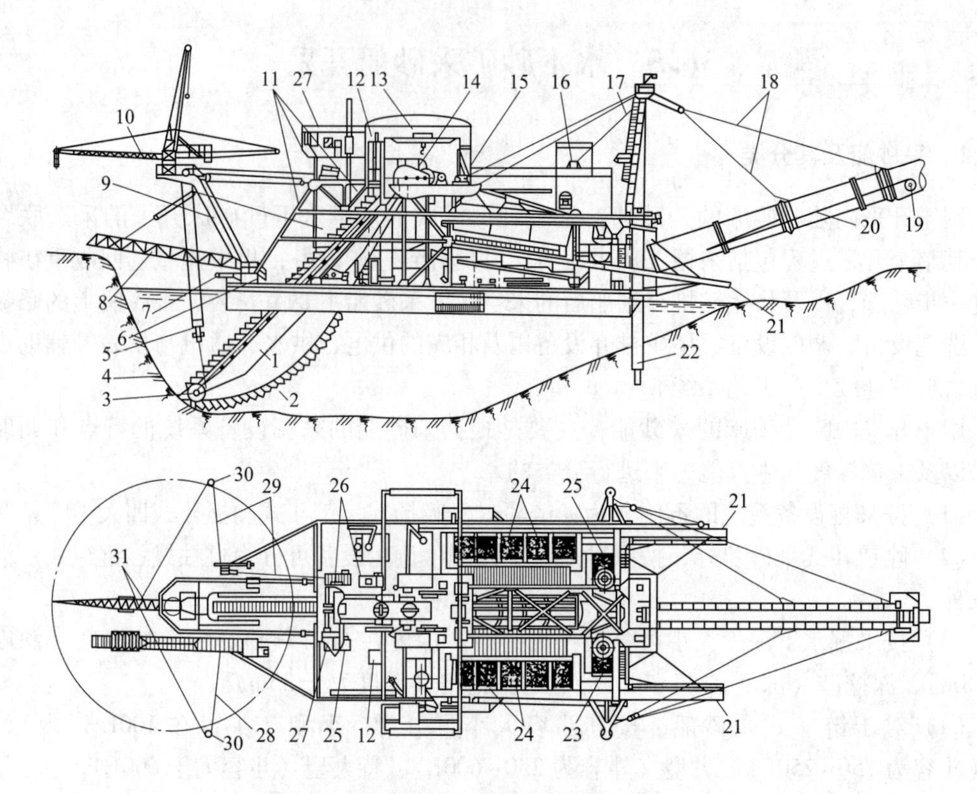

图 6-11　桩柱链斗式采砂船整体结构示意图

1—斗桥（斗架）；2—斗链；3—下滚筒；4—工作面；5—提升斗桥滑轮组；6—平底船；7—水枪；8—上岸桥；9—前桅杆；10—船首起重机；11—主桁架；12—电梯；13—桥式起重机；14—主驱动；15—桩柱绞车；16—带式输送机绞车；17—后桅杆；18—砾石带式输送机规定钢绳；19—带式输送机传运装置；20—砾石带式输送机；21—尾砂溜槽；22—桩柱；23—精选跳汰机；24—粗选跳汰机；25—左横移绞车；26—右横移绞车；27—斗桥提升绞车；28—左横移钢绳；29—右横移钢绳；30—岸上滑轮；31—横移钢绳固定点

个分层后，斗桥再下放一个分层厚度，开动返程绞车，向另一角回转并挖掘下一个分层矿岩。如此反复，由地表一直挖到砂岩底板为止。

6.5.2　矿区开采顺序

当划定矿区和采区后，采砂船开采的起始位置及其推进方向，通常是按采砂船开采推进方向和顺序与河流方向或矿床底板倾斜方向的相对关系进行分类，可分为上行（逆河流或逆矿床底板倾斜方向）、下向（顺河流或顺矿床底板倾斜方向）及上行与下行联合推进开采三大类。

采砂船开采推进方向分类及其优缺点见表 6-16。

在一般情况下，上行开采用得比较多，其主要原因是可防止工作面被细泥尾砂污染，可以利用尾砂筑坝以提高水位，有利于尾矿场的布置等，因而可以提高采砂船的生产能力。如果矿区内有废弃的矿坑和空洞时，上行开采可避免采池突然漏水而发生拖船事故。当补给水的流量小和采用筑坝开拓时，则宜采用下行开采。

表 6-16 采砂船开采推进方向分类及其主要优缺点

开采推进方向分类	特　点	主要优点	主要缺点	使用条件
上行式开采	自矿体下游端部逆河流上行开采	使用条件好，有利于选矿回收率提高；易清底板，损失贫化小；洪水期易保证安全；管理简单，生产可靠；有利于尾砂排弃	不能先选择富矿段开采；当需要采用筑坝开拓时，损失贫化大；若矿体下游端发现延伸，可能增加基建投资	矿体下游端部封闭；矿体品位均匀，无需选择首采矿段；多艘船采时，矿体宽度应大于两倍最小采幅
下行式开采	自矿体上游端部顺河流下行开采	筑坝开拓时，矿砂损失贫化小；补充水源小时，易于保持采池水位	不能先选择富矿段开采；若矿体上游端发现延伸，可能增加基建投资；与上行开采优点相反	矿体下游端部封闭；矿体品位均匀，无需选择首采矿段；多艘船采时，矿体宽度应大于两倍最小采幅；严禁水直冲水池；有洪水威胁的矿体，船应设在特避区，不得停止挖掘
联合开采向心开采	采砂船分别自矿体的两端向储量中心开采	矿山开采末期，仍可保持高产量；可根据矿床地质特点合理组织减少损失贫化	不能先选择富矿段开采；建船的工程随采砂船数量而变化	一个矿区内有两艘以上采砂船同时开采；矿体下游端部封闭；选择基坑位置时，不受征租农林和移民以及产地所属权的限制
向心返航开采	与向心开采基本相同，但开采中必须留下单采幅或多采幅矿段为返航时开采	与向心开采基本相同	比向心开采经营费用高；矿砂损失贫化较大	一个矿区内有两艘以上采砂船同时开采；矿体宽度不得小于最小采幅的两倍；矿体下游端部封闭
相背开采	多艘船同时位于储量中心，经相反方向开采	易于利用富矿区作为首采区；对于矿体两端延伸矿量易于开采	划归每艘船开采的储量不易平衡，故矿山末期产量可能不稳定；采掘计划复杂	采用数艘采砂船同时开采的矿床；矿体两端没有封闭；B 级储量位于矿量中心；在征租土地、移民等方面无困难；勘探可靠，储量无大变化时

6.5.3 开拓

采砂船开采的开拓系统指形成供采砂船工作的基坑（或水池），并为开辟开采工作面准备出必要的空间，即保证船能自由调动，使采砂船能顺利地接近砂矿体并进行开采。

6.5.3.1　开拓方法的分类

根据砂矿床的赋存条件和所选用的采砂船的规格尺寸来确定开拓方法。采砂船开采的开拓方法有三大类：基坑开拓、筑坝开拓和联合开拓[7]。

（1）基坑开拓：首先在矿体附近开掘一个具有一定尺寸的基坑，采砂船在基坑内组建，然后充水，扩大基坑，并挖掘一条通往矿体的通道，然后进行开采。通道的最大坡度可达6°~8°。

（2）筑坝开拓：当砂矿层的水下埋深小于根据采砂船吃水条件所规定的最小水下埋深，就不能采用基坑开拓法。为此，需要在河谷适当位置修筑拦水坝，以提高采区水位。

（3）联合开拓法：根据矿体赋存条件，取基坑与筑坝开拓两者的特点进行联合开拓。

6.5.3.2　基坑开拓法

A　基坑的位置和形式

基坑的位置将影响矿床的开采顺序。一般应将基坑布置在储量级别高、品位较高、剥离量少、供水供电条件好、少占农田以及不被洪水淹没的位置，以利于减少投资和提高矿山前期的经济效益。

基坑的形式有平地船坞、基坑和主副基坑船坞三种。第一种是把船在平地上组建后下水的方法，可用于小型采砂船，因工艺复杂、占地面积大，现很少使用；第二种是把船在已挖好的基坑内组装后灌水漂浮的方法，此法在我国最常用；第三种是把平底船组成在副基坑内，待完工后用浮力移到主基坑的方法，因占地面积大、工艺复杂，在没有特殊的情况下尽可能不采用。

B　开拓基坑尺寸

基坑开拓时，基坑尺寸按式（6-29）~式（6-31）计算：

$$L_k = 1.25\sqrt{(L_{ch} + l)^2 + B^2} \tag{6-29}$$

$$B_k = \sqrt{L_{ch}^2 + B^2} + 2e \tag{6-30}$$

$$H_k = 0.8h_{ch} + M + e_B \tag{6-31}$$

式中，L_k为基坑长度，m；B_k为基坑宽度，m；H_k为基坑水面以下深度，m；L_{ch}为平底船长度，m；l为尾砂溜槽长度，m；B为平底船宽度，m；e为安全间隙，m，一般取3~5m；h_{ch}为平底船吃水深度，m；M为建船时的垫木高度，m，一般取1~1.2m；e_B为备用高度，m，一般取0.8~1.0m。

C　采砂船出基坑方法

采砂船出基坑常用三种方法：直通式出坑法、调船出坑法和通道式出坑法。

第一种方法是在靠近矿体时采用的方法，必须满足最小采幅，逐步加大挖深，加深角一般为5°~14°，正常所需加深角为6°~8°，如图6-12所示。

第二种方法是为出基坑中靠近矿体后准备调船的方法，此时，必须满足调船90°所需的最小采幅，如图6-13所示。

第三种方法是基坑离矿体较远时采用的方法，即先以通道形式出基坑，行至距矿体一定距离时加大挖深，靠近矿体的方法。

出基坑中为了确保船体安全，通常用引水渠或筑坝形式向采池供水；但是当采池内水与外部水系形成通路时，水位差不得大于 0.5m。采砂船出基坑后，对原来组建采砂船时占用的场地，应用推土机整平。

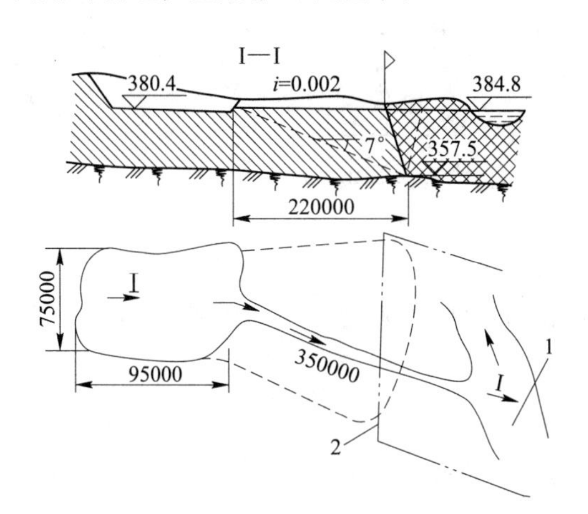

图 6-12 采砂船直通式出坑法
1—河流；2—矿体界线

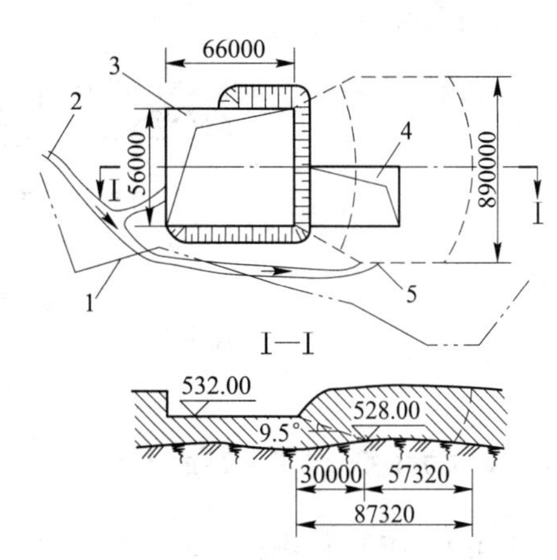

图 6-13 采砂船调船式出坑法
1—矿体界线；2—引水渠；3—主基坑；4—副基坑；5—出坑界线

6.5.3.3 筑坝开拓

在砂矿床开采时，通常表土筑坝；也有土石混合物坝或堆石坝。坝的参数可按下列原则来确定。

坝的高度决定于地形、坝体间距、采砂船类型以及矿层厚度，如图 6-14 所示。坝的高度按式（6-32）计算：

$$h_b = H_a - H + L_b \sin\alpha + h_y \tag{6-32}$$

式中，h_b为坝的高度，m；H_a为采砂船的安全水位高度，m；H 为矿层厚度，m；L_b为两坝中心线斜距，m；α 为矿体倾角，（°）；h_y为考虑到采池波浪爬高及安全超高的备用高度，m，当水面面积大于 20000m^{2}时取值为 1.2~1.5m，反之则取值为 0.8~1.0m。

坝顶宽度与坝的高度有关，当坝高小于 10m 时，顶宽取 2.5m；坝高 10-20m 时，顶宽取 3.0m。

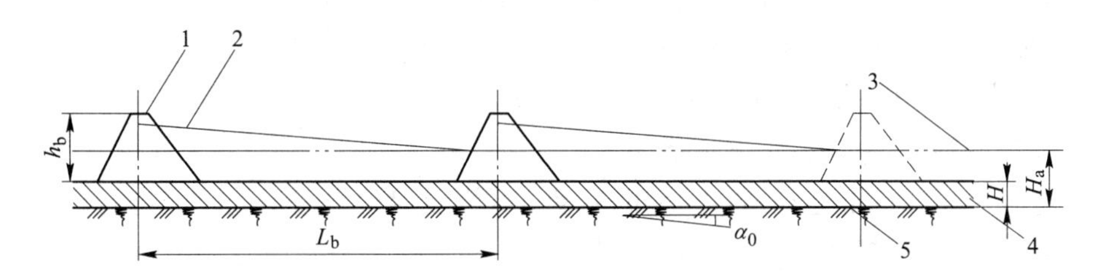

图 6-14 坝与水位关系
1—坝；2—水位线；3—采砂船的安全水位线；4—矿层；5—底板界线

6.5.3.4 联合开拓

阶段开拓法亦称为独立水平开拓，在国内得到广泛应用。这种开拓方法的实质是，砂矿床上部用其他工程机械进行开采，如图 6-15 所示，而采砂船只开采矿床的下部分，这就不需要筑坝提高水位。如果上部是不含矿的表土，可用机械剥离到距潜水面0.5~1.0m时停止。如果上部为冲积层含矿，则上部台阶、下部平盘的标高，可以根据采砂船允许的最大干帮高度确定。

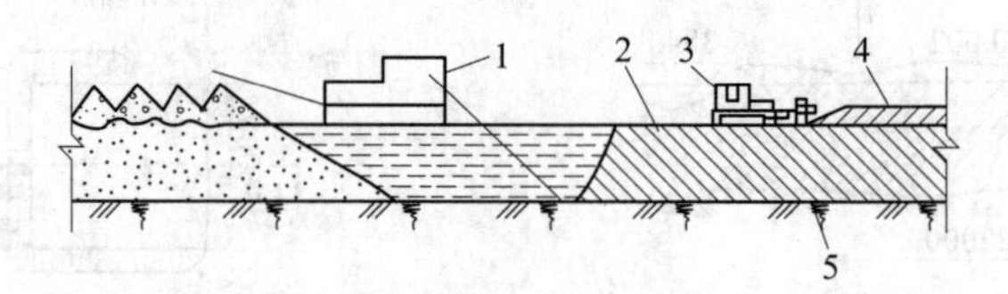

图6-15 阶段开拓

1—采砂船；2—矿体；3—推土机；4—表土层；5—底板界线

6.5.4 采矿方法及其开采基本参数

6.5.4.1 开采路线分类与使用条件

一般采砂船开采中，回采路线分为纵向（沿走向）、横向（垂直走向）和混合物式三大类，如图6-16所示。

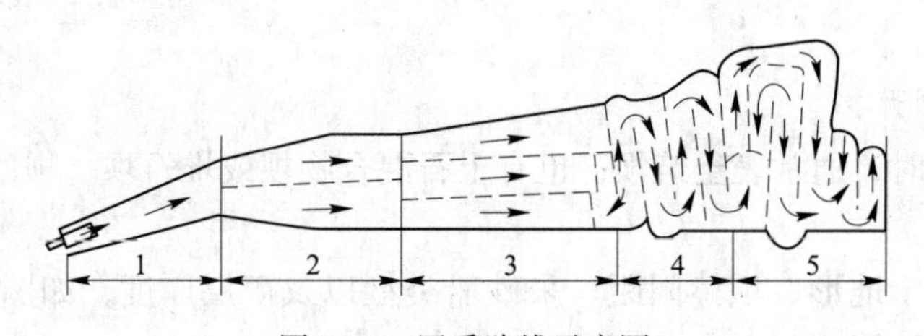

图6-16 回采路线示意图

1—单幅纵向；2—双幅纵向；3—三幅纵向；4—单幅横向；5—双幅横向

选择回采路线时一般考虑以下因素：

(1) 矿体边界的准确性和矿体宽度变化程度。勘探程度低，矿体较宽（大于180m），矿体界线不清时，一般采用横向回采路线。

(2) 矿砂损失贫化率。中层以上且较宽的矿体，当采用桩柱式采砂船单幅回采路线时，尾矿堆一般压矿，增加矿砂损失贫化率，因此常用多幅回采路线。

(3) 机剥排土场的位置和设备效率。

(4) 尽可能利用已有的交通运输等有利条件。

6.5.4.2 回采方法分类及使用条件

根据挖斗在工作面上运动轨迹、船的移动方式以及船与采场纵向轴线相对位置三个主要因素，对链斗式采砂船回采方法进行分类。

A 掏槽法

采砂船的斗桥放至底板，用掏槽的方式回采靠近底板一层矿砂。上部土岩靠自重崩落到底板后继续回采的工艺，为单掏槽回采法。

双掏槽回采法是根据矿砂自崩性把矿体分上下两个分层，先浅后深依次进行掏槽开采。

图6-17为掏槽回采法示意图。

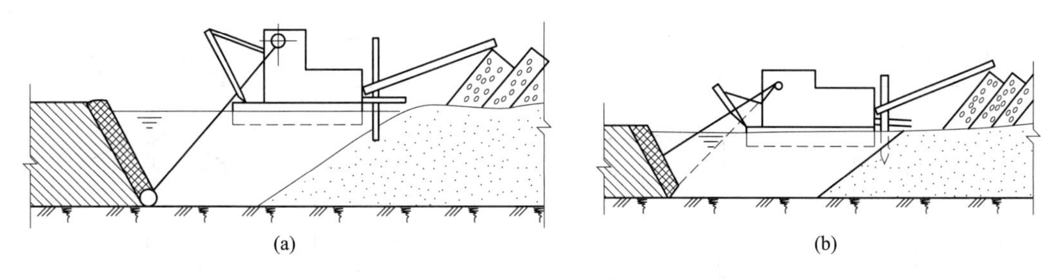

图 6-17　掏槽回采法

（a）单掏槽回采法；（b）双掏槽回采法

B　分层回采法

分层回采法（见图 6-18）的实质是将砂矿床全厚分成很多分层（刨片厚度或斗桥下放值），由浅到深逐层挖掘的回采方法。每个分层厚度视矿砂的易挖性取值 0.05～0.6m。由于此法对矿砂性质要求不严，在国内外广泛应用。

若采砂船位于采场正中央，即船的轴线与采场的纵向中心线近似重合的回采法，称为正工作面分层回采法（见图 6-18（b））。特点是开采中所形成的尾矿堆在采场中心线两边近似对称，适用于浅层砂矿床。

当采砂船的纵轴线与采场的纵向中心线始终保持一定距离进行分层回采时，称为斜工作面分层回采法（见图 6-18（c）），多用于中厚砂矿床开采中。

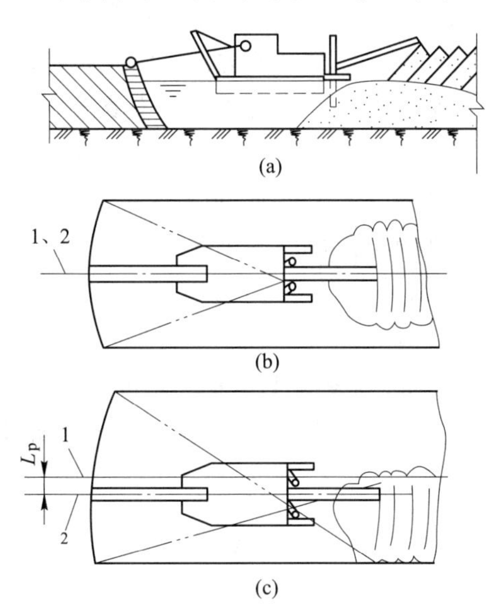

图 6-18　分层回采法

（a）分层回采工艺；（b）正工作面回采法；（c）斜工作面分层回采法

C　半工作面回采法

半工作面回采法（见图 6-19）是将正常采幅分为两个（或三个）小采幅分别回采的工艺。根据开采技术条件，分为常规法、换桩法、调船法和调艉法等。

常规法是指利用正常的工作桩分别回采小采区的方法。其废石堆形成规律与正工作面

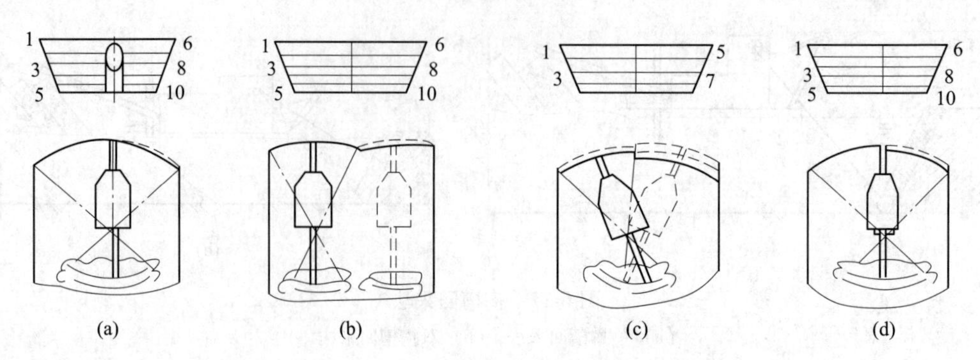

图 6-19 半工作面回采方法

（a）常规法；（b）调船法；（c）调艉法；（d）换桩法

回采方法相同。主要应用于巨砾石分布不均匀或寒冷地区早春尚未完全解冻矿段。

换桩法是将左右两个小采区分别用相应桩柱进行回采的工艺，其尾矿堆的抛散宽度大于常规法。因此尾矿堆堆积高度较低，应用于易触艉的矿段。

调船法的实质是在一个采幅中应用多幅回采的工艺。与常规和换桩法比较，采砂船回转角小，生产能力相应较高，尾矿堆积宽度大且分布均匀，堆积高度低。应用于矿体干帮较高或筛下量较多，易于角砾石带式输送机或尾砂溜槽的矿段。

调艉法是指采砂船在回采左侧小区时，将艉甩到右侧；回采右侧时，把艉调到左侧的工艺。其尾矿堆抛散宽度略大于换桩法。应用于筛下量多，易角艉溜槽的矿段。

由于半工作面回采法停船时间长、生产能力低，因此只有在矿砂粒度变化较大、干帮较高、有可能触艉或有地下障碍物时，作为避免生产事故的一种应急措施，通常不用。

D 阶段工作面回采法

为了保持最佳满斗系数，提高采砂船生产能力，采用不同的分层厚度进行回采的方法。一般角隅处的分层厚度是中部分层厚度的 1.5 倍。

图 6-20 为阶梯工作面回采法示意图。

E 半步回采法

半步回采法（见图 6-21）实质是采砂船只前移半步进行回采，工作平台呈“半月牙形”。由于生产能力不平衡、效率低，一般在地下障碍物较多，且无法预测具体位置时才采用。

图 6-20 阶梯工作面回采法

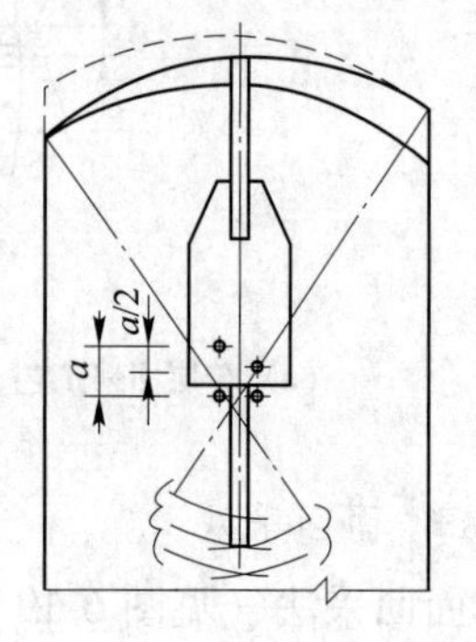

图 6-21 半步回采法

F　混合回采法

当开采矿段的矿砂性质变化较大时，为了提高采砂船生产能力和安全，采用两种以上回采工艺，即混合回采。常用的混合回采法有以下三种：

（1）掏槽—分层混合法。当矿体浅部为松散土岩、深部为砂砾石层时，则上部用掏槽法，下部采用分层法。

（2）正工作面—半工作面混合法。当局部矿段有地下障碍物时常用此法。

（3）水枪—采砂船混合法。若遇干帮较高矿段，采砂船开采不安全时，在船上安装水枪，冲采干道帮，矿浆流入采池后再用船回采的工艺。但应注意，生产前必须验证尾矿堆积高度，以防触艉。

G　横移回采法

钢绳式采砂船横移中，按照船纵轴线与采场纵向中心线的关系，分为平行横移法、斜向横移法、扇形横移法、十字形横移法四种。

平行横移法（见图6-22（a））是指船纵轴线和采场纵向中心线保持平行的回采工艺。由于它的缺点较多，国内应用较少。

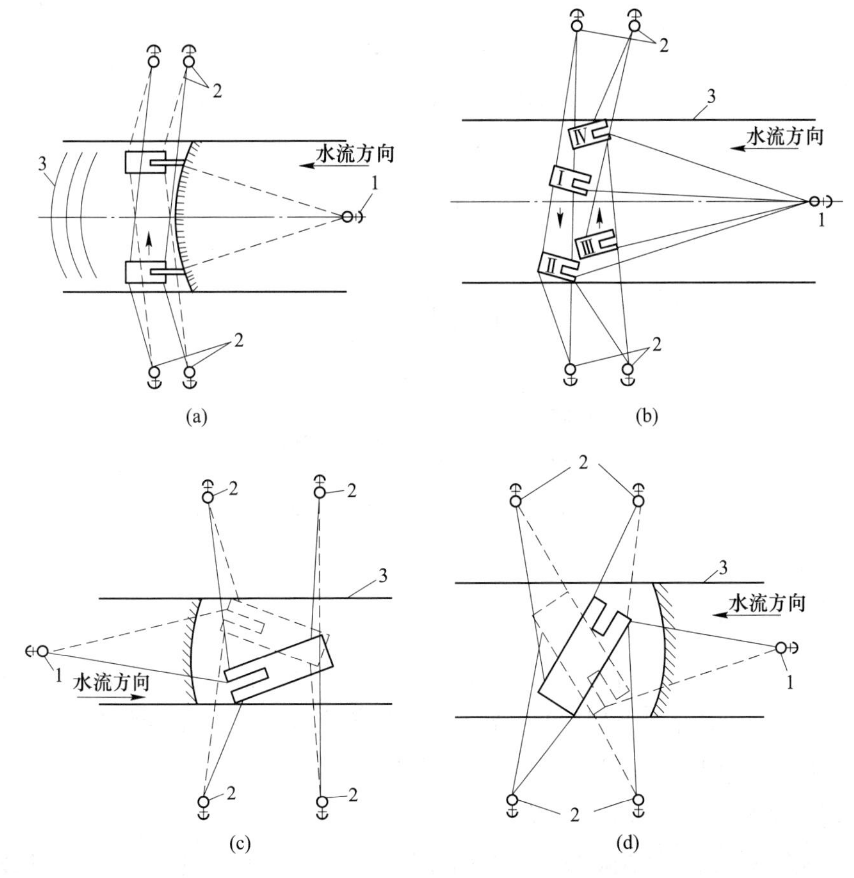

图6-22　钢绳式采砂船回采方法
（a）平行横移回采法；（b）斜向横移回采法；
（c）扇形横移回采法；（d）十字形横移回采法
1—矿体界线；2—流向；3—前进方向

斜向横移法（见图 6-22（b））系船纵轴线与采场纵向中心线成一定角度（一般小于 10°）的工艺。由于生产能力高于平行横移法，且挖掘阻力小，不易脱链并能控制矿体界线，所以被广泛应用。

扇形横移法（见图 6-22（c））实质上是船艉基本不动，近似于桩柱式采砂船的回采方法。

十字横移法（见图 6-22（d））指采砂船中心位置近似不变的回采工艺。因为此法调船频繁，效率很低，开采窄矿体中应用。

H　三进一退回采法

艏绳式采砂船在回采角隅时生产效率低，一般为中部区域的 1/4～1/3；为了提高效率，有时采场中间区域采完三帮（即进船三次），再把采砂船退到原位，集中回采角隅处矿砂的工艺。

I　桩柱—钢绳式联合回采法

为了解决钢绳式采砂船回采角隅生产效率低的矛盾，用桩柱式回采角隅的回采工艺，如图 6-23 所示。

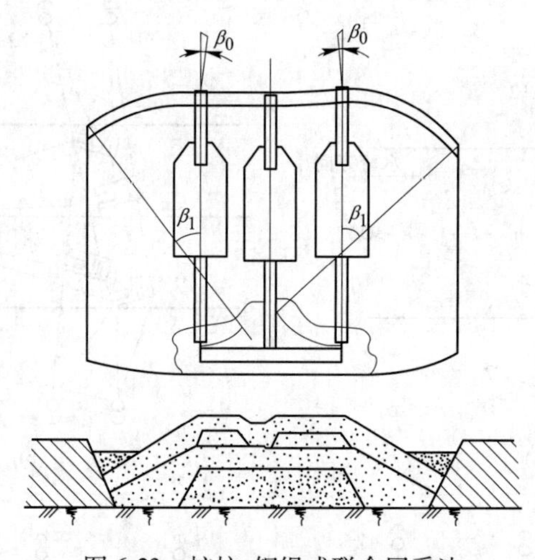

图 6-23　桩柱-钢绳式联合回采法

6.5.5　尾砂排弃方法

采砂船开采的矿砂，经过洗选后的尾砂及砾石等杂物，需要及时排弃到船尾后的采空区内。目前，采砂船开采排弃尾砂的方式有：单层排弃法、双层排弃法及多层排弃法三大类（见图 6-24）；其中以双层排弃方法使用最广泛。

6.5.5.1　*尾砂—砾石双层排弃法*

尾砂—砾石双层排弃法是矿砂经圆筒筛筛分后，筛下矿物经选矿工艺，由尾砂溜槽将尾砂排至艉部附近，筛上砾石经砾石带式输送机排于尾矿堆上部的排尾方法。所形成的废石堆层次是下部为砂和细砾，上部为粗砾，该排尾工艺简单，不易压矿，损失贫化小，在我国应用较广，但所形成的废石堆积较高且砾石在上，不利于复田或生态平衡。

6.5.5.2 砾石—尾砂双层排弃法

筛上砾石经砾石溜槽排于艉部附近，筛下矿砂经选矿，尾砂用砂泵输送到水力旋流器，经脱水排至砾石堆上部。该排弃方法虽然工艺复杂，易压矿，矿砂损失贫化大，但是形成的废石堆积高度比砂砾法低且平坦，有利于复垦和生态平衡。

6.5.5.3 砾石—尾砂—砾石多层排弃法

这种方法是筛下矿砂经选矿，除一小部分尾砂排到船艉附近外，绝大部分尾砂流入船上尾矿池，沉降的砂由斗轮提升机转载到砾石带式输送机上，与筛上砾石混合一并抛至采空区的工艺。该工艺复杂，所需设备多，但是不易压矿，采收率高，贫化小，废石堆高度接近原地标高，利于生态平衡，因此是一种有发展前途的排弃方法。

从回采方法考虑尾矿堆积形式，大体上可分为不压矿型、单侧压矿型及双侧压矿型三种，如图 6-25 所示。实践表明：挖深小于 6m 时不压矿；挖深为 6～15m 并采用斜工作面回采时出现单侧压矿；挖深为 15～20m 时出现两侧压矿。

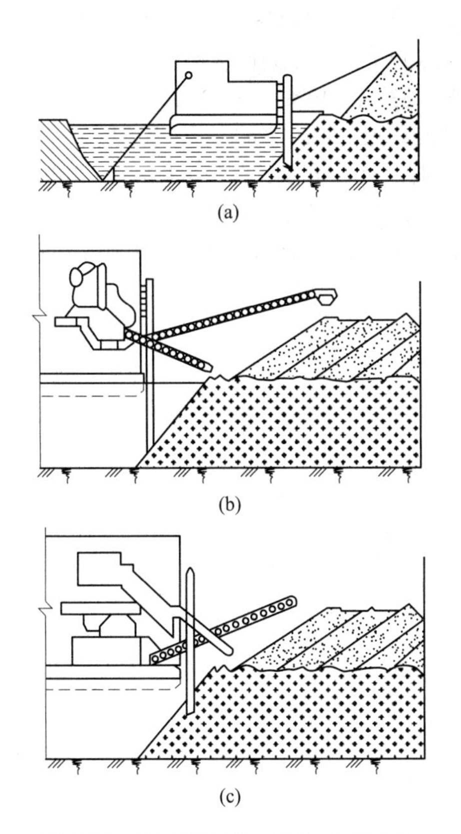

图 6-24 采砂船尾砂（砾）排弃方法
（a）砂（下部）—砾石（上部）双层排弃法；
（b）砾石（下部）—砂（上部）双层排弃法；
（c）砾石（下部）—砂（中间）—砾石（上部）双层排弃法

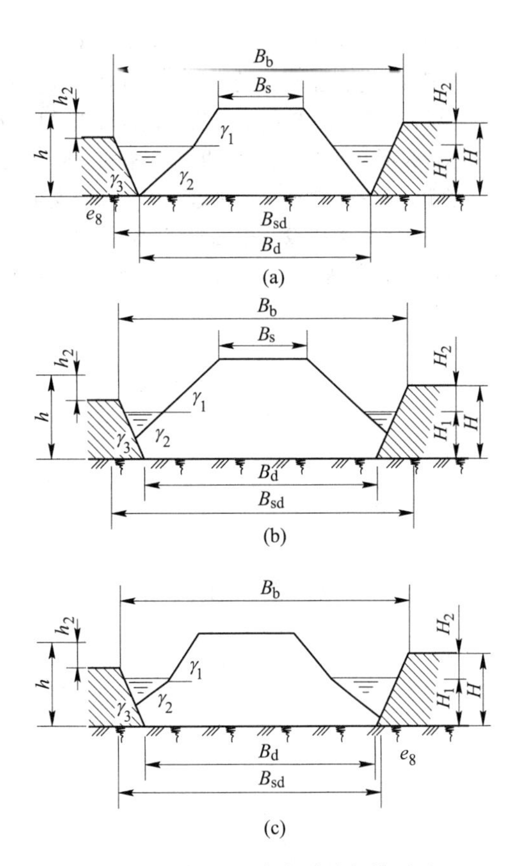

图 6-25 桩柱链斗式采砂船排尾矿堆积类型示意图
（a）不压矿；（b）双侧压矿；（c）单侧压矿

思 考 题

6-1 砂矿床成因有哪些？如何影响采矿方法的选择？

6-2 水力机械化开采是一种高效率的开采方法，其适用条件和优缺点有哪些？

6-1 水力冲采的原理是什么？各水枪开采方法作用过程是什么？有何特点。

6-2 详述采砂船开采的开拓系统类型。

参 考 文 献

[1] 东北工学院采矿教研室. 国外砂矿开采近况 [J]. 有色金属（采矿部分），1975（2）：31~36.

[2] 程国政. 建筑工程招投标与合同管理 [M]. 武汉：武汉理工大学出版社，2005.

[3] 李学锋. 沙笼钛矿船采工艺的试验研究 [J]. 矿业研究与开发，1998（4）：3~5.

[4] 茹拉夫斯基 A M. 水力采煤理论基础 [M]. 北京：煤炭工业出版社，1960.

[5] 张娜. 苦果箐尾矿库回采过程中坝体的安全性分析及研究 [D]. 昆明：昆明理工大学，2010.

[6] 焦云然. 组合式绞吸挖泥船结构强度分析 [D]. 舟山：浙江海洋大学，2019.

[7] 魏德宁，张鑫. 浅谈硅砂矿露天开采工艺方法的研究 [J]. 能源与节能，2014（7）：101~102，155.

7 自然硫矿床钻孔热熔法开采

7.1 概　　述

7.1.1 自然硫矿床主要特征

自然硫矿床按其成因分为风化型、火山型和沉积型三种类型[1-3]。

（1）风化型自然硫矿床。风化型自然硫矿床系由金属硫化物（主要是黄铁矿）或硫酸盐氧化分解而成。这种硫一般成裂隙或溶洞充填形式出现，很少有工业利用价值。

（2）火山型自然硫矿床。火山型自然硫矿床的形成与火山活动的关系十分密切，自然硫多累集于多孔的熔岩或火山凝灰质堆积物的裂隙和孔穴中，多以交代和无填形式出现，也有沉积于火山湖内呈层状或似层状产出。这类矿床主要分布在年轻的火山活动带。多数产在第三纪以后，尤以现代火山带最多。太平洋火山带有数百个火山型自然硫矿床，延伸3万公里以上，总储量为6~10亿吨[4,5]。这类矿床中，储量较大的分布在智利、日本和菲律宾等国。

（3）沉积型自然硫矿床。沉积型自然硫矿床是钻孔热熔法的开采对象。这类矿床大都是硫酸盐（石膏等）的生物后生交代矿床，以两种形式产出，即盐丘的冠岩型矿床和沉积型矿床[6,7]。它们的成因、地质特征都很相似，均产于含气层上部硫酸盐岩层的上、下部，若分布在具有断裂系统的条件下，可以使碳氢化合物从油层迁移到硫酸盐岩内。但上述两种类型的矿床，由于成因、产状和主构造影响不同，致产出状态、裂隙发育程度等也不一样。所以，在用钻孔热熔法开采时，具体的工艺环节存在一定的差异。盐丘型冠岩型矿床，形状如山丘，自然形成基本隔热的封闭条件以及含硫矿层具有充分的均匀的渗透性。沉积型自然硫矿床多产于蒸发岩盆地，矿层多而薄，呈不规则层状或透镜状，厚度几厘米到几米，封闭性不好，隔热条件差，矿层往往较致密，渗透性差，需要进行采前预处理和某些辅助开采处理[8,9]。

7.1.2 钻孔热熔法的实质及优缺点

目前，世界工业用硫主要来自矿石及回收硫两个方面，其中矿石硫包括黄铁矿和自然硫。在19世纪下半叶，黄铁矿是工业硫的最重要来源；1895年弗拉斯硫出现以后，来自黄铁矿的硫量逐年下降；随着工业的发展，石油、天然气和有色金属含硫原料的消耗与日俱增，回收硫成为重要的工业硫源[10,11]。

自然硫矿床的开采，在19世纪90年代以前，都是采用固体矿床常规的地下开采或露天开采。1891年，德国弗拉施（Fraseh）提出了钻孔热熔法，成功开采了墨西哥湾沿岸的盐丘硫矿床，1903年开采工艺日趋完善，1912年在美国实际应用中已占据重要地位，

1945年在墨西哥推广，20世纪60年代在波兰、伊拉克、苏联得到应用。20世纪80年代提出了热流体法工艺的最新研究，使钻孔热熔法在流体动力工艺的基础上进一步得到改进和发展[12,13]。

我国现阶段硫的主要来源是黄铁矿，回收硫规模也越来越大，同时，集中力量加强对自然硫的勘探与开发工作[14,15]。迄今，全国已发现自然硫矿床或矿点达200余处，具有一定工业开采价值的达数十处，并已在山东自然硫矿床成功地进行了钻孔热熔法开采工艺试验。

7.1.2.1 钻孔热熔法的实质

将热水通过钻孔内一套管径不同的同心管串注入矿层，借水的热量使硫熔化并汇集于采硫井底部，在第二能量（压气压力）作用下升举至地表以获得硫黄的采硫方法，即称为自然硫的钻孔热熔法[16,17]。

7.1.2.2 钻孔热熔法的优缺点

钻孔热熔法的优点有：

（1）能获得含硫99.5%以上的液硫产品；

（2）没有井巷工程与提升、破碎、加工等繁重的工序；

（3）全部在地表控制生产，可使生产过程全部自动化；

（4）可以开采常规开采方法所不能开采的矿床。无需很大投资就能增加硫的产量，是一种高效率的采矿方法；

（5）建设周期短，基建投资省；

（6）减轻环境污染。

其缺点是：

（1）只有在特定的矿床开采条件下才能采用此法，局限性大；

（2）地下热效率低，硫的采收率较低。

7.1.3 钻孔热熔法的适用范围及条件

钻孔热熔法适用于盐丘型、蒸发岩型等自然硫矿床。根据不同矿床类型，采用不同回采工艺方法，其适用条件如下[18,19]：

（1）弗拉斯法适用于不渗透盐丘中的封闭型硫矿床：矿层厚20~100m，渗透性良好而且均匀，K=15m/d，孔隙度为10%~15%，上覆岩层少孔，矿体含硫28%~32%，埋藏深度在100m以上，平均为300~400m的盐丘型自然硫矿床。

（2）流体动力法适用于矿层薄、面平坦，渗透性较差，硫层厚度为15~30m的敞开型硫矿床，以及矿层致密、倾斜、矿床渗透性不均匀，有的不渗透、有的高渗透或有岩溶洞穴；局部K=0~200m/d，含硫品位为22%~28%或每平方米矿层平均含硫量不少于10t，埋藏深度为60m以上，平均为100~250m的沉积型层状自然硫矿床。

（3）热硫体法适用于开采后已废弃的盐丘型硫矿床的二次开采，还可对开采困难的和不规则的层状自然硫矿床进行开采。

除以上条件外，矿区内还应有较丰富的开采储量，开采地段内矿床的硫矿石最低限量为100~300万吨；矿区应有大量而可靠的优质水源，一般情况下，水矿比为(10~20)：1；廉价燃料来源和方便的电力供应是必要的，还应寻求经济合理的处理和排放硫化水的方法。

7.2 熔 硫 原 理

硫是一种非常活泼的非金属元素，其物理特点为熔融温度为 115～118.9℃，最佳流动温度在 120～158℃范围内，当温度低于 119.3℃时，液态硫便开始结晶，高于 158℃时，液态硫的黏度急剧增大，流动性减弱。硫的比重为 2.07，而液态硫的比重为 1.8，当固态硫加热熔融变成液态后，体积膨胀 15%。硫的这些物理化学特性使采用钻孔热熔法开采自然硫成为可能。

关于硫的熔融机理尚无统一认识。初步认为，载热体注入井下后与矿层进行热交换，在矿层中形成高于或低于熔融温度的两种不同温度区，这两种温度区又在时间和空间上被位移的界面所分开。随着载热体的继续注入，高于熔硫温度熔融区不断扩展，熔硫在重力作用下向矿层底部流动，由于熔硫的径流速度很高，当熔硫提取后，矿层上部的渗透性增大，加热更快，从而使熔融区从钻井附近的矿层向外扩展，熔融区逐渐形成漏斗状，熔硫沿漏斗壁流向孔底。在熔融区形成过程中，用注入热水量来控制熔融速度，调节注入压气速度来控制生产速度。当熔融速度和抽汲速度之间取得平衡时，生产就能持续进行。

7.3 地面设施及钻井

钻孔热熔法采硫包括三个基本工序：即在工厂加热大量的水；通过钻孔将热水压入矿层熔硫；将液硫提升到地面，其生产工艺流程如图 7-1 所示[20,21]。

7.3.1 地面设施

使用钻孔热熔法采矿的矿山，需要一套满足熔硫开采工艺的地面设施，包括：

（1）供水用的泵站、管路和蓄水池；

（2）用于加热和处理工艺水的热力供应站、提供压缩空气的空压机站；

（3）钻井和护井设施；

（4）把热水和压缩空气输送到生产井内，并把硫黄提升到地表集硫站的管路系统；

（5）生产井控制站；

（6）硫黄收集、装载和贮存设施；

（7）用于固体或液态硫的运输设施；

（8）废水处理系统。

7.3.2 钻井

钻孔热熔法的矿床开拓是通过钻井来实现的，根据生产要求，应设置生产井、排水井、观测井、地质井和水文地质井[22-24]。

7.3.2.1 生产井

直接注热采硫的钻井称为生产井，它应有保证载热体不断进入矿体和从矿体中抽出熔硫的完整装置。

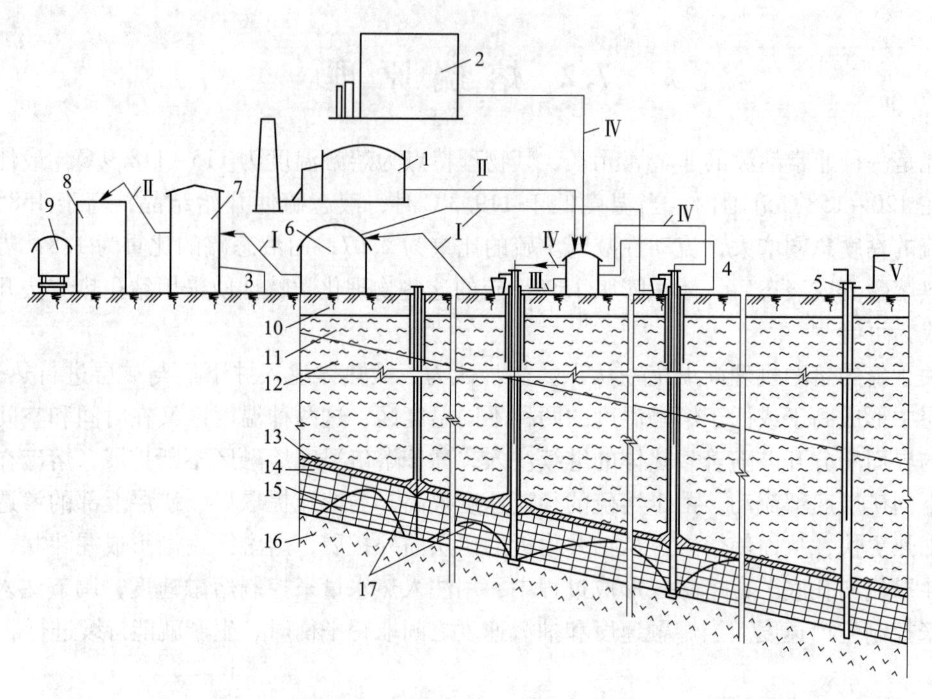

图 7-1 钻孔热溶法生产工艺流程

1—锅炉房；2—空压机房；3—检测站；4—开采孔；5—排水孔；6—泵流站；7—粒化车间；8—仓库；9—装硫车箱；10—砂；11—黏土；12—泥灰岩；13—砂岩；14—不含硫的石灰岩；15—含硫的石灰岩；16—硬石膏；17—熔硫界面；Ⅰ—液态硫；Ⅱ—粒状硫；Ⅲ—载热体；Ⅳ—空气；Ⅴ—输送层间水到净化池的水管

A 钻井结构

钻井结构包括下入井中的套管和固井的水泥环。生产井中下入套管的层数，各层套管的直径和下入的深度，决定于地质因素和开采因素。根据采硫工艺的要求，生产井一般设表层套管和技术套管。

表层套管用于地表水系、第四纪含水层及上部松软岩层，在其上安装井口装置，支承技术套管和井中其他生产用管。技术套管是用来封隔矿层顶板以上基岩、防止井壁垮塌、满足采矿工艺要求。

表层套管用 300~500 号水泥固井，技术套管则应用特制的耐高温的水泥固井，若在黏土岩层或盐质层中，则采用饱和盐水拌和水泥，以保证固井质量。

B 井内装置

为了保证载热体不断进入矿层和将熔硫从钻井中抽出，生产井中都装有三根不同直径的同心工作管串，包括热水管、出硫管、送气管以及筛管、封隔器、喷射器等，如图 7-2 所示。热水管端部有出水和硫的筛孔，两筛孔之间的封隔器，把熔硫和热水隔开，并对硫管起一定的支撑使用，如图 7-3 所示。出硫管作抽取硫使用，管底伸长至封隔器以下 0.75m。

7.3.2.2 排水井

排水井又称卸压井，其用途是排除矿化水以调整工艺制度，保持矿层正常压力，以扩

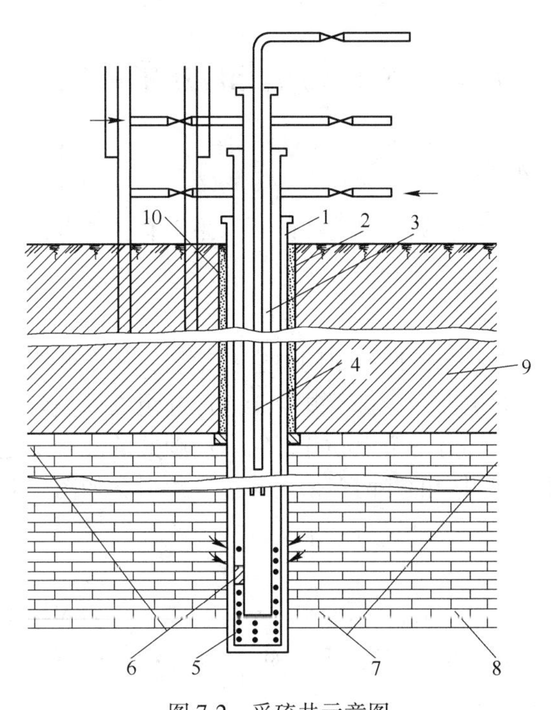

图 7-2 采硫井示意图

1—固井管；2—热水管；3—出硫管；4—压气管；5—筛管；
6—封隔器；7—熔融硫；8—硫矿层；9—覆盖岩；10—水泥环

大生产井或井区的开采范围。

7.3.2.3 观测井

观测井是系统地观测采硫工艺过程和评价生产井工作效果的钻井，通常用已采完的生产井作观测井。当采硫结束后，拔出生产管串，将上部密封并在地表装上带压力表的井口装置。也有用地质钻孔作为观测井，但必须固井，以防井壁垮塌。观测井用以观测硫井熔融范围以外的温度和压力变化，摸清热水流动方向、水温以及排出水的硫化度等。由于地层水处于承压状态，可根据压力值换算出水位高度。

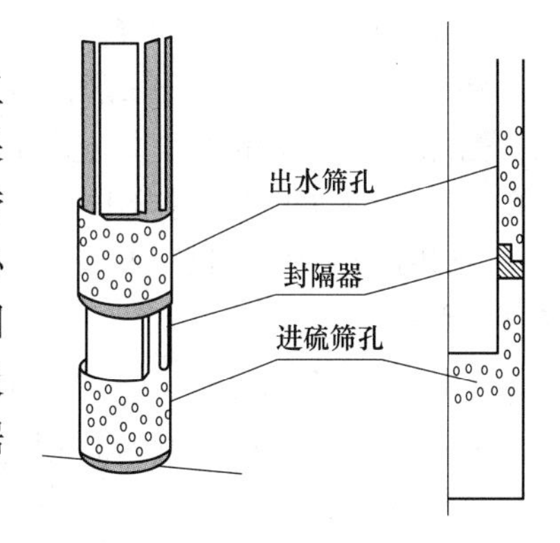

图 7-3 生产井井底结构

7.3.2.4 地质井

地质井是详细确定矿层参数的钻井。这种井的岩芯采取率应大于 70%，通过对取样岩芯的详细测定确定矿床的埋藏要素和硫的含量。若此井位于采硫生产线推进方向上，采硫时可作为观测井或排水井；若不能被利用时，则需注水泥填堵，以免采硫时热水从此井喷出。仅作勘探的地质井，在第四纪地层的钻孔应用钢管和水泥固井，以免第四纪地层水与矿层或其他地层的水混合。

7.3.2.5 水文地质井

这种井主要是用来确定矿床的水文地质条件。将钻井打至含矿层的位置，通过抽水或注水试验来测定矿层渗透率，以及矿层各部位水力联系条件。

7.4　钻孔热熔法的开采系统

7.4.1　开采系统的布置形式

根据国外矿山的生产实践，钻孔热熔法的开采系统有井群开采式、分区开采式和单线推进式三种[25]。

7.4.1.1　井群式开采系统

按一定的布井方式，以一个生产井组同时进行生产，每个井组的生产井数目由几个到几十个。井群式没有明显的生产线，排水井位于生产井组之外呈环形布置，观察井又位于排水井的外围。每个井组中都有一个中心井，它在周围井的配合下进行生产。生产中常用的井组有三、七井，每一井组中的井网多采用等边三角形，如图 7-4 所示。

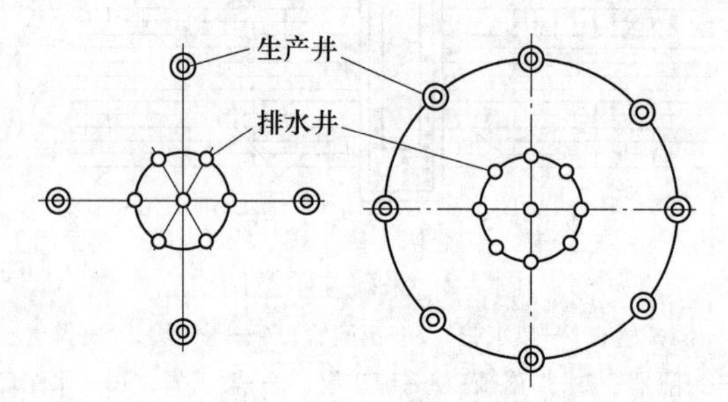

图 7-4　井群式布置示意图

7.4.1.2　分区式开采系统

将矿区分为若干个开采区，按先后顺序进行多井组开采。因此，分区式和井群式开采系统之间很难区分，其区别仅在于开采面积的大小不同。在分区开采中，每口井都是一个井组的中心井，又是另一个井组的边缘井，如图 7-5 所示。

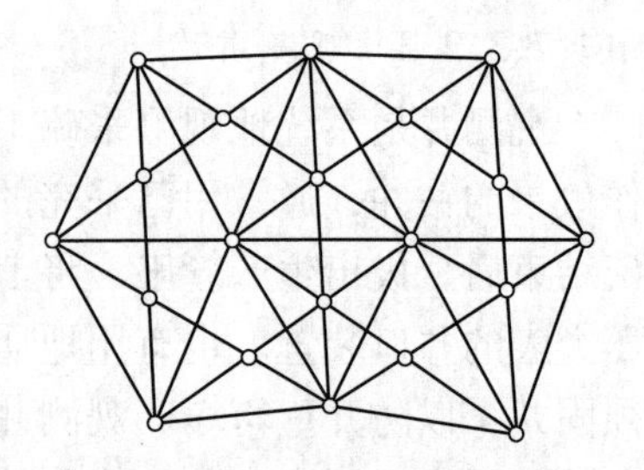

图 7-5　分区式开采系统

7.4.1.3　单线推进式开采系统

在一个开采区内，生产井、排水井和观测井都按一定的几何形状布置，并向一个方向推进，使开采线形成一狭长地带。这种开采系统是按一种确定的已采报废井-观察井-生产井-预备井或排水井-正在施工井的顺序布置，如图 7-6 所示。

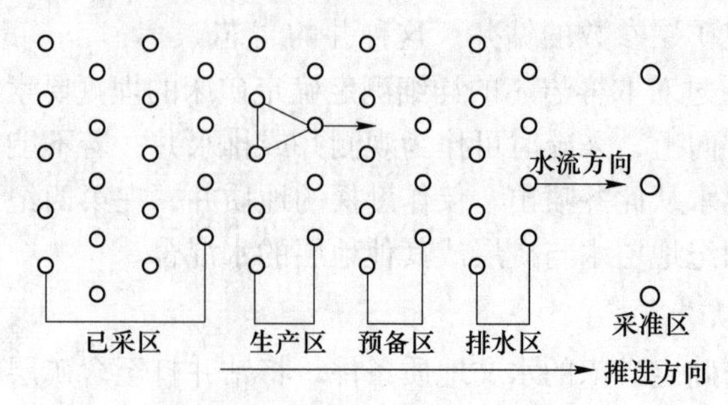

图 7-6　单线推进方式开采系统

7.4.2 开采系统的井网布置

在钻孔热熔法的采硫生产中，井网的布置应从两个方面来考虑，一个是井网的布置形式，另一个是井间距离的大小。

7.4.2.1 井网的布置形式

确定井网布置形式的主要依据是自然硫矿床的渗透性和水在地下的流动方向。国外矿山常用的布井几何形状有等腰三角形和等边三角形。当注入水沿地下水流动方向流动时，常采用等腰三角形井网；对于大范围钻井采硫矿山，井形通常采用等边三角形；对于矩形和正方形井形，因不利于控制地面沉降和不便于单井采硫范围的计算，一般不予采用。

7.4.2.2 钻井间距的确定原则

A 采硫井井距

应依据熔融区大小并考虑硫的熔融效果，即最大限度回收硫矿资源和减少钻孔费用。确定采硫井井距有三种指标法：最大采收率法、最大利润值法和综合指标法。

波兰是用钻孔热熔法开采自然硫矿床经验丰富的国家，在硫矿生产采用等边三角形或等腰三角形的布井方案时，矿体厚度、井距与采收率之间的关系见表7-1，通常采用的井距是30m、45m、45m×30m、30m×60m等。

表7-1 最大采收率与矿层厚度井距关系表

<table>
<tr><td rowspan="2">矿层厚度/m</td><td colspan="4">井距/m</td><td rowspan="7">此表系用等边三角形考虑矿层厚度与采收率之间的关系：
矿层熔融角 $\alpha=10°$，
系数 $\beta=0.8$，
$\eta_{max}=f(m, d, \alpha, \beta)$
$=\left(1-\frac{M+0.33dtg\alpha}{M}\right)\beta$</td></tr>
<tr><td>20</td><td>30</td><td>45</td><td>60</td></tr>
<tr><td>5</td><td>0.36</td><td>0.26</td><td>0.12</td><td>—</td></tr>
<tr><td>10</td><td>0.58</td><td>0.53</td><td>0.46</td><td>0.38</td></tr>
<tr><td>15</td><td>0.65</td><td>0.62</td><td>0.57</td><td>0.52</td></tr>
<tr><td>20</td><td>0.69</td><td>0.67</td><td>0.63</td><td>0.59</td></tr>
<tr><td>30</td><td>0.73</td><td>0.71</td><td>0.69</td><td>0.66</td></tr>
</table>

B 排水井与采硫井之间的距离

二井间的距离主要依据矿层的渗透性大小、注热水强度以及对矿层的加热要求来确定。对近距离排水，井距不小于采硫井距的两倍，远距离排水井距一般为300~500m。大规模硫矿山普遍采用近距离排水。

C 观测井与采硫井之间的距离

观测井是观测熔融范围以外温度场变化，了解热水流动方向及热量在井下的交换速度、废水的矿化度与距离的关系。观测井的位置、深度和距离，以实现上述功能为准，通常用已采完的采硫井作观测井。

7.4.3 矿床开采的起始位置

在一个开采区内，采硫生产井的起始位置有三种布置方式，如图7-7所示。

（1）由采区中部向两翼推进。这种布置方式有利于矿层排水卸压，这是因为用钻孔热熔法采硫时，排水井一般布置在生产井推进方向的前缘，生产稳定。但这种布置方式不利于组织管理。

（2）由采区两翼向中部推进。这种布置方式开拓困难，地面工业广场难于选择，当生产线推至中心线处，矿层排水也困难。

（3）由采区的一翼向另一翼推进。这种推进方式，按生产井群或生产线与地面热力站、输热主干管线的位置又可以分为：

1）由采区边界向热力站方向推进的后退式开采。在生产井投入生产之前，必须把采硫所需的输热主干管线铺设到采区边界，并随着开采的不断进行，输热主干管线不断缩短。这种推进方式便于运输、维修方便。缺点是生产的初期投资大。

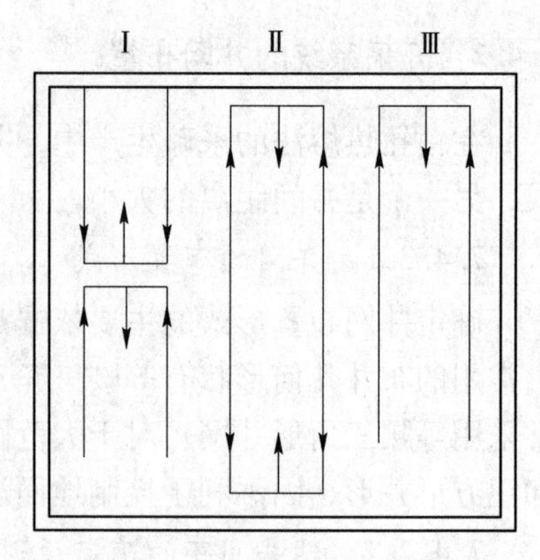

图 7-7 几种推进的起始位置

2）由热力站向采区边界方向推进的前进式开采。这种推进方式随着开采的进行，主干管线不断延长，虽然它的初期投资小，但是主干管线服务时间长、维修困难、维修费用大而且影响硫井的正常生产。

7.5 钻孔热熔法的采硫工艺

钻孔热熔法采硫生产示意图如图 7-8 所示，其生产工艺包括在热力站加热大量热水注入生产井，以熔融硫；靠压缩空气的作用或自喷将熔硫升举出地面；将抽出地面的熔融硫降温凝固或盛入加热罐储存等待运输。

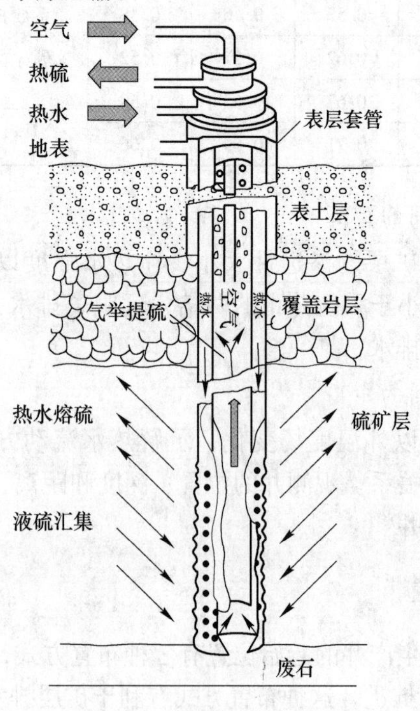

图 7-8 采硫井生产示意图

7.5.1 钻孔熔硫过程

7.5.1.1 热水洗井及矿层预热

为了清除管道和井下沉积物与沥青，钻井注热前，井中各生产用管全部按一定顺序完成热水清洗工作。先清洗硫管，之后清洗水管。在管道清洗完毕后，便可向钻孔注入热水，预热矿层。此时，将温度为160~165℃的热水同时经硫管和热水管压入井中。从硫管注入总水量的75%，经硫管、下筛管进入下部矿层，对矿层下部进行预热。从热水管注入总水量的25%，预热矿层上部和上覆岩层。

矿层预热时的井下温度，随注热时间的增长、注入水量的增加而增高。波兰的生产矿山注水量、注水时间和井下温度的关系见表7-2。

表7-2 波兰生产的矿山注水量、井下温度和注水时间关系

注水量/$m^3 \cdot h^{-1}$		5	10	15	20
井下温度/下		—	—	77.5	98.5
注水时间/h	1	97.0	128.6	139.2	144.4
	6	112.3	136.2	144.1	148.0
	30	121.1	140.6	147.0	150.3
	50	128.2	144.2	149.4	152.3
	∞	130.6	145.4	150.2	152.7

7.5.1.2 采硫井生产

钻孔注热水预热矿层并开始出硫后，继续不断地从热水管注热水熔硫，并从压气管注入压缩空气把熔硫升举出地面，当熔融速度和抽汲速度之间取得平衡时，生产将持续进行，直到开采结束。采硫井的生产发展过程如图7-9所示。

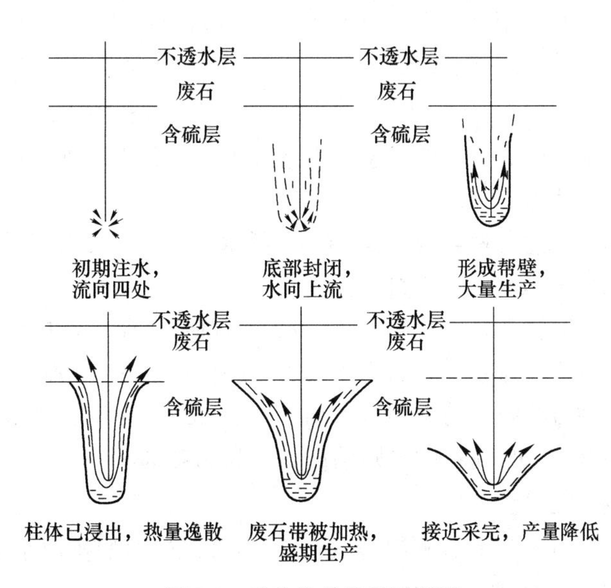

图7-9 采硫井的发展示意图

7.5.2　矿层卸压及排水温度范围

7.5.2.1　矿层卸压

矿层卸压就是在钻孔熔硫开采区内，人为地限制区内热水按生产要求自动向排水井方向流动，并从排水井排出，形成水循环，以降低和保持生产井内压力。

在采硫井中，原有地下水有一定的压力，注入矿层的过热水，其压力是高于矿层中原有的水压，如果不设法排出矿层水，井下压力会增高。当注入水量超过矿层的吸水能力时，地面注水设备的压力与井下压力平衡，水就不能再注入。为此，必须设置排水井以排出矿化水，降低并保持井内压力[26]。

反映注入水量和排出水量关系的参数，称为卸压系数，即：

$$K = \frac{Q_2}{Q_1} \times 100\% \tag{7-1}$$

式中，K 为卸压系数,%；Q_2 为矿层排出水量，m^3；Q_1 为注入水量，m^3。

矿层的卸压系数，决定于矿床的地质条件，主要是矿层的渗透性，其值通常为60%~100%。

7.5.2.2　排水卸压系统及方式

A　排水卸压系统

钻孔采硫的矿层卸压是通过排出地层中的矿化水来实现的，目前常使用的矿化水排出系统有三种，即开式、闭式和混合式。

开式排水系统是指排水井排出的矿化水经过净化处理后直接排入江河或海湾。闭式排水系统是由排水井排出的矿化水在净化处理后加热至165℃，并再注入生产井中熔硫；这一系统要求排出水温度较高，通过回收大量热能和减少水源供水量来降低元素硫的生产成本。混合式排水系统同时采用开式和闭式排水系统，若排出水温度较高，采用闭式系统，若排出水温度较低，则采用开式系统。

B　排水方式

对于矿化水排出地表的方式，随矿层的渗透性不同，分为三种：自流排水方式、强制排水方式和混合排水方式。

自流排水通常是在矿层渗透系数 $K \leqslant 2m/d$，排水井距生产井较近时使用，此时，排水井井底压力可以使水返出地表，让水自流排出。

强制排水是用深井泵抽取排水井中的矿化水，以降低水位，造成局部地区的负压来加速地下水的流动。这种负压排水方式适用于排水井距生产井300~500m时的排水。

混合式排水则采用自流排水与强制排水相结合的方式。在混合排水的采硫生产中，自流排水占排水量的30%，70%左右的水则用深井泵强制排水。

7.5.2.3　排出水的温度范围

为了保持钻孔采硫时地下的熔硫温度（$t=118℃$），矿层的排出水温度应小于100℃，一般在60~70℃之间，以60℃为最佳。

7.6 工程实例——泰安自然硫钻孔热熔法试采概况

试采是从 1980~1985 年期间进行的，由化工部长沙化学矿山设计研究院负责技术，泰安地区筹建施工，波兰专家咨询服务，钻孔热熔法是我国第一次开发引进的采硫新技术[27]。

图 7-10 为泰安自然硫矿试采工艺流程，泰安自然硫矿赋存于第三系湖相沉积的薄层泥灰岩及含钙质白云质膏质页状泥灰岩中，矿层与夹层互层，埋藏深为 126~464m，单矿层厚为 0.17~4.27m，平均含硫品位为 9.93%，以层状、似层状为主，稳固性较差，矿石以晶质硫为主，含稠油、沥青等物质，呈带状或浸染状产出，矿层含泥量高，H_2S 含量达 208.8mg/L。顶板为微承压裂隙含水层，矿带为微承压含水层，平均孔隙度为 10.7%，渗透系数为 0.00025m/d，底板为隔水层。

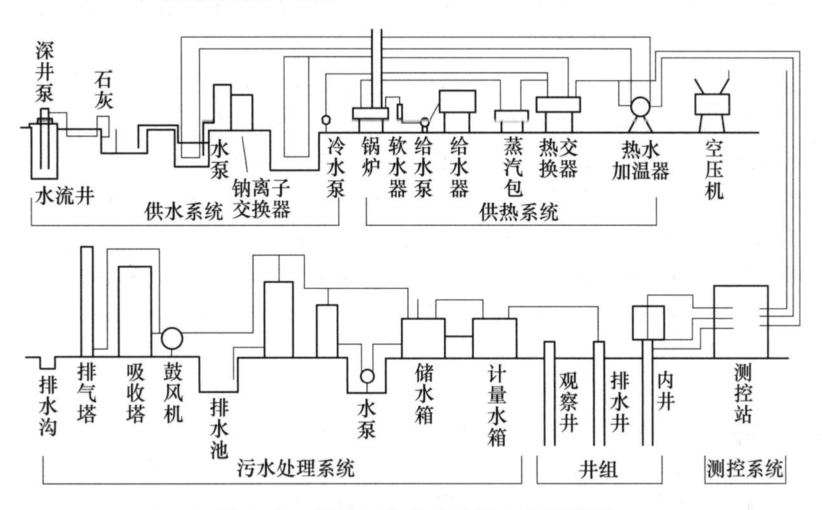

图 7-10 泰安自然硫矿试采工艺流程图

生产井组呈等腰三角形布置，由采硫井、排水井、观察井等九口井组成，井距为 30m。基本工艺为洗井、预热、注加压热水熔硫、自喷提硫。注水温度为 165℃，压力为 4MPa，当注水量稳定在 10m³/h 以上，压力相应下降情况下提硫。2 号井于 1984 年 5 月 28 日预热开始，至 8 月 18 日第一次提硫成功，共注水 10461m³，至 11 月 14 日共提取粗硫 345.4t（含干基硫品位为 28.2%~94.3%），排注比为 56.5%。在试采过程中，采取了多种措施，包括闭井汇硫、注气增压、高压喷射等一系列改进，避免了热力条件下的阻塞现象发生。

思 考 题

7-1 为什么要采用钻孔热熔法？

7-2 我国自然硫矿床分布有什么特点？

习　题

7-1　自然硫矿床按其成因可分哪几种类型？并阐述每种类型的形成原因以及具体特征。

7-2　什么是钻孔热熔法采矿？钻孔热熔法采矿有哪些优缺点？

7-3　钻孔热熔法采硫包括哪几个基本工序？

参考文献

[1] 韩鹏，牛桂芝．中国硫矿主要矿集区及其资源潜力探讨［J］．化工矿产地质，2010，32（2）：95~104.

[2] 曹烨，熊先孝，李响，等．中国硫矿床特征及资源潜力分析［J］．现代化工，2013，33（12）：5~10.

[3] 董庆吉，陈建平，丛源．中国硫矿床品位-吨位模型［J］．地质通报，2009，28（Z1）：208~215.

[4] 李钟模．中国硫铁矿床分类及预测［J］．化工矿物与加工，2002（9）：29~30.

[5] 李文光．我国新发现一大型硫矿床［J］．化工地质，1982（1）：98.

[6] 蒋永年．湖南锡矿山锑矿床氧化带的自然硫［J］．矿物学报，1993（3）：263~267.

[7] 李钟模．中国硫矿床的分类及分布规律［J］．贵州化工，1992（1）：13~16.

[8] 郝尔宏．我国外生自然硫矿床找矿前景刍议［J］．中国地质，1990（4）：11~14.

[9] 傅家谟，盛国英．从分子有机地球化学观点探讨我国某大型自然硫矿床的成因［J］．沉积学报，1987（3）：96~104.

[10] 郝尔宏．自然硫矿床一般工业要求初探［J］．化工地质，1987（1）：35~39.

[11] 张培元．我国硫矿的勘查方向［J］．中国地质，1986（11）：25~26.

[12] 阎俊峰．试论亚洲硫矿成矿［J］．化工矿山技术，1985（4）：12~13，42.

[13] 阎俊峰．我国主要硫矿床类型及成矿若干规律［J］．矿床地质，1982（2）：59~68.

[14] Гайдин A M，孔祥生．自然硫矿床的水文地质［J］．地质地球化学，1985（1）：11~14.

[15] 王守明．泰安自然硫矿床埠上地段矿层吸水能力的探讨［J］．化工矿山技术，1984（1）：27~30.

[16] 汪晓锋，张祖培，陈晨．热熔钻进新技术［J］．岩土工程技术，2002（2）：123~125.

[17] 罗松青．地下热熔法采硫钻孔的施工技术［J］．探矿工程，1985（2）：6~8.

[18] 于润沧．采矿工程师手册［M］．北京：冶金工业出版社，2009.

[19] 孙盛湘．砂矿床露天开采［M］．北京：冶金工业出版社，1985.

[20] 杜品龙．新疆某地自然硫矿床地质特征简介［J］．矿床地质，1984（4）：80~84.

[21] 王守明，谢桂荣．自然硫矿床开发的技术发展水平［J］．化工矿山技术，1985（2）：58~60.

[22] 彭春雷，钻孔施工技术［M］．北京：中国电力出版社，2019.

[23] 靖向党．钻孔工程［M］．北京：冶金工业出版社，1999.

[24] 岳文礼．钻孔事故预防与处理［M］．北京：煤炭工业出版社，1981.

[25] 张宏达．国外自然硫矿床的地质特征和形成条件［J］．化工地质，1979（2）：6~17.

[26] 李俊平．卸压开采理论与实践［M］．北京：冶金工业出版社，2019.

[27] 张志泗，杨树荫，王守明，等．山东泰安自然硫矿钻孔热熔法开采半工业试验［Z］．湖南省，化工部长沙设计研究院，2000-01-01.

8 石材开采

8.1 饰面石材矿山开采技术条件

8.1.1 饰面石材的种类及用途

饰面石材是指具有一定的装饰性能、物理化学性能、加工性能，可加工成一定规格尺寸的建筑材料的岩石。它主要用于建筑物内外表面装饰用。目前，商业上的天然饰面石材主要有大理石、花岗石和板石。大理岩类饰面石材大多属于沉积岩及其变质岩，如大理岩、大理化灰岩、火山凝灰岩、致密灰岩、石灰岩、砂岩、石英岩、蛇纹岩、石膏岩和白云岩等，适合于室内装饰。花岗岩类饰面石材大多属于岩浆岩（花岗岩、辉长岩、闪长岩）和变质的含硅酸盐矿物为主的岩石（如片麻岩、混合岩等），适用于室内外装饰。板石即地质上的板岩，有碳质板岩、钙质板岩等，主要用于外墙面装饰和作房屋顶板[1]。

我国饰面石材资源很丰富，花色品种繁多[2]。据不完全统计，在 22 个省市中已有近 300 个品种，大小矿点 500 多处，具有一定规模的矿山有 40 多座。其中，仅踏勘过的 132 个矿点，大理石储量为 21 亿多立方米，花岗石为 3000 多亿立方米。这些矿点都埋藏浅，储量大，覆盖层薄，便于露天开采。我国部分饰面石材产品的主要技术特征及生产厂家见表 8-1。

表 8-1　我国部分饰面石材产品主要物理力学性能

产品名称	所属岩性	颜色	容重 /g · cm^{-3}	抗压强度/MPa	抗折强度/MPa	肖氏硬度/度	磨耗量 /cm^3	生产厂家	产地
汉白玉	白云岩	乳白色	2.87	156.4	19.12	42.4	22.50	北京大理石厂	房山
雪花白	白云大理岩	乳白色	2.82	106.8	7.86	45.4	24.38	掖县大理石厂	掖县
苍白玉	白云岩	乳白色	2.88	136.1	12.28	50.9	24.96	大理大理石厂	大理
云花	大理岩	乳白色	2.72	78.0	29.08	44.6	17.94	大理大理石厂	大理
雪花	白云岩	乳白色	2.87	116.8	22.68	58.3	16.61	青岛大理石厂	青岛
金玉	蛇纹石化大理岩	淡绿色	2.80	128.5	29.97	59.2	14.81	北京大理石厂	昌平
莱阳绿	蛇纹石化碳酸岩	淡绿色	2.65	93.3	16.22	44.2	18.95	掖县大理石厂	掖县
丹东绿	蛇纹石化矽卡岩	淡绿色	2.71	100.8	30.45	47.9	24.50	沈阳大理石厂	丹东
杭灰	石灰岩	灰色	2.73	121.4	11.98	63.1	14.94	杭州大理石厂	杭州
云花	大理岩	深灰色	2.76	109.2	26.11	57.8	15.44	云浮石料厂	
奶油	大理岩	乳白色	2.74	123.0	18.9	59.6	16.30	丹东大理石厂	宜兴
铁岭红	大理岩	紫红色	2.75	82.2	23.3	53.4	20.02	沈阳大理石厂	铁岭
纹脂奶油	灰质白云大理岩	粉红色	2.76	99.3	18.73	65.9	7.14	沈阳大理石厂	金县

续表 8-1

产品名称	所属岩性	颜色	容重 /g·cm^{-3}	抗压强度/MPa	抗折强度/MPa	肖氏硬度/度	磨耗量 /cm^3	生产厂家	产地
东北红	白云质石灰岩	肉红色	2.77	127.9	16.09	54.9	12.55	大连大理石厂	金县
红皖螺	石灰岩	紫红色	2.73	90.6	22.89	62.7	9.27	灵璧大理石厂	灵璧
白虎涧	黑云母花岗岩	粉红色	2.58	137.3	9.28	86.5	2.62	北京大理石厂	昌平
南口红	黑云母花岗岩	粉红色	2.50	235.3	20.37	89.7	1.32	北京大理石厂	昌平
田中石	花岗岩	灰白色	2.62	171.3	17.15	97.8	4.80	惠安石雕厂	惠安
古山红	黑云母花岗岩	暗红色	2.68	167.0	19.26	101.5	6.57	惠安石雕厂	惠安
袭石	黑云母花岗岩	浅红色	2.61	214.2	21.54	94.1	2.93	惠安石雕厂	惠安
峰白石	黑云母花岗岩	浅灰色	2.62	195.6	23.38	103.0	7.83	惠安石雕厂	惠安
笔山石	花岗岩	浅灰色	2.73	180.4	21.60	93.7	12.1	惠安石雕厂	惠安
花岗石	花岗岩	粉红色	2.58	119.2	8.90	89.5	6.88	南安石料厂	汕头
大黑白点	角闪花岗岩	灰白	2.62	103.6	16.26	87.4	7.53	厦门雕刻厂	同安
厦门白	花岗岩	灰白	2.61	169.8	17.12	91.2	0.31	厦门雕刻厂	厦门
泰安绿	花岗闪长岩	灰黑	2.82	217.6	28.82	98.5	3.40	济南花岗石厂	泰安
济南青	辉长岩	灰黑	3.07	262.2	37.48	79.8	10.37	济南花岗石厂	泰安
黄岗黑	橄榄辉长岩	灰黑	3.09	162.8	26.71	74.8	11.16	济南花岗石厂	泰安

8.1.2 饰面石材矿山开采的特点

饰面石材开采是非金属矿开采中有别于普通非金属矿开采的特殊采矿方法，它需要采取多种技术手段，避免或减少在采下的荒料中产生新的裂纹，以提高石材加工的成材率，并保持其具有很好的品质。

饰面石材分为露天开采和地下开采。在国外，对于覆盖层很厚而品种名贵的石材矿，按确定露天矿的一般原则确定合理的露天开采界线。地下开采方法比较简单，仅空场法一类，一般采用全面采矿法、房柱法和下向梯段法。我国石材矿山，目前都是露天开采，除少数大理石矿山采用钢索锯石机和凿岩液压劈裂法开采外，绝大多数矿山都是采用凿岩爆裂法和人工劈裂法开采[3]。矿山劳动生产率一般为 6~15m^3/(人·年)，个别达 20~30m^3/(人·年)。本章只介绍饰面石材矿山的露天开采。

8.1.3 饰面石材装饰性与开采技术条件的要求

8.1.3.1 饰面石材装饰性能的要求

（1）饰面石材的装饰性能表现为经加工后具有一定的颜色、花纹和光泽度，这些均与其物质成分、结构、构造有关。商业上根据饰面石材的颜色、花纹差异划分出不同品种和档次。一般较好的饰面石材经加工后，拼装在一个装饰面上显现出颜色纯正、花纹和谐、光泽度高的特点[4]。

（2）饰面石材中存在某些金属硫化物、泥质物、有机物，由于它们易于风化，影响饰面石材的装饰性能和耐久性，因此含这些杂质较多的饰面石材一般不宜用于室外装饰。

(3) 饰面石材中的色斑、色线影响饰面石材的装饰性能，因此，在有关饰面石材荒料、板材的标准中对它们均有限制。饰面石材中的空洞对装饰性能有影响。此外，碳酸盐饰面石材中的石英、燧石除可能影响装饰性能外，还对加工性能有影响。

8.1.3.2 荒料块度与荒料率的一般要求

A 荒料块度的划分与要求

对于年产 3000m^3 以上饰面石材荒料的矿山，荒料块度一般可划分为Ⅰ、Ⅱ、Ⅲ类，它们的块度分别大于或等于 3m^3、1m^3 和 0.5m^3。一般要求荒料的边长不小于 0.5m，中档和一般档次饰面石材荒料的块度大于 1m^3。

B 荒料率的要求

饰面石材矿山的荒料率是指所获得的荒料体积与开采矿山矿体的总体积之比，通常以百分数表示。一般要求中档饰面石材矿山的荒料率不小于 20%，在其他技术经济条件相近的情况下，对于高档饰面石材矿山的板材率要求可适当降低，对一般档次的饰面石材板材率可相应提高。

C 对矿山开采技术条件的要求

(1) 矿体可采厚度：不小于 3m；夹石剔除厚度：不小于 2m。

(2) 最低开采标高：一般要求不低于矿区当地的侵蚀基准面。

8.2 矿山规模及生产能力

8.2.1 矿山规模及服务年限

石材矿山按年产荒料量及服务年限，可分大、中、小三类，见表 8-2。

表 8-2 石材矿山规模

矿山规模	矿石工业储量/万立方米	荒料量/m^3·a^{-1}	服务年限/a	备 注
大型	>60	>5000	>35	矿石工业储量系按荒料率 18%计算求得
中型	30~60	2000~5000	20~35	
小型	6~30	500~2000	15~20	

8.2.2 矿山生产能力

荒料生产能力根据生产规模、技术装备和选择的开拓方案确定，然后验证其可能性，经方案比较确定其经济合理性。若最终产品是板材，则荒料生产能力按式 (8-1) 计算：

$$V = \frac{S(1+K)}{\eta_b} \tag{8-1}$$

式中，V 为荒料生产能力，m^3/a；S 为年产板材量，m^2/a；K 为荒料吊装运输损失系数，一般为 3%~5%；η_b为板材率，m^2/m^3。

矿山采剥生产能力则为

$$A = \frac{S(1+K)(1+n_p)}{\eta_z \eta_b} \tag{8-2}$$

式中，A 为矿山采剥生产能力，m^3/a；n_p 为平均剥采比，m^3/m^3；η_b 为板材率，m^2/m^3；n_z 为荒料率，%。

8.3　矿床开拓

8.3.1　开拓特点

石材矿山的开拓与其他矿产的露天矿类似，但有以下特点。

8.3.1.1　工作线布置方向的确定

石材矿山的工作线，通常沿矿体主节理裂隙系的走向方向布置，并垂直其走向方向由上盘向下盘推进，以提高荒料率[5]。

8.3.1.2　工作面参数

A　台阶与分台阶高度

台阶高度主要取决于吊装起重设备的技术性能，见表8-3。为了减少开拓工作量，应尽量加大台阶高度。

分台阶高度主要根据开采设备的技术性能、荒料最大规格等因素加以确定，见表8-4。如矿体水平裂隙比较发育，应充分研究裂隙的规律，根据裂隙分布状况划分分台阶。

表8-3　台阶高度

起重设备类型	W-1001/W-1002型履带式起重机		轮胎式起重机		DD/DS型桅杆式起重机	
	站立水平之上	站立水平之下	站立水平之上	站立水平之下	站立水平之上	站立水平之下
台阶高度/m	≤8~10	>10	≤1~6	>6	DD型<10；DS型<30	40~60

表8-4　分台阶高度

采石及凿岩设备名称	分台阶高度/m
普通钢索锯石机	2~6
金刚石钢索锯石机	5~10
圆盘式锯石机	0.3~1.0
链臂式锯石机	1~3
凿岩机	2~3

B　分台阶坡面角

分台阶坡面角一般为90°，最终分台阶坡面角及台阶坡面角根据岩石稳定情况而定。

C　条石宽度

确定条石宽度需要考虑的主要因素是开采设备的技术性能、荒料的最大规格和裂隙情况，一般为1~3m。

D　工作面长度

工作面长度是指工作线上一个采掘区段的长度，主要取决于采石方法及其设备，见表8-5[6]。

表 8-5 工作面长度

采石方法	工作面长度/m
人工开采	5~15
钢索锯石机采石	10~20
圆盘式或链臂式锯石机采石	100~200
火焰切割机采石	15~20
爆裂法采石	大于 10~20

E 最小工作平台宽度

台阶最小工作平台宽度，根据起重、运输和采石的正常作业条件确定，一般为 20~25m。分台阶最小工作平台宽度，根据采石的正常作业条件确定，一般为 5~8m。部分矿山开采要素见表 8-6。

表 8-6 部分石材矿山开采要素

矿山名称	主要装备			普氏系数/f	台阶高度/m	分台阶高度/m	台阶最小工作平台宽度/m	工作台阶坡面度/(°)	采准堑沟规格/m
	开采	吊装	运输						
赣榆县大理石矿	普通钢索锯石机 串珠式金刚石锯石机	桅杆起重机	汽车	8~12	42	3	20	90	
连县大理石矿	普通钢索锯石机	桅杆起重机	汽车		24 52	4	10	90	基坑：长 10，宽 10，深 4
潼关大理石矿	普通钢索锯石机	履带起重机	汽车	12~13	6	2	20	90	长 20，宽 1.5，深 2.5
黄石大理石矿	普通钢索锯石机	履带起重机	汽车	7~8	6	2	30	90	长 20，宽 1.5，深 2.5
中惠公司花岗岩矿	液压滑架式凿岩机	轮胎起重机	汽车	16~18	5		12~15	90	
乳山花岗岩矿	滑架式凿岩机	履带起重机	汽车	15~18	8	4	16	90	

8.3.1.3 工作帮组成及推进

采用大型起重机的矿山，通常采用组合分台阶作业的工作帮。将起重机站立水平上下若干个相邻开采分台阶人为划分为一组，并按长条石宽度分条自上而下依次进行采石作业。采出的荒料及废石，由起重机提升下放到装运水平，装入运输设备运出采场。

8.3.2 常用开拓方式

石材矿山常用的开拓方式，有公路运输开拓、起重机开拓、斜坡提升台车运输开拓和联合开拓等，可根据矿床赋存条件、矿区地形地质条件、荒料规格和起重及运输设备类型等因素，通过技术经济综合分析后确定[7]。

8.3.2.1　公路运输开拓

公路运输开拓适用于地形条件不复杂，易于修筑公路，开采深度不大，荒料规格较大，废石场比较分散的矿山。汽车运输是石材矿山使用较多的开拓方式，具有机动灵活、适应性强、生产环节少、易于管理等优点。

8.3.2.2　起重机开拓

起重机开拓是在采场适当位置配置起重设备，采用无沟开拓。将其站立水平之上或之下一定范围内工作台阶采出的荒料和废石，起吊到装运水平装入运输容器运出。常用的开拓起重设备主要有桅杆式起重机和缆索起重机两种：前者适用于急倾斜矿体、开采深度大的矿山，其采场台阶高度主要决定于起重机的类型、规格及站立水平；后者适用于地形复杂、坡陡、比高大的矿山，其采场台阶高度主要决定于采石方法及设备。

8.3.2.3　斜坡提升台车运输开拓

斜坡提升台车运输开拓，适用于急倾斜矿体，比高较大，地形复杂不适用大型起重机和汽车运输开拓的矿山。其优点是开拓工程量较小，开拓时间较短；缺点是货载需要多次转载，增加生产环节和起重设备，生产管理复杂，荒料成本较高。

8.3.2.4　联合开拓

石材矿山常用的联合开拓方式，是汽车运输和桅杆式起重机联合。它适用于急倾斜矿体，覆盖层不厚，开采深度较大的矿山。

8.3.3　新水平的准备与采准堑沟掘进

8.3.3.1　新水平准备

石材矿山的新水平准备主要为掘进基坑，以形成初始工作面。基坑通常位于起重机正前方的工作范围内，并尽量选择在非矿夹层或破碎带中掘进基坑。基坑的尺寸一般为10m×10m正方形，其高度等于分台阶高度。

位于非矿夹层或破碎带中的基坑，一般采用小直径炮孔控制法掘进。位于矿体中的基坑，采用与采石相同的方法掘进，以顺便采出荒料。此外，对于通行汽车的水平，尚需掘进出入沟。出入沟的参数和定线同于其他露天矿，出入沟的掘进，位于境界内的同于基坑掘进法，位于境界外的可用普通的凿岩爆破法。

8.3.3.2　采准堑沟掘进

为开辟工作面，安装钢索锯石机的工作立柱，需在工作面两侧垂直工作线开掘采准堑沟，相邻工作面之间的采准堑沟可共用。堑沟长度及数量按回采矿量保有期计算确定，宽度一般为1.5~2m，深度应大于分台阶高度0.3~0.5m。采准堑沟的开掘方法有两种：凿岩控制爆破法和切割法。

A　凿岩控制爆破法

用控制爆破法可尽量减小对矿体的破坏。当矿山存在大开口的裂缝或沟时，可把它扩大成符合要求的采准堑沟，或利用它隔离爆破力。花岗石凹陷采石场在开沟过程中能回收部分荒料。

倾斜堑沟也称为斜坡道，坡度一般为10°左右，最大约14°。竖向炮孔呈15°~20°的倾角，其凿岩深度不必与抬起炮孔相接，而是相距0.3~0.6m即停止，下部的抬起炮孔与斜坡道底板之间的夹角为2°~3°。

斜坡道建成后，需要开掘切割槽，形成荒料的开采工作面。切割槽的形成，可以采用密集钻孔法。

B 机械切割法

a V形锯切

如图8-1所示，根据工作面宽度，采用多用液压钻机在V形尖端钻出*AB*孔，超深约0.3m。之后在孔内放入装有导向压绳轮的导向切割立柱，配合外部普通钢索锯石机用的工作立柱，分别锯切出*ABCD*和*ABEF*垂面。在不断改变孔内压轮方向下，锯切出*ECB*平面。最后用慢速绞车或顶离法，取出V形体块石。

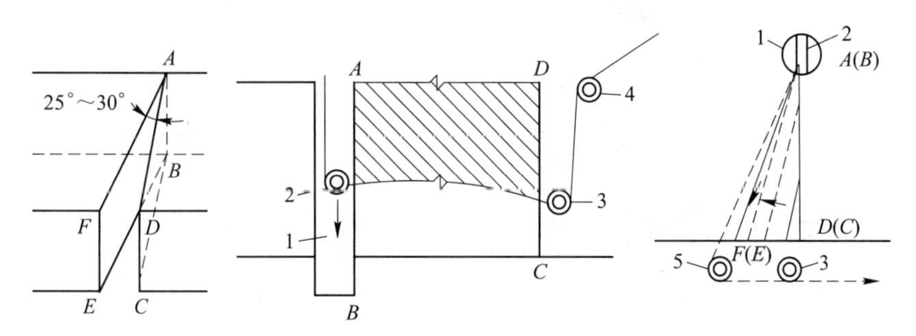

图8-1 V形锯切

钻孔直径一般为200mm，孔内压轮直径小于钻孔直径，一般为180mm，以保证压轮能在孔内自由改变方向。

V形锯切的优点是只用三个锯切面，缺点是靠近V形锥角（25°~30°）工作立柱受限制，影响水平锯切最终给进速度。

b 矩形或截楔形锯切

如图8-2所示，根据工作面宽度，用多用液压钻机在*A*和*B*处各钻出一个孔；在分台阶坡脚处立一个孔外工作立柱*C*，引入钢绳，垂直向下锯切*AB*和*BC*两个面；将孔外工作主柱放倒，并撤去一个孔内立柱；进行横向水平的锯切；再将立柱*C*立起，锯切最后一个垂直面。最后，顶出矩形或截楔形体块石。

矩形堑沟宽1.2~1.5m；截楔形堑沟的外口宽1.5m左右，底宽1.0~1.2m。矩形或截楔形锯切的优点是工作面锯切时，工作立柱水平安装不受空间限制。缺点是多一个锯切面和需要增加一台工作立柱。

8.3.3.3 采准基坑的开掘

凹陷露天矿若采用多用钻机、切割立柱与钢索锯石机相配合的开采工艺，开采时无需安装工作立柱，因此不用开掘采准堑沟。但在新水平准备时需要开掘采准基坑，逐步扩大，形成工作线。基坑边长一般为10~15m，深度与分台阶高度相等。

开掘方法：先在拟开掘的基坑四角用多用钻头钻孔，直径为220mm，深度与分台阶高度相等，再用普通钢索锯石机配合导向切割立柱沿四边进行垂直切割，最后在基坑范围内用凿岩机钻水平孔，进行控制爆破。一般情况下，凿岩爆破分层进行，逐渐达到分台阶高度。

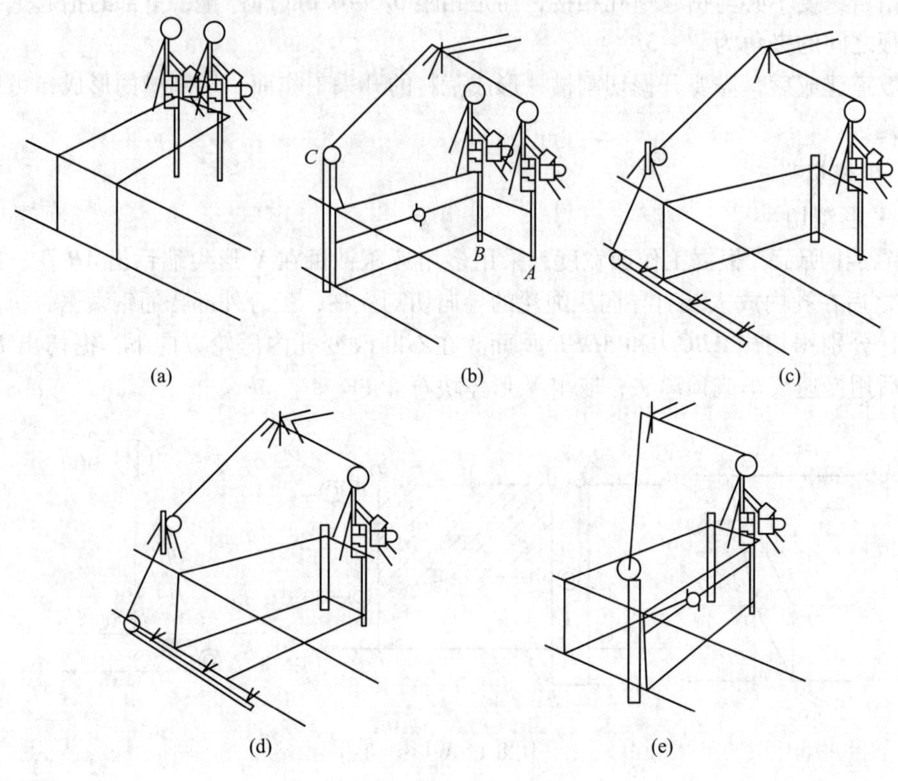

图 8-2 矩形或截楔形锯切

8.4 采石工序

饰面石材矿山的开采具有其特有的七个工序：分离、顶翻、切割、整形、拖曳和推移、吊装与运输、清渣。前四道工序组成了既相互独立又紧密联系的三个工艺环节：分离工艺、分割工序和整形工序。它们需要采用一系列特殊的设备与工具顺序完成[8]。

(1) 分离。分离是指长条块石采用适当的采石方法，使之脱离原岩体的工序。这是采石工艺中最重要的工序。长条块石示意图如图 8-3 所示。

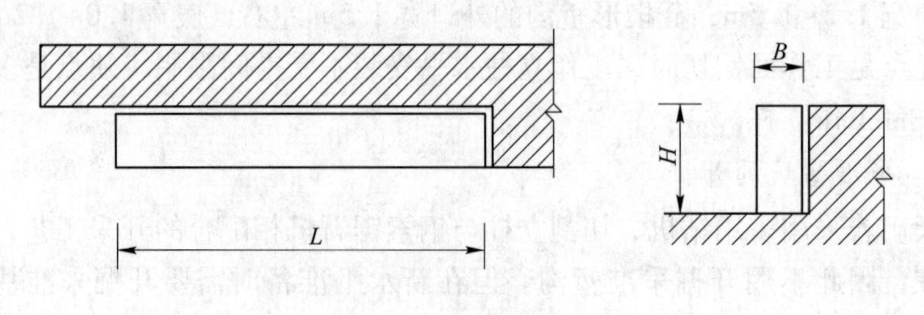

图 8-3 长条块石示意图

长条块石基本尺寸的确定方法：

1) 长条块石的长度（L）。长条块石的长度（L）一般等于所定荒料规格的最大宽度的整数倍，并适当考虑整形余量。L一般为10~20m，最大达50m，人工采场则较短，一般为3~5m。

2）长条块石的高度（H）。H等于台阶（或分台阶）的高度。一般等于3~6m，少数达12m或更大。在水平或缓倾斜层状矿体中，H应为层厚。

3）长条块石的宽度B则按如下方法确定：

① 按加工设备可以加工的荒料的最大块度等于长条石的宽度B；

② 对于层厚等于或小于2m的层状矿体，长条块石的宽度（B）等于加工设备可以加工的荒料的长度或其宽度；

③ 对于那些花纹排列、晶粒结构无方向性的石材，其长条块石的三向尺寸可做调整。通常，$B=1\sim3$m，少数达5~6m。长条块石尺寸的确定和排列的方向要十分注意节理裂隙的产状及其间距，充分利用天然的节理裂隙、层理。据此调整其三向尺寸的大小，这在实际生产中尤为重要。

（2）顶翻。在实际生产中，由于长条块石一般高度大，宽度小，为了下一工序切割的方便，要将其翻转90°，平卧在工作平台上。若长条块石体积较小，可借助钢钎等工具人工将其撬拔、翻倒；体积大的采用液压顶石机或推移包将其顶翻；当长条块石的高宽相当时，则不必翻倒。

（3）切割。又名分割、分切，这是采石工艺的基本工序之一。即按锁定的荒料尺寸，将长条块石分割成若干荒料坯。切割采用劈裂法和锯切法。前者适用于花岗石、大理石，后者目前仅适用于大理石。切割时应切除细脉、色线、色斑等缺陷。

（4）整形。整形是将荒料坯按国家对荒料的验收标准或供需双方商定的荒料验收标准，将超过标准规定的凹凸部分，采用劈裂法或专用的整形机予以切除。

（5）拖曳或推移。对于采用固定式吊装设备的矿山，限于吊装设备的工作范围，必须将其吊装范围以外的荒料，采用牵引绞车拖曳或采用推土机、前装机推移至吊装范围内，以便起吊。若采用移动式吊装设备的矿山，则无需拖曳或推移。

（6）吊装和运输。石材矿山大多采用专用的固定式吊装设备——桅杆起重机，起吊能力为15~50t，运臂长15~50m。它的使用为实现向台阶开采创造了条件。它适用于开采面积小、采深大的多分段同时开采的石材矿山[9]。对于采场面积大、采深小的石材矿山，采用移动式起重设备，如汽车起重机、履带起重机，用以克服桅杆起重机吊装范围有限的缺陷，并可为多矿点服务。近年来，国内外一些条件适宜的矿山选用大功率、大斗容前端装载机铲装荒料，或两台前端装载机择荒料装入运输设备，运到目的地。使用前端装载机铲装荒料的优点在于简化采矿设备，用一种设备兼做清渣、推移和半截荒料的工作，提高了设备的利用率。

运输设备一般采用底盘较低的载重汽车，国外大部分矿山采用平板拖车。

（7）清渣。把截取荒料后遗留在采场内工作平台上的碎石加以清除并运到废石场排弃或集中堆置，以备综合利用。

8.5 石材开采方法

采石方法根据采石工艺的第一道工艺——分离，即长条块石脱离原岩体所形成的切缝进行分类[10]（见表8-7）。

表8-7　饰面石材采石方法分类

类别	亚类	采用的机具与设备	适用条件
凿岩劈裂法	（1）人工劈裂法：单楔，双楔；	各种形状的钢凿、钢楔、重量不等的锤子专用组合楔、重量不等的锤子	各种矿体产状，形状复杂，节理裂隙发育，硬度不同的任何岩石，小规模开采的花岗石、大理石矿山，花岗石矿山使用尤为广泛
	（2）液压劈裂法	凿岩设备、专门液压劈裂器	
凿岩爆裂法	（1）导爆索爆裂法	凿岩设备、不同规格的专用导爆索、雷管	任何矿体产状、形态，节理裂隙比较发育。但矿体尚完整，硬度不同的岩石。任何规模的花岗石、大理石矿山
	（2）黑火药爆裂法	凿岩设备、黑火药、雷管	
	（3）近人爆破法	凿岩设备、氧化锰+铝粉、点火头	同上，实际使用较少。我国在一些大理石矿做过试验或使用过，国外未见使用
	（4）静态爆裂法	凿岩设备、静态爆破剂	
	（5）其他爆裂法	各种特殊或改型的炸药	
机械锯切法	（1）绳锯法：钢丝绳锯切法，金刚石绳锯切法；	采用专门的钢丝绳锯石机、金刚石绳锯石机及配套设备	矿体产状、形态简单，矿体完整性好，节理裂隙不发育，大规模开采的大理石矿山。近年来，金刚石绳锯石机正在花岗石中作切割试验
	（2）链锯法	各种型号的链臂式割岩机	矿体产状、形态简单，巨厚层缓倾斜或急倾斜矿床。抗压强度120~140MPa以下的无硅质集合体、大规模开采的大理石矿山
	（3）圆盘锯法	不同规格锯片的圆盘式锯石机	锯切小砌块，抗压强度在100MPa以下的无硅质大理石矿山
射流切割法	（1）火焰切割法	专用的火焰切割机	适于开拓自由面或切割垂直面，石英含量大于40%的花岗石矿山，SiO_2含量大于60%时，效率较高
	（2）高压水切割法	高压水柱	切割名贵品种的花岗石、大理石的垂直面，尚在试验中

8.5.1　石材凿眼劈裂法

用各种开头的钢凿或凿岩机凿眼，然后用钢楔或专用组合楔、液压劈裂器进行劈裂分离，适用于各种产状、形态复杂、节理裂隙发育的矿体，特别是小型花岗石、大理石矿山。

8.5.1.1　楔子分离

将若干钢楔按一定间距打入矿体裂隙或沿裂隙开凿的楔窝内，依次重复锤击钢楔，直至长条块石与矿体分离。适用于裂隙发育、生产规模较小的矿山，效率高，成本低，但分离面平整度较差。

8.5.1.2　钻眼楔子分离

在预定分离面上打一排眼，眼间距一般为10~20cm，眼深一般比条石高度或宽度小10~30cm，将钢楔插入眼内，依次重复锤击，借钢楔的挤胀力形成分离面。

有的花岗石矿山采用连续钻眼法，各眼基本上相接。打眼的顺序是用凿隔一眼打一眼，然后放入钢钎，再在此两眼之间打眼，眼深与条石高度一致。由于相邻眼难以全部相接或钻眼有一定偏斜不能直接形成分离面，往往需辅以打楔劈开。

钢楔形状及规格如图 8-4 和表 8-8 所示。

8.5.1.3 钻眼劈裂器分离

以劈裂器代替钢楔，不仅减轻了劳动强度，提高了生产效率，而且具有挤胀力大且均匀的优点。液压劈裂器技术性能见表 8-9。均匀的挤胀力能使分离面各部分达到抗拉极限的时间趋于一致，因此分离面较平整。

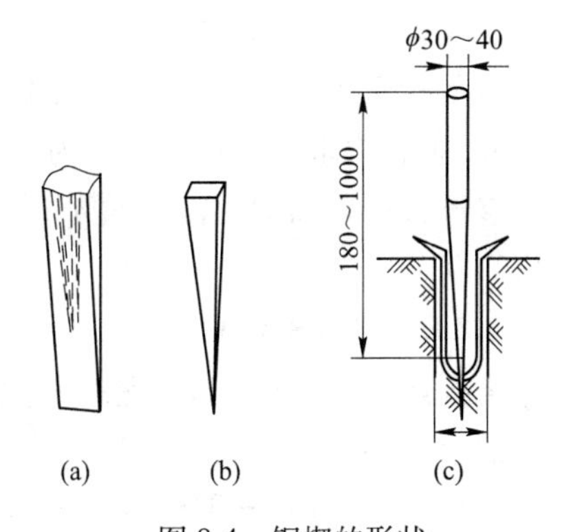

图 8-4 钢楔的形状
（a）扁平楔；（b）角锥楔；（c）复合楔

表 8-8 钢楔规格

钢楔类型	长/mm	宽/mm	厚/mm
扁平楔	180~470	40~130	25~50
角锥楔	150~580		25~50
复合楔	180~1000（上端圆柱形直径为 30~40mm，下端楔形）		

表 8-9 液压劈裂器技术性能

项 目		型 号			
		PLUOSPAK186	PLUOSPAK188	HS230	4/F210
发动机功率/kW	电动机	4	4	2.2	
	柴油机	5.2	5.2	3	4.5
	风动机	2.6	2.6	3.7	
工作压力/10^5Pa		500	600	700	500
劈裂楔推力/10^4N		225	270	230	500
劈裂楔数量/个		6	6		4
要求最小孔径/mm		34	40	34	42
要求最小孔深/mm				430	630
质量/kg		36	57		
厂商		意大利 BENETI 公司	意大利 BENETI 公司	意大利 PELLEGRINI 公司	德国 PORSFELD 公司

劈裂分离法能较好地利用裂隙，工艺简单、投资少、成本低，但劳动强度大、劳动生产率较低，不适于大规模开采。

8.5.2 石材凿眼爆裂法

确定爆破参数要考虑矿体的结构、裂隙、岩石硬度等因素。根据爆破材料不同，目前使用的控制爆破方法主要有以下四种[11]。

8.5.2.1　黑火药爆破

一般平行于矿体层理、裂隙方向布置水平炮眼，深度为条石宽度的0.5~0.6，眼距为1~1.5m。垂直炮眼的深度，一般为条石高度的0.6~0.8，眼距为0.8~1.2m。单位炸药消耗量可参考类似矿山确定，一般为100~150g/m^3。可采用分段装药等措施避免因爆力集中而产生裂纹。

8.5.2.2　燃烧剂爆破

燃烧剂爆破又称近人爆破法。燃烧剂即为铝热剂。利用金属氧化物和金属还原剂按一定比例混合，用电阻丝或点火头引爆，产生化学反应：

$$4Al + 3MnO_2 \longrightarrow 2Al_2O_3 + 3Mn, \quad \Delta G = 9.24 \times 10^5 J \tag{8-3}$$

由式（8-3）可知，在转换反应过程中产生大量的热和膨胀气体，对炮孔壁产生瞬时推挤力，使岩石产生裂缝，达到脱离原岩的目的。

燃烧剂由小于200目的铝粉与小于200目的二氧化锰按质量比3∶7拌匀制备而成。点火头可用普通电阻丝截成若干段（要求电阻相等，接通电源点燃后其温度大于760℃），然后与铜脚线焊接。燃烧剂性能见表8-10。

表8-10　燃烧剂性能

指标	爆速	爆热	威力	火焰感度	摩擦感度	冲击感度	发火温度	压力
单位	m/s	10^6J/kg	J/g	mm			℃	MPa
数量	密封状 11.24	3.96~4.42	31.24燃烧	上限25，下限35	0	0	760	200

燃料剂采用电起爆，交流直流均可。连线方式有串联、并联、串并联。电流强度要大于点火头的准爆电流强度。目前使用的金属燃烧剂、点火头均为工厂特制药包，直径为32mm，密度为1.04g/cm^3。

炮眼装填与常规爆破略有不同，炮棍要特制。在钢棒端部装上铜头，铜头直径较钢棒直径大6mm左右，铜头的长度为15cm。为了便于装填时锤击，需配备数根不同长度的炮棍。充填物选用含水量小于15%的黄土。装药前先在眼底填3~5cm的黄土，再将药包装入，然后填入5~10cm黄土，用炮棍轻轻捣实，边充黄土边用大锤打击炮棍顶部，使黄土充填密实。

8.5.2.3　导爆索爆裂法

爆破材料为导爆索，在钻眼内插入导爆索至眼底，眼中充以水或细砂。如爆力不足，可装2根或3根导爆索，或采用爆力较大的导爆索，也可适当减小孔距。从钻孔引出的导爆索在地面与导爆干索连接，常用的联接方法是搭接法。连接处必须用胶布或细绳捆绑结实，搭接长度不小于10cm，并应使干索与导爆索的传递方向一致，以保证起爆质量。

导爆索爆破的孔距为20~40cm，可经试验确定。眼深与条石高度、宽度基本一致。若条石另一面已自由面，则孔底应距自由面10~20cm，以充分利用爆力。

8.5.2.4　静态爆裂法

静态爆裂法是将静态爆破剂用水拌匀（即膨胀水泥和添加剂的混合物）充满炮孔。用塞子或其他材料堵塞，经12~24h内，产生膨胀力，将岩石胀裂。

根据不同的地区、不同季节温度的高低选用不同的静态爆破剂。一般膨胀剂的初期压力随温度增加，时间缩短，增长快；而膨胀力又随水灰比增大而减小。

静态爆破剂拌水使用时，要在较短时间内完成，一次搅拌量应在10min内用完为宜。静态爆破剂的水灰比（质量比）一般为0.25~0.30，搅拌时避免与人体皮肤接触。

尽管静态爆破剂单位售价较低，但其用量较大，致使荒料成本较高。另外所需爆裂时间较长，影响矿山生产能力，所以不适合大规模开采。

8.5.3 石材机械锯切

8.5.3.1 普通钢索锯石机锯切

锯石机的驱动装置带动无极钢丝绳（ϕ3.89mm，ϕ4.5mm）运行，在工作面夹带磨料（石英砂或普通砂）、水与大理面摩擦，起到切割作用。锯石机工作情况如图8-5所示。其锯切效率及材料水压消耗见表8-11。

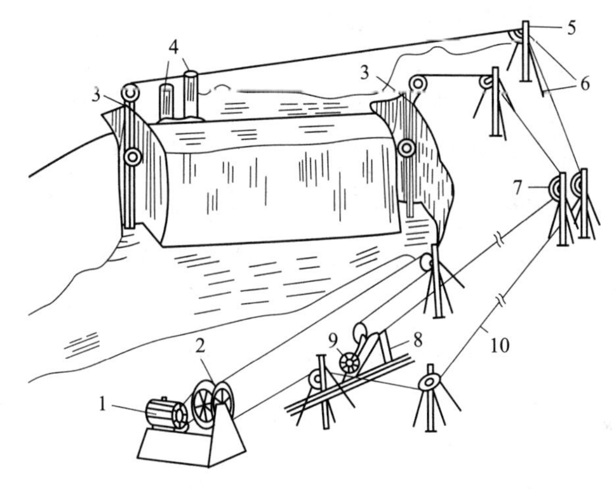

图8-5 普通钢索锯石机工作示意图

1—电动轮；2—绳轮；3—工作立桩；4—砂、水装置；5—导向立柱；6—张紧绳；7—导向滑轮；8—拉紧装置；9—重物；10—无极钢绳

表8-11 钢丝绳锯石机锯切效率及材料水压消耗

矿山名称	意大利		中国		推荐值
	COOPERATIA	NORBOR	掖县大理石矿	宜兴大理石矿	
岩石名称	卡拉拉白云岩	卡拉拉白云岩	白云质大理岩	石灰岩	大理石类岩石
抗压强度/MPa	112.9	112.9	78.2~81.7		<120
坚固性系数f			8~10		8~12
锯切效率/$m^2 \cdot h^{-1}$	1.0~1.5	2	1		1~1.5
钢丝绳消耗/$m \cdot m^{-2}$	17	20	1.2kg/m^2	5~6	7~10
耗水量/$m^3 \cdot m^{-2}$	0.3~0.5		0.2	0.2	0.2~0.5
石英砂消耗/$kg \cdot m^{-2}$	68		60	54	60~70

普通钢索锯石机的适用条件是岩石坚固系数f<12、层厚在10m以上的急倾斜矿体，

或水平与倾角较缓的薄层矿体。一般来说能适应裂隙发育程度不同的矿体，但如果溶洞发育，尤其是无充填物的溶洞和开口裂隙，锯切时砂水料会大量流失，对锯切极为不利。所以应具有较为经济的砂粒来源，而且只能在非冰冻期使用。使用钢索锯石机需要穿孔机、分离式千斤顶等专用配套设备。

普通钢索锯石机的优点是：作业灵活，可以做任何方向的锯切；一次锯切深度依据开采要求可达5m、10m甚至15m，可以有效地加大开采台阶尺寸；可以依据矿体裂隙的分布，使开采台阶尺寸合理，有利于提高荒料率；生产效率高，开采成本低。

材料消耗主要是石英砂、钢索和滑轮等普通材料。由于设备结构简单，配件容易解决，是我国现阶段大理石开采比较适用的方法。

8.5.3.2 金刚石串珠式钢索锯石机锯切

切割工具为多根细钢丝绞成的无极钢丝绳（$\phi 4.5 \sim \phi 5$mm），钢丝绳上间隔固定镶嵌金刚石的圆柱状套管，简称金刚石串珠，串珠长5~7mm，直径为10mm，两串珠间有弹簧。无极钢丝绳由驱动装置带动进行切割，切割时需注水。金刚石串珠式钢索锯石工作情况如图8-6所示。其锯切效率及材料消耗见表8-12。

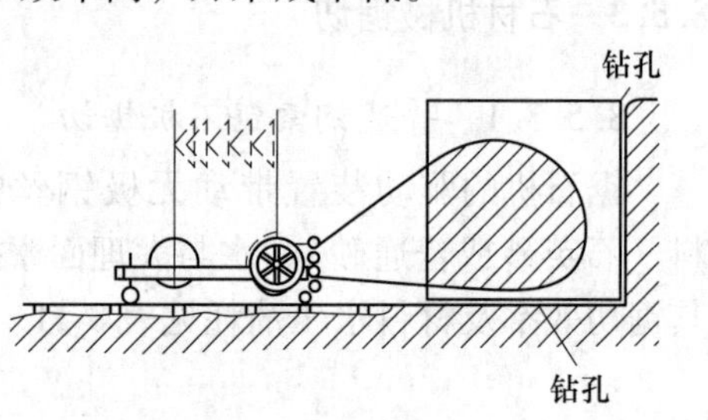

图8-6 金刚石串珠式钢索锯石机工作示意

表8-12 金刚石绳锯石机锯切效率及材料消耗

矿山名称	意大利				中国		推荐值
	菲格亚	比亚那代依	ESTRABA	STK	双峰	掖县	
岩石名称	卡拉拉白云岩	卡拉拉白云岩	石灰岩	石灰岩	石灰岩	大理石	大理石类岩石
抗压强度/MPa	112.9	112.9	78.2~81.7	80			<120
设备功率/kW	25	30	30	22.5			30
线速度/$m \cdot s^{-1}$							30
锯切效率/$m^2 \cdot h^{-1}$	4.7	4	3.4	3.3	2	3	3~6
金刚石绳消耗/$m \cdot m^{-2}$	0.047~0.07				0.082	0.006	0.05~0.08
耗水量 $m^3 \cdot m^{-2}$	5~6						4~6

金刚石串珠锯的优点是：锯切效率高，串珠锯的锯索线速度比钢索锯高2~4倍，单位时间的锯切面积为钢索锯的4~7倍；锯切质量高，锯切面平整光滑，基本上不需要再整形即可加工；操作维护简单，辅助工作时间短，熟练的操作人员完成一次锯石机换位安装只需20~30min，同样的锯切面积，串珠锯的辅助时间比钢索锯减少1/3；适应性强且灵活，以它为主机，配合其他辅助设备，可进行开掘堑沟、分离、解体和整形等工艺，分离尺寸可以根据裂隙赋存状况进行灵活调整，可作水平、倾斜和垂直锯切；使用套索法，不会产生锯切弧度，可以不需要掘进堑沟实现无光开采；开采费用低，荒料率高，改善劳动条件，是我国现阶段及今后重点推广普及的大理石开采设备。常用的辅助设备是液压钻机和导向切割立柱。

8.5.3.3 链臂式锯石机锯切

链臂式锯石机是从截煤机演变成石材锯切专用设备的，故其工作原理与截煤机相同。链臂式锯石机是依据配有可转90°的链臂，链臂外安装旋转链，其上装有形状不同的截齿，依靠其直接切割岩石，达到锯切岩石的目的。它可锯切水平面与垂直面。链臂最长为4.5m，锯切深度为3.2~3.8m。工作状态下，机器在轨道上的行走方式有自移式和牵引式两种。截齿有碳化钨硬质合金和金刚石两种不同的刀具。适于锯切大理石，目前亦在花岗石中进行锯切试验，锯切巨厚层状矿体，倾角$\alpha<15^\circ$或$\alpha>80^\circ$的矿体可以取得较好的效果。

链臂式锯石机切割效率高，是普通钢索锯石机的5倍。缺点是需在轨道上行走作业，不灵活；刀具厚，锯口宽约40mm，矿石损失大；能耗大；切割深度受锯臂长度限制。

链臂式锯石机的主要技术性能见表8-13。

表8-13 链臂式锯石机的技术性能

型　号	ST30-VH	ST50-VH	ST15-V	HR-1300	DB-100	70RA	KQY-1
锯切深度/m		3.4	2	2		3.4	
链旋转线速度/$m \cdot s^{-1}$	16~65	0.4~1.1	0.4~2	0~1.54	0~25	0~0.71	
空载行走速度/$cm \cdot min^{-1}$	1~4	1.4~45	30	0~50		0~13	3.8
行走方式	齿板行走式	齿板行走式	牵引式	自移式	自移式	自移式	牵引式
主机功率/kW	22	45		30	60~75	60	25
切割压力/kN	49.5	80					
锯缝宽度/mm	42	42	42		40	38	
重量/kg	2400	5300	1800	2400	5000	5000	
国别	德国	德国	德国	法国	意大利	意大利	中国

8.5.3.4 圆盘式锯石机锯切

圆盘式锯切机是采用金刚石刀头或合金钢圆锯片直接锯切岩石的垂直和水平的、具有一定规格的荒料。荒料的规格大小取决于圆锯片的直径。但到目前为止，实际采用的锯片直径均小于1600mm，因此荒料的规格受到限制。

圆盘式锯石机适于锯切抗压强度小于150MPa，特别是60~100MPa的中硬及软质岩石，主要用于锯切小块铺路石和砌块，其效率比钢丝绳锯石机高4~5倍。

几种圆盘式锯石机主要技术性能见表8-14。

表8-14 圆盘式锯石机主要技术性能

设备型号	圆锯片直径/mm	给进速度/$m \cdot min^{-1}$	空载速度/$m \cdot min^{-1}$	最大深度/mm	功率/kW	轨距/m	锯切石块尺寸/cm	国家
TT-150	1200（垂直）/610（水平）	0~20	90	400（垂直）/250（水平）	112/135	700	40×25×25	意大利
CM-428	1300	0.8~1.2			112	1000		苏联

8.5.4 射流切割法

射流切割法，目前在世界上所采用的生产工具仅为火焰切割机。另一种高压水枪，在石材工业中尚处于试验阶段。

8.5.4.1 火焰切割法

火焰切割法（见图8-7）所采用的设备叫火焰切割机。其工作原理是：雾化的燃油点燃后，靠压缩空气喷射出高温（800~1600℃）和高速（1300m/s）火柱，切割二氧化硅含量在40%以上的火成岩，由于火成岩中的两种主要成分（石英和长石）的热膨胀率及受热后膨胀速度不同，根据膨胀率大和膨胀速度快的组分——石英先期崩裂而脱离原岩被射流冲走的原理，达到切割的目的。

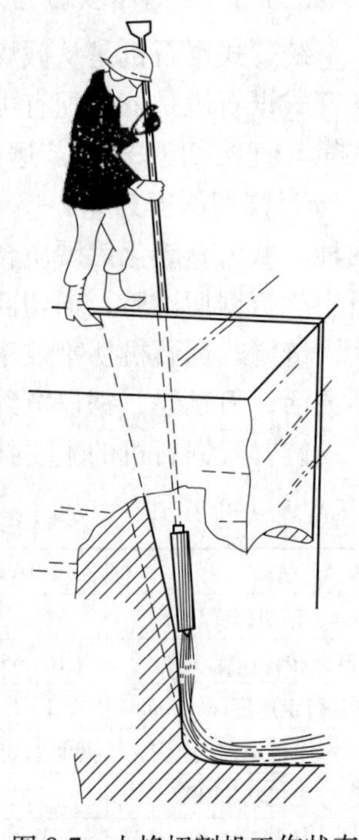

图8-7 火焰切割机工作状态

火焰切割机只适用于切割花岗石，且切割效率随石英含量的增加而提高。实践证明，石英含量低于40%时不适于采用火焰切割法。在我国，火焰切割法仅用于开创自由面及岩石夹制作用严重而不易采用其他开采方法的地段。在国外，常用于切割垂直面。

火焰切割法的特点是设备简单，操作方便，效率高，切割面平整光滑，无论原岩或荒料均不产生内伤，且不受季节影响。但其噪音大（120~130dB），粉尘多（约0.2m³/h），燃油消耗量大，相对成本高。因此，一般仅用于切割采沟槽。

火焰切割机的技术经济指标见表8-15。

表8-15 火焰切割机的技术经济指标表

指　　标	岩石种类	使用机型	产地	切割速度 /$m^2 \cdot h^{-1}$	切缝宽度 /mm	油耗量 /$kg \cdot h^{-1}$	气耗量 /$m^3 \cdot min^{-1}$	单位成材 /元·m^{-3}
饶平花岗岩矿	黑云母二长花岗岩	FA-300	意大利	1.5~2.0	100~120	50~70	10	
南安石料厂	黑云母二长花岗岩	HQ-55	中国	1.5~1.8	100~150	500	10	12

8.5.4.2 高压水切割法

高压水切割法，目前使用的设备是高压水枪。其工作原理是高压水柱直接冲采、切割岩石，水压达80~380MPa，射流出口速度为700~3100m/s。

在试验中，切割的形式有两种：其一是在已打好的排孔中，在其设定的裂开方向的孔壁切割深为20~25mm的切缝，然后采用楔裂、胀裂或爆裂的方法形成贯通排孔的裂缝；其二是水柱直接切割岩体形成连续的切缝。

高压水柱切割非均质石材效果好，试验证明，切割花岗石、片麻状砂岩、石英斑岩，其实际切割速度为2m²/h，切割混凝土达3.5m²/h，而切割较匀质的大理石速度却不如传统切割法。

高压水切割法，其切割面更平整，也不产生内伤，但要求设备制造精度高，能耗大，这成为在石材工业中使用的障碍。

8.5.5　联合切割法

此法是由上述 4 种采石方法进行不同的组合。所有矿山都用联合法，即长条块石都是采用几种采石方法联合完成切割的。

8.6　吊装、运输及废石排弃

8.6.1　荒料的吊装及运输

荒料采用固定式或自行式起重机装入运输容器，运往矿山荒料堆场或用户。荒料是集中荷载，单位体积和重量大，可达十多立方米，数十吨重，为了安全，应采用载重汽车或载重平板汽车运输。

8.6.2　废石的装运与排弃

8.6.2.1　清理方式

A　分段清理

分段清理是将各开采水平的废石，在本水平集堆和装运。这种清理方式适用于地形较缓，采场面积较大，比高小，直进沟开拓的矿山。其优点是各生产水平自成系统，互不干扰，便于管理。缺点是各水平均需设运输线路，增加基建投资和生产成本。我国的石材矿山，基本都采用这种清渣方式。

B　集中清理

集中清理是将各分台阶的废石，集中到其最低工作平台上进行集堆和装运。这种清理方式适用于组合分台阶开采或多台阶开采工作平盘宽度较小的矿山。其优点是运输线路较少，可减少基建投资和生产成本。缺点是生产管理复杂，设备和人员上下较困难。国外的石材矿山常用这种清渣方式。

8.6.2.2　装运和排弃

废石一般采用前装机装入自卸汽车，运往废石场排弃，质量好的运往综合利用车间利用。对于运输距离短的矿山，则可用前装机直接装运和排弃。废石块度较大时，可用起重机吊装。若废石分散，可用推土机集堆后装车运出。

在采用起重机无沟开拓时，可用前装机将废石装入自卸容器，再用起重机起吊到装运水平卸入自卸汽车运出。

石材矿山都设有废石场，一般采用推土机推排废石。

8.6.3　起重和运输设备

8.6.3.1　起重设备

石材矿山常用的起重设备有自行臂式起重机、桅杆式起重机和缆索起重机等三大类。其主要技术性能、特点及使用条件见表 8-16。

表 8-16　石材矿山常用起重机的特点及使用条件

起重机类型		特　点	使用条件
自行臂式起重机	履带式	工作稳定性较好，爬坡能力大，对道路条件要求不高，行走速度快，装上挖掘杨机构，可作挖掘机使用	采场
	汽车式和轮胎式	灵活机动，行走速度快，对道路条件要求较高	道路较好的采场、站场
桅杆式起重机	斜撑固定式	结构简单、轻便，易于拆卸和安装，有较大的起吊高度和变幅。竖立必须建筑基础，移动位置费时费工	采场、堆场、站场
	缆索固定式	除与斜撑固定式相同外，必须依靠缆索来稳定桅杆的竖直	场地较大的堆场、采场、站场
缆索起重机	固定式和轨行式	结构简单，拆卸方便，起吊高度大，吊运速度快，承载高悬空中，不受地形限制，可作垂直和水平起吊和运输	地形起伏不平和高差大的矿山

8.6.3.2　运输设备

石材矿山采用载重汽车或载重平板汽车运输荒料，自卸汽车运输废石。

8.7　工 程 实 例

8.7.1　意大利 CRODO 花岗石矿

采区全部位于山坡上，其岩石为混合岩化片麻岩，采区走向长 100~150m，倾向宽约 170m，层理发育，层厚 3.5~12m，倾角约 35°。

该矿为一山坡露天采石厂，工作线垂直走向，沿走向推进，分两层开采。公路运输开拓，桅杆起重机吊装。公路由山下至±0m 水平（假设标高），并经采场再至 10m 水平。采用从上至下分层，多台阶同时推进的方法。采石场生产量为 500m^3/月，每周工作 5 天，每天工作 9 小时，全矿共 9 人。

采石工艺为分离→沿层面滑至±0m 或+10m 水平→切割→整形→推移→吊装→运输。

（1）分离。采用凿岩爆破法，用单头滑架式凿岩机钻孔，炮孔与层面垂直，炮孔直径为 28~32mm，孔深等于层厚，孔距为 10~15cm，用黑火药、电雷管爆裂。

长条块石的体积最大为(50~60)m×(5~6)m×12m，一般为(20~30)m×3m×(5~12)m。

无规则装药，一般间隔 5~6 个炮孔装药，有时间隔 10~15 个炮孔装一个孔。在靠近端面处药量适当集中，这是因为要借助微小的爆力使长条块石沿层面滑下。

（2）切割。采用单头滑架式凿岩机钻孔，孔距为 20~30cm，孔深为长条块石高度的 1/3~4/5，仍采用爆裂法。荒料规格为 3~12m^3，小于 2m^3 的荒料均堆置在采场内，但其数量较少。

（3）整形。由于炮孔密集，片理又较发育，因此裂开面平整。孔痕不予整平，个别凸出部分采用风铲铲平。

（4）推移。采用前装机或反铲。

（5）吊装。用桅杆起重机，最大起重能力为 50t。

（6）运输。采用平板拖车或三轴荒料运输平板车。

（7）清渣。由于长条块石均滑落到 0m 或 10m 平台进行切割，因此，废碴全部集中在上述两个平台上。采用反铲清理，前装机集堆、铲装并运至采场一侧的废石场排弃。

图 8-8 为 CRODO 花岗石矿开采现状图。

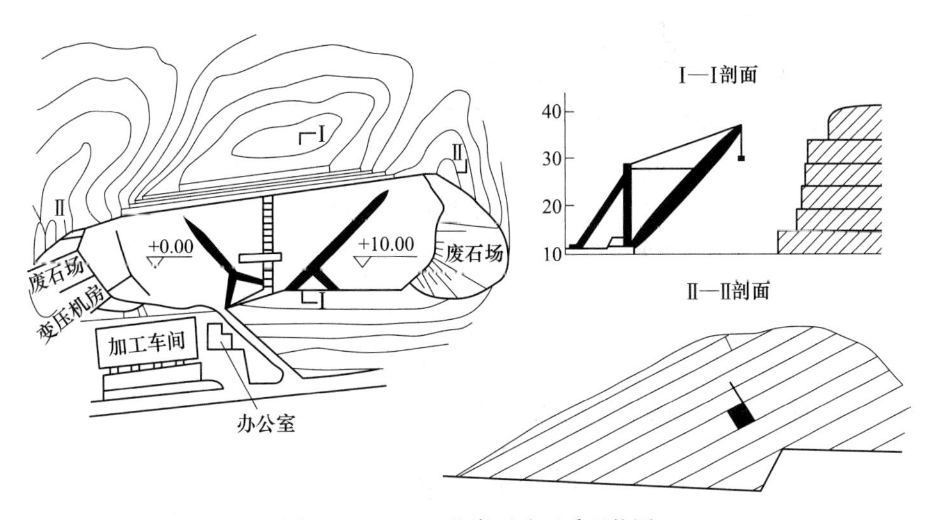

图 8-8　CRODO 花岗石矿开采现状图

8.7.2　广东英德大理石矿

该矿为大理岩化灰岩。首采区矿体走向长 100m 左右，倾向宽 80m 左右，比高为 30～70m，上部比较破碎，下部完整致密。

采用公路运输开拓，桅杆起重机吊装。现为单台阶开采，从上至下多层开采，多台阶同时推进。

采石工艺分述如下：

（1）分离。长条石首先采用钢丝绳锯石机锯切水平面，然后采用双头滑架式凿岩机钻凿垂直孔，孔距为 30cm 左右，用黑火药爆裂。端面首先开凿超前沟槽。

（2）顶翻。采用液压顶石机顶翻，翻倒前在平台上垫 30m 左右的碎石。

（3）切割。采用凿岩劈裂和凿岩爆破法。

（4）拖拽、牵引。采用慢支牵引绞车。

（5）吊装。采用起重能力为 25t、动臂长 30m 的桅杆起重机。

（6）运输。普通载重汽车。

（7）清渣。碎石也集中在一个平台上，采用人工清渣、手推车运输，向采场一侧的废石场排弃。

图 8-9 为英德大理石矿开采现状。

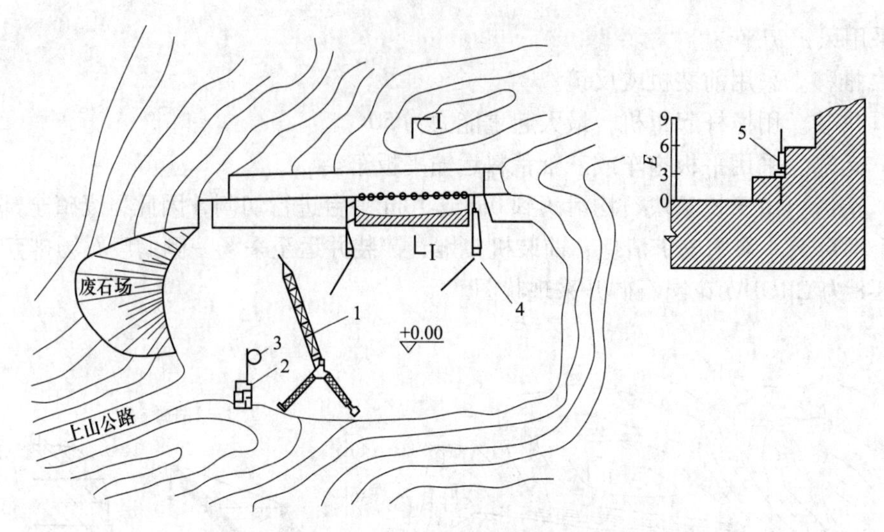

图 8-9 英德大理石矿开采现状

1—桅杆起重机；2—牵引绞车；3—导向滑轮；4—钢丝绳锯石机；5—滑轮式凿岩机

思考题

8-1 石材矿山常用的开拓方式有哪些？根据哪些因素进行选择？

习题

8-1 简述各石材开采方法适用条件。

8-2 石材凿眼爆裂法有哪些？如何确定各爆破参数。

8-3 废石是绿色矿山建设面临的一大课题，如何提高石材矿山废石的利用程度，推进矿产资源的循环利用。

参考文献

[1] 程国政．建筑工程招投标与合同管理［M］．武汉：武汉理工大学出版社，2005.

[2] 郑闾轫，程裕淇．我国非金属矿产资源基本形势存在问题和对策（摘要）［J］．地球科学进展，1991（5）：82~86.

[3] 陈永敏．饰面石材开采实用技术［J］．中国建材科技，2010，19（1）：89~92.

[4] 张辰子．河南省方城县双山玉矿物学研究及质量评价［D］．北京：中国地质大学，2018.

[5] 黄震．新疆花岗石开采的现状［J］．石材，2018（1）：48~52.

[6] 中国石材工业协会．JC/T 1081—2008 装饰石材露天矿山技术规范［S］．2008.

[7] 夏建波．露天矿开采技术［M］．北京：冶金工业出版社，2011.

[8] 林友．松平坡地下板岩矿开采工艺研究［J］．金属矿山，2013（2）：56~59.

[9] 彭建谋．宝丰县边庄水泥灰岩矿资源综合利用探讨［J］．矿产保护与利用，2013（1）：43~46.

[10] 杨世明．饰面石材采剥方法分类探讨［J］．石材，2014（9）：23~29.

[11] 于永年，杨秀龄．近人爆破在白云山大理石开采中的应用［J］．非金属矿，1983（1）：8~14，46.

9 海洋采矿

9.1 概　　述

9.1.1 海洋矿产资源分类

海洋矿产资源是一个专有名词，又名海底矿产资源，是海滨、浅海、深海、大洋盆地和洋中脊底部的各类矿产资源的总称，主要包括海滨砂矿、多金属结核和富钴锰结壳、热液矿床、可燃冰、石油天然气等油气资源[1]。海洋是人类巨大的资源宝库，是未来社会物质生产的重要原料基地。现阶段，世界各国都在竞相发展海洋高新技术，开采海洋矿产资源。要实现海洋矿产资源的可持续发展，首先要从海洋扩展资源相关行业入手，着重改革海洋矿产资源勘探、开发采集等工作。海洋矿产资源按矿床成因和赋存状况分为[2,3]：

（1）海滨砂矿。来源于陆上的岩矿碎屑，经河流、海水（包括海流与潮汐）、冰川和风的搬运与分选，最后在海滨或陆架区的最宜地段沉积富集而成。主要矿种有：金属矿物中的钛铁矿、金红石、锆石、磁铁矿（钛磁铁矿）；稀有金属矿物中的锡石、铌钽铁矿；稀土矿物中的独居石、磷钇矿；贵金属矿物中的砂金、金刚石、银、铂；非金属矿物中的石英砂、贝壳、琥珀等。滨海砂矿经济价值明显，在工业、国防和高科技上均有重大应用价值。

（2）多金属结核和富钴锰结壳。多金属结核含有锰、铁、镍、钴、铜等几十种元素，主要是由铁锰氧化物和氢氧化物组成的黑色“球状”沉积团块。在水深为4500～5500m的海底平原上富集较多，在太平洋最富，其次是印度洋和大西洋。富钴锰结壳是一种海底自生的铁锰氧化物、氢氧化物集合体。多储藏在400～4000m深的海底，结壳一般厚1～10cm，最厚可达24cm。富钴锰结壳所含金属用于钢材可增加硬度、强度和抗蚀性等特殊性能。据估计，世界大洋海底锰结核的总储量达30000亿吨，仅太平洋就有17000亿吨，其中含锰4000亿吨，镍164亿吨，铜88亿吨，钴58亿吨。主要分布于太平洋，其次是大西洋和印度洋水深超过3000m的海底。以太平洋中部北纬6°30′～20°、西经110°～180°海区最为富集。估计该地区约有600万平方公里的富集高品位锰结核，其覆盖率有时高达90%以上。

（3）海底多金属软泥（热液矿床）。海底多金属软泥（热液矿床）是一种含有大量金属的硫化物，海底裂谷喷出的高温岩浆冷却沉积形成。如果含矿热液上升通道与海水隔绝，未被稀释的热液即以“烟囱形式”喷出，即形成了热液矿床。这种热液矿床富含铁、锰、铅、锌、金、银等多种金属资源。对海底热液喷口生物群的生存和繁衍的研究，也已经成为科研工作者的重要课题。图9-1为海底块状多金属硫化物（a）与海底热液矿床（b）示意图。

(a)

(b)

图 9-1　海底块状多金属硫化物（a）与海底热液矿床（b）

（4）可燃冰。可燃冰是一种被称为天然气水合物的新型矿物，在低温、高压条件下，由碳氢化合物与水分子组成的冰态固体物质。其能量密度高、杂质少，燃烧后几乎无污染，且矿层厚、规模大、分布广。随着开采技术逐渐成熟，可燃冰会给人类的发展带来新的希望。

此外，中国近海水深小于 200m 的大陆架面积有 100 多万平方公里，其中含油气远景的沉积盆地有 7 个：渤海、南黄海、东海、台湾、珠江口、莺歌海及北部湾盆地，总面积约 70 万平方公里，并相继在渤海、北部湾、莺歌海和珠江口等获得工业油流。在辽东半岛、山东半岛、广东和台湾沿岸有丰富的海滨砂矿，主要有金、钛铁矿、磁铁矿、锆石、独居石和金红石等。

9.1.2　海洋工程地质环境

作为工程地质领域的新兴研究方向，海洋工程地质学发展迅速。近年来，海洋工程地质工作者在海洋沉积物工程特性、海洋地质灾害、海岸带工程地质、海洋工程地质勘查技术和数据分析、原位测试与长期观测、海洋沉积物-工程结构相互作用、海洋新能源开发过程中的工程地质问题等方面均取得了一定进展[4,5]。海洋工程地质环境则存在以下重点关注的问题[6]：

（1）海底土体滑移。海底滑移对各种海洋工程设施都会产生极大的威胁。因此，20 世纪 70 年代以来海底边坡稳定性评价成为海洋工程地质评价中的一个热门话题。与陆地上的边坡相比，海底边坡有如下特点：坡度很缓，有时还不足 1°时，就可能产生滑动；由于沉积速率快和有时含气，海底土层中存在超孔隙水压力且土质特别软；波浪载荷对边坡增加了一个外载因素，又导致土层中超孔隙水压力增加；在波浪的反复荷载作用下黏土软化，即此时强度比原来的静强度有所下降，降低值可达 1/3。

（2）砂土液化。地震引起砂土液化造成的灾害是众所周知的，推动人们发展了评估砂土液化势的多种方法。对于地震活动区的海域，当土层由砂土或粉土组成时，采用陆地上的液化分析方法也是适合的。但是，对于水深小于 150m 的非地震活动区，波浪载荷是引起砂土液化的诱发力。虽然这方面的实例报道比起陆地上的情况要少得多，但是砂土液化会使海底管线上浮、海底会因此滑移、浅基础结构物也会遭到损坏，因此促使人们对波浪引起液化势作出评估。波浪和地震都是周期载荷，但两者有下列不同特点：1）传播方向不同。前者由上向下，后者由下向上；2）周期载荷的特点不同。波浪载荷有主应力方向旋转的特点，地震则无；3）频率不同。地震频率约为1Hz，波浪频率约为0.1Hz；4）历时不同。

（3）原位试验与探测。自20世纪70年代初开始，原位土工试验就在海洋工程地质调查中起着重要的作用。测试通常在钻管底部进行，采用通过综合电缆操纵的液压系统将仪器以固定的速度贯入土中。感应探头所得的连续资料经综合电缆传至操控单元的记录器。测试设备的种类和功能是与海洋结构物大型化和复杂化带来的设计要求同步发展的。

9.1.3 海洋采矿历史

海洋的面积覆盖了地球表面的70%，其中75%深于3000m，丰富的多金属资源赋存在深海底，包括多金属锰结核、钴结壳、热液硫化物等资源[7,8]。

关于海洋矿物开采，最早见于公元前2200年的中国提取海水，进行自然晒盐。英国从1620年起就开始了海底采煤，1872~1876年，英国科学考察船“挑战号”在海洋的调查研究，是人类开发深海资源的最早的一次尝试。共航行12万公里，调查多个海区并开展多项试验，特别是超声波深海探测和深海挖掘，发现了深海床上散布着无数土豆大小锰矿瘤，还有相当数量铁、镍、钴和铜，这些矿物在太平洋里散布的面积超过美国国土面积。这些矿物瘤是过去千万年里，以泥土、鲨鱼牙齿和鲸鱼骨骼为核心在深海环境下形成游动的金属、非金属矿床[9]。此后，美国“信天翁”号调查船于20世纪初（1899~1900年和1904~1905年）对太平洋的多金属结核开展调查，并初步绘制了太平洋东南部的多金属结核分布图。

1907年，在泰国普吉岛沿海，首次采用梯斗式挖泥机采掘含锡冲积层。这种采矿工程至今从未间断。20世纪50年代末，日本、法国、美国等国家相继提出连续绳斗法采矿系统、穿梭艇式采矿系统、集矿机与管道提升相结合的采矿系统，使得深海矿产资源的技术开发可行性提高。20世纪60年代以前，海底采矿的规模小、范围窄、离岸近。

20世纪60年代以后，海洋采矿受到了人们的重视，特别是海底石油和天然气的开发有了较快发展，深海锰结核和热液矿床的开发也有迅速发展的趋势。1967年，苏丹政府取得了位于红海中心线苏丹一侧的金属泥沉积物矿床的矿产权。

2019年．加拿大鹦鹉螺矿业公司启动了全球首个深海采矿作业，该公司派遣多名遥控采矿机器人远征到太平洋西南部的俾斯麦海海底，希望在此找到富饶的铜和黄金等矿物。

9.1.4 我国的海底资源申请的由来和发展

我国大陆海岸线总长18000多公里，海域面积约有300万平方公里。从海底地貌上看，我国的四个海区中，不仅有大陆架区，而且有大陆坡和大洋底区，地貌类型齐全，但绝大部分海域是在大陆架范围内。我国大陆架是世界上面积最大、最宽的地区之一。我国大陆及海洋岛屿的海岸线总长约32000多公里，海岸线迂回曲折，为砂矿的富集提供了有利的条件。勘探表明，我国的海洋矿资源蕴藏丰富，海洋石油和天然气初步勘探已发现面积100万平方公里的七个大型含油气沉积盆地，已探明的储量构造400多个，原油储量在

90~140 亿吨之间，海滨砂矿探明储量达数亿吨，矿种 60 多种。然而，我国海洋矿物资源还处于粗放式开采状态中，海洋资源从最初的不开采到现在的部分开采，虽然实现了飞跃式的进步，但是其中也面临着一系列的问题。在这一背景下，制定海洋资源开采规范、强化监督执法力度已经成为海洋矿产资源开发首先要解决的问题。实际上，早在 20 世纪 50 年代我国就开展了关于国内海洋资源矿产分布的勘探工作，但是由于技术水平落后，到现在为止，勘探深度依然无法达到发达国家的技术水平，由于缺乏实测图纸、数据不准确，严重影响了我国海洋资源开发工作的顺利进行。

目前，联合国国际海底管理局（ISA）已经批准了 20 多份海底探索和采矿合同，涵盖数十万平方英里（1 平方英里 = 2.58998811 平方千米）海域，截至 2018 年 5 月，已经向政府和公司颁发了 29 个海底矿产勘查许可证。国际海底区域的商业性开采最早将于 2025 年开启。此外，2017 年，日本已经在其管辖海域进行了多金属硫化物开采，巴布亚新几内亚则于 2020 年在其专属经济区进行了商业性开采。

1990 年，国务院同意以“中国大洋矿产资源研究开发协会”的名义向“联合国海底筹委会”申请矿区登记，分别于 2001 年、2011 年取得了位于东太平洋国际海底区的多金属结核资源合同区（7.5 万平方公里）、西南印度洋国际海底区的金属硫化物资源矿区专属勘探权和优先开发权（1 万平方公里），将大洋锰结核资源勘探开发作为国家长远发展项目，给予专项投资[10]。2013 年 7 月，在牙买加召开的国际大洋理事大会核准了中国大洋协会申请，标志中国正式获得太平洋富钴结壳区，这是中国大洋协会在国际海底区域获得的第 3 块矿区。

我国深海采矿技术的研究开发起步较晚，于 1991 年启动了为期 15 年的研究开发规划，经过“八五”期间的攻关，已在开采技术与设备的研究开发方面取得了一批阶段成果，缩短了与国际先进水平的差距。“八五”期间，在中国大洋协会、冶金部和有色总公司的组织和支持下，长沙矿冶研究院和长沙矿山研究院作为深海采矿技术研究开发的两个主要承担单位，已研制出水力式和复合式两种模型集矿机，在剪切强度≤5kPa 的模拟沉积物上进行水下集矿，采集率达到 85%~95%；完成了矿浆泵、清水泵、射流泵的水力提升和气力提升等相关试验。

9.2 海洋采矿的特点及开采方法分类

9.2.1 海洋采矿的特点

海洋作为一个独立自然地理单元，决定了海洋矿产开发具有与陆地资源开发所不同的特点：

（1）海洋环境条件恶劣，矿产开采必然伴有狂风、巨浪、海冰、高压、腐蚀等恶劣条件，开采难度大、技术要求高，属于“三高”（高投资、高风险、高技术）工程。但是，为了在开发和占有海洋的竞争中取得主动，一些发达国家不断进行技术创新，投入了大量的人力、财力用于海洋高技术的开发研究，并已获得了许多技术上的成就和经济上的利益，即使是人均占有资源居世界第一的俄罗斯，尽管国内经济一直低迷，也从没有放弃过对海洋高技术的研究。

（2）海洋采矿是涉及诸多行业和学科的高技术密集型系统工程，如地质学、机械、电子、通讯、冶金、化工、物理、化学、流体力学等学科和造船业、远洋运输业等行业。同样，海洋采矿的发展势必促进这些行业和学科的进一步发展，具有重要的战略意义。

（3）海洋采矿应注意与其他海洋资源开发之间的关系。它们之间相互促进、相互制约。此外在开采中还要注意保护海洋环境，避免污染和破坏海洋生态平衡，即注意开发和保护之间的矛盾，所以需要精细的管理，以求获得最佳的经济、环境和社会效益的统一。

（4）国外实践表明，海洋（深海）矿产开采新技术，从开始研制到投入实际应用，通常需要10~20年的时间，周期较长。如日本从1975~1997年投资10亿美元，研究锰结核的勘探和技术开发，进入试采阶段；美国与日本几乎同期开始进行大洋矿区的勘探和采矿技术的研究，累计投资15亿美元；印度、英国、意大利等国也经过了长期的研究。可见各发达国家这种长期的投入研究不仅仅是为解决国内经济发展的需求，更重要的是面向未来，是对未来的研究和投资。

（5）海洋矿产开发具有国际性的特点。海底矿产资源可能是跨国界或共享的，涉及各有关国家之间的利益，需要国际之间的协调和合作。

9.2.2 海洋采矿方法及分类

海洋占整个地球面积的71%，约3.6亿平方公里。调查表明，陆地上的许多金属和非金属矿在海洋中都已发现，矿藏储量巨大。海底矿产资源主要分为海水中溶解的矿物、海底表层矿床和海底基岩矿床。海洋采矿是从海水、海底表层沉积物和海底基岩下获取有用矿物的过程。对此，海洋采矿一般分为三个方面：

（1）海水化学元素中含有大量有用金属和非金属元素，如钠、镁、铜、金、铀和重水等，可以从海水中提取食盐、镁、溴、钾、碘和重水等多种有用元素，世界海洋中约有13.7亿立方公里海水，其中含有80多种元素，人们较为熟悉的有60多种。

（2）海底表层矿床开采，即海底基岩以上的沉积矿层或砂矿床。目前已经进行开采的有海滨砂矿、砂、砾石和贝壳等。海底表层矿床大都呈散粒状或结核状，存在于海底各类松散沉积层中，可以用采矿船进行开采。这种矿床根据所处位置又分为大陆架资源、大陆坡资源和深海底资源三种。在大陆架上的海底表层矿床中，非金属矿物如贝壳或砂砾的数量占矿床总体积的50%以上。重矿物如钛铁矿和锡石数量仅占矿床总体积的10%以下。稀有和贵重金属如金刚石或金只占矿床体积的百万分之几。在深度范围为200~3500m的大陆斜坡上有两种重要的自生矿物资源，呈砂粒状、结壳状或结核状的磷钙土以及呈软泥状或块状的热液矿床。在3500~6000m的深海，最重要的矿物资源是遍布各处的锰结核，在洋底呈不连续分布，有的密集，有的稀疏，北太平洋被认为是密集区。其他深海的软泥中含有不同数量的二氧化硅、碳酸钙、铜和锌。

（3）海底基岩矿开采，指那些存在于海底岩层和基岩中的矿产。包括非固态的石油、天然气和固态的硫黄、岩盐、钾盐、煤、铁、铜、镍、锡和重晶石等。海底石油和天然气分布范围最广，石油可采储量估计为1350亿吨。海底煤矿分布广，储量丰富。海洋采矿方法主要包括如下几种：

1）连续链斗采矿法，由机械驱动采矿，其原理与链斗采砂船相似，是通过绞车、滑轮等设置，使每隔 25~50m 系有铲戽斗的钢缆或尼龙索不断地在海底循环，依靠戽斗铲挖锰结核并将其提升回海面。作业时由单船或双船纵、横向移动，进行连续回采。这种方法采掘设备比较简单，调整作业区灵便，处理故障比较容易，且使用不受水深和海底地形限制，但可能发生缆绳缠结而影响作业。

2）流体采矿法，从采矿船上将一根提升管伸到海底沉积物的表面，管的末端连接集矿装置，锰结核通过装在输送管上的高压离心泵或船上的空压机，利用水力或气举，沿管道被升举到船上，为了提高采矿效率，采集器可配带水力式高速喷水装置或机械式的耙滚装置，用以冲、松矿层。该采矿系统造价相对昂贵，但试采证明其具有良好的应用前景。

3）穿梭采矿法，使用自带有推进装置和作业动力的遥控集矿器，由压载舱控制下沉、采集和上升。作业时下沉压载使集矿器下潜到海底，然后由螺旋桨推进器驱动沿海底采集并分离得到锰结核。当矿石采集到一定数量时，自动弃掉压载舱内的压载，上浮出海面并驾驶回母船，穿梭采矿法设备自控，作业安全、灵活机动，工作效率高，但造价昂贵，仅少量国家研制与试验。

9.3 海底资源的分类及赋存特征

9.3.1 多金属结核的分布

综合可查到的各国和机构对大洋多金属结核调查勘探结果，按资源最低平均湿丰度 5kg/m^2、最低平均品位 Cu+Ni 为 1.5%。印度洋只有中印度洋海盆有可能提供第一代采矿区域[11, 12]。此外，几乎不可能找到可开采矿床。南太平洋海域结核丰度高而品位很低，只有靠近大陆的秘鲁海盆，水深较浅，也许高丰度可补偿低品位，这需进一步评价。北中太平洋结核分布具有多变性，不适于开采。澳大利亚西南（40°~80°S 和 70°~95°E）和西北（10°~25°S 和 95°~105°E）其他区域分散分布丰度为 2kg/m^2 的结核。然而金属品位一般较低，镍铜综合仅为 2%，也不适于开采。在 180°E 和 220°E 之间的克拉里昂区域边缘的太平洋赤道南地带发现的结核丰度达到 8kg/m^2。在东太平洋海隆和南美之间区域例外，丰度达到 6 kg/m^2。世界大洋多金属结核总量估计约 5000 亿吨。

表 9-1 为多金属结核分布区域的资源指标。

表 9-1 多金属结核分布区域的资源指标

分布地区		中偏东北 太平洋 CCZ 区	中太平洋	夏威夷西南	西太平洋	克拉里昂区 边缘的太平 洋赤道南地带
地理坐标		5°~25°N， 270°~210°E	280°E 以北和 1800°~2000°E 之间	5°~10°N， 180°~190°E	5°N 和赤道，160°~ 200°E 很多孤立矿点	
丰度 /kg·m^{-2}	平均丰度	10	10	10	6	8
	局部区域	0~30				

续表 9-1

分布地区		中偏东北太平洋 CCZ 区	中太平洋	夏威夷西南	西太平洋	克拉里昂区边缘的太平洋赤道南地带
金属品位/%	锰	30	20	10		
	铜	1.5	1.0	1.0		
	钴	0.4	0.4	0.4	8	
	镍	1	1	0.5		
	镍铜综合	3.5	2.0	2.0	2~3	2
金属含量	锰	$3kg/m^2$	$1.5kg/m^2$	$2.0kg/m^2$		
	铜	$80g/m^2$	$60g/m^2$	$10g/m^2$	$150g/m^2$	
	钴	$25mg/m^2$	$40mg/m^2$	$10mg/m^2$	$2.25mg/m^2$	
	镍	$0.2kg/m^2$	$0.75kg/m^2$	$0.025kg/m^2$	$0.05kg/m^2$	
说明		特有经济价值				

9.3.2 C-C 区的地理环境

太平洋的多金属结核主要富集在东太平洋克拉利昂和克利帕顿两断裂带间，又称 C-C 区（地理范围：5°~25°N，270°~210°E）。资料显示，中偏东北太平洋的 C-C 区的多金属品位明显高于其他海域，丰度相对稳定[13]。

目前，已经有海金联组织（由东欧几个原社会主义国家组成的联合组织）、俄罗斯（苏联）、韩国、中国、日本、法国、印度、德国、瑙鲁、汤加、基里巴斯、比利时、英国、新加坡和库克群岛等先后与联合国国际海底管理局签订了海底多金属结核勘探合同，其中除印度的勘探合同区在中印度洋海盆，其余国家和机构的勘探合同区均位于东太平洋的 C-C 区。

中国大洋多金属结核矿区位于东太平洋海盆，克拉里昂和克里帕顿两大断裂带之间（C-C 区），分为东、西两个区。其中，东区有三块，地理坐标在 141°~148°W、7°~10°N 范围内，西区有两块，在 151°~155°W、8°~11°N 范围内，如图 9-2 所示。东、西区中心点距夏威夷火努鲁鲁港分别为 2050km 和 1800km，至上海航线距离约为 8000km。

中国大洋多金属结核保留矿区面积合计为 $75000km^2$，总平均丰度为 7.96%，总平均铜钴镍品位为 2.52%。详见表 9-2。

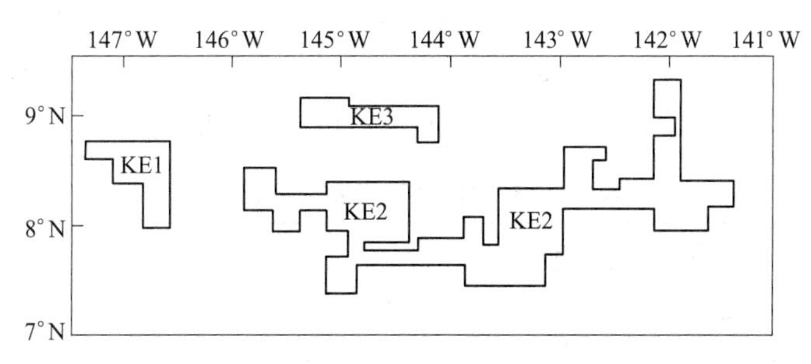

(a)

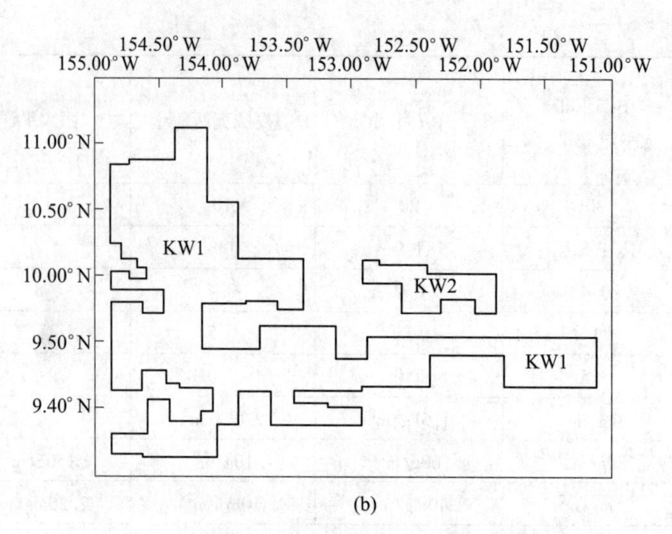

图 9-2　中国大洋矿产资源研究开发协会多金属结核矿区

（a）东矿区；（b）西矿区

表 9-2　中国保留矿区面积、平均丰度和品位

保留矿区	面积/km^2	丰度/$kg \cdot m^{-3}$	品位/%					
			Mn	Cu	Co	Ni	Cu+Co+Ni	Ni 当量
东区	35521.47	5.54	29.64	1.23	0.20	1.43	2.86	4.46
西区	39478.29	10.31	24.91	0.83	0.25	1.11	2.20	3.85
合计	74999.76	7.96	27.24	1.03	0.23	1.27	2.56	4.15

保留矿区内干结核量为 4.2 亿吨，铜钴镍金属总量为 1000 万吨，详见表 9-3。

表 9-3　中国保留矿区多金属结核资源量　（10^4t）

矿区	湿结核	干结核	锰金属	铜金属	钴金属	镍金属	铜钴镍	镍当量
东区	19681.71	13777.19	4079.61	168.83	26.91	197.09	392.83	614.05
西区	40689.42	28482.60	7095.91	237.57	71.58	317.33	626.48	1100.06
合计	60371.13	42259.79	11175.52	406.40	98.49	514.42	1019.31	1714.11

9.3.3　多金属结核的特性

多金属结核是铁锰氧化物。主要矿物组成为水锰矿。包括钙锰矿、钠水锰矿和针铁矿、纤铁矿。结核化学成分不均一，视锰矿物的类型、尺寸和核心特性不同而变化。表 9-4列举了有经济价值成分的平均概值。目前被列为有工业价值的金属主要有镍、铜、钴（综合达到 3%湿重）和锰，还含有微量的钼、铂和其他贱金属。

表 9-4　多金属结核主要化学成分

化学元素	锰	铁	硅	铝	镍	铜	钴	氧
含量/%	29	6	5	3	1.4	1.3	0.25	1.5
化学元素	氢	钠	钙	镁	钾	钛	钡	稀土
含量/%	1.5	1.5	1.5	0.5	0.5	0.2	0.2	

9.3.4 矿床特征

多金属结核矿床多分布在水深为4000~6000m的深海底沉积物表层，半埋状为主，其次为埋藏状和裸露状[14,15]。结核的大小不等，一般直径为0.5~10cm，其中大多数在3~6cm之间，最大达到24cm。结核形状多变，主要有菜花状、盘状、椭球状、杨梅状、碎屑状、连生体状。

太平洋北赤道区以菜花状和盘状占优势，而南太平洋则以球状为主。不同形状反映了不同的形成过程。结核的内部结构各异。有些显示出同心圆状，有些含有沉积物、岩屑、古结核碎片、有机物碎屑等核心，有些则没有明显的内核，如图9-3所示。

图9-3 多金属结核赋存状态及内部结构

9.4 多金属结核的资源勘查技术

近几十年来，随着深海矿产资源的开发，有关的海洋技术也得到飞速发展。对于多金属结核勘探技术，已从早期以地质采样为主发展到地质、地球物理相结合的多种手段，从多频探测发展到20世纪90年代的线性调频技术、深拖技术，而发达国家已利用深潜技术进行了多金属结核调查及深海地质调查，勘探精度及勘探效率逐步提高，技术手段也越来越先进。

9.4.1 地质采样方法及设备

深海地质采样是指通过深海地质采样器直接获取海底结核和沉积物样品，它是大洋多金属结核调查的基本方法。深海地质采样主要有缆地质采样和自返地质采样两种方法。

9.4.1.1 有缆地质采样

有缆地质采样是一种利用万米深海绞车和供取样器安全收放的倒L型吊架等器械进行采样的方法。其中，万米深海绞车由液压驱动，运转稳定可靠，配有自动排缆器、速度计、钢缆长度计和张力计，钢缆的收放可以无级调速，并有应急报警装置和电动、手动刹车装置，操作简便。

有缆地质采样的采样器类型主要有抓斗取样器、箱式取样器、拖网和柱状取样器四种。

A 抓斗取样器

有缆抓斗取样器是采集海底沉积物的装置，通常具有两个连接的采样斗，以开口状态下沉，触底后自动合上抓取样品，抓取的样品多受扰动。

图9-4为我国自行研制的大洋50型抓斗的结构示意图，其作业过程如下：在抓斗接近海底时，先导重锤首先触底；触底瞬间，抓斗从平衡杆释放器脱钩，自由降落扎入海底沉积物并取样；主钢缆提升，抓斗合拢，并把抓斗提离海底。

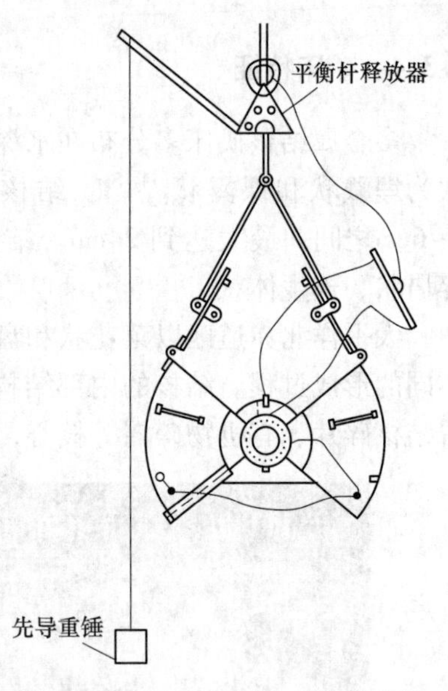

图9-4 大洋50型抓斗结构示意图

B 箱式取样器

有缆箱式取样器是垂直放入海底的无底金属盒，用于采集不受扰动的海底沉积物样品。在插入沉积物后，金属铲刀自动闭合箱底，提升箱式器即获取样品。投放及回收设备以及取样方法基本同有缆抓斗取样器。箱式取样器作业过程如图9-5所示。

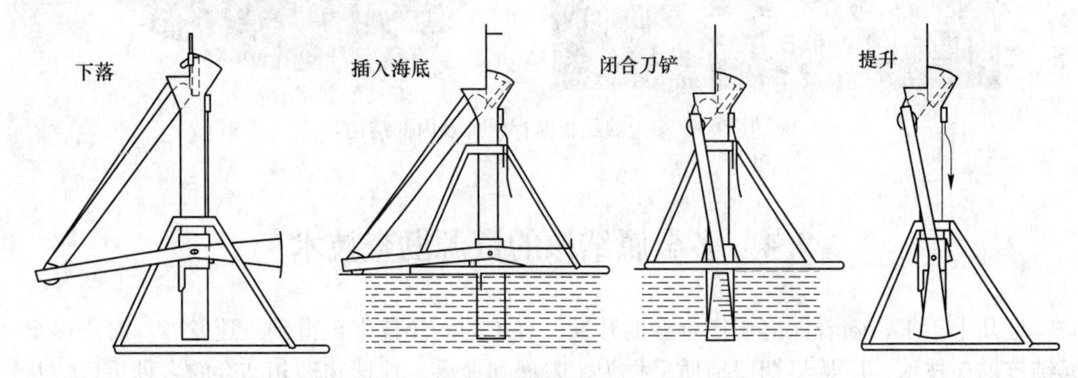

图9-5 箱式取样器作业过程

C 拖网

拖网是箱式、管式或袋式装置的加长，在船只慢速走航时进行海底拖曳作业，采集多金属结核和岩石样品。我国自行研制的拖网网身为双层尼龙绳制，网长2m。网尾固定一重锤以维持网身的伸展装填状态。拖曳及回收均靠万米深海绞车、钢缆进行，必要时配合以低速移动。图9-6为拖网作业示意图。

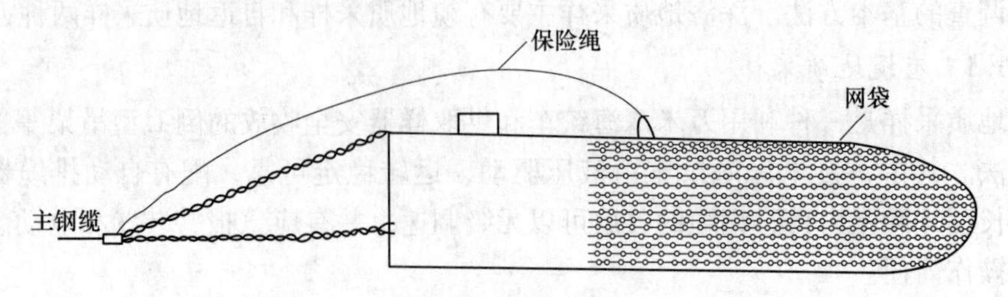

图9-6 链式袋状拖网取样器作业示意图

D 柱状取样器

柱状取样器为长的中空圆管，直径一般为2~8cm，用以穿入海底沉积物，从而获取扰动较少的柱状沉积物样品。最简单的柱状取样器为重力取样器，通过自身的重量将取样管压入沉积物中。活塞取样管则利用静水压力和取样管内的活塞装置取样。图9-7显示了大型重力活塞取样器的作业过程。

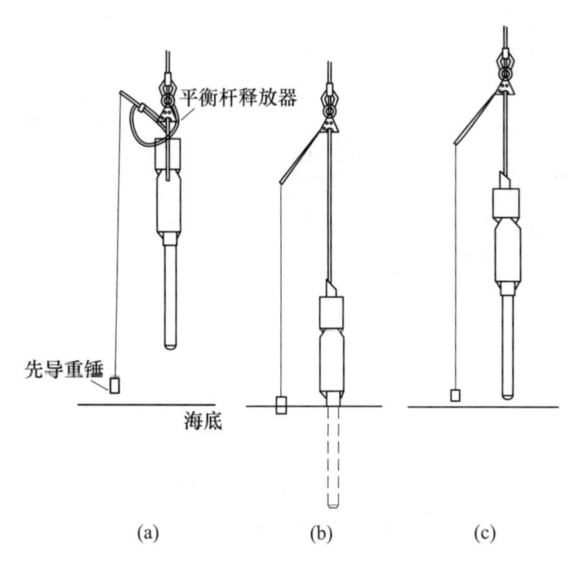

图9-7 大型重力活塞取样器作业示意图
（a）下落；（b）接触海底；（c）提升

9.4.1.2 自返地质采样

A 自返抓斗取样器

自返抓斗取样器用于获取表层沉积物样品，下水时不需用万米深海绞车和钢缆，而从船的一边投入海中。当取样器触底时，抓斗合拢，抓取表层沉积物，同时释放压舱物，玻璃球的浮力使取样器浮出水面，由船上进行回收。图9-8为4201型自返抓斗结构图。

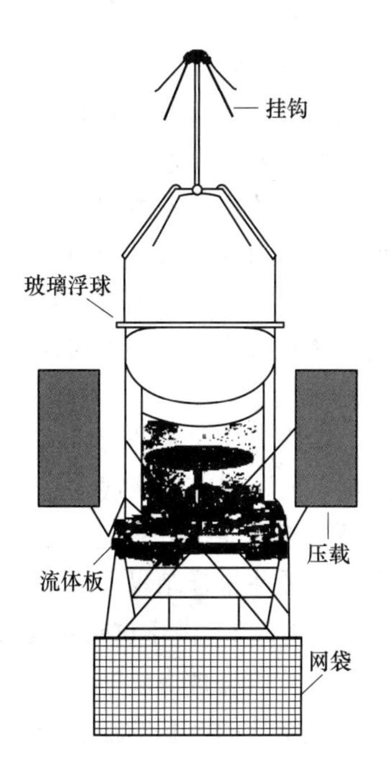

图9-8 4201型自返抓斗结构

B 自返重力取芯器

自返重力取芯器用于采取较短的柱状沉积物，其投放方式同自返式抓斗取样器。当取样器触底时，靠取芯管的重力扎入海底，获取岩芯，取芯完成后，外壳遗留在海底，玻璃球的浮力使取样器浮出水面，由船回收。这种采样器操作简便，工作效率高，在某种程度上可以取代有缆重力取芯器，图9-9为自返重力取芯器的作业过程。

9.4.2 海底视像探测技术

在大洋多金属结核调查中，通过深海底的拍照和录像，

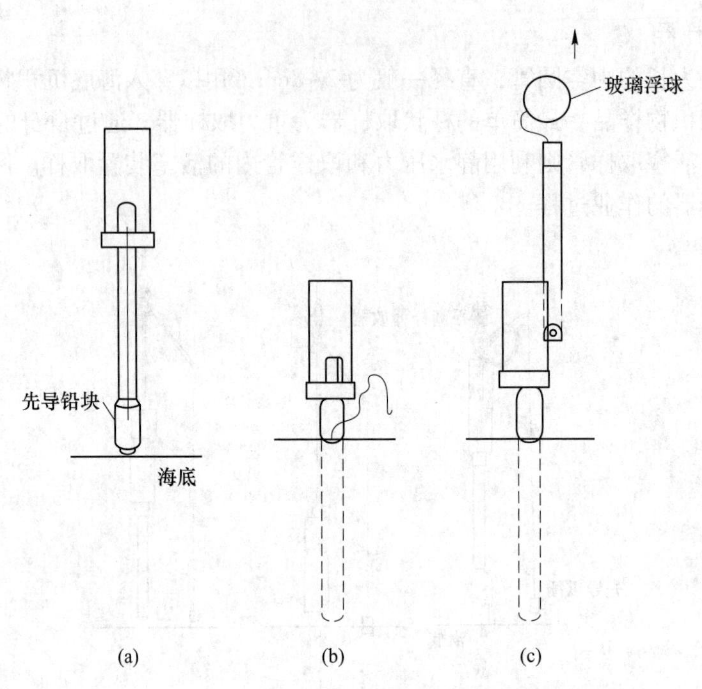

图 9-9 自返重力取芯器作业示意图
（a）下落；（b）接触海底；（c）上升

可直观、形象地观察结核及沉积物的分布状态。海底视像探测技术包括海底照相和海底电视，前者以照片的方式反映小范围的海底状态，后者以录像带的方式反映测线范围内的海底状态。

9.4.2.1 海底照相

除直接的深海采样外，海底照相是重要的间接调查手段，可用于计算结核的覆盖率及结核与背景面积的百分比，了解结核的分布情况与沉积物的关系等。海底照相在测站有两种工作方式，即连续照相和单次照相。

连续照相系统由照相机、闪耀灯、声脉冲发生器、触发器、直流电源、同步控制器及组装框架组成。通过控制绞车收放钢缆，使触发拍照的重锤接触或离开海底。当重锤接触海底时，声脉冲发生器发射的声音速度变快，同时照相机拍照，然后收钢缆，重锤离开海底。照相机移动一段距离，再放钢缆，重锤又接触海底，照相机又拍照，周而复始，直到拍完为止。

单次照相是将照相机固定在高压密封罐中，再安装在自返式抓斗上，这种改进的自返式抓斗既可以获取海底多金属结核，又可以进行海底照相。在照相机上用细绳悬挂一个小重锤，当抓斗接近海底时，重锤先着地，同时拍摄一张海底照片。拍摄单次照片的目的在于校正抓斗采样结果。

9.4.2.2 图像识别及处理技术

计算机处理海底照片的主要障碍是结核在海底多为沉积物所蔽，其图像无清晰边缘，且掩盖结核的沉积物灰度与背景相同，故仅利用结核图像与背景的灰度差异是不完善的。采用专用的光学校正方法，增加照片边缘的亮度；以模式识别技术综合利用灰度、结核形状等特征参数分割图像与背景，大大排除了海底复杂环境的干扰。

9.4.3 大洋多金属结核的声学探测

声学探测是大洋多金属结核调查的重要手段，其中多频系统是综合处理来自 3 种装置（浅层剖面仪—3.5kHz，测深仪—12kHz，窄波束声纳—4kHz）的不同频率的声波，以综合声压值与地质采样数据的统计关系来估算结核丰度。

9.4.3.1 多频探测

多频探测系统探测海底结核的粒径和丰度，是通过声波频率与反射率的关系而推算出来的，实际上就是一个海底散射的问题。当发射波在海底传播遇到刚性球体多金属结核时会产生压力并发生振动，结核内部所激发的振动通过结核表面使周围的海水也发生振动。其振动的频率与振幅和结核所受到的发射波声压时间长短有关，这就是结核对声波产生的散射作用。散射计算结果表明，在低频范围内，海底吸收能量，并且通过或返回散射高频能量，结果变成具有低频截止或截断频率特征的滤波器。多频探测系统探测多金属结核就是应用了结核响应的高通滤波的特征而设计的，没有结核的海底频谱比较平，因此响应不受频率的影响。如果由海底返回的响应呈现高通滤波特性，可得出存在结核的结论。

多频探测系统由三部分组成：计算机、模拟信号处理装置以及不同频率的声学仪器。多频探测系统应用不同频率的声学仪器所接收的海底反射信号，经过系统中计算机按设计的方案处理后，就能沿着测线，在现场快速、连续地提供海底结核丰度值和粒径的数据。

在资料解释技术方面，遵循对资料进行综合分析，定性解释与定量相结合的原则。首先进行质量分析，剔除资料中的各种干扰，然后进行定性解释，区分洋底结核贫乏区和富集区，最后对较富集的区域重点进行定量计算。

9.4.3.2 大洋沉积层的声学探测技术

大洋沉积层的声学探测技术和陆架区沉积层的声学探测技术大同小异，基本勘探原理完全一样，都是利用声波在沉积层中波阻抗面上的反射进行勘探，即都是利用反射波法地震勘探。大洋沉积层常用的勘探方法有多道地震调查、单道地震调查和浅层剖面调查。

A 多道地震调查

震源激发的声波传到海底及海底沉积层后，在各声阻抗界面上形成的反射波被地震电缆接受，然后传到数字地震仪中，经过数字地震仪的放大、滤波和数模转换等处理，记录在磁带上或磁盘上，供现场或后处理用。

通常采用气枪作为震源，工作压力为 $(1.05\sim1.40)\times10^7$Pa。多道地震电缆是由多个水听器组合成的等浮电缆。每道电缆中有几十个到上百个水听器，其目的是大数量的水听器组合有较好的统计效应，以利于提高大洋沉积层的调查质量。数字地震仪是大洋多道地震调查的主要设备，其采样间隔以 1ms 为佳。低阻滤波截止频率为 25~40Hz，高阻滤波截止频率为 16~100Hz，记录长度为 8~12s。

在进行多道地震调查时，船以 5~6km 的速度沿切线行驶，沉放于水下 6~9m 处的气枪，以设计的时间间隔放炮，使接收的地震信息满足设计的叠加次数。地震电缆处于水下 12m 的水平位置上，其深度变化靠地震电缆上的定深器自动调节。

B 单道地震调查

单道地震调查是一种简单适用的大洋沉积层调查方法。这种方法比多道地震简单、操作方便、费用少，因此在大洋地质科学调查中获得广泛的应用。

单道地震使用的震源与多道地震基本相同，不过其能量比前者小。单道地震电缆可以使用多道中的一道，也可用专门设计的单道地震电缆。这种专门为单道地震设计的电缆，一般都用大量水听器。单道地震的记录仪器有数字和模拟两种，前者能将地震信息记录在磁带上供后处理使用，因而获得较广的应用。

C 浅层剖面调查

浅层剖面调查是了解大洋海底以下几十米的沉积层的调查手段，通常使用3~7kHz的工作频带。由于使用的频率高，故其分辨率比多道地震和单道地震高得多，可以达到厘米级。浅层剖面调查使用的震源为多个压电陶瓷换能器组合成的面阵。

由多个压电陶瓷换能器组合的面阵，同时具有两种功能，即不仅作为震源具有发射功能，而且作为接收单元承担接收功能。近几年来，浅层剖面调查采用先进的线性调频，使调查资料质量更好，穿透深度更大，分辨率更高，甚至可以穿透100m的大洋沉积层，具有8cm的地层分辨率。

9.4.4 多波束测深技术

多波束测深系统一般主要由三大部分组成：船底探头（发射阵和接收阵）、回波处理器和后处理工作站，系统基本组成及相互关系如图9-10所示。

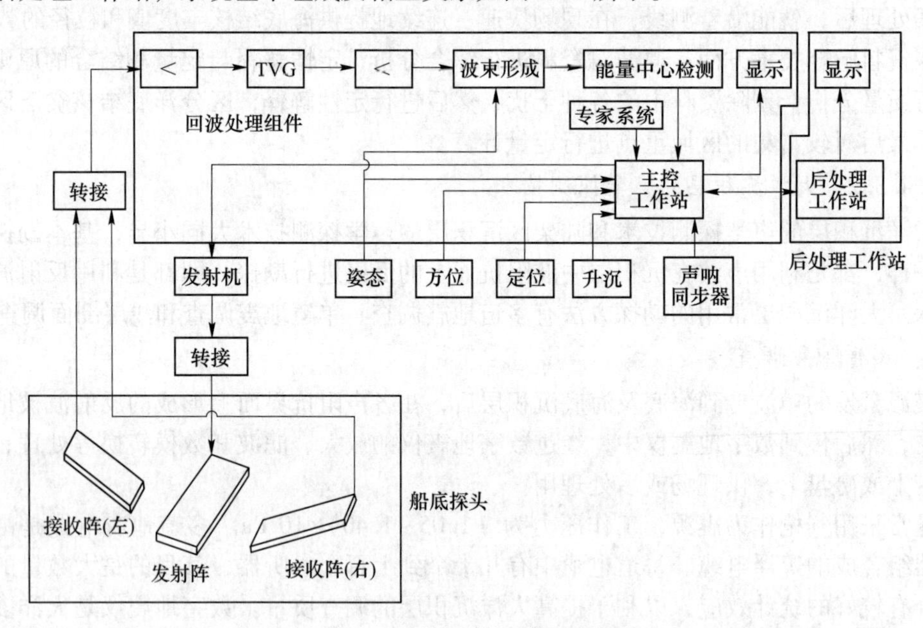

图9-10 多波束测深系统基本组成

发射机在主控工作站控制下，通过发射阵向水下发射一定频率的声波，经海底反射后，由接收阵接收回波信号，经初步放大，通过时间增益控制（TVG），把呈指数衰减的海底混响信号转变成等幅信号，以达到增大主瓣、压制旁瓣的目的。然后，进行波束形成。根据形成的波束进行能量中心检测，找出真正的能量中心点，以保证所求得深度的可靠性。主控工作站根据来自经过能量中心检测的波束信息、导航定位数据、姿态、升沉等信息，计算出最终的被探测目标所处的水深值及其他信息（如振幅、侧扫等），并利用专家系统剔除野点，最后由后处理工作站编辑成图。

9.5 深海锰结核开采方法

9.5.1 拖斗式采矿船法

9.5.1.1 拖斗采矿船法的基本概念

海底拖斗采矿（Submarine-drag bucket mining）是开采海底结核矿产的简便方法之一。拖斗采矿船作业时需要两艘浮船：一艘为采矿船，为从事开采作业及船员生活场所，并装备有与采矿船作业能力相适应的采矿拖斗及动力设备；一艘为适于远洋航行的平底驳船，用以堆放清洗后的矿石。20 世纪 50 年代末，国际上已开始进行深海固体矿产资源开采技术的研究，并重点进行多金属结核开采技术的研究。海底采矿船是具有一定动力和矿产资源储存能力，并携带采矿机、集矿机、提升系统、释放装置的工作母船[16]，如图 9-11 所示。

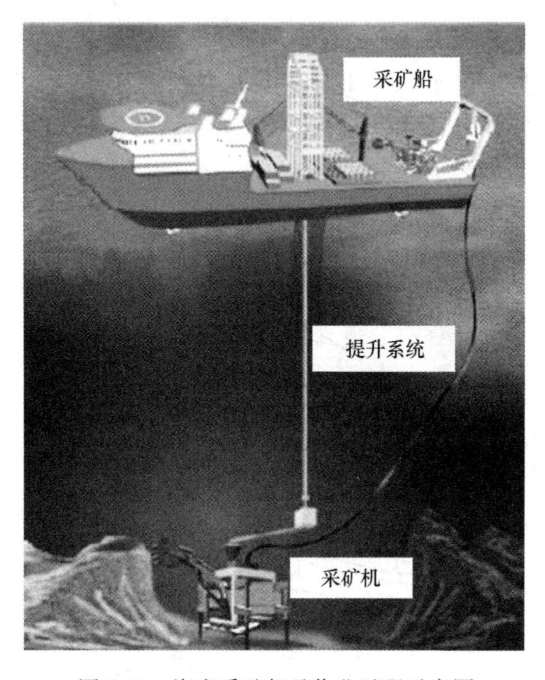

图 9-11 海底采矿船及作业过程示意图

9.5.1.2 海底采矿船的关键技术

A 海底矿产资源开采集矿技术

富钴结壳主要处于水深为 800～3000m 的海山、海台和海岭，以及顶面平坦、两翼陡峭的海山斜坡上。海底多金属硫化物是指海底热液作用下形成的富含铜、锰、锌等金属的火山沉积矿。多金属锰结核主要分布在中生代或年轻的深海盆地表层，包括太平洋、印度洋以及部分大西洋海盆。海底矿产资源开发集矿技术包括：采矿作业车在稀软海底上行走时定位、姿态、行走、破碎、收集、测控等技术。

B 海底矿产采出物向水面的输送技术

海底矿产采集之后，通常采用拖斗式采矿系统、连续绳斗（CLB）开采系统、自动穿梭艇式开采系统和集矿机与管道输送相结合的采矿技术进行开采。其中管道提升被认为是最有发展前景的提升方法，而管道提升又分为水力提升、气力提升、管道容器、轻介质和重介质等提升方法。

C 海底采矿工作母船技术

海底采矿工作母船技术包括在4000~6000m深海极其恶劣环境下悬挂大吨位的水下设备（如采矿机/集矿机、提升系统等），克服风浪流条件下的升沉补偿技术；采矿机、输送系统及动力通讯电缆等的吊放与回收；在作业期间遭遇台风等极端天气时水下采矿输送系统、水面工作母船的紧急解脱技术；采矿船在风、浪、流作用下的动力定位技术；采矿机海底高精度动态定位技术，采矿船动态跟踪和采矿路线的导航与控制技术；采集和输送过程中的监测控制技术；采矿过程中的故障诊断及修复保障技术。

9.5.2 潜艇式遥控车开采法

梭车形潜水遥控车采矿法中，车靠自重下沉，靠蓄电池作动力。压舱物贮存在结核仓内，当采矿车快到达海底时，放出一部分压仓物以便采矿车徐徐降落，减小落地时的振动。采矿车借助阿基米德螺旋推进器在海底行走，一边采集锰结核，一边排出等效的压舱物，如图9-12所示。

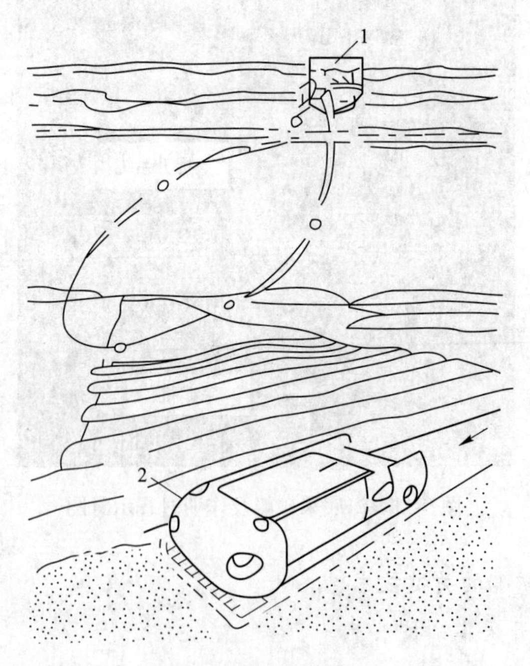

图9-12 梭车型潜水遥控车采矿示意图

1—半潜式平台；2—穿梭潜水遥控采矿机

因采矿车由浮性材料制成，所以采矿车在水中的重量接近零。当所有压舱物排出时，结核仓装满，在阿基米德螺旋推进器作用下返回海面，采矿车在锰结核采集过程中均采用遥控和程序进行控制，可潜深度在6000m以上，并可以从海上平台遥控多台采矿车工作。梭车形潜水遥控车结构如图9-13所示。

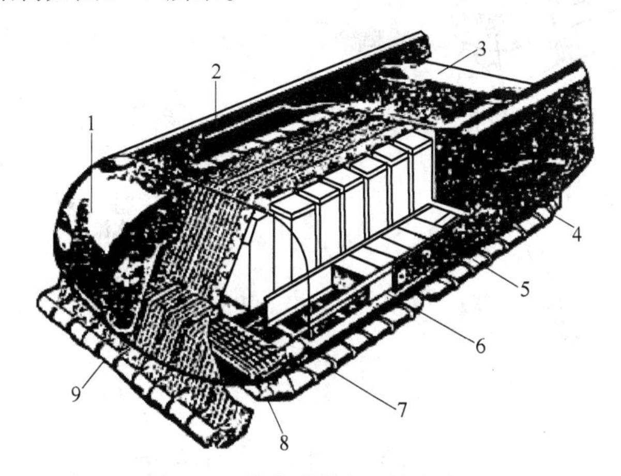

图9-13　梭车形潜水遥控车结构

1—前段复合泡沫材料；2—右侧复合泡沫材料；3—上/下推进器；4—左侧复合泡沫材料；5—结核/压舱物贮仓；6—蓄电池；7—阿基米德推进器；8—集矿机构；9—前端推进器

当前，受益于海洋探测与开发，我国无人有缆遥控潜水器急速放量。从1953年第一艘无人遥控潜水器问世，到1974年的20年中，全世界共研制了20艘；1974年以后，由于海洋油气业的迅速发展，无人遥控潜水器也得到飞速发展，到1981年，无人遥控潜水器发展到了400余艘，其中90%以上直接或间接服务于海洋开采业；1988年，无人遥控潜水器又得到长足的发展，猛增至958艘，比1981年增加了110%。这个时期增加的潜水器，多为有缆遥控潜水器，大约有800艘左右，其中420余艘直接用于海上天然气开采。而无人无缆潜水器的发展相对慢些，只研制出26艘，其中工业用无人有缆遥控潜水器为8艘，其他均用于军事和科学研究。

9.5.3　连续绳斗采矿船法

连续绳斗采矿船法，又称CLB法，是日本益田善雄于1967年提出的。单船式CLB采矿系统如图9-14所示，由采矿船、无极绳斗、绞车、万向支架及牵引机组成。

采矿船及其船上装置与拖斗式采矿法中的采矿船相同，但绳索则为一条首尾相接的无极绳缆，在绳索上每隔一定距离固结着一系列类同于拖斗的铲斗；无极绳斗是锰结核收集和提升的装置；万向架是绳索与铲斗的联结器，能有效防止铲斗与绳索的缠绕；牵引机是提升无极绳的驱动机械。开采锰结核时，采矿船前行，置于大海中的无极绳斗在牵引机的拖动下做下行、采集、上行运动，无极绳的循环运动使索斗不断达到船体，实现锰结核矿的连续采集。

9.5.4　流体提升式采矿法

该系统由集矿子系统和扬矿子系统组成[17]。水力、气力、轻介质、重介质、管道戽斗提升都属于管道提升范畴，其共同特点是通过扬矿管道将结核从海底提升至海面。流体提升

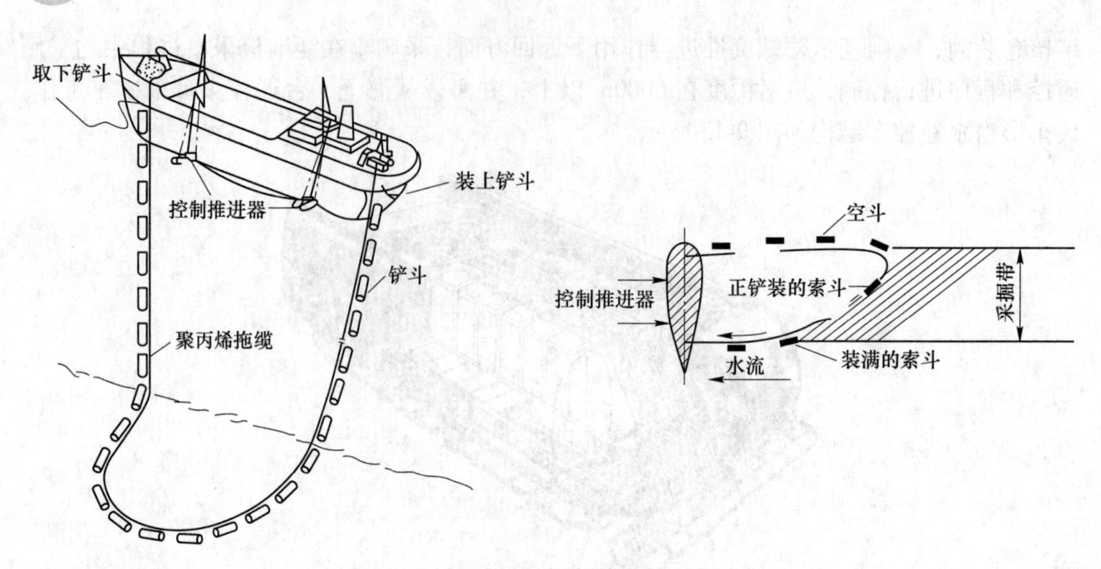

图 9-14 连续绳斗采矿船法过程示意图

式采矿法主要有矿浆泵水力管道提升法、清水泵水力管道提升法、气举泵管道提升法等。

9.5.4.1 *矿浆泵水力管道提升*

矿浆泵提升的特点是将泵安装在水深1000m左右的扬矿管道上，工艺简单。图9-15为矿浆泵提升开采系统。集矿机采集的结核经软管输送至海底作业平台的中间矿仓，矿仓底部的给料机将结核定量给入扬矿管道并提升至海面采矿船上。泵入口以下为吸入管，管内压力低于管外压力，借助海水的位能进行提升。中间矿仓底部的给料机在负压差下给料，工作可靠。

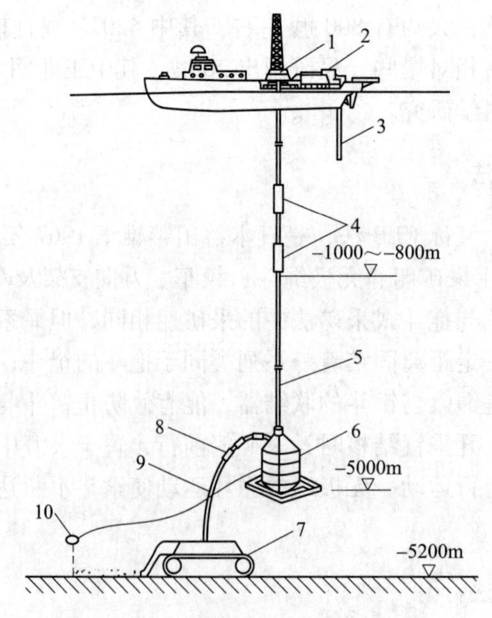

图 9-15 矿浆提升开采系统示意图

1—升沉补偿装置；2—采矿船；3—尾矿管；4—矿浆泵；5—扬矿管
6—中间舱；7—集矿机；8—浮力材料；9—软管；10—监测器

矿浆泵提升扬矿系统的优点是工艺简单，提升能力大，效率高，作业可靠性高。人们对矿浆泵提升的疑虑是结核通过泵会造成泵的磨损和结核的破碎与粉化。但试验测试结果表明，结核的磨蚀性不大，仅为石英的 1/5，其显微硬度仅为铁精矿的 1/20～1/10。结核矿浆通过泵叶轮 20 次，提升距离 5148m 后，0.1mm 以下粒级含量为 3.2%，不会造成采矿船上固液分离的困难。因此，矿浆泵提升是最有应用前景的扬矿方法。

9.5.4.2　压气提升式采矿法

压气提升式采矿法，是流体提升式采矿法的主要方法之一。它与水力提升式采矿系统的区别是多设一条注气管道，用压力将空气注入提升管。压气由安装在船上的压缩空气机产生，通过供气管道注入充满海水的提升管道中，在注气口以上管段形成气水混合流，当空气量比较少时，压气产生小气泡，逐渐聚集成大气泡，充满管道整个断面。使海水只沿管道内壁形成一圈环状薄膜，使气体、流体形成断续状态，称为活塞流，如图 9-16 所示。

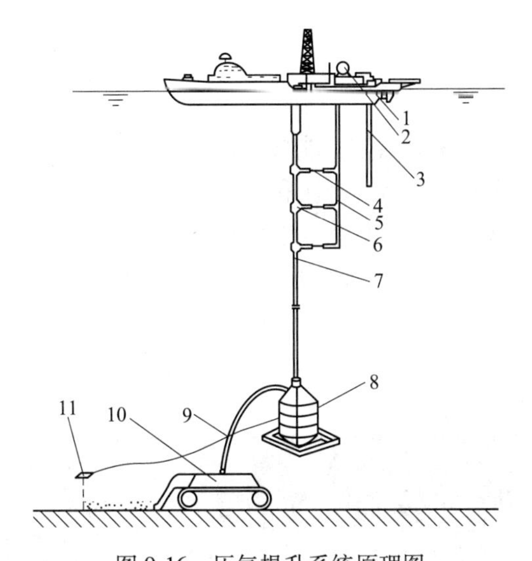

图 9-16　压气提升系统原理图

1—采矿船；2—空气压缩机；3—尾矿排放管；4—空气阀；5—压气管；6—空气泵；7—提升管；8—中间平台；9—输送软管；10—集矿机；11—水下监测器

由于气水混合流的密度小于管外海水密度，从而使管内外存在静压差，其静压差随空气注入量的增加而加大，当压力差大到足以克服提升管道阻力时，管中海水会向上流动并排出海面。若将继续增大注气量，则管内海水流速增加，当流速大于锰结核沉降速度时，就可将集矿机所采集的锰结核提升到采矿船上。由于是依赖管道内三相流实现锰结核提运，又称三相流提升法。

9.5.4.3　清水泵水力管道提升法

清水泵提升的特点是将泵安装于海底作业平台，用高压给料机向泵的排出端给矿，通过扬矿管将结核提升至洋面。其优点是结核不通过泵，可降低结核破碎和粉化，扬矿效率高。图 9-17 是采用圆盘给料机的清水泵提升工艺系统，图 9-18 是苏联浅海试验双仓式给料机清水泵提升工艺系统。

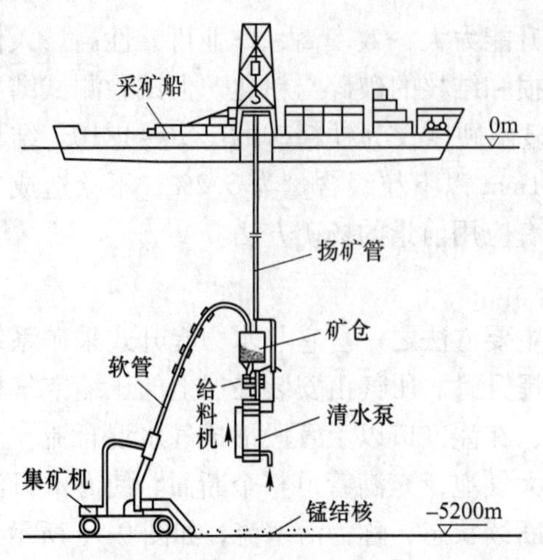

图 9-17　圆盘给料机清水泵提升工艺系统

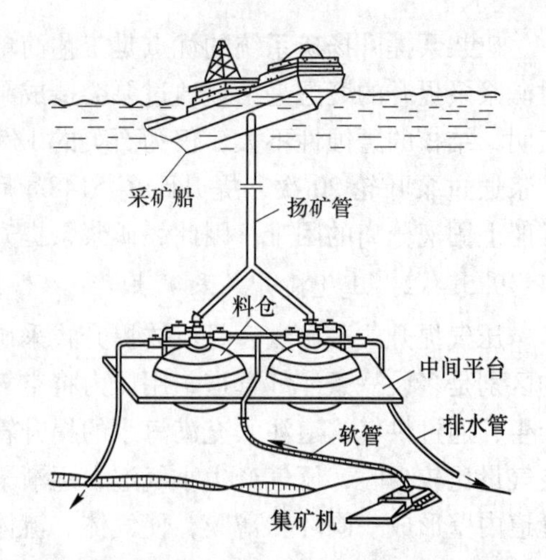

图 9-18　双仓式给料机清水泵提升工艺系统

9.5.5　集矿机

集矿机车是一种可在海底采集结核，能自行行走或由采矿船经刚性管道拖拽行走的深海采矿设备，采集的结核在集矿机内清洗拖泥和破碎，再通过网和管道输送到采矿船中。主要要求是设备机动性好、能够适应海底复杂的地面状态，有先进的控制系统，强度高，耐高压和耐腐蚀。2015 年，由中车株洲电力机车研究所有限公司旗下时代电气 SMD 公司研制的世界上第一套商业深海采矿设备，如图 9-19 所示，已经在英国纽卡斯尔通过陆上测试。2016 年上半年，该套设备在中东阿曼湾完成水试后，交付给北美一家深海矿业公司，用于采集海底硫化矿石。

图 9-19　中国中车研发的商业深海采矿设备

9.6　海底热液矿床开采

9.6.1　分布与储量

海底热液系统是洋壳和地幔与海洋进行物质与能量交换的中枢，该系统及其相关的各种现象是20世纪自然科学界最重大的发现之一[18,19]。30余年来，随着一系列海底热液喷口系统不断被发现以及相关研究的逐步深入，人们对海底热液系统的地质学、地球化学以及生物学过程及其彼此之间相互联系的理解发生了巨大的转变。现代海底热液系统不仅是联系地球岩石圈、水圈以及生物圈的纽带，同时，也逐渐成为联系地球科学以及生命科学的重要环节。

迄今，全球洋底已发现热液场和热液异常点共565处，其中赋存金属硫化物的热液场有349处，正在活动的热液场有237处，已停止活动的热液场有53处，热液异常区和未得到影像证实但已取到金属硫化物样品的区域有274处。总体估计，已经发现的海洋硫化物矿体的规模约为6×10^8t，其中含有的Cu、Zn资源量约为3×10^8t，其已成为未来人类社会金属矿产资源的可靠储备。同时，围绕海底黑烟囱，新发现的生物种类已多达10个门、500多个种属。上述这些发现催生了地质学、地球化学和微生物、分子生物学等多学科交叉领域。

热液硫化物最早于1948年在红海发现，主要分布在含有卤水的盆地。呈黑、白、蓝、黄、红等各种颜色，由未固结的泥、黏土质粉砂等沉积物组成。目前，在红海水深1900~2000m的中央裂谷带，发现了18个这种盆地，整个盆地金属总量约8000万吨（2000万立方米）。其中“亚特兰蒂斯Ⅱ”海渊为不规则的长形盆地，最具商业开采价值，以2000m等深线圈定，长14km，宽4km，最大深度为2170m。海底软泥上部有5万立方千米的热卤水层，其含盐度比正常海水高10倍，盆地上部有10m厚的金属软泥，软泥中含铁29%、锌3.4%、铜1.3%、铅0.1%、银54×10^{-6}、金0.5×10^{-6}，含金属量为铁2430万吨、锌290万吨、铜106万吨、银4500吨、金45吨，价值约67亿美元。从规模和品位看，远远超过陆地上的硫化物矿床。

目前，已探知的海底热液地区有：Mohna海岭、南大西洋海岭、卡尔斯伯格海岭、巴布亚新几内亚的Ambitle岛以及加拉帕戈斯群岛。矿床类型已发现的超过11处，依产出位置可分为：大洋中脊型、岛弧-边缘海型、热点型和活动断裂型[20]。

目前，科学家已经在各大洋的150多处地方发现了“黑烟囱”区，它们主要集中于新生大洋的地壳上，如大洋中脊和弧后盆地扩张中心的位置上。2003年，“大洋一号”科考船开展了我国首次专门的海底热液硫化物调查工作，拉开了进军大洋海底多金属硫化物领域的序幕。经过长期不懈的“追踪”，终于发现了完整的古海底“黑烟囱”，它们的地质年龄初步判断为14.3亿“岁”。这不仅进一步了解了大洋深处海底热液多金属硫化物的分布情况和资源状况，也为地球科学的理论飞跃做出了重要铺垫。

9.6.2 形成过程

海底热泉自海底喷口喷出，发生于海洋脊轴附近。1965年在红海首次被发现。1977年伍兹霍尔海洋研究所的R. 巴拉德等乘阿尔文号潜水器在加拉帕戈斯裂谷发现的热泉及1977年在北纬21°的东太平洋海隆观察到温度最高达380±30℃的热泉，其热液刚喷出时清澈透明，与海水相混时遇冷便激起混浊碱性水柱，并析出很细小的铁、铜、锌等的硫化物颗粒，它们堆积在热泉口旁成为海底热液矿床，影响洋壳内热液流体成分的各种过程及喷口流体形成过程，如图9-20所示。

海水与洋壳相互作用可形成两大类沉积体：以金属硫化物、硫酸盐甚至碳酸盐为主的

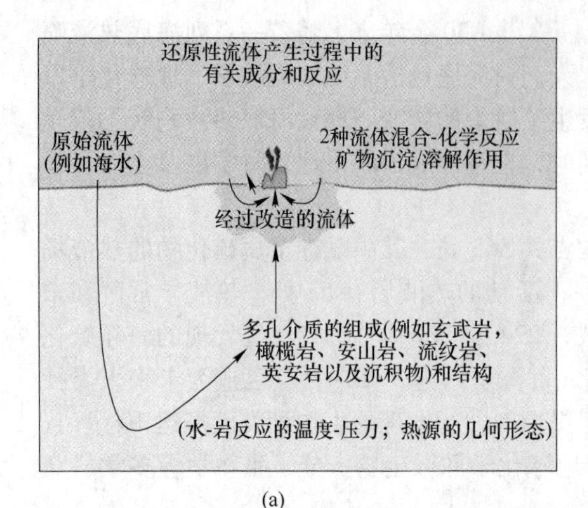

(a)

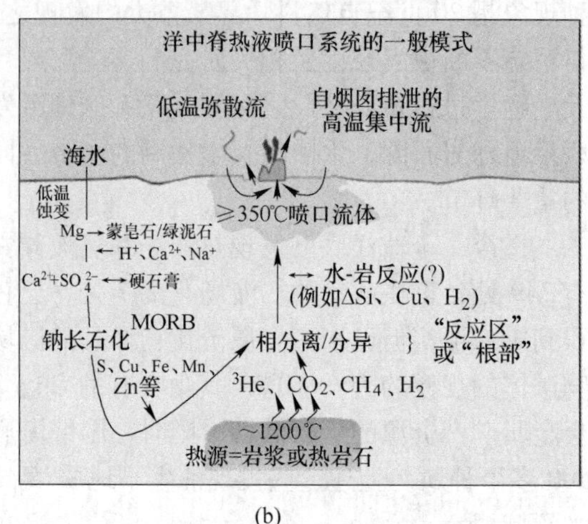

(b)

图 9-20 影响洋壳内热液流体成分的各种过程与组成示意和洋中脊系统喷口流体形成过程[21]
（a）还原性流体产生过程中的有关成分和反应；洋中脊热液喷口系统的一般模式

近喷口热液沉积体和远离喷口的富金属（Fe、Mn 等）沉积物。这种划分反映了不同来源和类型的热液物质的贡献：近喷口热液沉积体由各种各样的烟囱体和热液丘组成，由中高温集中流形成；远离喷口的含金属沉积物主要由低温弥散流和热液羽流以及熄灭的硫化物烟囱体风化垮塌形成。

“黑烟囱体”研究后建立的模式一直沿用至今。该模式表明，烟囱体的形成明显分为两个阶段：首先，当偏酸性富含金属、硫化物以及 Ca 的热液流体以每秒数米的速度与周围偏碱性的贫金属、硫酸盐以及富 Ca 的较冷（2℃）海水混合时，硬石膏（$CaSO_4$）和细粒的 Fe、Zn 以及 Cu、Fe 金属硫化物就会产生沉淀。围绕喷口附近产生的环状硬石膏沉淀将会阻滞热液与海水的直接混合，并且为其他矿物的沉淀提供基底；进入第二阶段后，在环状硬石膏形成通道内，黄铜矿（$CuFeS_2$）开始沉淀，热液流体与海水通过新形成的且疏松多孔的烟囱体壁进行扩散或对流。这些过程导致了硫化物和硫酸盐达到饱和，在烟囱体壁的孔隙中沉淀下来，使烟囱体壁渗透性降低。在烟囱体通道继续保持畅通的条件下，大部分流体会通过其顶部进入海水，形成规模较大的热液羽流并导致大量矿物沉淀的发生，如图 9-21 所示。

已发现的矿床和矿化点有许多共同的特征，如富含多种金属元素，主要是重金属元素；与高温热水溶液有关且多产于火山活动带。富含硫酸根的海水，在洋底沿着玄武岩的裂隙下渗，至洋壳深处，水温升高，硫酸根还原为低价硫，并将高温洋壳中的金、银、铜、锌、铅、镍、钡、锰、铁等金属元素滤出，形成富含重金属离子的热水溶液。

由于对流作用，这种酸性的热水溶液沿着洋脊或其他部位的裂隙返回海底。当热液上升、冷却并与海水相遇时，随着物理化学条件的改变，金属沉淀下来，就可以形成多金属热液矿床。而热水溶液与海水的混合作用，导致了矿床成分、组构在空间上的复杂变化，如图 9-22 所示。

以东太平洋海隆热液矿床为例，它属大洋中脊型。以 21°N 处的为例，热泉分布在长仅 7km、宽不过 200~300m 的狭长条带内，喷口多达 25 个；各高温喷口周围有块状的金

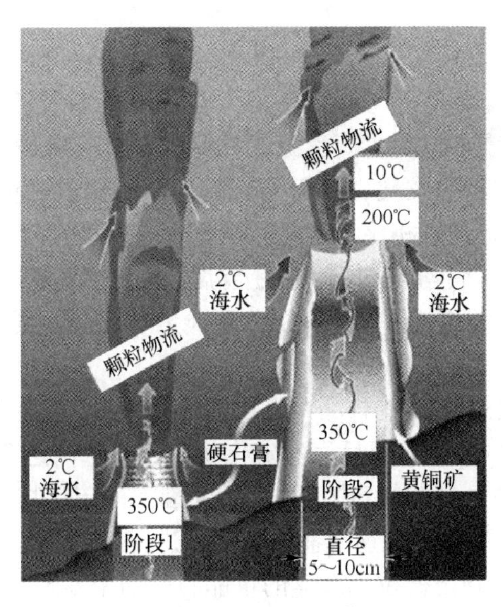

图 9-21 典型的热液烟囱体生长图

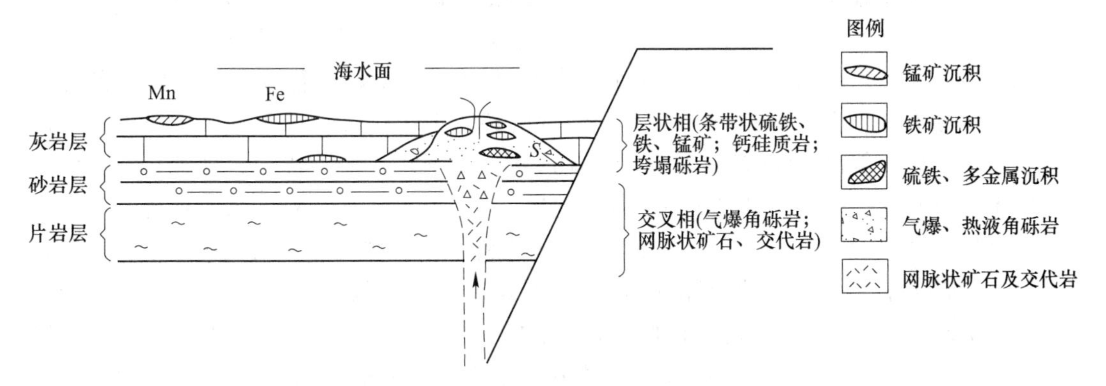

图 9-22 海底热液矿床所处特征地层和形成过程

属硫化物堆积，高 1~5m，状如黑烟囱，这些沉淀物主要是磁黄铁矿，夹杂着黄铁矿、闪锌矿和铜铁的硫化物；喷口附近水样中 He-3、He-4 和 He 的总含量甚高，表明有来自地幔的物质。“黑烟囱”喷出的热水的沉淀物以磁黄铁矿为主，其次有黄铁矿、闪锌矿和铜铁的硫化物。对磁黄铁矿的液态包体的测温表明，其生成温度约为 300℃。“烟囱”的矿物组成有一定的分带性。

如在“烟囱”顶端所取的样品，其外壁由石膏、硬石膏和硫酸镁组成，而与热水接触的内带，则为粗大的结晶黄铜矿或黄铁矿。在部分封闭的烟囱顶端所采的样品，情况有所不同，由闪锌矿、黄铁矿和黄铜矿带交替组成，最外层富含重晶石和非晶质的二氧化硅。烟囱底部的黑色细粒沉淀物含闪锌矿、磁黄铁矿、黄铁矿及痕量的黄铜矿、纤锌矿和硫。在烟囱周围的洋底上，覆有富含氧化铁和氧化锰的沉积物。形成于喷出口附近或构成“烟囱”的硫化物矿床，具有潜在的经济价值。覆于周围洋底上的含金属沉积物，尽管分布较广，但品位较低，就目前看来尚无开采价值。

9.6.3 开采价值

“热液硫化物”主要出现在2000m水深的大洋中脊和断裂活动带上，是一种含有铜、锌、铅、金、银等多种元素的重要矿产资源，具有极高的资源开采价值。在对海底硫化物作了近1300项化学分析比较后发现，位于不同的火山和构造环境的矿床有不同的金属比例。与缺少沉积物的洋中脊样品相比，在弧后扩张中心的玄武岩至安山岩环境生成的块状硫化物（573个样品）中平均含量较高的金属包括：锌（17%）、铅（0.4%）和钡（13%）。大陆地壳后弧裂谷多金属硫化物的含铁量也很低，但通常富含锌（20%）和铅（12%），含银量高（1.1%或2304g/t）。

最近，在弧后扩张中心的硫化物样品中发现金的含量甚高，而洋中脊的矿床中金的平均含量只有1.2g/t(1259个样品)。劳弧后海盆硫化物的含金量高达29g/t，平均为2.8g/t(103个样品)。在冲绳海槽，位于大陆地壳内的一个后弧裂谷的硫化物矿床含金量高达14g/t(平均为3.1g/t，40个样品)。对东马努斯海盆的硫化物进行的初步分析表明，金含量为15g/t，最高达55g/t(26个样品)。在伍德拉克海盆的重晶石烟囱中发现高达21g/t的含金量。迄今发现的含金量最丰富的海底矿床位于巴布亚新几内亚领水内利希尔岛附近的锥形海山。从该海山山顶平台（基部水深1600m，直径2.8km，山顶水深1050m）采集的样品中含金量最高达230g/t，平均为26g/t(40个样品)，10倍于有开采价值的陆地金矿的平均值。

基于目前的开采技术条件，海洋采矿在某些条件下似乎是可行的，但理想的条件包括：(1）高品位的有色金属或金；(2）矿点离陆地不太远；(3）水深较浅。虽然现在已有深水采矿技术，但以2000多米深为宜。在这些情况下，开采块状硫化物矿具有经济吸引力。考虑到整套采矿器具可以从一处搬运到另一处，因此，所投资的采矿系统和船只不必像陆地采矿那样固定在一个地方。在陆地上偏远地点采矿往往需要大笔初始投资，包括全部基础设施在内。海底块状硫化物的开采可能集中于小块海底区域，并主要限于表层（剥采）和浅次表层（挖采)，以便回收海底的硫化物丘和烟囱场以及其下的网状脉区中的交代矿体。此外，勘探需要高尖端的多用途科研船，使用先进技术，例如深海测绘设备、载人潜水器或遥控船只、摄影和录像系统，采样和钻探装置。钻探和岩芯取样设备必须改进，以便能钻探到100m的深度。目前尚未专门设计用于回收硫化物的采矿系统，但开发可能集中于连续回收系统，采用旋转式截割头，配以扬矿设备，将矿石运到采矿船，再运往加工厂。

现代海底“黑烟囱”及其硫化物矿产的发现，是全球海洋地质调查近10年中取得的最重要的科学成就之一。近些年来，海底热液活动及其多金属硫化物、生物资源之所以为国际社会常年关注，成为国际科学前沿的课题，主要是基于其科学意义和资源潜力。人类经过二十多年不懈的调查研究，对大洋底多金属硫化物的了解还只是初步的。两组数据可以说明这一点，一是60000km的洋中脊，人类只对其中的5%有相应的了解；二是截至目前，人类在全球发现的海底热液硫化物分布区不超过200处。很显然，许多海域还有待于人类更深入的工作。

9.6.4 开采设备和方法

正如前述9.2.2节中指出的海洋采矿方法，主要有多金属结核采集装备与技术、多金属硫化物采集装备与技术、富钴结核采集装备与技术、海底采矿车、水面支持装备系统，主要装备包括释放与回收采矿机、AC 切削头、卷扬提升滚轴、BC 履带式采矿机与切削辊、砂浆提升泵腔室与阀组、深海提升绕线盘等，如图 9-23 所示。

图 9-23 目前深海采矿的关键装备突破

下面依托典型研发案例，对深海开采的先进设备和方法进行介绍。

以澳大利亚鹦鹉螺公司研发的“海洋多金属硫化物采矿系统”为例，如图 9-24 所示，该公司先期投资 1.16 亿美元，研制管道提升装置和提升泵，后期投资 1.27 亿欧元，研发并建造深海采矿船，现已开展提升泵测试与切削实验，并研制海底集矿机。

此外，澳大利亚鹦鹉螺公司还研发了“SMS 深海采矿系统”，如图 9-25 所示，该系统已配备有深海采矿船、辅助采矿机、主采矿机、收集机、正排量隔膜式泥浆泵等关键装备。其中，采矿船由专业服务船东德国 Harren & Partner 设计制造，参数为：208m×40m，30MW，DP2 载重 18800t，最大乘员可达 160 人；正排量隔膜式泥浆泵的泥浆泵送速率可达 1800Gal/min，该装备成功用于墨西哥湾 305m 深钻探，并已经通过 2500m 压力测试。

此外，韩国研制的 MineRo 深海采矿机器人可达水深为 1370m，质量为 28t，并开展了深海多金属结核开采海试，2002 年，韩国获得 7.5 万平方公里矿区的开采权，其中，含有多金属锰结核位置为 Clarion-Clipperton 水域，距离夏威夷东南 2000km；韩国已成功开展 2 次大规模海试，海试深度分别为 70m 和 100m。

我国拥有较强的陆地采矿及装备研制能力，是世界第一造船大国，拥有全球最强的远洋运输能力；有色金属冶炼产能和技术水平位于世界前列，已拥有一定深海开采技术、装备和产业能力。目前完成了多金属结核采矿中试部分系统的湖试，深海载人潜水器进入应用性试验，“海洋石油 981”钻井平台进入世界先进行列。我国自主研发的深海潜水器，如图 9-26 所示。

我国深海下潜、探矿和采矿装置技术经历了较为漫长的发展历史，起步较晚，但近些年发展较为迅速，总体达到国际领先水平。其中，我国最早的深海潜水器是“海人一号”有缆水下机器人，最早 1979 年提出，依托中科院“智能机械在海洋中的应用研究”，由沈阳自动化所负责研制，1985 年研制成功，1986 年首次海试成功，最大作业水深为 200m，机器人运行的总功率为 20 马力（1 马力 = 735W）；1994 年，研制了我国首台无缆自治水下机器人，即“探索者号”无缆自行潜水器，实现了从有缆向无缆的飞跃，最大下潜深度

图 9-24　澳大利亚鹦鹉螺公司海洋多金属硫化物采矿系统

图 9-25　澳大利亚鹦鹉螺公司 SMS 深海采矿系统

达 1000m，1994 年 10 月，在西沙群岛附近开展了 5 次海试，成功下潜 1000m 水深；1997 年，研制了我国首台 6000m 深海自主潜水器，即“CR-01”无缆自行潜水器，1995 年研制成功，被誉为“返回式海底卫星”，配备有长基线声呐定位系统等，最大下潜深度达

海龙号，ROV，3500m　　潜龙一号，AUV，6000m　　蛟龙号，HOV，7000m

图 9-26　我国已经研发的先进的深海潜水器

6000m，1997 年在夏威夷以东 1000 海里 11 海里=下潜，续航 10h，定位精度为 10~15m，为全球矿产勘查、圈定海底矿藏做出了巨大的贡献。2011 年，我国研发了“潜龙”系列潜水器，其中，“潜龙三号”自主无人潜水器以每分钟 50 米的速度下潜，下潜深度达 3850m，单次航程达 156.82km，海试深度分别为 410m、500m，实现了深海环境可视化，在深海复杂地形进行资源环境勘查、微地貌成图、磁力探测等；2012 年，我国自行设计、自主集成研制了著名的蛟龙号潜水器，最大速度为 25nmile/h（1nmile=1852m），具备水声通信和海底微貌探测等能力，最大下潜深度达 7062m。2012 年 6 月，“蛟龙号”潜水器在马里亚纳海沟实现下潜深度超过 7000m，可覆盖全球 99.8%的海洋区域，为我国矿产资源探查和高效开发奠定了重要的技术基础。

9.7　海洋采矿对环境的影响

9.7.1　海洋采矿对海底环境的影响

当深海采矿设备作业时，例如采矿头的采集以及采矿车履带的滚动等，都会造成沉积物的重分布，如图 9-27 所示，尽管深海生态系统有一定的抵抗能力，但深海开采对海底沉积物的扰动作用仍然会对海底的微生物群落密度及多样性造成持续的危害[22]。

已有研究表明：大多数微生物生存在海底沉积物上层 2cm[23]，因此，在深海作业的过程中不可避免地会对海底生态造成影响。同时，通过对液压汲取式系统不同程度的海试表明，每通过该采矿系统采集 1t 的矿产资源，将会造成 2.5~5.5t 的沉淀重新分布[24]，大量分布的沉淀漂流导致的固体悬浮颗粒对生态系统的破坏以及系统装置对海水理化性质的改变都将长远影响深海系统的平衡。考虑到深海采矿所处环境恶劣性、深海底的地形地貌复杂性以及海底水流方向的不确定性，迄今为止，人们对于深海采矿对环境的具体影响尚未能具体得知，但是全球范围内越来越多的研究者已经着手关注深海采矿对环境的影响并开展了一系列研究。

9.7.1.1　对理化环境的影响

（1）底层羽状流：集矿机在海底的移动不仅搅起海底物质，而且当其向海底下挖时大量的沉积物等颗粒物质也会被搅起。此外，进入集矿机的非结核物质中的 96%~98%将从

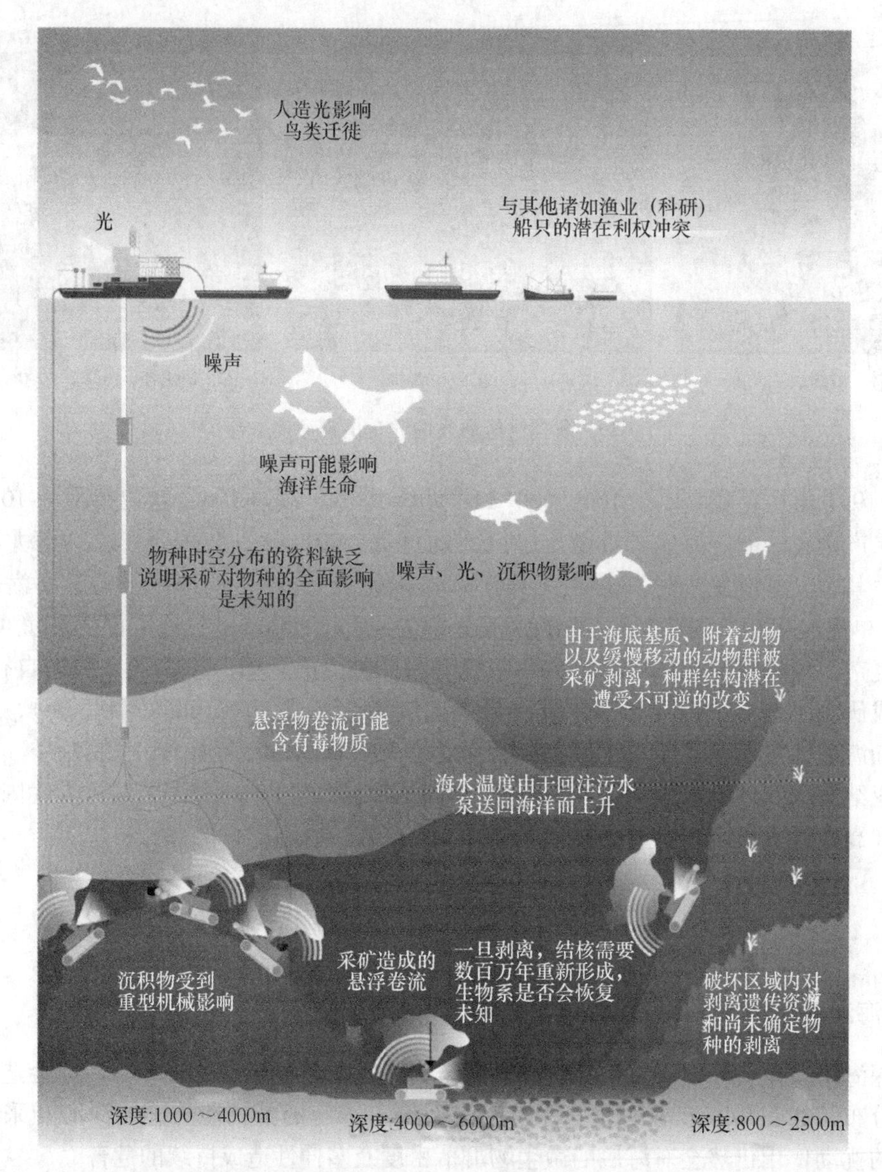

图 9-27　液压汲取式采矿技术对海洋环境造成的潜在影响[25]

结核中分离出来并返回海底。它们将在距海底 50m 左右的水层中形成悬浮物质絮状层。其中的大部分物质快速地沉降，在离采矿轨迹 5～10m 处新沉积的厚度估计有数厘米，在轨迹两侧约 100m 处仍可看到新沉积的物质，较小的颗粒物质则随着底层流扩散而形成底层羽状流。

（2）底层水化学：在海底开采扰动后，近底层水和间隙水中的营养盐无显著变化，重金属 Zn 在近底层水中稍有增加，而近底层水和间隙水中的 Cd、Pb 和 Cu 等变化不明显或有所下降。

（3）需氧量：采矿后可能会增加近底层水的需氧量。首先，由于沉积物中颗粒有机物再悬浮进入水体后在细菌作用下分解或被较大的动物消化需要消耗氧；其次，水体中悬浮颗粒物质（有机或无机）的增加为细菌的生长提供了基质，细菌生物量的增加导致耗氧量的增加。

9.7.1.2 对底栖动物的影响

（1）对巨型底栖动物的影响。由于采矿将搬走集矿轨迹上的绝大部分结核，这样使长在结核上的海绵、海葵、海百合等固着性巨型底栖生物几乎都遭到破坏，使软相、硬相相混合的底栖生物群落变成纯软相的底栖生物群落，使矿区的底栖生物多样性降低。其次，在集矿轨迹上一些运动能力较弱的海星、海胆和海参等会因来不及逃避而被压死。此外，大部分结核移走后，将影响到以结核作为硬基质附着的底栖固着动物群落的再生和恢复，从矿区外迁入的底栖附着动物群落的幼体因找不到所需的硬基质固着下来，不久就会死亡。在扰动后众多固着性的生物被新沉积物所覆盖，但对于运动能力弱的巨型底栖生物，尤其是鱼类和虾类与扰动前相比，摄食活动增强，它们在扰动区的密度似乎有所增加。

（2）对大型底栖动物的影响。深海采矿不仅直接杀死大型底栖生物，而且采矿还会埋没底栖生物食物。这些食物从上层沉降下来并分布在海底的表面，采矿后大部分食物将被掩埋，从而导致大型底栖生物密度下降。采矿试验后大型底栖生物的密度比采矿前下降。大型底栖生物的总密度下降到扰动前的38.6%。与不同类群的影响程度与沉积物的栖息深度有关，栖息深度浅的双壳类动物被大量杀死，密度降至其原来密度的9.8%；而对栖息较深的多毛类动物的影响较小，其密度降至原来的48.6%。此外，扰动对大型底栖生物种类多样性的影响是明显的，开采扰动后多毛类动物的多样性远没有达到扰动前的水平。

（3）对小型底栖动物的影响。大部分深海底栖生物分布于海水和沉积物的界面，尤其是70%~90%以上的深海小型底栖生物分布在2cm以浅的沉积物中。因此，深海采矿将对小型底栖生物产生很大的影响。美国BIE实验结果显示，沉积物扰动270d后，在扰动区猛水蚤的密度与扰动前没有明显差别，但线虫的密度明显下降。在日本深海影响实验（JET）期间，沉积物扰动后小型底栖生物的密度下降到扰动前密度的40%左右，后密度回升至扰动前密度的84%左右。

9.7.2 海洋采矿对海表环境的影响

集矿机将结核收集到一起后，利用射流对结核进行冲洗，然后压碎，并通过提升管道将包含有破碎结核、底层水和沉积物的矿浆卸到采矿船上。在将矿浆运回陆上加工前，为减小矿石的体积重量比，要进行脱水处理，使海水与矿物分离，并将其排放到船外。这种排放意味着向真光层中输入大量与周围海水理化性质不同的废水，它主要由底层海水、间隙水、沉积物、结核碎屑和底栖生物碎屑组成。与周围的表层水相比，具有温度低、比重大，悬浮颗粒物质、营养盐和痕量金属含量高等特点。这改变了采矿船周围海域理化环境，影响上层海洋生态系统[26]。对海洋表层的潜在影响可能有如下几个方面：尾矿在表层的排放使水体中悬浮颗粒物质增加、光衰减；含有丰富营养盐的底层水在表层排放使营养盐浓度增加；氧的供应减少；痕量金属等有毒物质被生物吸收并累积。上述因素将影响浮游植物的光合作用、浮游动物和游泳动物的摄食、呼吸、生长等重要功能及代谢，甚至导致其死亡率上升。

9.7.2.1 对理化环境的影响

（1）悬浮颗粒浓度：采矿废水在表层的排放，会使采矿船周围数百米宽表层羽流带中的悬浮颗粒浓度大大升高。在排放 15min 后表层羽流中测到的最高悬浮颗粒浓度达到 900μg/L，但在排放 12h 后的表层羽流中悬浮颗粒浓度为 40μg/L。悬浮颗粒物质在混合层底部的累积是十分明显的，采矿后悬浮颗粒物质浓度比采矿前平均增加 7μg/L。

（2）光的衰减：悬浮颗粒浓度升高，光衰减加剧。排放后 1h 的表层尾矿流，10~20m 深度的光合活性辐射（PAR）衰减系数达 0.13/m，是同深度周围海水衰减系数（0.041/m）的3倍。

（3）营养盐：表层尾矿羽流体积的99%以上是底层水，它含有丰富的营养盐，其中硝酸盐和硅酸盐浓度为表层海水的十至几十倍。采矿期间尾矿在表层的排放将局部增加营养盐的浓度，但对于整个表层水体的影响不大。

（4）痕量金属：痕量金属可能会以溶解态（来自底层水）和颗粒态（来自沉积物和结核碎屑）形式释放到表层水中，研究表明：底层水在表层的排放不会引起表层痕量金属浓度的明显增加。

（5）水温：由于在矿物提升管内的摩擦使水温有所升高，到达表层时水温可达到 4~9℃，但仍比表层水温低 16~22℃。矿物排放到表层海域的瞬间可能会造成局部表层水温的大幅度下降，但由于排放的尾矿和周围海水相比只是很小一部分，排放后又会立即与周围海水发生混合，所以水温的降低只持续很短一段时间，并且只在很小的范围内出现。

（6）密度：由于水温低且悬浮颗粒物质浓度高，排放的尾矿相对质量密度（1.029~1.036g/cm）较周围表层水（1.022g/cm）大。

9.7.2.2 对浮游植物和初级生产力的影响

商业采矿期间在矿区的浮游植物种类组成将不会出现明显的变化。浮游植物光合作用和初级生产力：根据 OMA 试验，在排放 1h 后尾矿中的初级生产力比周围水初级生产力（整个真光层）减少 33%~45%。随着尾矿羽流离采矿船越来越远，尾矿羽流中的悬浮颗粒浓度逐渐降低，对初级生产力的影响越来越小。如果按商业采矿规模计算，整个真光层初级生产力减少 50%的区域面积为 18km×2km，受尾矿羽流影响的区域约为 55km 长、5km 宽，因此，离采矿船 60km，浮游植物和初级生产力就几乎没有影响。

9.7.2.3 对浮游动物的影响

根据 OMI 和 OMA 采矿试验结果来看，在尾矿羽流和周围海水中浮游动物（除毛颚类外）种类的相似性指数高。因此，不会导致表层浮游动物的种类组成发生大的变化。悬浮颗粒物浓度增加到周围海水浓度的 3~5 倍或更高时，这两种桡足类动物的死亡率没有明显增加。

9.7.2.4 对鱼卵和仔鱼的影响

尾矿对鱼卵和仔鱼的影响主要来自以下几个方面：

（1）降温效应。生物（如鱼类）生命的不同阶段对周围环境的敏感程度有很大不同，而鱼卵、仔鱼是鱼类一生中对周围环境最敏感的阶段。在尾矿排放到表层海域的瞬间可能会造成局部表层水温的大幅度下降，并可能影响该局部区域鱼卵的孵化和发育。但水温的降低只持续很短一段时间，并且只在很小的范围内出现，总的来说对鱼卵的影响很小。对仔鱼也不会有明显不良的影响，因为仔鱼有一定的运动能力，尽管它们在水平方向上的游泳速度是慢的，不易逃脱数百米宽的尾矿羽流，但它们只要垂直运动数米很容易逃脱表层羽流。

（2）悬浮颗粒物质增加效应。将鲯鳅的卵在整个发育期都放在悬浮颗粒物浓度非常高（8g/L 以上）的水体中，没有发现其死亡率增加或孵化率降低；高的悬浮颗粒物浓度会严重影响仔鱼的摄食能力，摄食能力下降使仔鱼营养不良，严重时会导致仔鱼死亡。沉积物羽流对仔鱼行为的影响：仔鱼有回避沉积物羽流的能力，向有仔鱼的培养缸中通风产生涡流使整个水体保持混合状态，一旦停止通风，沉积物开始下沉时，仔鱼就快速游向水较清的上层。

（3）溶解氧下降效应。悬浮颗粒物质浓度增加会促进细菌的生长，由于细菌生物量的增加导致耗氧量增加，而耗氧量的增加可能会对仔鱼等产生不利的影响。

（4）痕量金属。由于上层水体痕量金属增加不明显，不会对鱼卵和仔鱼发育产生不良影响。

9.7.3 海洋采矿对海岸环境的影响

大洋锰结核、海底热液矿床和海洋油气资源开发，是目前海洋矿产资源具有最大经济意义和发展前景的开发。特别是海底石油和天然气的开发，已成为目前世界海洋产业经济中最重要的部门。海洋油气资源的开发引起了一系列的海岸环境污染问题。所谓海岸，分为海岸、湖岸及河岸，是在水面和陆地接触处，经波浪、潮汐、海流等作用下形成的滨水地带，其中有众多沉积物堆积而形成的岸称为滩。紧邻海滨，在海滨向陆一侧包括：海崖、上升阶地、陆侧的低平地带、沙丘或稳定的植被地带。

在高地质应力区，地下采矿活动可能引起地质动力重新分布，导致局部应力场变化而产生地震。海洋通常为地质构造比较复杂、断裂活动比较显著的地区，更易引发地震。尤其是深海海底随深度增加，地应力不断增大。深海开采很可能诱发地震，引起海底滑坡等地质灾害。对此，合理规划和开发利用海洋矿产资源、加强海岸带污染状况监测、建立和完善海岸带生态环境退化调控对策、健全海岸带综合管理体制以及加速海岸带生态分区等是海岸带可持续发展的重要举措。

9.7.4 深海采矿环境影响评估方法

在国际对深海采矿环境影响的不断海试中，其中影响较大的是 INDEX 对印度洋流域进行海试，利用液压扰动装置在划定范围的长条形扰动地带（长度为 88.3km）对深海的沉积物进行扰动，导致约 6000m^2 的海底沉淀物重新分布[27]，而形成的固体悬浮颗粒对长条形模拟地带及周围的海底底栖生物、微生物等多样性造成了危害性影响[28,29]。

国际海底管理局参与勘探和开发活动的国家和组织应合作建立和实施为监测和评价深海勘探活动对海洋生态环境影响的计划[30]。为此，美国、德国、俄罗斯、法国、日本等国家和一些国际财团相继开展了一系列与深海采矿有关的环境研究。其中，比较有影响的有 1975 至 1980 年美国进行的深海采矿环境研究（DOMES）；1988~1993 年德国在东南太平洋锰结核区进行的扰动和再迁入实验（DISCOL）及其 1995~1998 年的后续项目——东南太平洋深海生态系统中的底栖生物调查（ECOBENT）；1991~1998 年美国、俄罗斯、日本、印度和“国际海洋金属联合组织”“海金联”等国家和组织合作进行的底层影响实验（BIE）。这些工作加深了人们对深海生态系统的认识，同时还影响“先驱投资者”对环境工作的部署以及有关环境管理法规的制定。

具体而言，NOAA-BIE，JET，IMO-BIE 研究组织都采用和 INDEX 相同的模拟扰动装置在长条形的海试地带进行测试，取得了类似的结论。与之不同的是，1989 年 DISCOL 采用犁耙式扰动装置对深海沉淀物进行扰动[31]，在扰动 6 个月、3 年、7 年后对海底沉淀重分布产生的固体悬浮颗粒及海底生物的恢复状况进行勘测，研究表明尽管海底生物经历长时间得以恢复，但其组分及理化性质却与之前不同[32]。漫长的恢复时间表明海底生态平衡的构建是一个极其缓慢的过程，表 9-5 是国际主流研究所得出的深海采矿影响数据。

表 9-5　液压汲取开采系统环境影响[33]

扰动研究机构	面积/km^2	扰动次数	持续时间/min	沉积物干重/t	沉积物排放量/m^3
DISCOL	10.80	78	20160	NE	NE
NOAA-BIE	0.45	49	5290	1332	6951
JET	0.32	19	1227	355	2495
IMO-BIE	0.50	14	1130	360	2693
INDEX	0.60	26	2434	580	6015

9.8　国际海底矿产资源试采活动

20 世纪 50 年代末，美国、苏联、英国、法国、德国、日本和加拿大等发达国家开始研究大洋锰结核资源勘查与开采技术，1967 年联合国开始筹备《联合国海洋法公约》（以下简称“公约”），到 1982 年签字通过，1994 年生效实施。《公约》作出了“专属经济区”和“国际海底区域”划定原则，明确规定“区域”及其资源是人类的共同继承财产。所有国家在“区域”内开展活动，必须遵守《公约》及其第十一部分协定所确定的法律制度和规则：每个想要在“区域”内获得矿区的国家必须向国际海底管理局提出申请；在获得资源占有权的同时，必须履行相应的国际义务；“区域”内勘探活动必须与国际海底管理局签订合同并接受监督；商业开采利润要与国际社会有必要的共享；保护海洋环境是必须遵循的原则。1994 年国际海底管理局成立，代表人类组织控制“区域”内的活动和对资源进行管理。对海底矿产资源试采活动进行系统总结[34]，其发展历程主要可分为以下几个年代：

20 世纪 70 年代，国际上对深海采矿技术的研究便进入了试验阶段。1972 年，日本对连续链斗法进行采矿试验，该方案是在一条 8km 长的回转链上每隔一定距离挂一个挖斗，从采矿船船首投放、船尾回收。虽然这些挖斗也采集了一些结核，但作业中链索缠在一起而使试验终止。1979 年，法国工程师提出穿梭艇式采矿系统方案，该系统设想由一系列能自由潜入海底的独立采集器（穿梭艇）组成，到达海底后，采集器排出压载物采集结核后再浮上水面。

第一次海洋试点试验是由合资企业 OMI（海洋管理有限公司）成功完成。1978 年，OMI 公司从 5000m 深的太平洋底提取了 800t 结核。OMI 此次试验采用改装的钻井船作为水面支持母船，5500m 长的提升管道拖行的集矿器，成功测试了气力提升与泵提升两种提升系统，并测试了两种收集矿石的方式：水力与机械的方式。紧随其后，OMA（海洋矿业协会）、OMCO（海洋矿物公司）也分别在太平洋海域进行了深海开采试验，并成功地采集到锰结核。

20 世纪 80 年代初，受世界金属价格波动的影响，以及深海采矿技术受环境影响，可行性研究不足。1983 年建造的 MAFUTA 号采矿船，该船总吨位为 15851t，自重为 7935t，船长为 169.5m，船宽为 25.7m，该项目最后被搁置，此后的研究重点被转移到了深海富钴结壳之上。

21 世纪以来，澳大利亚公司鹦鹉螺矿业在巴布亚新几内亚开展了深海多金属硫化物资源的商业性勘探开发。2006 年 10 月，鹦鹉螺公司与 Jan De Nul 公司达成了建造特殊深海采矿船和合作进行海底采矿的协议。鹦鹉螺公司将投资 1.2 亿美元，负责建造两套海底采矿机、动力电缆、深水泵、1800m 长的扬矿管及相应的设备。

2011 年，鹦鹉螺公司从巴布亚新几内亚获得俾斯麦海 20 年的开采租赁权。第一个站点被称为 Solwara1，约有 21 个足球场的大小，包含 24 万吨铜、2.5 万磅（1 磅 = 453.59237 克）黄金，还有银和锌，总价值可达到 30 亿美元。为此，鹦鹉螺公司准备最新的深海采矿船及采矿系统设计，并与一家深海挖掘机专业公司合作，制造了 3 种遥控机器：海底挖掘机、深海机器人和真空抽吸机，它们将协同作业，从海底采集矿石，将其粉碎成适当大小的颗粒运送到地面。

我国开发海洋矿产资源的时间晚于发达国家，从“八五”以后开始研发设计深海采矿系统，20 世纪 70 年代末我国开始着手进行大洋锰结核的勘探调查，1990 年国务院批复同意以“中国大洋矿产资源研究开发协会”的名义向“联合国海底筹委会”申请矿区登记，分别于 2001 年、2011 年取得了位于东太平洋国际海底区的多金属结核资源合同区（7.5 万平方公里）、西南印度洋国际海底区的金属硫化物资源矿区的专属勘探权和优先开发权（1 万平方公里多），并将大洋锰结核资源勘探开发作为国家长远发展项目，给予专项投资[35]，如图 9-33 所示。2013 年 7 月，在牙买加召开的国际大洋理事大会核准了中国大洋协会的申请，这标志中国正式获得太平洋富钴结壳区，这是中国大洋协会在国际海底区域获得的第 3 块矿区。

我国的海底采矿试验研究还局限于浅水，对深海采矿系统的技术研究尚未成熟。近年来，长沙矿山研究院、中南大学、广东工业大学、武汉理工大学等科研机构已开展了一些关于深海采矿系统的相关研究工作，主要研究内容大体分为三块：采矿船、集矿系统与提升系统。

关于采矿船的研究，有少量涉及总体设计，主要集中在动力定位系统。对集矿系统的研究主要是由中南大学和长沙矿冶研究院完成的，涉及到集矿车体的开发与设计，集矿车的控制，以及集矿车越障避障等方面的探索，还有关于采矿头的一些研究。对于提升系统的分析，除少量关于经济流速等研究外，主要是针对提升管的运动响应开展的。“十五”期间，我国深海采矿研究由浅水逐步向深水迈进；“十一五”期间，我国完成 1000m 海试总体设计及其集矿、扬矿、水声和测检等水下部分设计，并在云南抚仙湖完成 300m 水深湖试[36]（见图 9-28）。2012 年 6 月，载人深潜器“蛟龙”号进行 7000m 级海试（见图 9-29），最大下潜深度达 7062m 并成功坐底，再创中国载人深潜纪录[37]，这意味着我国在“深海”采矿方面已跻身世界前列。

图 9-28 云南抚仙湖 300m 级湖试

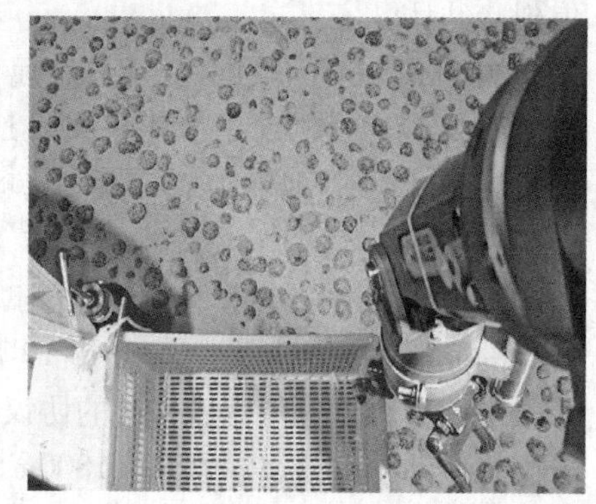

图 9-29 “蛟龙”号发现的海底矿物

思 考 题

9-1 海洋矿产资源的主要分类、矿床赋存特征？

9-2 海洋采矿的特点、开采方法分类？

习 题

9-1 绘制连续绳斗采矿船法的作业示意图，并探讨其作业特点和注意事项？

9-2 简述海底热液矿床的特征、开采方法和主流装备有哪些？

9-3 简述海洋采矿对海底环境、海表环境有哪些潜在影响？

参考文献

[1] 崔木花，董普，左海凤．我国海洋矿产资源的现状浅析［J］．海洋开发与管理，2005，22（5）：16~21.

[2] Sparenberg O. A historical perspective on deep-sea mining for manganese nodules，1965~2019［J］. The Extractive Industries and Society，2019.

[3] 肖业祥，杨凌波，曹蕾，等．海洋矿产资源分布及深海扬矿研究进展［J］．排灌机械工程学报，2014，32（4）：319~326.

[4] 刘晓磊，朱超祁，王栋，等．海洋工程地质进展：国际海洋工程地质学术研讨会（ISMEG 2016）总结［J］. 2017.

[5] 苏天赟，刘保华，翟世奎，等．“数字海底”数据库：海底多源综合数据的集成与管理方法研究［J］．海洋科学进展，2005，23（4）：504~512.

[6] 顾小芸．海洋工程地质的回顾与展望［J］．工程地质学报，2000（01）：40~45.

[7] 张农，冯晓巍，庞华东，张朝阳．深海采矿的环境影响与技术展望［J］．矿业工程研究，2019，34（2）：22~28.

[8] 冯雅丽，李浩然．深海矿产资源开发与利用［M］．北京：海洋出版社，2004.

[9] 阳宁，夏建新．国际海底资源开发技术及其发展趋势［J］．矿冶工程，2000（1）：1~4.

[10] 王春生，周怀阳．深海采矿对海洋生态系统影响的评价 I：上层生态系统［J］．海洋环境科学，2001，20（1）：1~6.

[11] Baturin G N. The Geochemislry of manganese and manganese Nodules in the ocean [M]. Springer Science & Business Media，1988：339~352.

[12] Blue Mining. Breakthrough solutions for the sustainable exploration and extraction of deep sea mineral resources [R]. Programme acronym：FP7-NMP，Subprogramme area：NMP. 2013. 4. 1~2.

[13] 于淼，邓希光，姚会强，等．2018 年世界海底多金属结核调查与研究进展［J］．中国地质，45（1）：29~38

[14] 刘永刚，姚会强，于淼，等．国际海底矿产资源勘查与研究进展［J］．海洋信息，2014（3）：10~16.

[15] 蒋开喜，蒋训雄．大洋矿产资源开发技术发展［J］．有色金属工程，2011，1（1）：3~8.

[16] 谢龙水．深海采矿船设计的研究［J］．有色金属：矿山部分，1995（3）：1~6.

[17] 邹伟生，黄家桢．大洋锰结核深海开采扬矿技术［J］．矿冶工程，2006，26（3）：1~5.

[18] 李军，孙治雷，黄威，等．现代海底热液过程及成矿［J］．地球科学・中国地质大学学报，2014，39（3）：312~324.

[19] Parson L M，Walker C L，Dixon D R. Hydrothermal vents and processes [D]. The Geological Society，Special Publication，London，British，1995，411：215.

[20] Boström K，Peterson M N A. The origin of aluminum-poor ferromanganoan sediments in areas of high heat flow on the East Pacific Rise [J]. Marine Geology，1969，7（5）：427~447.

[21] Tivey M K. Generation of seafloor hydrothermal vent fluids and associated mineral deposits [J]. Oceanography，2007，20（1）：50~65.

[22] 张农，冯晓巍，庞华东，等．深海采矿的环境影响与技术展望［J］．矿业工程研究，2019，34（2）：22~28.

[23] Ingole B S，Ansari Z A，Rathod V，et al. Response of meiofauna to immediate benthic disturbance in the Central Indian Ocean Basin [J]. Marine georesources& geotechnology，2000，18（3）：263~272.

[24] Amos A F，Roels O A，Garside C，et al. Environmental aspects of nodule mining [M] //Elsevier Oceanography Series. Elsevier，1977，15：391~437.

[25] Miller K A，Thompson K F，Johnston P，et al. An overview of seabed mining including the current state of development，environmental impacts，and knowledge gaps [J]. Frontiers in Marine Science，2018，4：418.

[26] 王春生，周怀阳．深海采矿对海洋生态系统影响的评价 I：上层生态系统［J］．海洋环境科学，2001，20（1）：1~6.

[27] Sharma R. Quantitative estimation of seafloor features from photographs and their application to nodule mining [J]. Marine Georesources& Geotechnology，1993，11（4）：311~331.

[28] Glasby G P. Deep seabed mining：past failures and future prospects [J]. Marine Georesources and Geotechnology，2002，20（2）：161~176.

[29] Nair S，Mohandass C，Loka Bharathi P A，et al. Microscale response of sediment variables to benthic disturbance in the Central Indian Ocean Basin [J]. Marine Georesources & Geotechnology，2000，18（3）：273~283.

[30] 王春生，周怀阳，倪建宇．深海采矿环境影响研究：进展、问题与展望［J］．东海海洋，2003，21（1）：55~64.

[31] Glasby G P. Deep seabed mining：past failures and future prospects [J]. Marine Georesources and Geotechnology，2002，20（2）：161~176.

[32] Trueblood D D. US cruise report for BIE II cruise [J]. National Oceanic and Atmospheric Administration Technical Memorandom, NOS OCRM, 1993, 4: 51.

[33] Sharma R, Nath B N, Parthiban G, et al. Sediment redistribution during simulated benthic disturbance and its implications on deep seabed mining [J]. Deep Sea Research Part II: Topical Studies in Oceanography, 2001, 48 (16): 3363~3380.

[34] 曾骥，郭平勇. 深水采矿船技术发展趋势分析 [C]//第十七届中国科协年会——分6：中国海洋工程装备技术论坛论文集，2015.

[35] 陈新明. 中国深海采矿技术的发展 [J]. 矿山研究与开发，2006，S1：40~48.

[36] 肖业祥，杨凌波，曹蕾，等. 海洋矿产资源分布及深海扬矿研究进展 [J]. 排灌机械工程学报，2014，4：319~326.

[37] 刘少军，刘畅，戴瑜. 深海采矿装备研发的现状与进展 [J]. 机械工程学报，2014，2：8~18.

10 太空采矿

10.1 太空矿产资源概述

10.1.1 太空矿产资源

矿产资源是人类赖以生存和发展的物质基础，没有矿产资源，便没有陶瓷、塑料、钢铁和石油等。地球资源的逐步枯竭，已使我们的生存环境恶化，并有加剧的趋势。随着地球资源被不断开发利用，人类所面临的人口、资源、粮食、环境和能源等问题日益突出。纵观各方面的因素，解决人类能源短缺的主要手段不外乎两个方面：一是继续向地球本身要资源，加大开发利用暂时还没有利用的资源；二是向太空要资源[1-3]。

太空资源主要指除地球以外，太阳系中包括月球在内的小行星、彗星、行星和其他天体上所蕴藏的矿产资源。它们是许多陨石的母体，其中距地球较近，被称为“阿波罗”的小天体中，直径大于100m的个体就大约有1000~2000颗。它们中有一些几乎由纯金属组成，除铁以外，有的含丰富的镍，镍含量最高可达65%，而地球上最丰富的镍矿石，仅含镍2%~3%；还有的含钴、铬、锰、铝和金、铂等贵金属[4,5]。

地球上人类的文明史随采矿业的发展而发展。旧石器、新石器、陶器、铜器、铁器、原子能时代都是以矿冶文明为标志。地球上的矿物尽管十分丰富，目前尚未耗尽，但总是有限的。随着宇宙时代的到来，太空矿物资源的勘探、开发、利用已为期不远。太空采矿的原则有三方面：一是月球基地的建设必须就地取材，如果依靠从地球输送原料至月球，其成本很高；二是以月球为基地进一步开发宇宙空间（如火星等），就必须由月球提供燃料和生活必需品；三是为满足地球的需要，可从太空上开采新的和稀缺的材料[6,7]。

目前，科学家发现一颗由整块坚硬金刚石构成的恒星，位于半人马星座，是银河系中距地球最近的恒星之一，只有17光年，同地球一样大。1994年，由美国、英国与欧共体联合发射的一颗紫外线探测卫星，探测到位于双子星座以东、狮子星座以西的巨蟹星座中有一颗直径为太阳3倍的明亮星球，它的表面有一层富金矿覆盖，黄金储量达1000多亿吨，为地球的160万倍，是一颗真正的“金星”。此外，一些小行星富含铁、镁、金、钨、银等贵重金属元素，太空矿物引人注目[8,9]。

10.1.2 太空矿产资源开发利用前景

根据近几年我国经济和能源供求关系发展的态势，考虑我国将继续优化、调整经济结构，走新型工业化的发展道路，并采取措施在稳步提高人民生活水平的前提下引导可持续的生产和生活方式，国家发展和改革委员会能源研究所进行预测，到2020年我国的能源需求总量将达36.2亿吨标准煤。除去能源以外，预计随着我国经济的快速增长，许多有色金属也将出现断缺。对全球的能源消耗而言，原油与煤炭、天然气是全球最主要的三大能源。据美国能源信息署统计，全球近年来能源消费的平均占比为：原油 34%、煤炭 30%、天然气 24%、水电 7%以及核电 6%。但全球主要能源产销国的能源消费占比却有很大差别，主要原因是各国能源储备及消费结构不同造成了三大能源消费的差异。从全球能源储备看，目前探明的煤炭储量占比最高，矿产资源的这种供求矛盾的加剧为太空采矿、开发矿产资源提供了广阔的市场前景[10,11]。

太空矿产资源蕴藏量丰富，不同矿产的储量形式各异。资源的开发不仅仅可以解决地球不可再生资源断缺的问题，同时可以带动镁、锂、碘等许多行业的发展，甚至会涉及高新技术行业，如电子和国防尖端技术的发展。矿产资源不仅仅影响国民经济的发展，同时也影响着国家的科技进步。在地球矿产资源短缺的情况下，太空矿产资源开发利用前景十分广阔[12-14]。

10.2　月球资源与环境

10.2.1　月球环境

月球的基本特征如下：月球距地球约 38.4 万公里，其总质量为 7353×10^{23}kg，视在密度为 3.343(±0.004)g/cm^3，视在半径为 1738.09km，表面重力加速度为 162cm/s^2，中心压强为 4.2GPa，地震释放能量小于 10^8 J/h，表面热通量为 2μW/cm^2，赤道表面温度为 120~400K，表面积为 37.9×10^6km^2，脱离地球速度为 2.37km/s。

月球受到来自宇宙的陨石、粒子和能量的直接撞击，每年有 100~1000kg 的陨石与月球表面碰撞 70~150 次。这些微陨石都是球形宇宙尘粒，质量通常为 10^{-7}~10^{-4}g，运动速度平均为 20000m/s。并且，月球上缺乏大气，真空度为 133.322×10^{-8}~133.322×10^{-12}Pa，会造成用于润滑剂与密封件中的许多材料脱气和分解。还有月球的昼夜循环时间长，一个循环相当于 28 个地球日。昼夜之间或日照与阴暗间辐射热波动大，由-170℃到+110℃。较大的温度波动，使裸露物体产生严重的热应力。又由于太阳辐射大，耀斑能量强，有银河系宇宙射线，需要解决严格的防辐射屏蔽问题。此外，月球重力仅为地球重力的六分之一，会造成人体运动的反常动态，在物料运搬作业中产生异常效应。而且低真空会造成设备出现异常故障；还会出现能见度低等问题。由于在月球形成的早期，受到陨石的频繁撞击，留下很多坑洞，后有大量岩浆（玄武岩）从内部喷出，盖满了低洼地，而被岩浆所覆盖的低洼地，就是所见月球表面阴影般的黑暗部分，称为“月海”。而月高地则由平均粒度为 40~130μm 的细土到直径达数米的大小不一的石块和巨砾组成。月海和月高地的成因不同，但基本上都被破碎和粉状物质覆盖，其形成是由于太阳风长年吹打月球表面，不断磨损腐蚀而成。覆盖层的平均厚度在月海区为 5m，在月高地为 10m。除不含水分外，更不带有碳氢有机物。当然，其他生物与病毒更不可能生存。但是，月球没有像地球那样被大气覆盖和尘埃污染，地震较少，是设置天文望远镜进行天体观察的理想场所。又因具有真空度比在地球轨道上运转的空间站高 100 万倍，没有磁场和震动，是进行电粒子的加速、超高速碰撞、核聚变等研究的天然物理和化学场所[15,16]。

10.2.2 月球矿产资源

虽然月球只是亿万星辰中的小小一员，但却并不是一个普普通通永远围绕地球旋转不停的卫星。对人类而言，月球不仅是人类踏足浩瀚宇宙的前哨站，更是人类赖以生存的资源存储仓库。月球上的资源对人类来说价值惊人。月球有其独特的物质、元素与化学成分，与太阳或其他陨石相比，其所含成分不同，月球的物质成分与地球较为接近，只是低熔点高挥发性物质（钾、钠、铋、铅等）少，而高熔点低挥发性物质（钙、铝、钛、铀等）较多[17]。

月球的主要成分有橄榄石（$Mg_2SiO_4 \cdot Fe_2SiO_4$）、斜长石（$CaAl_2Si_2O_8 \cdot NaAlSi_3O_8$）、钛铁矿（$FeTiO_3 \cdot MgTiO_3$）、尖晶石（$Fe_2TiO_4 \cdot FeCr_2O_4 \cdot FeAlO_4 \cdot MgCr_2O_4 \cdot MgAl_2O_4 \cdot Mg_2TiO_4$）、辉石（$MgSiO_3 \cdot CaSiO_3 \cdot FeSiO_3$）等。月海的玄武岩与月高地的岩石化学成分明显不同，月海玄武岩富有铁和钛，但铝含量较少。月球有丰富的矿藏，据介绍，月球上稀有金属的储藏量比地球还多。月球上的岩石主要有三种类型：第一种是富含钛、铁的月海玄武岩；第二种是斜长岩，富含钾、稀土和磷等，主要分布在月球高地；第三种主要是由 0.1~1mm 的岩屑颗粒组成的角砾岩。月球岩石中含有地球中全部元素和 60 种左右的矿物，其中 6 种矿物是地球没有的[18]。

在月岩分析中，发现月球表面的砂土与岩石中含有相当数量的小圆粒状的“纯铁”，约占细砂土质量的 0.5%，这是由来自太阳的带氢粒子（又称太阳风）长年吹打月球表面不断磨损腐蚀而成。在月球，表土密度为 $1 \sim 1.7g/cm^3$，98%的粒径在 10mm 以下，其中 25%还小于 0.02mm。月高地表土铝和钙含量高，海底表土有较高含量的铁、锰、钛元素。月海的喷出物则在两者之间，只是钾和磷的含量较高。但是氧、硅、镁、铁、铜、铝和钛七种元素，构成近 99%的月球物质成分。在月球的岩石中，几乎不含氢、碳、氮、氧和稀有气体等。但吸附有由太阳风所带来的气体，被吸附的气体在 200~900℃时会脱离扩散离去。月球表面有 He-3 约 100 万吨，而地球上可被利用的 He-3 只有 500kg，而在木星上则多达 $7 \times 10^{19}t$ 之多。1t He-3 与重氢进行核聚变反应，所产生的能量为 $6 \times 10^{17}J$，而且中子所产生的废弃物，仅在百分之几以下，不带放射性。据估计，6t He-3 就可以满足日本当前一年的电能需求[19]。

在月球的资源中，氧化物一般存在于月岩和岩屑层中，有 FeO，SiO_2，Al_2O_3 和 TiO_2 等。对制氧来说，它的主要来源是钛铁矿（$FeO \cdot TiO_2$）比较集中的矿床。虽然岩屑层中，含氧量达到了 45%，但其中只有 10%是钛铁矿，估计在开采时，平均可回收氧只有 3%。另外，岩屑层中的岩块，在烧结后可用作建筑材料。月球表层土壤中 80%是 8~125μm 的颗粒，可采深度达 2~3m，其中主要是 H，含量为 $2 \times 10^{-5} \sim 3 \times 10^{-4}$，预计可回采的含量为 5×10^{-5}。但是在达到 400℃时才能扩散出来，在真空中如何收集尚属难题。至于 He-3，月球上 H 与 He-3 之比为 8.5∶1，非常低。但有些地方，He-3 含量可达 $7 \times 10^{-6} \sim 3 \times 10^{-5}$[20]。

10.3 中国进行月球探测的初步规划

据相关资料报道，根据我国科学技术进步水平、综合国力和国家整体发展战略，参考世界各国“重返月球”的战略目标和实施计划，我国的月球探测应以不载人月球探测为宗旨，分为“环、落、回”三个发展阶段[21]：

（1）第一阶段（环）：研制和发射我国第一个月球探测器，利用月球探测卫星对月球进行全球性、整体性与综合性探索。主要目标是：获取月球三维立体图像；勘察月球重要矿产资源的分布特点与规律；勘测月壤的厚度与核聚变发电燃料 He-3 的分布与资源量；探测地-月空间环境；并对月球表面的环境、地貌、地形、地质构造与物理场进行探测。

（2）第二阶段（落）：月球软着陆器探测与月球车月面巡视勘察。发射月球软着陆器，试验月球软着陆和月球车技术，就地勘测月球资源，开展月球基地天文观测，并为月球基地的选择提供基础数据。

（3）第三阶段（回）：月面软着陆器与采样返回。发射月球软着陆器，对着陆区的地形、地质构造和岩石类型、月壤剖面、月壤内部结构等进行就位探测；发射小型采样返回舱，采集关键性月球样品返回地球。

中国月球探测工程由月球探测卫星、运载火箭、发射场、测控和地面应用等五大系统组成，五大系统目标为：一是研制和发射中国第一颗探月卫星。二是初步掌握绕月探测基本技术。三是首次开展月球科学探测。四是初步构建月球探测航天工程系统。五是为月球探测后续工程积累经验。为此要突破月球探测卫星的关键技术，初步建立中国的深空探测工程大系统，验证有效载荷和数据解译等各项关键技术，初步建立中国深空探测技术研制体系，培养相应的人才队伍[22]。

中国月球探测的主要任务如下：一是获取月球表面三维立体影像，精细划分月球表面的基本构造和地貌单元，进行月球表面撞击坑的形态、大小、分布、密度等的研究，为类地行星表面年龄的划分和早期演化历史研究提供基本数据，并为月面软着陆区选址和月球基地位置优选提供基础资料等。二是分析月球表面有用元素含量和物质类型的分布特点，主要是勘察月球表面有开发利用价值的钛、铁等 14 种元素的含量和分布，绘制各元素的全月球分布图，月球岩石、矿物和地质学专题图等，发现各元素在月表的富集区，评估月球矿产资源的开发利用前景等。三是探测月壤厚度，即利用微波辐射技术获取月球表面月壤的厚度数据，从而得到月球表面年龄及其分布，并在此基础上，估算核聚变发电燃料 He-3 的含量、资源分布及资源量等。四是探测地球至月球的空间环境。月球与地球平均距离为 38 万公里，处于地球磁场空间的远磁尾区域，卫星在此区域可探测太阳宇宙线高能粒子和太阳风等离子体，研究太阳风和月球以及地球磁场磁尾与月球的相互作用[23,24]。

中国月球探测的技术难点如下：一是轨道设计与飞行程序控制问题。二是卫星姿态控制的三矢量控制问题。通过环月探测，月面软着陆探测和月球车勘察，月面软着陆探测与采样返回的实施，为月球基地的选择提供基础数据，为载人登月和月球基地建设积累经验和技术。我国在基本完成不载人月球探测任务后，根据国际上月球探测发展情况和我国的国情国力，择机实施载人登月探测。

10.4 太空采矿探索与展望

太空蕴藏着取之不尽的宝贵资源。茫茫太空为人类提供了高远位置、微重力、高真空环境、无污染的太阳能和其他丰富的物资资源，概括起来包括轨道资源、环境资源和天体矿物资源。这些太空资源的探测和开发利用，将为人类文明带来新进步[25,26]。

从太空观测地球是太空资源开发利用的一个重要内容。在高远的太空轨道上，运行的人造卫星、空间站等航天器观测人类赖以生存的地球，可以快速地追踪地球的变化，监测和预报台风、飓风、火山爆发、森林大火和地震等自然灾害；可以穿云破雾观测大气地表的变化，对大地和海洋进行高精度测量，成为气象预报、地球资源勘探、环境监测的重要信息来源。仅美国每年从地球资源卫星获取的收益就达40亿美元。气象卫星为天气预报提供了大量的实时云图，大大提高了灾害性天气预报的准确率，每年减少经济损失几十亿元。

在太空进行卫星通信和导航定位是太空资源开发利用的又一个主要领域。现在通信卫星已经广泛应用于国际、国内或区域、军用通信等领域，卫星通信广播的成果，如电视、电话和传真等，已经成为人们生活中不可或缺的一部分。导航卫星在世界范围内提供了全天候、全天时卫星导航定位信息，它不受气候条件和航行距离的限制，具有高精度，能覆盖全球和用户设备简便的优点，可以使铁路、公路、海洋和航空等运输更加高效安全，在国民经济和国防建设中有重要意义。

太空微重力、高真空环境为空间新产业发展开辟了新的途径。太空微重力的开发利用，推动了流体力学、材料科学和生物技术的发展，在材料、制药、农业、电子等领域显示出巨大的发展潜力。在太空中已生产出了一些高纯度、高质量，在地面无法制造的特种合金、半导体材料和特殊药品。

在太空可充分利用清洁、低廉、无污染的太阳能资源。在各种人造卫星、探测器和载人航天器上，人类已经开发利用太阳能，为太空飞行实验提供了可靠而充足的电力资源。在太空建设太阳能电站也是指日可待的事了。

巨量的太空矿产资源对人类的诱惑力是不言而喻的，问题在于我们怎样去开采利用这些富饶的太空矿产。一般可以考虑两种方法：一种是直接派机器人到拟要开采的小天体上去，并在那里进行开采，然后在太空工厂中提炼，并用于太空制造业，或者用航天飞机或天梯运输将矿产运回地球。另一种方法是，改变原来小天体的运行轨迹，使其飞向地球，给予适当的速度降落在人们指定的地点。让小天体改变轨道并不难，难的是如何才能控制它的降落速度和地点，使它坠落时不导致大碰撞产生灾难。

由于将任何物体从地球送往太空的费用都高得惊人（从地球向低轨道太空发射1lb（1lb=453.59237g）材料的费用高达500~10000美元），而任何大型太空设施都必须用太空材料建造，因此太空采矿也是绝对必要的。太空所需的材料是无限的，这便对采矿工业发起了强烈挑战。尽管太空采矿和选矿计划激动人心，并已经对着陆区的地形、地质构造、岩石类型、月壤剖面、月球内部结构等进行就位探测，发射小型采样返回舱，采集关键性月球样品返回地球。但迄今为止的工作还是零散的，具有一定程度的不现实性，还没有努力的共同方向。

美国宇航局通常把太空采矿作为大研究项目中一个不起眼的小题，而美国矿业局每年的拨款约为10万美元。太空采矿计划需要在月球上生产火箭燃料为继续太空旅行提供动力。月球将成为火星等远航目标的中继站。燃料的氧分要从含氧31%的钛铁矿（$FeO \cdot TiO_2$）中提取，氢将从月球表面20μm的细粒中提取。首先通过处理表土回收氢，然后将其与钛铁矿中的氧化合形成水，将水电解，再利用氢去提取钛铁矿中的氧。矿物工程开发中的一条人所共知的原则是：在资源经过仔细勘探和处理得到论证以前不能进行采矿设计。资源确定包括了解矿体尺寸、形状和品位。目前没有几个有采矿经历的人从事月球采矿研究，大多数太空采矿和选矿建设都是太空航行、宇宙空间和纯理论科学界的专家提出的。正如采矿界所了解的月球采矿，那里没有产品、市场，没有探明矿区。产品和产品数量都没有确定，产品使用地点也不明确。发现和标定潜在采矿点的必要性也被忽略，这就意味着无法确定成本和价格，供和需似乎是两个不相关的概念。

目前太空采矿计划还处于构思阶段，但也已提出了许多采矿和选矿方法。正因为如此，美国宇航局的太空采矿计划遭到一些有经验的采矿工程师的反对。他们认为，月球资源分布情况尚未探明，宇航局缺少采矿专家，没有条件或经验设计或从事月球采矿。未来的太空采矿人员面临的问题是如何发现正确的月球表土区或合适的小行星并将其转变为原料，以供预想中的太空作业使用。氧、铁、硅石和铝是最有可能从月球表土中获得的初级产品，也已拟定在月球后期开发中处理大量月球表土时回收氢、碳、氮和氦。因此最有可能尽早利用的太空资源将是月球表土。首先将“开采”月球风化层，以形成屏蔽体，保护太空作业人员免受宇宙射线和太阳光辐射。

1991 年 8 月，由法国国家动力事业机构发起了一次大型太阳能卫星国际会议，提出了许多采矿和选矿计划。一个由阿尔科公司、麦克唐纳·道格拉斯太空设备公司和太空研究所组成的研究小组，进行了太阳热力工艺试验，研究人员建议采用 12m 直径的太阳聚能器从月球表土中制造出砖块、构件、玻璃和纤维。建造这些设备的最大挑战是采用绝对小的机械质量得到所需的资源产品。迄今，这些问题都尚未成功地解决。对采矿业来说，参与太空计划和成为最终派生采矿技术的受益者的可能性很大，太空采矿和选矿中存在的问题也必然引起从事矿物工业的人们的注意，只有当采矿工业在太空采矿系统的设计和操作中真正起到作用，太空采矿系统才可能合理。同时，整个领域是广阔的，已到了将勘探、场址标定、设备设计、采矿计划和选矿等知识应用到太空开发中去的时候。20 世纪 70 年代的月球计划发现了大量的新行星。虽然对这一计划产生的财富将大大超过所消耗的财富曾有过争论，但是未来的太空计划将直接有益于行星采矿。许多太空计划提出了自动化程度高的采矿方法。如果开发出自动装载机和汽车，它们对行星采矿的影响将是巨大的[27]。

宇宙资源开发利用的终极目标应该是全人类实现资源共享，做到用宇宙资源养育地球人。俄罗斯科学家已经为人们描绘了一幅关于太空开采的美丽图画。据俄塔社报道，莫斯科国立大学国家天文研究所月球与行星研究室主任、国际天文协会成员弗拉季斯拉夫·舍甫琴科认为，靠近地球轨道有近 200 颗小行星可以实际利用。一个直径 1km 的这样“金属”小行星上含有的原料是全世界一年钢产量所需原料的 5 倍。当 21 世纪中叶地球上多数矿产资源枯竭的时候，人类可以使用清洁的太空能源。舍甫琴科说，只要载重 10t 的航天飞机飞两三次就可保证全人类一年的能源供应。这样，星际开采的花费只是现在的核电站发电成本的十分之一。

俄罗斯科学院院士埃里克·加利莫夫则认为，月球可保证人类未来数千年的能源供应，因为月球表面下蕴藏的 He-3 多达 5 亿吨。事实上，从宇宙的形成过程和人类文明的演变进化来看，人们应该珍惜今天生存的美丽家园，更应该从不同的角度改变我们的生活环境和生活方式，使人们的存在和生活，更富有价值和质量。为了克服人类迟早要面临的资源短缺难题，加大太空科学技术的研发力度，创造一个全新的有益于人类的生存规则和秩序；充分使用其他星球上的矿产资源，使人类与贫困和饥饿及战争彻底告别，可以相信，未来将会有更多的志士仁人，从事宇宙资源开发事业[28]。

思 考 题

10-1 为什么要太空采矿?

10-2 太空采矿对人类经济社会以及生产活动有什么影响?

习 题

10-1 简述太空矿产资源开发利用前景。

10-2 简述中国进行月球探测的初步规划。

参 考 文 献

[1] 张克非，李怀展，汪云甲，等．太空采矿发展现状、机遇和挑战［J］．中国矿业大学学报，2020，49（6）：1025~1034.

[2] 杨宇光．太空采矿的“拦路虎”［J］．军事文摘，2017（22）：4~9.

[3] Jose Garcia del Real，George Barakos，Helmut Mischo. Space mining is the industry of the future . . . or maybe the present?［J］. Mining Engineering，2020，72（2）：40~48.

[4] Sustainable space mining［J］. Nature Astronomy，2019，3（6）：465.

[5] 杨宇光．太空采矿：小行星资源虽然诱人，却非当前重点［N］．中国航天报，2017-08-26（001）.

[6] 徐慧．到外太空去采矿［J］．资源环境与工程，2016，30（4）：666.

[7] 太空采矿，不再只是梦想［J］．国土资源，2016（5）：58~59.

[8] 陈可．上太空去“淘金”［J］．环境，2013（4）：77~79.

[9] 焦玉书．登月——到月球去采矿［J］．中国矿业，2012，21（S1）：13~14.

[10] 符志民．建设太空经济发展太空产业［J］．中国工业和信息化，2019（11）：25~27.

[11] 汤文豪．太空采矿，当梦想照进现实［N］．中国国土资源报，2016-05-01（006）.

[12] Ram S. Jakhu，Joseph N. Pelton，YawOtuMankata Nyampong. Space mining and its regulation［M］. Springer，Cham：2017-01-01.

[13] Stubbs Matthew. Space mining：commercial opportunities and legal uncertainties［J］. Bulletin（Law Society of South Australia），2020，42（2）.

[14] ArkadiyUrsul，TatianaUrsul. From planetary to space mining：prospects for sustainable development［J］. MATEC Web of Conferences，2019，265.

[15] 白海军，等．月战时代：未来战场的新领地［M］．北京：化学工业出版社，2015.

[16] 王贤敏．基于遥感与伽马能谱的月球化学和岩性分析［M］．北京：科学出版社，2019.

[17] 杨建．月球［M］．北京：科学普及出版社，1965.

[18] Sivolella Davide. Space mining and manufacturing：off-world resources and revolutionary engineering techniques［M］. Springer International Publishing，2019.

[19] Jakhu Ram S，Pelton Joseph N，Nyampong Yaw OtuMankata，Jakhu Ram S，Pelton Joseph N，Nyampong Yaw OtuMankata. Space mining and its regulation［M］. Springer International Publishing，2016.

[20] 国防科工委月球探测工程中心．中国探月［M］．北京：科学出版社，2007.

[21] 张熇．翱翔九天：从人造卫星到月球探测器［M］．上海：上海科技教育出版社，2007.

[22] 双平 . 月球密码：揭秘中国探月工程 [M]. 北京：首都师范大学出版社，2007.
[23] 周武 . 九天揽月：重返月球再探索 [M]. 南昌：江西高校出版社，2005.
[24] 邹永廖 . 嫦娥奔月：中国的探月方略及其实施 [M]：上海：上海科技教育出版社，2007.
[25] 欧阳自远，李春来 . 绕月探测工程科学目标专题研究 [M] . 北京：科学出版社，2015.
[26] Sivolella Davide. Space mining and manufacturing [M]. Switzerland：Springer International Publishing, 2019.
[27] 吴沅 . 探月工程：人类探月为得月 [M]. 上海：上海科学技术文献出版社，2017.
[28] 徐大军 . 开天辟地：阿波罗登月计划 [M]. 西安：未来出版社，2019.